Aufgabensammlung mit Lösungen zur Mathematik für Nichtmathematiker

Grundbegriffe – Funktionen einer und mehrerer Veränderlicher – Folgen und Reihen, Zinsrechnung – Differential- und Integralrechnung – Vektorrechnung und analytische Geometrie – Matrizenrechnung und lineare Gleichungssysteme – Kombinatorik und Wahrscheinlichkeitsrechnung – Klausuraufgaben

von
Dr. Martin Bachmaier
Dr. Roland Kraft
Prof. Dr. Manfred Precht

Oldenbourg Verlag München Wien

Dr. Martin Bachmaier lehrt am Wissenschaftszentrum Weihenstephan der Technischen Universität München.
Dr. Roland Kraft, Diplom-Agraringenieur und Physiker, war viele Jahre lang Mitarbeiter der Abteilung Mathematik und Statistik an der TU München-Weihenstephan.
Prof. Dr. Manfred Precht, Diplom-Mathematiker, war 30 Jahre lang Leiter dieser Abteilung sowie der Datenverarbeitungsstelle an der TU München-Weihenstephan.

Bibliografische Information Der Deutschen Bibliothek

Die Deutsche Bibliothek verzeichnet diese Publikation in der Deutschen Nationalbibliografie; detaillierte bibliografische Daten sind im Internet über <http://dnb.ddb.de> abrufbar.

© 2006 Oldenbourg Wissenschaftsverlag GmbH
Rosenheimer Straße 145, D-81671 München
Telefon: (089) 45051-0
oldenbourg.de

Lektorat: Stephanie Schumacher-Gebler
Herstellung: Anna Grosser
Umschlagkonzeption: Kraxenberger Kommunikationshaus, München
Gedruckt auf säure- und chlorfreiem Papier
Gesamtherstellung: Druckhaus „Thomas Müntzer" GmbH, Bad Langensalza

ISBN   3-486-23872-8
ISBN 978-3-486-23872-3

Inhalt

Vorwort

Die vorliegende Sammlung von knapp 400 Übungsaufgaben und weit über 1000 Teilaufgaben mit Lösungen umfasst zum größten Teil den Stoff der beiden Bücher Mathematik für Nichtmathematiker, Band 1 und 2. Er bezieht sich auf Studiengänge, in denen Mathematik nicht die Hauptrolle spielt, in denen man aber ohne sie nicht auskommt. Den Stoff der Ingenieurwissenschaften, der vertieft Differentialgleichungen behandelt, deckt diese Aufgabensammlung nicht ab.

Die Aufgaben stammen aus unseren langjährigen Übungen, die wir zusammen mit der Mathematik-Vorlesung an der Technischen Universität München-Weihenstephan durchgeführt haben. Viele davon wurden in Klausuren oder Diplomvorprüfungen gestellt. Einige Original-Klausuraufgaben sind am Ende der Sammlung gesondert aufgenommen.

Die schönsten anwendungsbezogenen Aufgaben verdanken wir unserem leider schon verstorbenen Kollegen und Koautor Roland Kraft. Seine Aufgaben sind aus der Praxis gegriffen und zeigen, dass Mathematik in nahezu allen Gebieten der Wissenschaft unerlässlich ist.

Eine Zusammenstellung von Übungsaufgaben hat sicherlich den Vorteil, den Lösungsgang der Aufgaben im Einzelnen jederzeit bequem nachvollziehen zu können. Auf der anderen Seite besteht aber in dem Bewusstsein, dass alle Lösungen schwarz auf weiß vor einem liegen, auch die Gefahr, sich nicht oder zu wenig mit dem selbständigen Durchrechnen der Aufgaben zu beschäftigen. Daher appellieren wir eindringlich an Sie, diese Lösungen nicht als Ersatz für eigene Arbeit zu nehmen, sondern als zusätzliche Hilfestellung, Orientierung und Kontrolle bei der Lösung der mathematischen Aufgaben zu verstehen.

Die vorliegenden Lösungen erheben nicht den Anspruch, jeweils die kürzeste oder eleganteste zu sein. Manch einer mag einen Lösungsweg finden, der ihm besser gefällt. Wir können auch nicht ausschließen, dass noch Fehler enthalten sind. Für Hinweise, Anregungen bzw. Korrekturen sind wir jederzeit dankbar.

Wir danken Herrn Joachim Billinger für das Schreiben vieler Textvorlagen in LaTeX und die Erstellung vieler der gerahmten Funktionsskizzen. Ferner gilt unser Dank Frau Inge Precht für wichtige Ergänzungen und ihren großen Beitrag zur Überarbeitung dieser Aufgabensammlung. Generell möchten wir uns bei all jenen bedanken, die zu dieser Sammlung von Aufgaben beigetragen haben.

Musikinteressierte finden unter oldenbourg-wissenschaftsverlag.de sechs anspruchsvolle Mathematikaufgaben mit Lösungen.

Freising, im April 2006

Martin Bachmaier
Manfred Precht

I. Teil: Aufgaben

1 Mathematische Grundbegriffe

Potenzen und Logarithmen

1.1 Berechnen Sie folgende Potenzen ohne Taschenrechner:

a) 7^0 $\quad 1^{5/39}$ $\quad 0^{4/27}$ $\quad 100^0$ $\quad 0^0$ $\quad 1^{-100}$

b) $8^{1/3}$ $\quad 8^{-1/3}$ $\quad 8^{4/3}$ $\quad 8^{-2}$ $\quad (8^2)^{1/3}$ $\quad 8^{-5/3}$ $\quad \left(\frac{1}{8}\right)^{-1/3}$

c) $0.01^{3/2}$ $\quad 1000^{2/3}$ $\qquad$ d) $32^{0.8}$ $\quad 16^{-2.5}$

1.2 Geben Sie die folgenden Potenzen als Dezimalzahlen an:

a) $\left(\frac{1}{1000}\right)^{1/2}$ $\quad 1000^{3/2}$ $\qquad$ b) $27^{-1/2}$ $\quad 27^{-5/6}$ $\qquad$ c) $\left(\frac{5}{3}\right)^{1.5}$ $\quad 0.6^{-3/2}$

1.3 Lösen Sie nach a auf und vereinfachen Sie: $\quad a^{-1} = b^{-1} - (b \cdot c)^{-1}$

1.4 Fassen Sie so weit wie möglich zusammen: $\quad \sqrt[4]{x^2} \cdot \frac{1}{x^{-1/2}} \cdot x^{-1} \cdot y^{-1}$

1.5 Für welche x, y, z sind folgende Wurzeln definiert?
Radizieren Sie sie teilweise:

a) $\sqrt{x \cdot y^2 \cdot z^3}$ $\qquad$ b) $\sqrt[5]{x^{21} \cdot y^{14} \cdot z^7}$ $\qquad$ c) $\sqrt[n]{x^{n+2} \cdot y^{2n-1}}$

1.6 Berechnen Sie:

a) $\left(x^{1/3} - y^{1/3}\right)\left(x^{2/3} + (xy)^{1/3} + y^{2/3}\right)$ $\qquad$ b) $\sqrt{\dfrac{0.00004 \cdot 25\,000}{(0.02)^5 \cdot 0.125}}$

c) $\sqrt[4]{x^4 - 4x^3 + 6x^2 - 4x + 1}$ $\qquad$ d) $-\left(\frac{1}{8}\right)^{4/3} - \sqrt[3]{(-27)^{-2}}$

1.7 Machen Sie bei den folgenden Ausdrücken den Nenner rational:

a) $\dfrac{3}{\sqrt[3]{2}}$ $\qquad$ b) $\dfrac{1}{\sqrt{a} + \sqrt{b}}$ $\qquad$ c) $\dfrac{x+y}{\sqrt[3]{x} + \sqrt[3]{y}}$ $\qquad$ d) $\dfrac{x}{\sqrt[3]{(x-1)^2}}$

1.8 Schreiben Sie die folgenden Gleichungen als Exponentialgleichungen:

a) $a = {}^b\log 5$ $\qquad$ b) $u = \ln 3$ $\qquad$ c) ${}^2\log 10 = z$

1.9 Schreiben Sie die folgenden Gleichungen mit Hilfe von Logarithmen:

a) $3^y = 500$ $\qquad$ b) $10^z = 0.000001$ $\qquad$ c) $e^x = 10$

1.10   Was ergibt das Produkt $^b\log a \cdot {}^a\log b$ $(a, b > 0,\ a, b \neq 1)$?

1.11   Bestimmen Sie die folgenden Logarithmen:

    a) $^2\log 37$ b) $^3\log 6$ c) $^{1/2}\log 10$

    d) $^4\log 0.25$ e) $^{0.7}\log 0.75$ f) $^6\log 46\,656$

1.12   Berechnen Sie y als Funktion von x, d.h., $y = f(x)$:

    a) $4^x = 6^y$ b) $1.56 \cdot 3^{0.27x-3} = 4.1 \cdot 5^y$ c) $2^{2x} = 4 \cdot e^y$

Gleichungen, Ungleichungen und Absolutbetrag

1.13   Skizzieren Sie die Punktmengen im $I\!\!R^2$, die durch folgende Gleichungen oder Ungleichungen beschrieben werden.

    a) $x - y < 0$ b) $x^2 + y^2 \leq 4$ c) $y < x^2$ d) $|x| = |y|$

1.14   Beschreiben Sie geometrisch in Worten, für welche Zahlenpaare (x, y) die Ungleichung $(x - 7)^2 + (y + 8)^2 > 9$ erfüllt ist.

1.15   Geben Sie die Lösungsmengen $I\!\!L$ folgender Ungleichungen an:

    a) $|2x + 6| \leq 5$ b) $|x^2 - 1| \leq 3$

    c) $\dfrac{3}{x - 2} < \dfrac{1}{|x|}$ d) $x^2 - 3x - 1 \geq -3$

1.16   Für welche $x \in I\!\!R$ sind die folgenden Quadratwurzeln definiert?

    a) $\sqrt{x^5}$ b) $\sqrt{4x - 2x^2 - 2}$

1.17   Bestimmen Sie alle Lösungen der Gleichung $\sqrt{1 - x} = x + 5$.

1.18   Für welche Werte des Parameters λ hat die quadratische Gleichung $\lambda x^2 - 4x + 1 = 0$ reelle Lösungen?

1.19   Schätzen Sie für $|x| < 2$ und $|y| \leq 1$ mit Hilfe der Dreiecksungleichung folgende Ausdrücke nach oben ab:

    a) $|x + 2y|$ b) $|10x^2 - 15xy|$

1.20   Beschreiben Sie sowohl in Worten als auch mathematisch, für welche x

    a) $|x - 3| < 2,$ b) $|2x - 1| > 0.5$

gilt und veranschaulichen Sie diese Ungleichungen graphisch.

1.21 Lösen Sie die folgenden quadratischen Gleichungen $ax^2 + bx + c = 0$:

a) $2x^2 + 4x - 6 = 0$
mit der üblichen Formel: $x_{1,2} = \dfrac{-b \pm \sqrt{b^2 - 4ac}}{2a}$

b) $2x^2 - 10x + 12 = 0$
mit Hilfe des Satzes von Vieta: $x_1 + x_2 = -\dfrac{b}{a}$; $x_1 \cdot x_2 = \dfrac{c}{a}$

c) $(x - 1)^2 = 2(x - 1)$

1.22 Zeichnen Sie folgende Funktionen $x \mapsto y$:

a) $y = |x|$ b) $y = -|x|$

c) $y = [x]$, wobei $[x]$ die größte ganze Zahl, die noch $\leq x$ ist, angibt.

1.23 Skizzieren Sie $f \colon x \mapsto {}^3\log|x|$. Für welche $x \in \mathbb{R}$ gilt: ${}^3\log|x| \leq 0$?

Prozentrechnen

1.24 Bier der Marke *Freisinger Leicht* hat einen Alkoholgehalt von 2.9 Vol.%, d.h., das Volumen des Alkohols beträgt 2.9 % des Gesamtvolumens. Ein Kasten mit 20 Flaschen zu je einem halben Liter kostet 11.79 € incl. 16 % Mehrwertsteuer (Stand: April 2006). Die Dichte von Alkohol ist $\rho = 0.789\,\text{g/cm}^3$. (Es reicht, wenn man sich $\rho \approx 0.8\,\text{g/cm}^3$ merkt).

a) Wie viel cm^3 Alkohol sind in einer Flasche *Freisinger Leicht*?

b) Wie viel Gramm Alkohol sind in einer Flasche *Freisinger Leicht*?

c) Bestimmen Sie den Alkoholgehalt der Marke *Freisinger Leicht* in Bezug auf die Masse.

d) Wie viel kostet ein Kasten *Freisinger Leicht* ohne Mehrwertsteuer?

e) Der Alkohol verteilt sich, entsprechend dem Flüssigkeitsanteil des Körpers, bei Männern auf etwa 68 % und bei Frauen auf etwa 55 % des Körpergewichts. Er braucht ca. 30 bis 60 Minuten, bis er ins Blut geht. Pro Stunde werden durchschnittlich 0.15 Promille abgebaut. Wie viel Flaschen *Freisinger Leicht* dürfen Sie in etwa trinken, wenn Sie fünf Stunden nach Beginn der Bierfreuden noch mit dem Auto nach Hause fahren wollen (Toleranzgrenze: 0.5 Promille)?

1.25 In einer Skihütte hat der Hüttenwirt exakt 100 Liter Jägertee und schenkt diesen zu je 0.2 Liter (näherungsweise) aus, wobei er jeweils den Preis für genau 0.2 Liter kassiert. Um wie viel darf ein ausgeschenktes Glas Jägertee im Durchschnitt zu viel enthalten, wenn sich die Einnahmen aus dem Verkauf um höchstens 10 % verringern sollen? Wie viel Prozent der Nominalmenge 0.2 Liter macht das aus?

1.26 Eine frische Gurke wiegt 500 g. Der Wassergehalt der frischen Gurke beträgt 98 %. Die Gurke trocknet mit der Zeit aus, d. h., sie verliert ausschließlich Wasser. Nach einer Woche beträgt der Wassergehalt der ausgetrockneten Gurke noch 96 %.

   a) Wie viel Gramm Wasser und wie viel Gramm Trockenmasse hat die frische Gurke?

   b) Wie viel Gramm Trockenmasse hat die ausgetrocknete Gurke?

   c) Welches Gesamtgewicht hat die ausgetrocknete Gurke?

Rechnen mit dem Summenzeichen, Mittelwerte

1.27 Berechnen Sie $\sum_{i=1}^{5} \dfrac{x_i^2 - 2x_i}{2}$ für folgende Daten:

i	1	2	3	4	5
x_i	4	5	-2	0	1

1.28 Berechnen Sie folgende Ausdrücke:

   a) $\sum_{i=1}^{7} \dfrac{2}{i}$

   b) $\sum_{i=1}^{5} (x_i - 2) \cdot k$

   für $x_1 = 1$, $x_2 = 2$, $x_3 = 4$, $x_4 = 6$, $x_5 = 8$; k sei eine Konstante.

   c) $\sum_{i=1}^{n} p^i k$ für $p = 1.5$, $k = 100$, $n = 4$.

1.29 · Schreiben Sie mit dem Summenzeichen und vereinfachen Sie ggf.:

   a) $(a_1 + k) + (a_2 + k) + (a_3 + k) + \ldots + (a_{10} + k)$, $k = \text{const.}$

   b) $1 + (x_2 + k) + (x_3 + k)^2 + (x_4 + k)^3 + \ldots + (x_8 + k)^7$

   c) $a + (a + d) + (a + 2d) + \ldots + (a + (n-1)d)$

   d) $\dfrac{1}{7}z - \dfrac{3}{13}z + \dfrac{5}{19}z - \dfrac{7}{25}z + \dfrac{9}{31}z$

   e) $\dfrac{a^3}{5} + \dfrac{a^4}{7} + \dfrac{a^5}{9} + \dfrac{a^6}{11}$

   f) $-\dfrac{3}{7}b + \dfrac{5}{13}b - \dfrac{7}{19}b + \dfrac{9}{25}b$

   g) $1 - \dfrac{2}{9} + \dfrac{3}{25} - \dfrac{4}{49} + \dfrac{5}{81}$

1.30   Vereinfachen Sie folgende Summe so weit wie möglich:

$$\sum_{i=1}^{n}(i^2+1) - \sum_{k=1}^{n} k^2 - \left(\sum_{i=0}^{n+1} 2 - \sum_{j=1}^{n-1} 2\right)$$

1.31   Formen Sie den folgenden Ausdruck so um, dass nur *ein* Summenzeichen benötigt wird und berechnen Sie die Summe:

$$\sum_{k=1}^{6}(k^2-2k) + \sum_{j=4}^{9}(j-(j-3)^2+1)$$

1.32   Vereinfachen und berechnen Sie folgende Summen:

a) $$\sum_{i=1}^{m}(4i+3) - \sum_{i=0}^{m+1} 2(i+1) - 3\sum_{i=1}^{m-1}\left(\frac{2}{3}i+1\right) - 2m$$

   für $m=2$ und $m=10$

b) $$\sum_{i=0}^{8}(2i+2)^2 - \sum_{i=1}^{8} 2i(i+2)$$

1.33   Berechnen Sie folgende Doppelsumme: $\displaystyle\sum_{i=1}^{2}\sum_{j=5}^{7}\frac{j^i}{i^j}$

1.34   Schreiben Sie folgende Summen unter Verwendung von Summenzeichen:

a) $a_{11} + a_{12} + a_{13} + a_{21} + a_{22} + a_{23}$

b) $a_{11} + a_{12} + a_{21} + a_{22} + a_{23} + a_{32} + a_{33} + a_{34} + a_{43} + a_{44}$

1.35   Für $i,k \in I\!N$ sei $a_{ik} = \dfrac{1}{2i+k-2}$. Berechnen Sie:

a) $\displaystyle\sum_{i=1}^{4}\sum_{k=1}^{3} a_{ik}$ b) $\displaystyle\sum_{\substack{i,k=1\\i=k}}^{4} a_{ik}$ c) $\displaystyle\sum_{\substack{i,k=1\\|i-k|=1}}^{4} a_{ik}$

1.36   Die Komponenten x_{ijk} eines dreidimensionalen Datenfeldes (x_{ijk}) sind mit den drei Indizes $i=1,2,\ldots,m$, $j=1,2,\ldots,n$ und $k=1,2,\ldots,r$ bezeichnet. Im folgenden Datenfeld ist $m=3$, $n=2$ und $r=4$:

	$j=1$				$j=2$			
$k=$	1	2	3	4	1	2	3	4
$i=1$	4	1	8	5	6	9	3	6
$i=2$	3	4	6	8	1	7	2	7
$i=3$	7	5	1	3	3	8	2	1

Berechnen Sie zu den Daten dieses Feldes:

a) $\displaystyle\sum_{i=1}^{m} x_{i22}$ b) $\displaystyle\sum_{j=1}^{n} x_{1j2}$ c) $\displaystyle\sum_{i=1}^{m}\sum_{k=1}^{r} x_{i1k}$

d) $\displaystyle\sum_{j=1}^{n}\sum_{k=1}^{r} x_{3jk}$ e) $\displaystyle\sum_{i=1}^{2}\sum_{j=1}^{n}\sum_{k=1}^{r} x_{ijk}$ f) $\displaystyle\sum_{i=1}^{m}\sum_{j=1}^{n}\sum_{k=1}^{r} x_{ijk}$

Es seien weiterhin folgende Mittelwerte eingeführt:

$$\bar{x}_{\cdot jk} = \frac{1}{m}\sum_{i=1}^{m} x_{ijk} \qquad \bar{x}_{ij\cdot} = \frac{1}{r}\sum_{k=1}^{r} x_{ijk} \qquad \bar{x}_{\cdot j\cdot} = \frac{1}{m\cdot r}\sum_{i=1}^{m}\sum_{k=1}^{r} x_{ijk}$$

Berechnen Sie zusätzlich:

g) $\displaystyle\sum_{k=1}^{r} \bar{x}_{\cdot 2k}$ h) $\displaystyle\sum_{j=1}^{n} \bar{x}_{\cdot j\cdot}$ i) $\displaystyle\sum_{j=1}^{n} \bar{x}_{1j\cdot}$

1.37 Zeigen sie:

a) $\displaystyle\frac{1}{n}\sum_{i=1}^{n}(x_i - a) = \bar{x} - a,$ wobei $\bar{x} = \displaystyle\frac{1}{n}\sum_{i=1}^{n} x_i$

b) $\displaystyle\frac{1}{n}\sum_{i=1}^{n}\frac{x_i - a}{b} = \frac{1}{b}(\bar{x} - a)$

c) $\displaystyle\sum_{i=1}^{n}(x_i - \bar{x})^2 = \sum_{i=1}^{n} x_i^2 - \frac{1}{n}\left(\sum_{i=1}^{n} x_i\right)^2$

Fakultät und Binomialkoeffizient

1.38 Vereinfachen Sie: a) $\displaystyle\frac{(n+3)!}{n!}$ b) $\displaystyle\frac{(n+1)!}{(n-1)!}$

1.39 Eine Tabelle von Prof. Dr. Leo Knüsel enthält die Zehnerlogarithmen der Fakultäten von 0 bis 499. Daraus entnimmt man: $\lg(499!) = 1131.38744$.

   a) Geben Sie den Wert von 499! in der üblichen wissenschaftlichen Zahlendarstellung $499! = b \cdot 10^n$ mit $b \in \mathbb{R}$ und $n \in \mathbb{N}$ an.

   b) Berechnen Sie 500!.

   c) Berechnen Sie $\lg(500!)$.

   d) Schätzen Sie 500! mittels der um den Faktor $e^{1/(12n)}$ präzisierten Stirlingschen Formel.

     Danach gilt für (große) $n \in \mathbb{N}$: $n! \approx \left(\dfrac{n}{e}\right)^n \cdot e^{1/(12n)} \cdot \sqrt{2\pi n}$

1.40 Berechnen Sie:

a) $\binom{n}{k}$ für $n = 8,\ k = 5$ und für $n = 10,\ k = 6$.

b) $(3a - 2b)^5$ unter Verwendung der Binomialkoeffizienten.

1.41 Bestimmen Sie folgende Summen:

a) $\sum_{r=0}^{4} \binom{4}{r} 2^{4-r} 3^r$ b) $\sum_{r=0}^{4} \binom{4}{r} 2^r$ c) $\sum_{r=0}^{50} \binom{50}{r} \left(\frac{1}{2}\right)^{50}$

Induktionsbeweise

1.42 Beweisen Sie mit Hilfe der vollständigen Induktion:

$$\sum_{k=1}^{n} k^2 = 1 + 4 + 9 + 16 + \ldots + n^2 = \frac{n(n+1)(2n+1)}{6} \quad \text{für alle } n \in I\!N.$$

1.43 Beweisen Sie durch vollständige Induktion:

$$\sum_{k=0}^{n} 2^k = 2^{n+1} - 1 \text{ für alle } n \in I\!N_0.$$

1.44 Beweisen Sie durch vollständige Induktion:

$\sin^{(2n+1)} x = (-1)^n \cos x$ für alle $n \in I\!N_0$ und alle $x \in I\!R$.

Dabei bedeutet $\sin^{(k)} x$ die k-te Ableitung von $\sin x$.

Komplexe Zahlen

Zu einer komplexen Zahl $z = a + bi$ sei mit $\bar{z} := a - bi$ deren konjugiert komplexe Zahl definiert. i ist die imaginäre Einheit; für sie gilt: $i^2 = -1$.

1.45 $z_1 = 4 - 3i$ und $z_2 = -1 + 2i$ seien komplexe Zahlen. Berechnen Sie:

a) $z_1 + z_2 \quad z_1 \cdot z_2$ b) $|z_1| \quad |\bar{z}_1| \quad |\bar{z}_1 \cdot z_1|$ c) $\dfrac{z_1}{z_2}$

1.46 Machen Sie den Nenner folgender Brüche reell:

a) $\dfrac{1}{i\sqrt{2}}$ b) $\dfrac{3 + 2i}{3 - 2i}$ c) $\dfrac{1}{(i+1)(3-2i)}$

1.47 Gegeben seien die komplexen Zahlen $z_1 = 3 + \sqrt{3}\,i$ und $z_2 = 12 \cdot e^{5i\pi/6}$.

a) Schreiben Sie z_1 in der Eulerschen Darstellung $z_1 = r \cdot e^{i\varphi}$.

b) Schreiben Sie z_2 in der kartesischen Darstellung $z_2 = x + iy$.

c) Multiplizieren Sie z_1 und z_2 in beiden Darstellungen.

Mengenlehre

1.48   In einer Studie über Blutgruppen wurden 6 000 Personen untersucht.
2 527 hatten das Antigen A, 2 234 das Antigen B und 1 846 hatten kein
Antigen.

Wie viele Personen haben beide Antigene?

1.49 A, B und C seien drei Teilmengen einer Grundmenge E, wobei für B
und C die Beziehung $B \subset C$ gelte. Veranschaulichen Sie sich folgende
Mengen mit Hilfe eines Venn-Diagramms und formen Sie die Ausdrücke
mit Hilfe der Mengenalgebra um:

   a) $(A \cap C) \cup (B \cap C)$ b) $(\overline{A} \cup \overline{C}) \setminus (\overline{A} \cup \overline{B})$ c) $\overline{A \cup \overline{B}}$

1.50   Bestimmen Sie in dem nebenstehen-
den Venn-Diagramm die Bereiche
oder Kombinationen von Bereichen,
welche folgende Mengen darstellen:

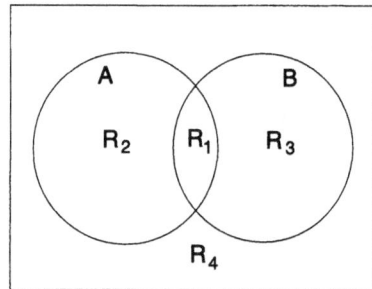

   a) $\overline{A \cup B}$

   b) $\overline{A} \cup \overline{B}$

   c) $A \cup \overline{B}$

   d) $(\overline{A} \cap \overline{B}) \cup B$

   e) $(A \cap \overline{B}) \cup (B \cap \overline{A})$

1.51   Folgende Intervalle reeller Zahlen seien gegeben:

   $I_1 = [-1, 2]$, $I_2 =]0, 1[$, $I_3 =]1, 5]$

   Bestimmen Sie:

   a) $I_1 \cap I_2$ b) $I_1 \cup I_3$ c) $(I_2 \cap I_3) \cup I_1$

   d) $I_3 \setminus \{5\}$ e) $(I_1 \cap I_2) \cup \{1, 2\}$

1.52   Gegeben sei die Grundmenge $M = \{1, 2, 3, 4, 5, 6, 7, 8, 9\}$. Geben Sie die
folgenden Teilmengen von M an:

   $A = \{x \in M \mid x < 4\}$

   $B = \{x \in M \mid \frac{1}{2}x \in M\}$

   $C = \{x \in M \mid 2x \in M\}$

   $D = \{x \in M \mid x + 5 \in M\}$

   $E = \{x \in M \mid x - 5 \in M\}$

1.53 Gegeben sei die Grundmenge $E = \{1, 2, 3, \ldots, 29, 30\}$ der natürlichen Zahlen von 1 bis 30. Dazu betrachten wir folgende Teilmengen:

$A = \{n \in E \mid 2n \in E\}$

$B = \{n \in E \mid 3n \in E\}$

$C = \{n \in E \mid 5n \in E\}$

a) Schreiben Sie A, B und C durch Aufzählung ihrer Elemente.

b) Bilden Sie daraus die folgenden Mengen:

$A \cap B$ $\quad\quad B \cup C$ $\quad\quad C \setminus B$ $\quad\quad (A \cap B) \cap (B \cup C)$

$\overline{A \cup B \cup C}$ $\quad A \cap B \cap C$ $\quad (A \cap B) \cup C$

1.54 Zur Grundmenge $E = \left\{0, \dfrac{1}{2}, \dfrac{2}{3}, \dfrac{3}{4}, \dfrac{4}{5}, \ldots, \dfrac{18}{19}, \dfrac{19}{20}\right\}$ betrachten wir die folgenden Teilmengen:

$A = \{x \in E \mid 16x \in I\!N\}$

$B = \{x \in E \mid 12x \in I\!N\}$

$C = \{x \in E \mid 15x \in I\!N\}$

a) Schreiben Sie diese Mengen, indem Sie ihre Elemente aufzählen.

b) Bilden Sie aus A, B und C die folgenden Mengen:

$\overline{A}$ $\quad\quad\quad A \cap B$ $\quad\quad\quad B \cup C$

$A \setminus B$ $\quad\quad (A \cap C) \cup B$ $\quad (A \cup C) \cap (B \cup C)$

$\overline{A \cup B \cup C}$ $\quad A \cap B \cap C$ $\quad \overline{A} \cap (A \cup B)$

1.55 Die Grundmenge E bestehe aus den acht möglichen Ergebnissen des gleichzeitigen Werfens einer Ein-Cent-, einer Zwei-Cent- und einer Fünf-Cent-Münze. Jede dieser Münzen hat eine nationale Seite (Wappen W) und eine europäische Seite (Zahl Z).

a) Wie lauten die Elemente von E?

b) Die Teilmenge A enthalte die Ergebnisse der Würfe, bei denen auf der Ein-Cent-Münze das Wappen erscheint, die Teilmenge B die Ergebnisse, bei denen die drei Münzen das Gleiche zeigen, und Teilmenge C diejenigen, bei der die Anzahl der Wappen größer als die der Zahlen ist. Geben Sie diese Mengen A, B und C an.

c) Bilden Sie daraus die folgenden Mengen:

$\overline{A}$ $\quad\quad \overline{B}$ $\quad\quad\quad\quad A \cup B$ $\quad\quad\quad A \cup C$

$B \cup C$ $\quad A \cap B$ $\quad\quad\quad A \cap C$ $\quad\quad\quad B \cap C$

$\overline{A} \cap C$ $\quad (A \cap B) \cap C$ $\quad (A \cap \overline{B}) \cap C$

1.56   100 Salatköpfe, von denen 40 im Glashaus, die übrigen 60 im Freien
       gezogen worden waren, wurden auf Eigenschaft K (Krankheitsbefall)
       und auf Eigenschaft U (Unterschreiten der Mindestgröße) untersucht.
       Dabei haben sich folgende Zahlen ergeben:

       – Insgesamt 20 haben die Eigenschaft K, 27 die Eigenschaft U;

       – 20 haben die Eigenschaft U, nicht aber die Eigenschaft K;

       – zehn von den im Glashaus gezogenen haben die Eigenschaft K oder
         U (oder beide Eigenschaften K und U);

       – drei von den im Glashaus gezogenen haben die Eigenschaft K, nicht
         aber die Eigenschaft U;

       – fünf von den im Glashaus gezogenen haben die Eigenschaft U, nicht
         aber die Eigenschaft K.

       Wie viele der im Freien gezogenen Salatköpfe haben beide Eigenschaften,
       sowohl K als auch U?

1.57   In einer Gruppe von 200 Studenten sind 56 Autofahrer, 60 Ökotropholo-
       gen, 84 aus Bayern, 16 Autofahrer und Ökotrophologen, 20 Autofahrer
       und aus Bayern, zehn Ökotrophologen und aus Bayern und sechs Auto-
       fahrer, Ökotrophologen und aus Bayern.

       Stellen Sie diese Beziehungen durch ein Venn-Diagramm dar und beant-
       worten Sie folgende Fragen:

       Wie viele Studenten sind:

       a) weder Autofahrer noch Ökotrophologen noch aus Bayern?
       b) Nicht-Ökotrophologen und Nicht-Autofahrer aus Bayern?
       c) Autofahrer aus Bayern, die nicht Ökotrophologie studieren?

1.58   Ein Psychologe schickte bei einem Experiment 50 Mäuse in ein Laby-
       rinth und berichtet folgende Zahlen: 25 Mäuse waren männlich; 25 waren
       vorher abgerichtet; 20 liefen am ersten Abzweigepunkt nach links; zehn
       waren vorher abgerichtete Männchen; vier männliche Mäuse gingen nach
       links; 15 vorher abgerichtete Mäuse liefen nach links, von diesen 15 wa-
       ren drei männlich. Zeichnen Sie das dazugehörige Venn-Diagramm und
       bestimmen Sie die Zahl der weiblichen Mäuse, die weder vorher abge-
       richtet waren noch nach links liefen.

2 Funktionen einer reellen Veränderlichen

Geraden

2.1 Eine Gerade geht durch den Punkt $(2, -3)$ und hat die Steigung 4. Bestimmen Sie ihre Gleichung $y = ax + b$.

2.2 Eine Gerade schneidet die x-Achse bei $x_0 = -2$ und die y-Achse bei $y_0 = -3$. Wie lautet ihre Gleichung?

2.3 Es seien jeweils die folgenden Punkte P und Q gegeben:

a) $P(0, -6)$, $Q(1, 0)$ b) $P(0, 1)$, $Q(2, 3)$ c) $P(-3, 4)$, $Q(-4, -1)$

Bestimmen Sie jeweils die Gleichung $y = ax + b$ derjenigen Geraden, die durch die beiden Punkte P und Q geht.

2.4 Es sei T_C die Temperatur in Grad Celsius und T_F die Temperatur in Grad Fahrenheit. Stellen Sie anhand von Gefrier- und Siedepunkt sowohl T_F als Funktion von T_C als auch T_C als Funktion von T_F dar. Nach Fahrenheit liegt der Gefrierpunkt bei $32°F$ und der Siedepunkt bei $212°F$.

2.5 Wie lautet die Gleichung der Geraden, die durch den Schnittpunkt der Geraden $2x - 5y = 9$ und $4x + 3y = 12$ sowie zusätzlich durch den Punkt $P(3, -6)$ geht?

2.6 Sie wollen sich ein Auto anschaffen und haben einen Benziner B und einen Diesel D in die engere Wahl gezogen. Die folgende Tabelle enthält die Fixkosten, die Ihnen pro Jahr entstehen, den Kraftstoffverbrauch und die derzeitigen Kraftstoffpreise.

	B	D
Fixkosten	2 000 €	2 500 €
Verbrauch	8 l/(100 km)	6 l/(100 km)
Preis	1.25 €/l	1.10 €/l

a) Bestimmen Sie für beide Typen B und D die jährlichen Gesamtkosten c_B bzw. c_D in Abhängigkeit von der Jahreskilometerleistung x. Welcher Funktionstyp ergibt sich?

b) Welche Gesamtkosten pro Jahr entstehen für die beiden Typen bei einer Jahreskilometerleistung von 20 000 km?

c) Bei wie vielen Kilometern pro Jahr sind die Gesamtkosten der beiden Typen gleich?

d) Welcher Typ ist bei 10 000 Jahreskilometern günstiger?

2.7   a) Die folgende Tabelle zeigt Punkte einer linearen Nachfragefunktion q_N in Abhängigkeit vom Preis p. Bestimmen Sie q_N vollständig.

Preis p	in €/Stück	12	13	14	15	16 ...
Nachfrage $q_N(p)$	in Stück/Woche	48	46	44	42	40 ...

   b) Weiter sei die Angebotsfunktion q_A durch $q_A(p) = 3p - 3$ gegeben. Bestimmen Sie nun den Gleichgewichtspreis p^* und die Gleichgewichtsmenge q^* aus der Beziehung $q_A(p^*) = q_N(p^*) = q^*$.

2.8   Die folgende Tabelle zeigt die durchschnittliche Höhe h von Sonnenblumen in Abhängigkeit der Zeit t nach dem Saattermin.

t [d]	10	20	30	35	40	50
h [cm]	20	70	100	130	160	200

   a) Tragen Sie die Messwerte in ein Streudiagramm ein und zeichnen Sie eine geeignete Ausgleichskurve.
   b) Stellen Sie ein geeignetes mathematisches Modell für die Abhängigkeit der Pflanzenhöhe h von der Zeit t auf und bestimmen Sie die Parameter dieses Modells.
   c) Wie hohe Sonnenblumen erwartet man 39 Tage nach der Saat?
   d) Wie hoch sind die Sonnenblumen nach Ihrem Modell 0 Tage und 70 Tage nach der Saat? Halten Sie dies für realistisch (Begründung!)?
   e) Wie groß ist die mittlere Wachstumsgeschwindigkeit?
   f) Wann sind die Sonnenblumen nach Ihrer Modellierung aufgegangen?

2.9   Wie lautet die Gleichung der Geraden in der Abbildung zu Aufgabe 2.10?

Parabeln

2.10   Geben Sie die Gleichung der nebenstehend skizzierten Parabel g an:

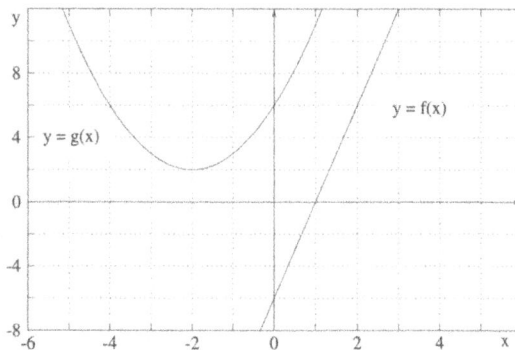

2.11 Die folgende Abbildung zeigt das Streudiagramm von Messwerten der durchschnittlichen Höhe h von Sonnenblumen in Abhängigkeit der Zeit t nach dem Saattermin. An die Messwerte wurde ein Polynom zweiten Grades angepasst.

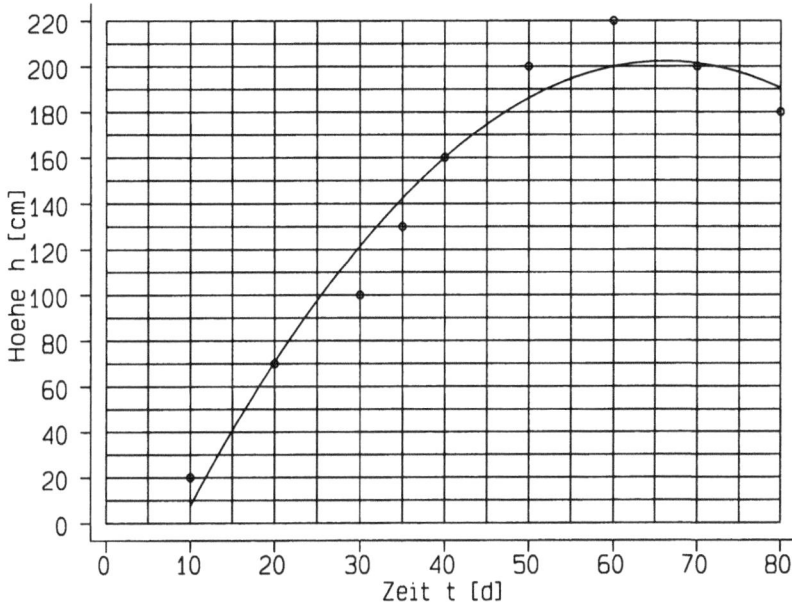

a) Bestimmen Sie den Scheitelpunkt der Parabel.

b) Bestimmen Sie die Funktionsgleichung des quadratischen Modells.

c) Wie hoch sind die Sonnenblumen erwartungsgemäß 45 Tage nach dem Saattermin?

d) Wie hoch sind die Sonnenblumen nach dem quadratischen Modell zum Zeitpunkt $t = 0$? Halten Sie dies für realistisch (mathematische Begründung!)?

e) Wie groß ist die Wachstumsgeschwindigkeit 30 Tage nach dem Saattermin?

f) Am wie vielten Tag nach dem Saattermin sind die Sonnenblumen aufgegangen?

2.12 Zeichnen Sie die Graphen folgender quadratischer Funktionen:

a) $f(x) = x^2 - x + 3$ b) $f(x) = -0.5x^2 + 3$

2.13 Ermitteln Sie die Parabel $y = ax^2 + bx + c$, die durch die Punkte $P_1(-4, 6)$, $P_2(-2, 2)$ und $P_3(0, 6)$ geht.

2.14   Die folgende Abbildung zeigt die parabelförmige Geschwindigkeits-Ver-
       teilung der Strömung in einem Wasserrohr eines Gewächshauses. Der
       Rohrradius beträgt $R = 4\,\mathrm{cm}$, die maximale Strömungsgeschwindigkeit
       in der Rohrmitte bei $d = 4\,\mathrm{cm}$ ist $v_{\max} = 0.5\,\mathrm{m/s}$.

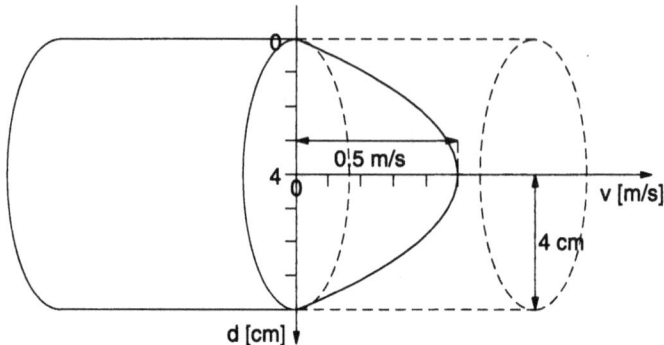

   a) Wie lautet die funktionale Abhängigkeit der Strömungs-Geschwin-
      digkeit v vom Abstand d von der Rohrwand in Polynom- und Scheitel-
      punkt-Darstellung allgemein?

   b) Bestimmen Sie die Parameter der Scheitelpunktform aus dem Dia-
      gramm. Berücksichtigen Sie dabei auch die Einheiten.

   c) Bestimmen Sie durch Wahl dreier markanter Punkte auf der Parabel
      und durch Lösen des daraus resultierenden Gleichungssystems die
      Parameter der Polynomform. Fügen Sie ihr dann die Einheiten hinzu.

   d) Wie groß ist die Strömungsgeschwindigkeit in $2\,\mathrm{cm}$ Entfernung von
      der Rohrwand?

   e) Wie viel Prozent des Rohrradius muss der Abstand von der Rohr-
      wand betragen, damit die Geschwindigkeit halb so groß wie in der
      Rohrmitte ist?

2.15   Durch $P(x) = -\frac{1}{2}x^2 + 3x - 4$ ist eine Parabel P definiert. Bestimmen Sie
       sämtliche Nullstellen dieses Polynoms und geben Sie damit ihre Darstel-
       lung als Produkt von Linearfaktoren an. Skizzieren Sie diese Parabel.

2.16   Berechnen Sie die Koeffizienten a_0, a_1, a_2 eines Polynoms zweiten Gra-
       des, $P\colon x \mapsto P(x) = a_2 x^2 + a_1 x + a_0$, das die Nullstellen $x_1 = 2$ und
       $x_2 = 4$ hat und durch den Punkt $(1, 2)$ geht.

2.17   Ein Betriebsleiter geht davon aus, dass sich der jährliche Gewinn y in Ab-
       hängigkeit von der produzierten Anzahl x durch die Funktionsgleichung
       $y = -10^{-5} \cdot x^2 + 10x - 500\,000$ beschreiben lässt. Skizzieren Sie y als
       Funktion von x und bestimmen Sie den maximalen Gewinn des Betriebes
       sowie die Produktion, bei der dieser maximale Gewinn erreicht wird.

2.18   Ein Betriebsleiter geht davon aus, dass die durchschnittlichen Kosten y pro produzierte Einheit durch den quadratischen Zusammenhang $y = 10^{-12} \cdot (x - 1\,000\,000)^2 + 1.50$ gegeben sind. Dabei gibt x die Gesamtproduktion an. Skizzieren Sie die Durchschnittskosten y als Funktion von x und bestimmen Sie, bei welchem Produktionsumfang das Minimum der durchschnittlichen Kosten auftritt und wie groß es ist.

Kubische Funktionen und weitere Polynome

2.19   Bestimmen Sie für die Durchschnittskostenfunktion in Aufgabe 2.18 die Gesamtkostenfunktion und skizzieren Sie sie.

2.20   Bei einer laminaren Strömung einer viskosen Flüssigkeit durch ein Rohr (Kapillare) mit Innenradius r und Länge l wird der Volumenstrom $\dot{V}$, d.h., das geflossene Volumen pro Zeit, durch das Gesetz von Hagen-Poiseuille beschrieben:

$$\dot{V} = \frac{dV}{dt} = \frac{\pi r^4 \Delta p}{8\eta l} \qquad \text{(aus } \textit{http://de.wikipedia.org/wiki/}$$
$$\textit{Gesetz\_von\_Hagen-Poiseuille)}$$

Dabei ist η die dynamische Viskosität der strömenden Flüssigkeit und Δp die Druckdifferenz zwischen Vorder- und Rückseite der Kapillare.

a) Inwiefern ist der Volumenstrom $\dot{V}$ als Funktion vom Innenradius r sowohl ein spezielles Polynom als auch eine spezielle Potenzfunktion?

b) Wir betrachten den Durchsatz des Blutes durch Blutgefäße: Durch Ablagerungen an der Gefäßwand verengt sich eine Kapillare um 10 %. Um wie viel Prozent muss dann die Druckdifferenz (der Blutdruck) ansteigen, um die Nährstoffversorgung weiterhin zu gewährleisten?

2.21   Das Polynom P sei gegeben durch $P(x) = x^3 - 2x^2 - x + 2$. Bestimmen Sie sämtliche Nullstellen und geben Sie damit seine Darstellung als Produkt von Linearfaktoren an. Skizzieren Sie diese kubische Funktion.

2.22   a) Bestimmen Sie das Polynom dritten Grades, dessen Graph die Punkte $(-1, -10)$, $(0, -4)$, $(1, -2)$ und $(2, 14)$ enthält.

b) Gesucht ist ein Polynom, dessen Graph durch die vier Punkte $(-1, 2)$, $(0, 2)$, $(1, 6)$ und $(2, 14)$ verläuft. Ist es eine kubische Funktion, d.h., eine Funktion dritten Grades?

2.23   Ist $f\colon x \mapsto f(x) = (x - 3)^3 + 4$ symmetrisch? Skizzieren Sie f.

2.24   Durch $P(x) = x^5 - x^4 - 2x^3 + 2x^2 + x - 1$ ist ein Polynom gegeben, das bei $x = 1$ eine Nullstelle hat. Wie lauten die übrigen Nullstellen?

$\rightarrow$ Weitere Aufgaben zu Polynomen: siehe die Aufgaben 7.36 – 7.38.

Exponentialfunktionen

2.25 Zeichnen Sie folgende Funktionen y_1 und y_2 im Bereich $-5 \le x \le 4$:

a) $y_1(x) = 0.2 \cdot e^{-0.3x}$ b) $y_2(x) = \frac{1}{\sqrt{2}} \cdot 10^{0.2x}$

2.26 Lösen Sie die Gleichung $e^{-x} - 3e^{-3x} = 0$ durch Logarithmieren.

2.27 Die Masse eines chemischen Stoffes zerfällt nach dem exponentiellen Gesetz $m(t) = m_0 \cdot 10^{-0.30\,\mathrm{h}^{-1}t}$. Berechnen Sie die Halbwertszeit, d.h., den Zeitraum, innerhalb dessen jeweils die Hälfte zerfällt. Schreiben Sie dann $m(t)$ in der üblichen Form als Exponentialfunktion zur Basis e.

2.28 Beim Betrieb von Kernkraftwerken entsteht u.a. das radioaktive Isotop Strontium 90, das nach dem Gesetz $N(t) = N_0 \cdot e^{-\lambda t}$ unter Aussendung von β-Strahlung zerfällt. Es hat eine Halbwertszeit von 28 Jahren.

a) Berechnen Sie die Zerfallskonstante λ.

b) In welcher Zeit ist eine Menge Strontium 90 auf $50\,\%$ ihrer urspünglichen Masse zurückgegangen?

c) Wie lange dauert es, bis sie auf $1\,\%$ zurückgegangen ist?

2.29 In der Fusionsforschung kann man die aufgewendete Geldmenge $D(t)$ mit folgender Exponentialfunktion D beschreiben:

$$D(t) = 0.15 \cdot 2^{0.8a^{-1}t} \quad \text{[in Millionen Dollar pro Jahr]} \quad (\text{a} = \text{Jahr})$$

Wie groß sind Verdopplungszeit und Verzehnfachungszeit?

2.30 Nach dem Newton'schen Abkühlungsgesetz gilt für die Temperatur T eines Körpers, der sich zu einem Zeitpunkt $t = 0$ mit einer Temperatur T_0 in einer Umgebung der konstanten Umgebungstemperatur T_U befindet:

$$T(t) = T_U + (T_0 - T_U) \cdot e^{-\lambda \cdot t}$$

Dabei ist λ eine Materialkonstante. Es steht nun ein Gefäß mit einer Temperatur von $T_0 = 80°C$ im $T_U = 20°C$ warmen Labor.

a) Nach 30 Minuten ist das Gefäß auf $50°C$ abgekühlt. Berechnen Sie die Materialkonstante λ samt Einheit.

b) Wann ist das Gefäß auf $35°C$ abgekühlt?

c) Schreiben Sie den in der Temperatur $T(t)$ vorkommenden exponentiellen Ausdruck $e^{-\lambda t}$ in der Form $(\frac{1}{2})^{k \cdot t}$ und berechnen Sie k.

d) Auf wie viel Grad Celsius hätte sich das Gefäß nach 30 Minuten abgekühlt, wenn es in einem $50°C$ warmen Labor gewesen wäre?

e) Skizzieren Sie den Temperaturverlauf eines zu Beginn $80°C$ warmen, und eines anfangs $-10°C$ kalten Gefäßes im $20°C$ warmen Labor.

2.31 Das Enzym Katalase wird durch Licht in Gegenwart von Sauerstoff
      zerstört. Ein Versuch erbrachte den folgenden exponentiellen Zusam-
      menhang zwischen der Katalasekonzentration c und der Zeit t:

$$c(t) = 10\,\tfrac{\mu g}{ml} \cdot \left(\tfrac{1}{2}\right)^{4.0\,h^{-1}t} \qquad (h = \text{Stunde})$$

   a) Bestimmen Sie daraus die Halbwertszeit t_H.
   b) Um wie viel Prozent sinkt die Katalasekonzentration alle 45 Minuten?
   c) Nach welcher Zeit ist nur noch 10% des Enzyms Katalase vorhanden?
   d) Schreiben Sie $c(t)$ als Exponentialfunktionen zu den Basen e und 10.

2.32 In einem Bioreaktor werden ein Milligramm Bakterien angesetzt. Sie ver-
      mehrem sich zunächst mit einer Wachstumsrate von 10 % in der Stunde.

   a) Auf welche Masse sind die Bakterien nach einem Tag angewachsen?
   b) Wann haben sich die Bakterien verzehnfacht?
   c) Schreiben Sie die Bakterienmasse als Exponentialfunktion der Form
      $m(t) = m_0 \cdot e^{k \cdot t}$.

Nun kann aber der Bioreaktor maximal ein Kilogramm Bakterien fassen.
Deshalb unterliegt das anfangs exponentielle Wachstum mit der Zeit
einer Beschränkung, dem sog. Sättigungswert $\tilde{m}_{max} = 1\,kg$. Es wird
durch folgende logistische Funktion $\tilde{m}$ beschrieben:

$$\tilde{m}(t) = \frac{\tilde{m}_{max}}{1 + c \cdot e^{-k \cdot t}} \qquad \text{(siehe auch Aufgabe 4.31)}$$

Diese Funktion wächst anfangs exponentiell, praktisch genauso wie beim
rein exponentiellen Wachstum $m(t) = m_0 \cdot e^{k \cdot t}$; es bleibt auch die Ver-
mehrungskonstante k dieselbe; jedoch nähert sich $\tilde{m}$ irgendwann der
Schranke $\tilde{m}_{max} = 1\,kg$ an, und zwar in umgekehrt exponentieller Form.

   d) Bestimmen Sie die Konstante c so, dass $\tilde{m}(0) = m_0$ ist, sodass das
      logistische Wachstum mit dem rein exponentiellen Wachstum ver-
      gleichbar ist, wo ebenfalls $m(0) = m_0$ gilt.
   e) Zeichnen Sie sowohl das rein exponentielle Wachstum dieser Bakteri-
      en als auch das exponentielle Wachstum mit Sättigung (logistisches
      Wachstum) in ein einziges Diagramm.
   f) Auf welche Masse sind nach dem logistischen Modell die Bakterien
      nach einem Tag angewachsen. Vergleichen Sie Ihr Ergebnis mit dem
      Ergebnis des Wachstums ohne Beschränkung in a).
   g) Auf welche Masse sind die Bakterien nach einer Woche angewachsen?
      Berücksichtigen Sie wieder das Fassungsvermögen des Bioreaktors.
   h) Auf welche Masse wären die Bakterien nach einer Woche angewach-
      sen, wenn ihr Wachstum ungehemmt hätte weitergehen können? Ver-
      gleichen Sie das Ergebnis mit dem des beschränkten Wachstums.

Exponentialfunktionen in einfachlogarithmischem Maßstab

2.33 Durch $y = f(x) = 5 \cdot 7^x$ ist eine Exponentialfunktion f gegeben. Welche Transformation muss an den Variablen x und y durchgeführt werden, damit die transformierten Werte X und Y auf einer Geraden liegen? Bestimmen Sie die Gleichung dieser Geraden.

2.34 In den 1980er Jahren erweckte die Immunschwächekrankheit *AIDS* das Bewusstsein der Öffentlichkeit, denn die Zahl der bei der Weltgesundheitsorganisation *WHO* jährlich gemeldeten Neuerkrankungen nahm drastische Ausmaße an:

Jahr	1982	1984	1985	1986	1988
Neuerkrankungen	3 000	8 000	15 000	20 000	60 000

a) Nehmen Sie das Jahr 1980 als Anfangszeitpunkt $t_0 = 0$. Tragen Sie die Zahl der jährlich gemeldeten Krankheitsfälle $N(t)$ über der Zeit t in eine Kopie des einfachlogarithmischen Papieres auf Seite 20 ein.

b) Inwiefern ist hier ein exponentieller Zusammenhang erkennbar?

c) Schätzen Sie die Neumeldungen N_0 im Jahr 1980, also für $t_0 = 0$.

d) Bestimmen Sie den funktionalen Zusammenhang $N(t) = N_0 \cdot 10^{k \cdot t}$.

e) Wie viele Neumeldungen sind im Jahr 2020 zu erwarten, wenn die Epidemie weiterhin mit derselben exponentiellen Wachstumsrate verläuft? Üben Sie Kritik an dieser Aufgabe.

f) Wie groß ist die Verdopplungszeit t_V der gemeldeten Krankheitsfälle?

2.35 Ein Organismus wurde mit einem Umweltgift kontaminiert. Die Giftkonzentration $c(t)$ in μg pro kg Körpermasse wurde an verschiedenen Tagen gemessen. Die folgende Tabelle enthält die Messwerte:

$c(t)$ in μg/kg	250	70	40	13	2
t in Tagen d	20	40	50	70	100

a) Prüfen Sie, ob das Gift exponentiell im Körper abgebaut wird. Tragen Sie dazu die Körperkonzentrationen über der Zeit in ein passendes logarithmisches Papier ein (kopieren Sie dazu Seite 20) oder erstellen Sie ein $(t, \lg c)$-Diagramm auf Ihrem Arbeitsblatt.

b) Bestimmen Sie die Anfangskonzentration c_0 zur Zeit $t_0 = 0$.

c) Bestimmen Sie den funktionalen Zusammenhang $c(t) = c_0 \cdot 10^{k \cdot t}$, indem Sie noch k aus der Steigung der Ausgleichsgeraden ermitteln.

d) Wie viel Prozent der Ausgangskonzentration wäre nach einem Jahr noch im Körper vorhanden?

e) Bestimmen Sie die Halbwertszeit der Giftkonzentration im Körper.

2.36 Das Enzym Katalase wird durch Licht in Gegenwart von Sauerstoff zerstört. Die folgende Messtabelle eines Versuchs zeigt die Katalasekonzentration c zu verschiedenen Zeitpunkten t.

t [min]	10	30	50	60	70	80
c [μg/ml]	7.4	3.0	1.2	0.7	0.4	0.2

a) Tragen Sie die Messwerte in einem solchen Maßstab auf, dass als Ausgleichskurve eine Gerade entsteht. *Hinweis:* Es ist nötig, von einer der beiden Variablen den Logarithmus zu nehmen.

b) Wie lautet der funktionale Zusammenhang zwischen c und t allgemein?

c) Bestimmen Sie nun auch die Parameter dieses Zusammenhangs.

d) Wie hoch war die Katalasekonzentration zu Beginn des Experiments?

e) Wie hoch ist die Katalasekonzentration nach zwei Stunden?

f) Wie groß ist die Halbwertszeit des Katalasezerfalls?

g) Wie groß ist die minütliche Zerfallsrate?

h) Welchen Wert muss die Basis b haben, wenn der Zusammenhang in der Form $c(t) = c_0 \cdot b^{\min^{-1} t}$ geschrieben werden soll?

2.37 Die folgende Tabelle zeigt die Anzahl N der Umläufe pro Minute beim Schwänzeltanz der Bienen in Abhängigkeit von der Entfernung x der Nektarquelle vom Bienenstock.

x in km	1	2	3	4	5
N	20	16	12.5	10	8

a) Prüfen Sie, ob die Anzahl der Umläufe exponentiell mit der Entfernung abnimmt. Tragen Sie dazu die Umlaufzahl über der Entfernung in ein entsprechendes logarithmisches Papier auf Seite 20 oder in ein geeignetes selbsterstelltes Koordinatensystem ein, sodass die Ausgleichskurve durch die Messpunkte eine Gerade ergibt.

b) Wie viele Umläufe macht eine tanzende Biene in der Minute, wenn Sie eine Nektarquelle direkt vor dem Bienenstock entdeckt hat? (In Wirklichkeit führt sie bei unmittelbarer Nähe der Nektarquelle einen Rundtanz auf.)

c) Bestimmen Sie den funktionalen Zusammenhang $N = N_0 \cdot 10^{k \cdot x}$, indem Sie k aus der Steigung der Ausgleichsgeraden ermitteln.

d) Wie viele Umläufe macht eine tanzende Biene in der Minute, wenn Sie eine Nektarquelle in 600 m Enfernung entdeckt hat?

e) Wie groß ist die Halbwertsentfernung x_H der Umlaufzahl?

f) Wie lautet der funktionale Zusammenhang zur Basis e?

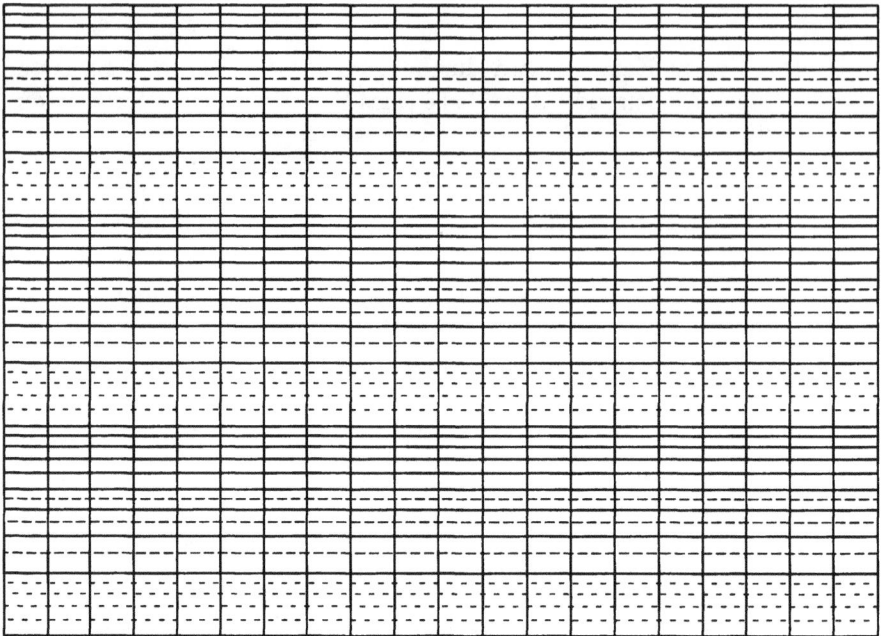

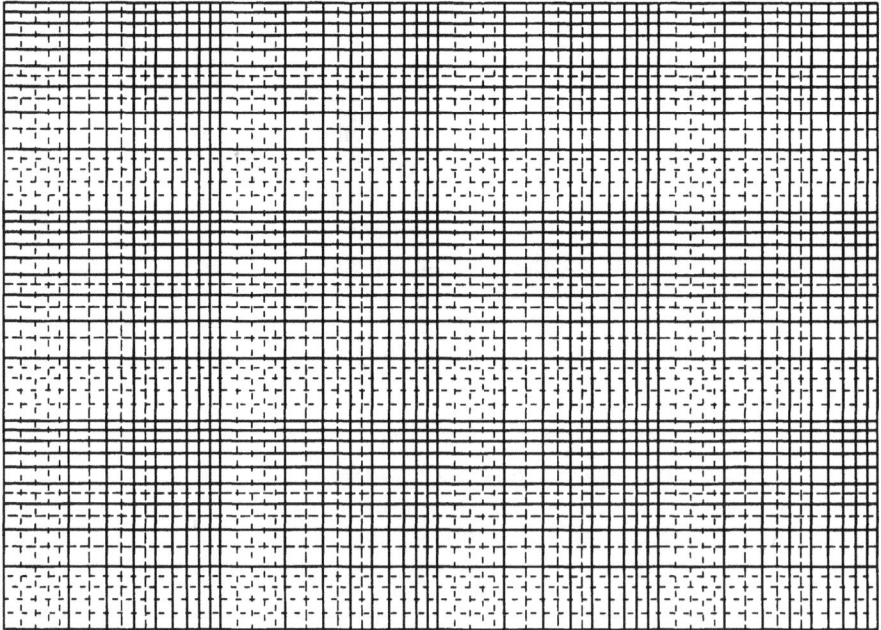

Potenzfunktionen in doppeltlogarithmischem Maßstab

2.38 Die Potenzfunktion f sei gegeben durch $y = f(x) = \frac{1}{10}\sqrt{x^5} = \frac{1}{10}x^{5/2}$.

a) Berechnen Sie für $x = \frac{1}{4}, 1, \frac{9}{4}, 4, 9, 16$ die Funktionswerte von f.

b) Skizzieren Sie die Potenzfunktion f in gewöhnlichem Maßstab.

c) Wie müssen x und y transformiert werden, damit die transformierten Wertepaare (X, Y) auf einer Geraden liegen.

d) Welche Gleichung hat diese Gerade?

e) Berechnen Sie nun die transformierten Werte X und Y für die in a) angegebenen x-Werte.

f) Zeichnen Sie jetzt die Potenzfunktion f in doppeltlogarithmischem Maßstab; zeichnen Sie also die Gerade $g\colon X \mapsto Y$.

2.39 Die Potenzfunktion f sei gegeben durch $y = f(x) = 2/\sqrt[3]{x} = 2x^{-1/3}$.

a) Berechnen Sie für $x \in \{1, 8, 27, 64, 125, 216\}$ sowohl y als auch die transformierten Werte $X = \lg x$ und $Y = \lg y$.

b) Zeichnen Sie die Potenzfunktion f zuerst auf normales und dann auf ein doppeltlogarithmisches Papier (kopieren Sie dazu Seite 20). Beschriften Sie die Achsen des Logarithmuspapiers sowohl gewöhnlich als auch durch die Angabe der Logarithmen, sodass man daraus auch die Gerade in den transformierten Werten X und Y ablesen kann.

2.40 Folgende Tabelle gibt an, nach welcher Zeit t sich frisch gekochte Kartoffelklöße verschiedener Masse m im Kern auf 50°C abgekühlt haben.

Masse m [g]	30	40	80	130	350	600
Zeit t [s]	120	150	230	300	600	850

a) Tragen Sie die Abkühlzeit t in Abhängigkeit der Kloßmasse m graphisch so auf, dass in etwa eine Gerade entsteht. Benutzen Sie dazu entweder ein doppeltlogarithmisches Papier auf Seite 20 oder erstellen Sie eine geeignete Darstellung auf Ihrem Arbeitsblatt.

b) Wie lautet der allgemeine mathematische Zusammenhang zwischen Abkühlzeit t und Kloßmasse m?

c) Bestimmen Sie die Parameter der funktionalen Beziehung $t = t(m)$.

d) Der Sage nach kochten die Schaffhauser einen Riesenkloß und transportierten ihn mit einem Floß nach Basel, wo er angeblich noch warm (Kerntemperatur 50°C) ankam. Der Transport dauerte 10 Stunden. Welche Masse musste der Kloß haben?

e) Welchen Durchmesser musste der Kloß haben, wenn die Kloßdichte ungefähr der Wasserdichte von $\rho = 1$ g/cm^3 gleicht?

→ Weitere Übung zum doppeltlogaritmischen Papier: Aufgabe 10.12

Trigonometrische Funktionen und Schwingungen

2.41   Sind folgende Funktionen $f\colon x \mapsto y$ gerade, ungerade oder weder gerade
noch ungerade?

   a) $y = \sin x$ b) $y = \cos x$ c) $y = \tan x$

   d) $y = x \cdot \sin x$ e) $y = \dfrac{x^2}{\sin x}$ f) $y = \dfrac{\cos x}{x}$

   g) $y = x + \sin x$ h) $y = \sin x \cdot \cos x$ i) $y = x + \cos x$

2.42   Die folgende Graphik zeigt den idealisierten jahreszeitlichen Temperaturverlauf des Oberflächenwassers von künstlich angelegten aquatischen
Ökosystemen am Lehrstuhl für Botanik in Weihenstephan. Die Wassertemperatur T in $°C$ kann durch eine Sinusfunktion der Zeit t in Monaten
beschrieben werden: $T = T_A \sin(\omega(t - t_0)) + T_V$. Der Zeitpunkt $t = 0$
ist der 1. Januar 2004.

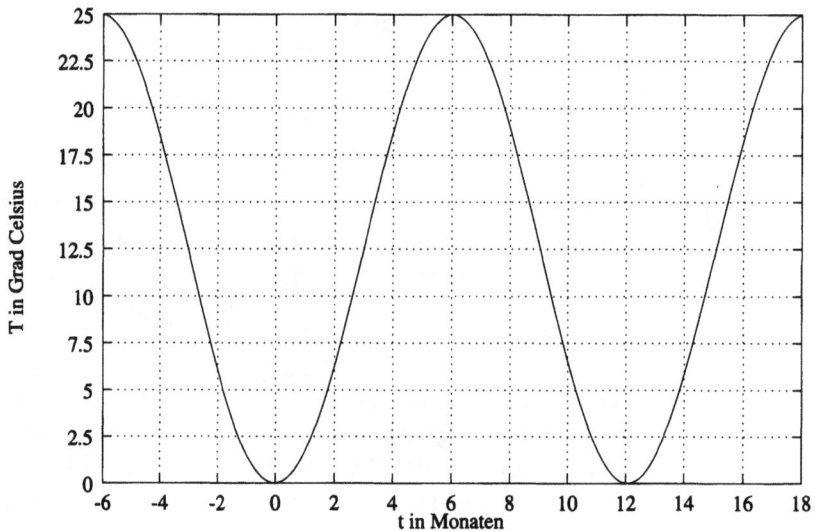

   a) Bestimmen Sie die Schwingungsdauer t_S.

   b) Bestimmen Sie die Kreisfrequenz ω und die Frequenz f.

   c) Bestimmen Sie die Zeitverschiebung t_0.

   d) Bestimmen Sie die Vertikalverschiebung T_V.

   e) Bestimmen Sie die Amplitude T_A.

   f) Geben Sie die Wassertemperatur T als Funktion der Zeit t an.

   g) Schätzen Sie die Wassertemperatur am 1. Mai 2007.

2.43 Die folgende Graphik zeigt den sinusförmigen Strom- und Spannungsver-
lauf beim Test eines Elektromotors. Durch den induktiven Widerstand
der Spule eilt die Spannung dem Strom voraus.

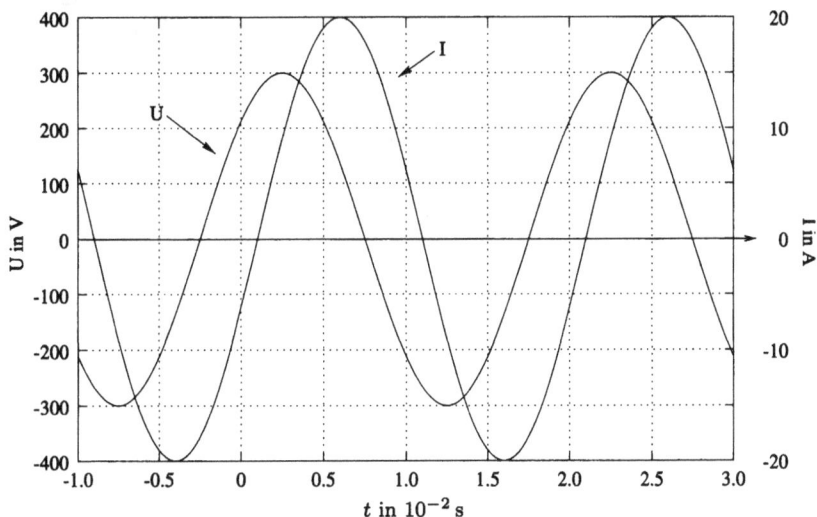

a) Bestimmen Sie die Spannungsamplitude U_A.

b) Bestimmen Sie die Schwingungsdauer T_U der Spannung U. Achten
   Sie auf die Einteilung der Zeitachse.

c) Bestimmen Sie die Kreisfrequenz ω_U der Spannung U.

d) Wie viele Schwingungen vollführt die Spannung in einer Sekunde?

e) Bestimmen Sie die Zeitverschiebung t_U der Spannung U.

f) Geben Sie die funktionale Beziehung $U = U(t)$ an.

g) Welche Spannung liegt zur Zeit $t = 3$ min an?

h) Welche Phasenverschiebung φ_{UI} liegt zwischen Strom und Spannung?

2.44 Zeichnen Sie die Graphen der folgenden Funktionen $f: x \mapsto y$:

a) $y = \dfrac{1}{2} \cdot \sin\left(\dfrac{1}{2}x\right) - \dfrac{1}{2}$

b) $y = -\dfrac{1}{2} \cdot \cos\left(x - \dfrac{\pi}{3}\right)$

2.45 Bringen Sie mit Hilfe der Additionstheoreme und weiterer Beziehungen
zwischen den trigonometrischen Funktionen die folgenden Gleichungen
auf die Form $y = a \cdot \sin(x + b)$:

a) $y = \sin x + \cos x$

b) $y = 3 \sin x - 4 \cos x$

c) $y = -\sqrt{3} \sin x + \cos x$

Geben Sie dann die Extremwerte dieser Funktionen an.

2.46   Durch Überlagerung zweier Schwingungen mit fast gleicher Frequenz
        entsteht eine Schwebung, d. h., ein periodisches An- und Abschwellen der
        Schwingungsamplitude. Zeichnen Sie für die Frequenzen $f = 1/(2\pi)$ und
        $f = 1.25/(2\pi)$, also für $\omega = 1$ und $\omega = 1.25$, das Schwingungsbild zur
        Gleichung $y = 2\sin t + 2\sin(1.25\,t)$ im Bereich $0 \le t \le 8\pi$. Bestimmen
        Sie auch die Periode T und die Symmetriezentren dieser Schwingung.

        Anmerkung: Auf Schallwellen bezogen entsprechen die Variablen t und T
        der Zeit, die z. B. in Millisekunden gemessen ist, sodass f und ω die Ein-
        heit kHz erhalten. Das gezeichnete Bild wird dann aber als große Terz
        zweier gleichlauter Sinustöne (Töne ohne Oberschwingungen) gehört.
        Um eine Schwebung (An- und Abschwellen der Lautstärke) wahrzuneh-
        men, müssten die Frequenzen viel ähnlicher sein, sodass die Periode der
        Lautstärke-Schwankungen wesentlich größer als die Perioden $T_i = 1/f_i$
        der beiden Töne ist. Hören Sie sich die Schwebung mit 440 Hz und 440.5
        Hz auf *http://delphi.zsg-rottenburg.de/ttmusik.html* an!

2.47   Die folgende Graphik zeigt in der durchgezogenen Linie den zeitlichen
        Verlauf der Auslenkung x einer gedämpften Schwingung:

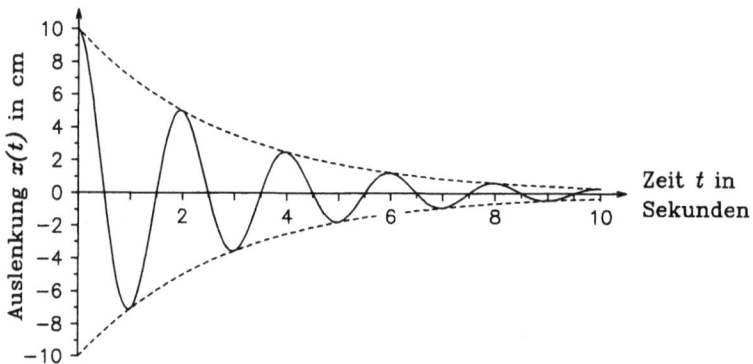

        Ihre Gleichung ist: $x(t) = \widehat{x}(t) \cdot \cos(\omega \cdot t + \varphi_0)$ mit $\widehat{x}(t) = \widehat{x}_0 \cdot e^{-k \cdot t}$.

        $\widehat{x}$ gibt den zeitlich exponentiell abnehmenden Verlauf der Amplitude an.
        Sowohl $\widehat{x}$ als auch $-\widehat{x}$ sind in der Graphik gestrichelt dargestellt.

        a) Bestimmen Sie die Phasenverschiebung φ_0 der Schwingung.
        b) Bestimmen Sie die Schwingungsdauer T und die Kreisfrequenz ω.
        c) Bestimmen Sie die Anfangsamplitude $\widehat{x}_0$ der Schwingung.
        d) Bestimmen Sie die Halbwertszeit t_H der Amplitudenabnahme und
           berechnen Sie daraus die Dämpfungskonstante k.
        e) Geben Sie nun die gesamte Schwingungsgleichung an.
        f) Wie groß ist die Geschwindigkeit zu einem beliebigen Zeitpunkt t?
        g) Wie groß ist die Geschwindigkeit nach $t = 0.5\,\mathrm{s}$ und nach $t = 1\,\mathrm{s}$?

2.48   Skizzieren Sie für $0 \leq t \leq 2\pi$ die gedämpfte Schwingung, die durch die
       Funktionsgleichung $y = e^{-0.26t} \cdot \sin 2t$ beschrieben ist.

2.49   Die Bewegungsgleichung einer Kugel der Masse 100g, die an einer Feder
       schwingt, lautet: $x(t) = x_0 \sin(\omega t + \varphi_0)$. Dabei ist

   $x(t)$ die Auslenkung der Kugel zur Zeit t,
   $x_0 = 20$ cm   die Amplitude,
   $\omega = 2.1$ s^{-1} die Winkelgeschwindigkeit bzw. Kreisfrequenz,
   $\varphi_0 = 60°$ die Phasenverschiebung zum Zeitpunkt $t = 0$.

   a) Wie groß ist die Auslenkung der Kugel zum Zeitpunkt $t = 0$?
   b) Wie groß ist die Auslenkung der Kugel zum Zeitpunkt $t = 3.25$ s?
   c) Wie groß ist die Schwingungsdauer T?
   d) Bestimmen Sie die Gleichung für die Geschwindigkeit $v(t) = \dot{x}(t)$ der
      Kugel.
   e) Wie groß ist die Geschwindigkeit der Kugel zum Zeitpunkt $t = 3.25$ s?
   f) *Physikalische Zusatzfrage:* Leiten Sie die Federkonstante D her und
      berechnen Sie sie.

2.50   Zeichnen Sie durch Überlagerung (Superposition):

   a) $y = x + \sin x$ b) $y = -x + \cos x$

   c) $y = x + \sin 2x$ d) $y = x^2 - \dfrac{1}{2}\sin 2x$

   e) $y = \cos x - 2\sin x$ f) $y = \sin 2x + \sin x$

2.51   Wenden Sie die folgenden Transformationen $x \mapsto \tilde{x}$ und $y \mapsto \tilde{y}$ auf
       die Kosinusfunktion $f\colon x \mapsto y = \cos x$ an und zeichnen Sie den neuen
       Graphen von $\tilde{f}\colon \tilde{x} \mapsto \tilde{y}$.

   a) $\tilde{x} = x + 1$ $\tilde{y} = 2y$ b) $\tilde{x} = 2x$ $\tilde{y} = 2y$

   c) $\tilde{x} = -x$ $\tilde{y} = y$ d) $\tilde{x} = -x$ $\tilde{y} = -y$

   Was bewirken diese Transformationen an jeder Funktion $f\colon x \mapsto y$?

2.52   a) Welchen Winkel (in °) schließen Minuten- und Stundenzeiger einer
         Uhr um 14:00 Uhr ein?
   b) Wie groß ist dieser Winkel im Bogenmaß?
   c) Wie groß ist die Periode von Minuten- und Stundenzeiger?
   d) Bestimmen Sie die Winkelgeschwindigkeiten des Minuten- und des
      Stundenzeigers.
   e) Welchen Winkel φ (in °) schließen Minuten- und Stundenzeiger einer
      Uhr um 15:10 Uhr ein?
   f) Welche Geschwindigkeit hat die Zeigerspitze eines 20 cm langen Mi-
      nutenzeigers?

2.53 Sie stehen im Sommer auf einer Wiese.

   a) Ein 5 m hoher Birnbaum wirft einen Schatten von 9 m Länge. Unter welchem Winkel steht die Sonne am Horizont?

   b) Etwas später steht die Sonne unter einem Winkel von 20° am Horizont. Wie groß ist dieser Winkel im Bogenmaß?

   c) Wie lang ist Ihr Schatten, den Sie bei diesem Sonnenstand auf den ebenen Boden werfen (Schätzen Sie Ihre Körpergröße oder sehen Sie in Ihrem Ausweis nach)?

   d) In Ihrer Nähe befindet sich ein Hang mit einem Gefälle von 10 %. Unter welchem Winkel fällt der Hang in Bezug auf die ebene Wiese?

   e) Sie stehen am Hang mit dem Gesicht nach unten und haben die Sonne im Rücken? Wie lang ist Ihr Schatten, wenn die Sonne im selben Winkel am Horizont steht wie der Hangneigungswinkel?

   f) Wie lang ist Ihr Schatten am Hang, wenn die Sonne unter 20° am Horizont steht?

2.54 Gegeben seien die Längen a, b und c der drei Seiten eines Dreiecks, das im Allgemeinen nicht rechtwinklig ist. Leiten Sie eine Formel für die Fläche eines solchen Dreiecks her, die nur von den Seitenlängen a, b und c abhängt und keine trigonometrischen Funktionen enthält.

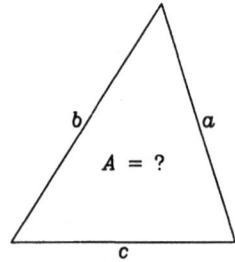

Verschiedene Funktionen und ihre Eigenschaften

2.55 Bestimmen Sie den Definitionsbereich folgender Funktionen f.

   a) $f(x) = \dfrac{x}{x^2 - 1}$ b) $f(x) = \dfrac{1 + \cos x}{3 + \sin x}$

   c) $f(x) = \dfrac{1}{\sqrt[4]{10 + x}}$ d) $f(x) = 10^{-\frac{1}{x-3}}$

2.56 Bestimmen Sie den Definitionsbereich der folgenden Funktionen $f \colon x \mapsto y$ und skizzieren Sie sie im angegebenen Bereich.

   a) $y = x^{-3}$ Skizze für $-4 \le x \le 8$

   b) $y = \dfrac{x^2}{1 + x^2}$ Skizze für $-3 \le x \le 3$

   c) $y = \ln(3x + 4)$ Skizze für $0 \le x \le 10$

   d) $y = \frac{1}{3}(2^x + 2^{-x})$ Skizze für $-5 \le x \le 5$

2.57   Zeichnen Sie die durch folgende Gleichungen gegebenen Funktionen f:

a) $f(x) = \dfrac{1}{3x - 1}$ im Bereich $-2 \leq x \leq 4$

b) $f(x) = \dfrac{1}{(x - 1)^2}$ im Bereich $-1 \leq x \leq 3$

c) $f(x) = \dfrac{1}{1 + x^2}$ im Bereich $-3 \leq x \leq 3$

d) $f(x) = \sqrt{x - 2}$ im Bereich $2 \leq x \leq 6$

e) $f(x) = x + \frac{1}{2} \cdot 2^x$ im Bereich $-2 \leq x \leq 2$

f) $f(x) = \left| 1 - |x| \right|$ im Bereich $-4 \leq x \leq 4$

Die Funktion f in Aufgabe f) hat eine schiefe Asymptote. Bestimmen Sie sie. Wo nähert sich f dieser Asymptote an.

2.58   Untersuchen Sie die Funktionen in Aufgabe 2.57 auf Stetigkeit, Monotonie (auch abschnittsweise) und Symmetrie. Welche dieser Funktionen sind gerade? Welche ungerade?

2.59   Untersuchen Sie folgende Funktionen f auf Definitionsbereich, Nullstellen, Pole, Asymptoten und Symmetrie und skizzieren Sie sie:

a) $f(x) = \dfrac{2x^2}{x^4 - 2}$ b) $f(x) = \dfrac{1}{2}x^3 - \dfrac{1}{x}$

2.60   Die Dichte φ der Standardnormalverteilung lautet: $\varphi(x) = \dfrac{1}{\sqrt{2\pi}} \cdot e^{-x^2/2}$.

Skizzieren Sie diese Funktion für $-2 \leq x \leq 2$ und untersuchen Sie sie auf Symmetrie und absolute Extremwerte.

2.61   Bestimmen Sie die Umkehrfunktionen zu den folgenden Funktionen f sowie deren Definitionsbereich:

a) $y = f(x) = \sqrt{x} - 4 \quad (x \geq 0)$ b) $y = f(x) = -x^3 + 1$

c) $c = f(t) = 10 \frac{\mu g}{ml} \cdot \left(\frac{1}{2} \right)^{4\,h^{-1}t}$ d) $d = f(v) = 50\,m - \dfrac{v^2}{17\,m/s^2}$

$(t \geq 0\,h; \quad \text{vgl. Aufg. 2.31})$ $(v \geq 0\,m/s)$

2.62   Gegeben sei die Funktion $f \colon I\!R \setminus \{1\} \to I\!R, \ x \mapsto f(x) = \dfrac{x + 1}{x - 1}$.

a)   Bestimmen Sie die waagrechte Asymptote, den Pol x_0 und $\lim\limits_{x \to x_0^{\pm}} f(x)$.

b)   Skizzieren Sie f im Bereich $-4 \leq x \leq 6$.

c)   Zeigen Sie, dass f um den Punkt $(1, 1)$ symmetrisch ist.

d)   Zeigen Sie, dass f mit ihrer Umkehrfunktion f^{-1} identisch ist.

e)   Anhand welcher Symmetrie erkennt man diese Identität graphisch?

3 Folgen, Grenzwerte, Reihen, Zinsrechnung

Folgen, Grenzwerte

3.1 Welche Grenzwerte haben die Folgen

    a) $(0.9, 0.99, 0.999, \ldots)$ b) $(0.75, 0.775, 0.7775, \ldots)$?

3.2 Berechnen Sie die ersten vier Glieder folgender Folgen:

    a) $\left(\dfrac{1}{\sqrt{n}}\right)_{n \in \mathbb{N}}$ b) $(\sqrt{n})_{n \in \mathbb{N}}$

    Welche dieser Folgen konvergieren?

3.3 Bestimmen Sie folgende Grenzwerte für $n \to \infty$:

    a) $\displaystyle\lim_{n \to \infty} \left(\frac{1}{3}\right)^n$ b) $\displaystyle\lim_{n \to \infty} \frac{10^{-6} \cdot 10^{-3n}}{10^{-7n}}$ c) $\displaystyle\lim_{n \to \infty} \frac{3}{n - 2}$

    d) $\displaystyle\lim_{n \to \infty} \frac{n^2 + 5}{n}$ e) $\displaystyle\lim_{n \to \infty} \frac{7n - 20n^2 + 3}{4n^2 - 11n + 2}$ f) $\displaystyle\lim_{n \to \infty} \frac{1 - n^3}{10n^2 - n}$

    g) $\displaystyle\lim_{n \to \infty} \frac{1 - 4n^2}{100 + n}$ h) $\displaystyle\lim_{n \to \infty} \frac{1 - 10^{50}n^2}{n^3 + 1}$ i) $\displaystyle\lim_{n \to \infty} \frac{10^n}{-10^{30} \cdot 3^{2n}}$

3.4 Bestimmen Sie folgende Grenzwerte für x gegen $+\infty$ bzw. $-\infty$:

    a) $\displaystyle\lim_{x \to \pm\infty} \frac{2x^4}{(1 - x)^3}$ b) $\displaystyle\lim_{x \to \pm\infty} \frac{2(1 + x^2)}{(7 - x)(9 + x)}$ c) $\displaystyle\lim_{x \to \infty} \frac{1.01^x}{x^{100}}$

    d) $\displaystyle\lim_{x \to \infty} \frac{\ln x}{\sqrt[100]{x}}$ e) $\displaystyle\lim_{x \to \infty} \left(\frac{1}{2}\right)^x \cdot \ln x^{100}$ f) $\displaystyle\lim_{x \to -\infty} \frac{x^{-100}}{e^{3x}}$

3.5 Bestimmen Sie folgende Grenzwerte für x gegen eine feste Zahl x_0:

    a) $\displaystyle\lim_{x \to 0} \frac{(x + 2)^2 - 4}{x}$ b) $\displaystyle\lim_{x \to \frac{1}{2}} \frac{2x^2 + x - 1}{4x^2 - 1}$ c) $\displaystyle\lim_{x \to -3} \frac{6x^2 - 54}{12 - 3x^2}$

    d) $\displaystyle\lim_{x \to 1} \frac{1 - x}{1 - \sqrt{x}}$ e) $\displaystyle\lim_{x \to -2} \frac{x^3 + 8}{x + 2}$ f) $\displaystyle\lim_{x \to a} \frac{x^n - a^n}{x - a}$

3.6 Bestimmen Sie folgende Grenzwerte für x gegen 0:

    a) $\displaystyle\lim_{x \to 0} \frac{\sin x}{x}$ b) $\displaystyle\lim_{x \to 0} \frac{\sin x \cdot \cos x}{x}$ c) $\displaystyle\lim_{x \to 0^+} \frac{\sin^2 \sqrt{x}}{1 - \cos x}$

    d) $\displaystyle\lim_{x \to 0} \frac{x^2 + \sin x}{x}$ e) $\displaystyle\lim_{x \to 0} \frac{\tan x}{\sin x}$ f) $\displaystyle\lim_{x \to 0} \frac{1 - \cos(2x)}{x^2}$

3.7 Wie verhält sich f bei Annäherung an die Definitionsränder bzw. -lücken x_0 von links und von rechts? Bestimmen Sie also $\lim\limits_{x \to x_0^{\pm}} f(x)$ für

a) $f(x) = \dfrac{1}{2 - x}$ b) $f(x) = \dfrac{1}{4 - x^2}$ c) $f(x) = \dfrac{\ln(\frac{1}{4}x)}{8 - x^3}$

3.8 Durch $a_{n+1} := \sqrt{1 + a_n}$ ist mittels verschiedener Startwerte $a_0 \geq -1$ eine Schar von Folgen $(a_n)_{n \in I\!N_0}$ rekursiv definiert.

   a) Berechnen Sie für die Startwerte $a_0 = -1$ und $a_0 = 1000$ die Folgenglieder a_1 bis a_{10} auf vier Stellen genau.

   b) Schreiben Sie das Folgenglied a_7 so, dass es nur auf a_0 Bezug nimmt.

   c) Zeigen Sie durch vollständige Induktion, dass die Folge $(a_n)_{n \in I\!N_0}$ streng monoton steigt, falls ihr Folgenglied $a_1 > a_0$ ist, streng monoton fällt, falls $a_1 < a_0$ ist, und konstant bleibt, falls $a_1 = a_0$ ist.

   d) Wie hängen diese Monotonie-Eigenschaften vom Startwert a_0 ab?

   e) Zeigen Sie, dass jede dieser Folgen beschränkt ist.

   f) Warum konvergiert jede dieser Folgen?

   g) Bestimmen Sie deren Grenzwert. Hängt er vom Startwert ab?

3.9 Einem Liter einer 6 %igen Kochsalzlösung werden 0.5 Liter destilliertes Wasser zugesetzt. Von dieser Mischung wird 1 Liter abgefüllt. Mit der neu entstandenen Lösung wird in gleicher Weise verfahren. Wie oft muss der geschilderte Mischungsvorgang wiederholt werden, damit eine Lösung mit weniger als 0.005 % Salzgehalt entsteht?

3.10 In einem Liter Wasser sind 1 mol eines Stoffes, also $6 \cdot 10^{23}$ Teilchen gelöst. Es wird eine Verdünnungsreihe angesetzt, bei der im ersten Schritt ein Zwanzigstel der Lösung mit destilliertem Wasser auf einen Liter aufgefüllt wird. In den weiteren Schritten wird mit der jeweils entstehenden Verdünnung genauso verfahren. Wie oft muss man den Verdünnungsvorgang ungefähr ausführen, damit am Ende gerade noch ein Teilchen in der Lösung ist?

3.11 Eine Algenpopulation in einem Teich umfasse zum Zeitpunkt t_0 100 000 Individuen. Aus Sterberate und natürlichem Zuwachs ergibt sich in den ersten fünf Jahren eine Netto-Zuwachsrate von 1.5 %. Im sechsten Jahr wird mit der Einleitung von Chemikalien begonnen, wodurch die bis dahin positive Zuwachsrate in eine negative Netto-Zuwachsrate von jährlich -1.5 % umschlägt. Wann ist die Algenpopulation ausgestorben? Da es nur eine ganzzahlige Anzahl von Algen gibt, betrachten wir die Population als ausgestorben, wenn sie rein rechnerisch „0.5 Individuen" unterschritten hat, sodass wir sie dann auf null abrunden dürfen. In Wirklichkeit hängt es vom Zufall ab, bis es auch die letzte Alge erwischt.

3.12 Bei der Konstruktion von Fraktalen wird jedes Objekt im folgenden Schritt durch eine Anzahl N von neuen Objekten ersetzt, die um einen Skalierungsfaktor s verkleinert sind. Die Konstruktion der sog. Koch-Kurve beginnt mit einer Linie ($i = 0$). Im ersten Schritt ($i = 1$) wird das mittlere Drittel dieser Linie entfernt und (wie in der Graphik demonstriert) durch zwei neue Linien ersetzt, deren Länge ein Drittel der ursprünglichen Linie beträgt. Im zweiten Schritt werden die mittleren Drittel der vier Linien bei $i = 1$ wiederum durch zwei um den Skalierungsfaktor $s = 3$ verkürzte Linien ersetzt. Diese Konstruktionsvorschrift kann beliebig oft wiederholt werden. Für $i \to \infty$ entsteht die Koch-Kurve.

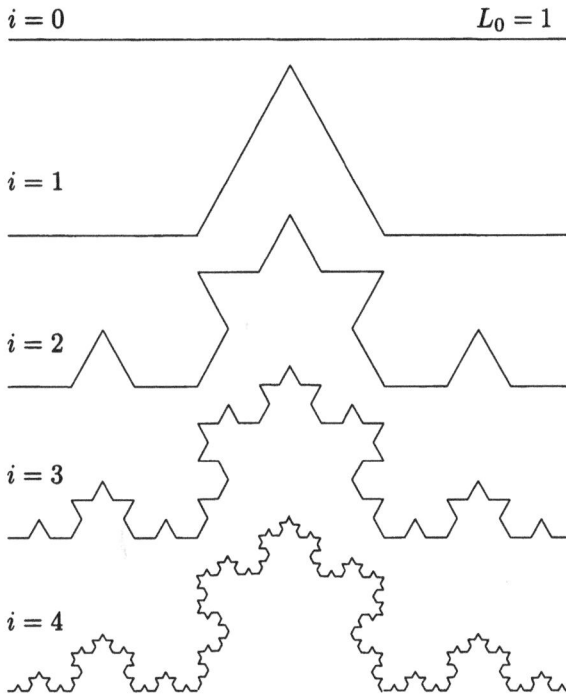

a) Wie groß ist die Anzahl N_i der Linien im i-ten Schritt?

b) Welche Länge L_i hat die Kurve im i-ten Schritt, wenn sie bei $i = 0$ die Länge $L_0 = 1$ hatte?

c) Wie lang ist die Koch-Kurve (d.h., der Grenzwert von L_i für $i \to \infty$)?

d) N und s hängen über das Potenzgesetz $N = s^{D_H}$ zusammen. D_H ist die sog. Hausdorff-Dimension des Fraktals. Bestimmen Sie die Hausdorff-Dimension der Koch-Kurve.

Reihen

3.13 Berechnen Sie die folgenden Summen unter Verwendung der Summenformel für die endliche geometrische Reihe:

a) $9 + 90 + 900 + 9\,000 + 90\,000$ b) $1 - 1 + 1 - 1 + 1 - 1 + 1$

c) $-50 + 250 - 1\,250 + 6\,250 - 31\,250$ d) $\displaystyle\sum_{i=1}^{10} \left(\frac{4}{5}\right)^i$

3.14 Konvergieren folgende unendliche geometrische Reihen? Wenn ja, berechnen Sie ihren Summenwert.

a) $\displaystyle\sum_{i=1}^{\infty} \left(\frac{4}{5}\right)^i$ b) $\displaystyle\sum_{i=0}^{\infty} \left(\frac{4x-1}{1-4x}\right)^i$ $x \neq \dfrac{1}{4}$

3.15 Für welche x konvergiert die Reihe $\displaystyle\sum_{i=0}^{\infty} \left(\frac{3x-1}{2}\right)^i$?

Geben Sie für diese x den Summenwert an.

3.16 Sei $S(q) = \displaystyle\sum_{i=0}^{\infty} q^i$ eine unendliche geometrische Reihe mit $|q| < 1$.

Zeigen Sie, dass bei Ersetzung von $S(q)$ durch die n-te Teilsumme

$S_n(q) = \displaystyle\sum_{i=0}^{n} q^i$ der relative Fehler $\dfrac{S(q) - S_n(q)}{S(q)}$ gleich q^{n+1} ist!

Bestimmen Sie n so, dass für $q = 0.1$ dieser Fehler kleiner als 10^{-4} ist!

3.17 Ein Frosch sitzt am Rand einer 3 m breiten Straße und will diese überqueren. Beim ersten Sprung springt er einen Meter, beim zweiten einen halben, beim dritten einen viertelten usw. Er erreicht also mit jedem zusätzlichen Sprung nur noch die Hälfte des vorhergehenden. Erreicht er auf diese Weise die andere Straßenseite?

3.18 In einem großen Bioreaktor ist die maximal mögliche Bakterienmasse nahezu erreicht. Der Zuwachs an Bakterien wird nun täglich gemessen. Am ersten Tag stellt man noch einen Zuwachs von $Z_1 = 100$ mg fest, während der Zuwachs Z_n am n-ten Tag nur noch drei Fünftel vom Zuwachs Z_{n-1} des Vortages beträgt.

a) Wie groß ist der Zuwachs am 14. Tag?

b) Wie groß ist der Gesamtzuwachs vom ersten bis zum 14. Tag?

c) Kann sich der Gesamtzuwachs durch eine längere Beobachtungsdauer noch wesentlich erhöhen?

3.19   Der Zuwachs einer Bakterienkultur, die zu Beginn eines Laborexperiments aus 10^6 Zellen besteht, beträgt am ersten Tag die Hälfte der vorhandenen Organismen und in den folgenden Tagen jeweils nur noch die Hälfte des Vortageszuwachses.

a) Wie viele Bakterien sind nach 10 Tagen vorhanden?

b) Wie lange dauert es, bis sich die Anzahl der Bakterien verdreifacht?

3.20   Berechnen Sie die Summe $S = 7 + 10 + 13 + 16 + 19 \ldots + 1027 + 1030$.

3.21   Das folgende Bild zeigt ein Kartenhaus mit 3 Stockwerken.

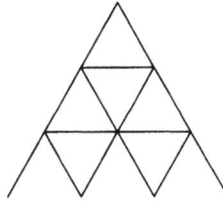

a) Aus wie vielen Karten besteht das dargestellte Kartenhaus?

b) Aus wie vielen Karten besteht ein Kartenhaus mit 4 Stockwerken?

c) Wie viele Karten benötigt man allgemein, um ein Kartenhaus mit einer beliebigen Anzahl von n Stockwerken zu bauen?

d) Aus wie vielen Karten besteht ein Kartenhaus mit 20 Stockwerken?

e) Ein Canasta-Spiel hat 55 Karten (inkl. 3 Joker). Wie hoch kann man ein Kartenhaus mit 7 vollständigen Canasta-Spielen bauen?

3.22   Ein König wollte wissen, welchen Überhang man mit Quadersteinen ohne Mörtel maximal erreichen kann. Der Einfachheit halber rechnen wir mit einer Länge von einem Meter pro Stein.

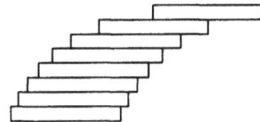

a) Welchen Überhang über den untersten Stein kann man mit einem zweiten Stein höchstens erreichen?

b) Wo liegt dann der gemeinsame Schwerpunkt dieser beiden Steine?

c) Setzen Sie diese beiden Steine so auf einen unteren Stein, dass sie gerade noch halten. Welchen Überhang erreichen Sie nun?

d) Wo liegt der gemeinsame Schwerpunkt der unteren drei Steine?

e) Setzen Sie diese drei Steine so auf einen unteren Stein, dass sie wiederum gerade noch halten. Wie weit kommt man jetzt?

f) Fahren Sie auf diese Weise fort und finden Sie die Summe, welche den Überhang angibt, den man mit n Steinen erreichen kann.

g) Wie weit kommt man nun mit beliebig vielen Steinen?

h) Wie vieler Steine bedarf es etwa, um einen Kilometer weit zu bauen?

Zinsrechnung

3.23   Welche jährliche Verzinsung liegt zugrunde,

a) wenn sich ein Kapital in 11 Jahren verdoppelt?

b) wenn sich ein Kapital in 15 Jahren verdreifacht?

3.24   In welcher Zeit verdoppelt sich ein Kapital

a) bei einem jährlichen Zinssatz von 9 %?

b) bei einem jährlichen Zinssatz von 2 %?

3.25   Auf welche Summe wachsen 100 000 € in 10 Jahren durch Zinsen und Zinseszinsen bei einem Jahreszinssatz von 4 % an,

a) wenn die Verzinsung jährlich erfolgt?

b) wenn die Verzinsung halbjährlich erfolgt?

c) wenn die Verzinsung vierteljährlich erfolgt?

d) wenn die Verzinsung monatlich erfolgt?

e) wenn die Verzinsung täglich erfolgt?

f) wenn die Verzinsung stetig erfolgt?

Geben Sie jeweils auch die Rendite, d.h., den effektiven Zinssatz an.

3.26   Sie benötigen einen Kredit von 95 000 €, den Sie innerhalb von 12 Jahren in konstanten Annuitäten zurückzuzahlen beabsichtigen.

a) Bank A bietet einen Kredit von 100 000 € bei 95 % Auszahlung und 4 % jährlichen Zinsen an. Welche Annuität müssen Sie zahlen?

b) Bank B bietet einen Kredit von 95 000 € bei 100 % Auszahlung und einem Jahreszinssatz von 4.9 % an. Wie hoch ist hier die Annuität?

c) Bank C will ebenfalls den Kredit von 95 000 € zu 100 % auszahlen, unterbietet aber Bank B geringfügig, indem sie einen Zinssatz von nur 4.89 % verlangt. Welche Annuität fordert nun Bank C?

d) Was wissen Sie jetzt über den effektiven Zinssatz bei Bank A?

3.27   Zur Anschaffung eines Autos müssen Sie einen Kredit aufnehmen, den Sie innerhalb von 15 Jahren zurückzahlen wollen. Welche der folgenden Konditionen ist bei dieser Laufzeit günstiger?

Kondition A:	jährlicher Zinssatz: 7.5 %,	Auszahlung: 95 %
Kondition B:	jährlicher Zinssatz: 8.0 %,	Auszahlung: 97 %

3.28   Nach wie vielen Jahren halbiert sich die Schuld eines aufgenommenen Kredits bei 8 % jährlichen Zinsen, wenn jährlich ein konstanter Betrag von 10 % der ursprünglichen Kreditsumme zurückgezahlt wird?

3.29 Jemand erhält zum Bau eines Passivhauses ein staatlich gefördertes Darlehen in Höhe von 50 000 €. Der jährliche Zinssatz beträgt nur 2 %. Das Darlehen wird zu 100 % ausgezahlt und soll in konstanten Annuitäten innerhalb von 10 Jahren zurückgezahlt werden.

a) Wie viele Zinsen sind am Ende des ersten Jahres zu entrichten?

b) Welcher Betrag muss am Ende jeden Jahres zurückgezahlt werden?

c) Wie hoch ist die Tilgung am Ende des ersten Jahres?

d) Wie hoch ist die Restschuld nach fünf Jahren?

e) Wie viele Zinsen sind am Ende des sechsten Jahres zu entrichten?

f) Wie viel wird am Ende des sechsten Jahres getilgt?

g) Wie groß ist also die Restschuld am Ende des sechsten Jahres?

h) Wie viel wird am Ende des siebten Jahres getilgt?

i) Wie hoch ist die Restschuld nach neun Jahren?

3.30 Jemand zahlt am Ende eines jeden Jahres von 2006 bis 2015 bei der Sparkasse 500 € ein. Wie hoch ist der gesparte Betrag am Ende des zehnten Jahres (am 31.12.2015), wenn ein Zinssatz von 4 % bei jährlicher Verrechnung zugrunde liegt?

3.31 Für die Geldanlage in Form eines „Sparkassenbriefes" beträgt der jährliche Zinssatz 8 % bei einer Laufzeit von 4 Jahren. Man möchte 1 000 € anlegen und kann zwischen zwei Verzinsungsmöglichkeiten wählen:

a) Man bezahlt den Nennwert des Sparkassenbriefes und bekommt die Zinsen am Ende eines jeden Jahres auf ein Sparkonto gutgeschrieben. Dort werden diese mit einem Zinssatz von 5 % verzinst.

b) Die Bank bietet an, 1 000 € in Form eines Sparbriefes mit Nennwert 1 350 € anzulegen, wobei keine laufenden Zinsen ausgezahlt werden und der Kunde lediglich am Ende der Laufzeit den Nennwert ausgezahlt bekommt.

Berechnen Sie zu beiden Varianten die Rendite.

3.32 Ein Geschäftsmann will seinem Partner für zwei Jahre einen Betrag von 10 000 € leihen. Welchen Jahreszinssatz muss er von seinem Partner verlangen, wenn die Annuität auf 2 500 € festgesetzt ist und die Restschuld nach zwei Jahren 6 000 € betragen soll?

3.33 Eine Hypothek von 100 000 € wird zu 5 % verzinst und mit konstanten Tilgungsraten von 4 000 € in 25 Jahren getilgt.

a) Wie entwickeln sich dann Restschuld, Zinsen und Annuität im Laufe dieser 25 Jahre? Leiten Sie die entsprechenden Formeln her.

b) Wie hoch ist die Gesamtzinslast in den 25 Jahren?

3.34 Ein Darlehen von 120 000 € soll bei 8.5 % Zinsen pro Jahr zurückgezahlt werden.

    a) Wie hoch ist die Annuität, wenn die Laufzeit des Darlehens 30 Jahre beträgt?

    b) Wie hoch ist die Annuität, wenn in den ersten fünf Jahren nichts zurückgezahlt wird (weder Kredit noch Zinsen), das Darlehen aber trotzdem nach 30 Jahren (ab Ausgabe) vollständig getilgt sein soll?

    c) Wie lange dauert die Tilgung des Kredits, wenn die Annuität (ab dem ersten Jahr) 10 % des Darlehens beträgt?

    d) In Aufgabe c) erhält man eine Laufzeit n in Jahren, die nicht ganzzahlig ist. Die Zahl der vollen Jahre, in denen die Annuität 10 % des Darlehens beträgt, sei $\tilde{n}$. Wie groß ist nun die Abschlusszahlung, wenn diese ebenfalls erst am Jahresende, also am Ende des $(\tilde{n}+1)$-ten Jahres nach Kreditaufnahme vorgenommen wird?

3.35 Eine Zellulosefabrik leitet ihre Abwässer in einen Bach, weshalb der Fischereibesitzer Klage erhoben hat. Das Gericht macht folgenden Vergleichsvorschlag: Die beklagte Partei richte entweder eine Kläranlage ein oder sie zahle dem Kläger jährlich eine Entschädigungssumme von 75 000 €. Da aber die Firma den Bau der Kläranlage nicht aus eigenen Mitteln finanzieren könnte, müsste sie für deren Bausumme in Höhe von 1 000 000 € einen Kredit mit 7 %iger Verzinsung aufnehmen, den sie trotz anfänglich höherer Zinszahlungen in jährlich konstanten Tilgungsraten von 50 000 € zu begleichen imstande wäre. Zusätzlich würden für eine derartige Kläranlage noch jährliche Betriebskosten in Höhe von 2 500 € anfallen.

    a) Ab dem wie vielten Jahr würde der jährliche Gesamtaufwand für eine derartige Kläranlage die vom Gericht vorgeschlagene jährliche Entschädigungssumme unterschreiten?

    b) Ab dem wie vielten Jahr bestünde der jährliche Gesamtaufwand nur noch aus den Betriebskosten der Kläranlage?

3.36 Ein Unternehmer investiert in seinen Betrieb 700 000 €. Davon bringt er 200 000 € aus Eigenmitteln auf; der Restbetrag wird durch einen Kredit mit 4 % Zinsen finanziert, der in konstanten Annuitäten innerhalb von 20 Jahren zurückgezahlt werden soll. Der Betriebsgewinn erhöht sich durch die Investition im ersten Jahr noch um 100 000 €, jedes weitere Jahr aber um 5 000 € weniger; denn die Konkurrenz zieht nach. Nach Ablauf der 20 Jahre verliert die Investitionsmaßnahme ihre Wirkung vollständig. War die Entscheidung des Unternehmers auf diese 20 Jahre gesehen richtig oder hätte er besser daran getan, sein Eigenkapital bei einer Bank mit einer jährlichen Verzinsung von 2.5 % anzulegen?

Anwendung der Zinsrechnungsformeln auf Bereiche außerhalb des Bankwesens

3.37 a) Wie groß ist die Wachstumsrate eines Waldes, wenn sich der Bestand
         in 15 Jahren verdoppelt?
      b) Wie groß ist die Sterberate, wenn er sich in 15 Jahren halbiert?
      c) Nach wie vielen Jahren ist ein Wald auf 10 % seines ursprünglichen
         Bestands geschrumpft, wenn eine jährliche Sterberate von 8 % un-
         terstellt wird?
      d) Nach wie vielen Jahren ist ein Wald auf das Zehnfache seines ur-
         sprünglichen Bestands gewachsen, wenn eine jährliche Wachstums-
         rate von 8 % unterstellt wird?

3.38 Ein Waldbestand betrage 100 000 m³, sein jährlicher Zuwachs 4 %.

      a) Wie viel ist nach 20 Jahren vorhanden, wenn jährlich 1 500 m³ abge-
         holzt werden?
      b) Bei welcher jährlichen Holzentnahme bleibt der Bestand konstant?
      c) In wie viel Jahren ist der Wald vernichtet, wenn jährlich 6 000 m³
         abgeholzt werden?

3.39 Eine Kaninchengroßfamilie besteht aus 170 Mitgliedern. Vor zwei Jahren
      waren es 90.

      a) Wie hoch ist die jährliche Vermehrungsrate, wenn konstante jährliche
         Vermehrung vorausgesetzt wird?
      b) Wie ändert sich die Lösung von a), wenn der Förster jeweils zu Jah-
         resende 10 Kaninchen geschossen hat?

3.40 In einem Fischweiher sind 20 Megagramm Fische (ein Megagramm =
      $1\,\text{Mg} = 10^{6}\text{g} = 1000\,\text{kg}$). Durch sauren Regen sterben jährlich 5 % der
      Fische ab. An jedem Jahresende werden 2 Mg abgefischt.

      a) Wann ist der Weiher leer, wenn kein Zuwachs im Weiher stattfindet?
      b) Wann ist der Weiher leer, wenn ohne sauren Regen der jährliche
         Zuwachs 10 % betrüge, jedoch weiterhin 5 % durch sauren Regen ab-
         sterben und an jedem Jahresende 2 Mg abgefischt werden?

3.41 Ein Forst bestehe aus einer Million Bäumen. Die durch SO_2- und NO_x-
      Emission bedingte jährliche Sterberate sei 11 %.

      a) Wie viele Bäume müssen pro Jahr nachgepflanzt werden, um den
         Bestand konstant zu halten?
      b) Wie viel Prozent des ursprünglichen Bestands sind nach zehn Jahren
         noch vorhanden, wenn 40 000 Bäume pro Jahr nachgepflanzt werden?

4 Differential- und Integralrechnung für Funktionen einer Veränderlichen

Begriff der Ableitung, Differentiationsregeln

4.1   a) Bestimmen Sie in Bild a die erste Ableitung $y' = \dfrac{dy}{dx}$ an der Stelle $x = 20$. Wie ändert sich diese Ableitung an der Stelle $x = 40$?

      b) Bestimmen Sie in Bild b die erste Ableitung $y' = \dfrac{dy}{dx}$ an der Stelle $x = 1.5$. Wie ändert sich diese Ableitung in Abhängigkeit von x?

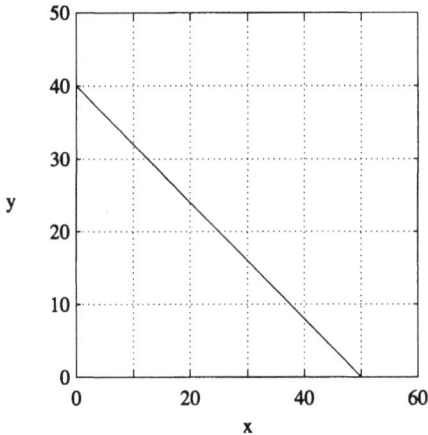

Bild a

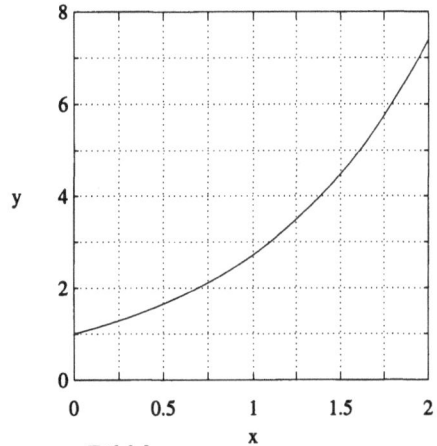

Bild b

4.2   Leiten Sie die in folgender Abbildung skizzierte stetige Funktion f an allen differenzierbaren Stellen graphisch ab. Zeichnen Sie dazu die x-Achsen zu f und f' untereinander. Zahlen auf den Achsen sind nicht angegeben, denn es wird nur auf die qualitative Richtigkeit der Ableitungsfunktion Wert gelegt.

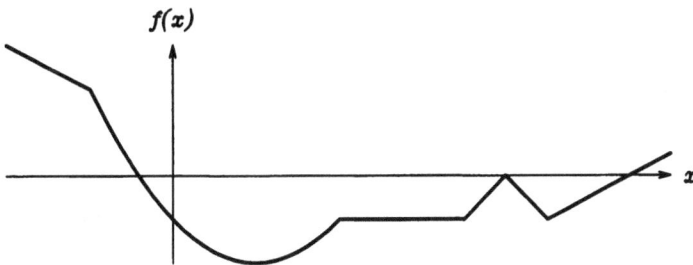

4.3   Bilden Sie die Ableitungen folgender Funktionen f:

a) $f(x) = \dfrac{x^2 + 4x + 1}{\frac{1}{x}}$ b) $f(x) = \dfrac{e^{-x} + 2e^{-x}}{e^{-2x}}$

c) $f(x) = \ln(\frac{1}{4}|x|)$ d) $f(x) = \ln|x^3|$

e) $f(x) = \ln(4e^{x^2})$ f) $f(x) = (9x^2)^3$

g) $f(x) = \sqrt{x^3}$ h) $f(x) = \arcsin x + \arccos x$

4.4   Berechnen Sie die Ableitung der folgenden Funktionen $f \colon x \mapsto y$:

a) $y = 3x^7 - \dfrac{4}{x^7}$ b) $y = \dfrac{1}{1-x}$ c) $y = \dfrac{2x}{x^2 - 2}$

d) $y = \sqrt{2x + 1}$ e) $y = e^{-x} \cdot \sin x$ f) $y = e^{4x^2}$

g) $y = \ln|\cos x|$ h) $y = \dfrac{1}{1 + (\cos x)^2}$ i) $y = (\tan x)^2$

4.5   Bestimmen Sie die Ableitungen folgender Funktionen f:

a) $f(x) = \dfrac{2}{5x - 3} + \ln 200$ b) $f(x) = \dfrac{1}{e^x + 1}$

c) $f(x) = e^{-3x(x+2)}$ d) $f(x) = (\ln x)^2$

4.6   Differenzieren Sie nach x:

a) $y = (2x - 1)^5$ b) $y = \sqrt[3]{x^2 - 2x - 1}$

c) $y = \left(x^3 + 3\sqrt{x} - \dfrac{2}{x\sqrt{x}}\right)\cos x$ d) $y = \dfrac{x^2 + 1}{x^2 - 1}$

e) $y = \left(\dfrac{1 + x}{1 - x}\right)^4$ f) $y = \ln\sqrt{\dfrac{1 - x^2}{1 + x^2}}$

4.7   Welchen Wert hat die Ableitung von:

a) $f(x) = \sqrt{1 + \sin^2(x^4)}$ an der Stelle $x = \sqrt[4]{\dfrac{\pi}{4}}$?

b) $f(x) = \ln(\ln x + 1)$ an der Stelle $x = 1$?

4.8   Differenzieren Sie folgende parametrischen Funktionen f nach x:

a) $f(x) = e^{-\alpha x}\sin(\beta x)$ b) $f(x) = \left(\frac{1}{2}\right)^{k \cdot x}$

c) $f(x) = \dfrac{e^{2ax}}{10^x}$ d) $f(x) = e^{-\frac{1}{2}\left(\frac{x-\mu}{\sigma}\right)^2}$

4.9   Es sei $b > 0$ und u eine Funktion von x mit Ableitung u'. Berechnen Sie nun die erste Ableitung von $f(x) = b^{u(x)}$.

4.10 Differenzieren Sie nach x:

a) $y = x^{2/3}$ b) $y = {}^2\log(2-x)$ c) $y = \arcsin\sqrt{1-x^2}$

d) $y = 3^{0.2x}$ e) $y = \sqrt{\dfrac{1+x}{1-x}}$ f) $y = x\sin x + \dfrac{\sin x}{x}$

g) $y = 2^{\sqrt{x}}$ h) $y = \lg\dfrac{1}{x}$ i) $y = \tan^2 x \cdot \cos^2 x$

j) $y = 10^{2x}$ k) $y = \arccos\left(\dfrac{x}{\pi}\right)$ l) $y = \arctan\left(\dfrac{4}{\cos x}\right)$

4.11 Bilden Sie die Ableitungen folgender Funktionen $f\colon x \mapsto y$. Für welche x sind diese Funktionen definiert und differenzierbar?

a) $y = 3\cos\left(4x^3\right)$ b) $y = \tan\left(3x-4\right)^2$ c) $y = \cot(3x^2)$

4.12 Bestimmen Sie die erste Ableitung folgender Summen:

a) $f(x) = \displaystyle\sum_{i=1}^{3}\left[(i+1)x^i + 2\right]$ b) $f(x) = \displaystyle\sum_{i=1}^{2}\sum_{k=1}^{2} ix^k$

4.13 Leiten Sie folgende Funktionen f nach ihrem Argument ab:

a) $f(t) = x_0 \cdot \cos(2\omega t)$ b) $f(y) = \sin^2 y \cdot \cos y$

c) $f(z) = \dfrac{\lg z}{10^z}$ d) $f(t) = \dfrac{2^{\ln x}}{\arctan(5x)} + t$

Höhere Ableitungen

4.14 Bilden Sie die zweite Ableitung zu $f(t) = x_A \cdot \sin\left(\sqrt{\dfrac{g}{L}} \cdot t + \varphi_0\right)$.

4.15 Berechnen Sie die zweite Ableitung für folgende Funktionen $f\colon x \mapsto y$:

a) $y = \ln\sqrt{\sin^2 x}$ b) $y = \dfrac{x}{\sqrt{b^2 - x^2}}$ c) $y = \arctan\sqrt{x^2 - 1}$

4.16 Durch $\varphi(x) = \dfrac{1}{\sqrt{2\pi}}e^{-x^2/2}$ ist die Dichte φ der Standardnormalverteilung gegeben. Berechnen Sie die ersten drei Ableitungen und ihre Nullstellen.

4.17 Berechnen Sie für $n \in I\!N$ die n-te Ableitung folgender Funktionen f:

a) $f(x) = e^{-x}$ b) $f(x) = a^x$ $(a > 0)$

c) $f(x) = x^a$ $(x > 0)$ d) $f(x) = \ln|x|$ $(x \neq 0)$

e) $f(x) = {}^a\log|x|$ $(a > 0,\ x \neq 0)$ f) $f(x) = \sin(ax + b)$

Kurvendiskussion

4.18 Gegeben sei die Funktion $f: I\!R \to I\!R$, $x \mapsto y = f(x) = x^4 - 3x^2 - 4$.

   a) Geben Sie die Symmetrie-Eigenschaften von f an.
   b) Bestimmen Sie Nullstellen, Pole und Asymptoten.
   c) Bestimmen Sie relative Extrema und Wendepunkte.
   d) Skizzieren Sie f im Bereich $-3 \le x \le 3$ und $-8 \le y \le 8$.
   e) Bestimmen Sie den Wertebereich von f.

4.19 Die Funktion $f: I\!R \to I\!R$ sei gegeben durch $f(x) = \frac{1}{4}x^4 - \frac{4}{3}x^3 + 2x^2$.

   Bestimmen Sie:

   a) Nullstellen,
   b) Pole (Begründung),
   c) $\lim\limits_{x \to \pm\infty} f(x)$,
   d) relative Extrema und
   e) Wendepunkte.
   f) Skizzieren Sie f im Bereich von $-2 \le x \le 4$ und $-1 \le y \le 5$.
   g) Geben Sie den Wertebereich von f an.

4.20 Untersuchen Sie die Funktion $f: x \mapsto y = f(x) = x^3 + \dfrac{3}{x}$ auf:

   a) Symmetrie (Begründung!),
   b) Definitionsbereich,
   c) Nullstellen,
   d) Pole und Grenzwerte an den Polen,
   e) Grenzwerte für $x \to \pm\infty$ und Asymptoten,
   f) relative Extrema.
   g) Skizzieren Sie f für $-3 \le x \le 3$ und $-10 \le y \le 10$.
   h) Geben Sie den Wertebereich von f an.

4.21 Untersuchen Sie die Funktion $f: x \mapsto y = f(x) = \dfrac{2x}{x^2 + 1}$ auf:

   a) Symmetrie,
   b) Verhalten für $x \to \infty$ und $x \to -\infty$,
   c) Polstellen,
   d) Nullstellen,
   e) Extremwerte.
   f) Skizzieren Sie f im Bereich $-4 \le x \le 4$.

4.22   Untersuchen Sie die Funktion $f\colon x \mapsto y = f(x) = \dfrac{x^2 + x}{x^2 - x - 2}$ auf:

   a) Definitionsbereich,

   b) Nullstellen,

   c) stetige Ergänzbarkeit,

   d) Pole,

   e) Grenzwerte für $x \to \pm\infty$ und Asymptoten,

   f) relative Extrema.

   g) Skizzieren Sie f.

   h) Welchen Wertebereich hat f?

   i) Zeigen Sie, dass f nach stetiger Ergänzung an derjenigen Definitionslücke, die keine Polstelle ist, um den Punkt $(2, 1)$ symmetrisch ist.

4.23   Die Funktionenschar $(f_i)_{i \in \mathbb{N}}$ sei durch $f_i(x) = \dfrac{i \cdot x^3 - 1}{x}$ gegeben.

   a) Sind die Funktionen f_i ungerade? (Begründung!)

   b) Für welche i hat f_i Nullstellen?

   c) Bestimmen Sie die Pole und das Verhalten von f_i an den Polen.

   d) Bestimmen Sie die Grenzwerte der Funktion für $x \to \pm\infty$ und die Asymptoten.

   e) Bestimmen Sie die relativen Extrema von f_1, also für $i = 1$.

   f) Skizzieren Sie für $i = 1$ die Funktion f_1 im Bereich $-3 \le x \le 3$ und $-10 \le y \le 10$.

4.24   Gegeben sei eine Kurve der Form $y = \dfrac{x}{x^2 + b}$ mit $b > 0$.

   a) Ermitteln Sie das Maximum $H(x_H, y_H)$.

   b) Ermitteln Sie denjenigen Parameter b, bei dem der Abstand des Maximums H vom Ursprung minimal wird. Wie groß ist bei diesem Parameter der Abstand?

4.25   Die Funktion f sei durch die Gleichung $f(x) = \sqrt{\dfrac{4 - x}{x}}$ gegeben.

   a) Bestimmen Sie den Definitionsbereich.

   b) Skizzieren Sie f.

   c) Beweisen Sie ohne Benutzung der zweiten Ableitung, dass der Graph mindestens einen Wendepunkt haben muss.

   d) Wie lautet die Gleichung jener Kurventangente g, welche die x-Achse am weitesten rechts schneidet? Wo schneidet diese Tangente die Kurve und wo die x-Achse?

4.26   Auf $D = \mathbb{R} \setminus \{1\}$ sei folgende Funktionenschar $(f_k)_{k \in \mathbb{R}}$ definiert:

$$f_k(x) = \frac{x^2 + kx - 1}{x - 1} \quad (k \in \mathbb{R}).$$

a) Hat jede Funktion f_k Nullstellen? Wenn ja, welche?

b) Bestimmen Sie die Pole von f_k.

c) Für welches $k \in \mathbb{R}$ ist f_k in der Definitionslücke stetig ergänzbar? Wie müsste f_k an der Definitionslücke gesetzt werden, um auch dort stetig zu sein?

d) Hat f_0 Extrema und Wendepunkte? Wenn ja, wo liegen diese?

e) Ist die Funktion f_0 monoton (Begründung)? Wenn ja, monoton fallend oder steigend?

f) Skizzieren Sie die Funktion f_0 im Bereich $-2 \leq x \leq 4$.

g) Welche Fläche liegt im Bereich $2 \leq x \leq 4$ zwischen f_0 und der durch $g(x) = 3$ gegebenen Geraden? Berechnen Sie deren Inhalt.

4.27   Durch $f(x) = \dfrac{x^2 + bx + c}{x + k}$ sei eine parametrische Funktion definiert.

a) Bestimmen Sie die Parameter b, c und k so, dass die Funktion f folgende Bedingungen erfüllt:

α) f besitzt bei $x = -1$ eine Polstelle.

β) f hat genau eine Nullstelle.

γ)   An der Stelle $x = -3$ hat f die Steigung 0.

b) Untersuchen Sie die Funktion f für die Parameterwerte $b = 6$, $c = 9$ und $k = 1$ auf:

α)   Koordinaten und Art aller relativen Extrema,

β)   Wendepunkte,

γ)   Pole und Verhalten bei Annäherung an dieselben,

δ)   Asymptoten.

ϵ)   Skizzieren Sie diese Funktion.

4.28   Die Funktion f sei gegeben durch $f(x) = \dfrac{x^2}{x + c}$ mit $c \neq 0$.

a) Bestimmen Sie die Polstelle x_0 sowie das Verhalten von f bei Annäherung an diese Polstelle.

b) f hat eine schiefe Asymptote. Welche?

c) Bestimmen Sie die relativen Extrema.

d) Hat f Wendepunkte? Wenn ja, wo?

e) Skizzen Sie f für $c = -\frac{1}{2}$ und für $c = 1$.

4.29 Die Funktion $f\colon x \mapsto y$ sei durch $f(x) = 2x \cdot \ln \dfrac{3}{x}$ gegeben.

   a) Geben Sie den Definitionsbereich dieser Funktion an und skizzieren Sie diese Funktion.

   b) Untersuchen Sie diese Funktion auf relative Minima bzw. Maxima und errechnen Sie gegebenenfalls die Koordinaten.

4.30 Gegeben sei die Funktion $f\colon \mathbb{R} \to \mathbb{R}$, $f(x) = \mathrm{e}^{-x^4}$. Bestimmen Sie:

   a) Nullstellen,

   b) Symmetrie,

   c) $\lim\limits_{x \to \pm\infty} f(x)$,

   d) relative und absolute Extrema.

   e) Skizzieren Sie f im Bereich $-2 \le x \le 2$.

   f) Welchen Wertebereich hat f?

4.31 Die logistische Funktion f lässt sich wie folgt angeben:

$$f(t) = \frac{A}{1 + \mathrm{e}^{a+bt}} \qquad (b < 0,\ A > 0).$$

Sie modelliert eine Größe mit anfangs exponentiellem Wachstum, das mit der Zeit durch eine obere Schranke, den sog. Sättigungswert, eingebremst wird (vgl. Aufgabe 2.32 mit $A = \tilde{m}_{\max}$, $\mathrm{e}^a = c$ und $b = -k$).

   a) Was sagt uns die Konstante A?

   b) Zeigen Sie, dass f einen Wendepunkt hat, und berechnen Sie ihn.

   c) Welche Steigung hat f im Wendepunkt?

   d) Zeigen Sie, dass f um den Wendepunkt symmetrisch ist.

4.32 Gegeben sei eine kubische Funktion K mit positiven Koeffizienten:

$$K(x) = a + bx - cx^2 + dx^3 \qquad (a, b, c, d > 0).$$

Bestimmen Sie ggf. das relative Maximum, das relative Minimum und den Wendepunkt. Unterscheiden Sie dabei die drei Fälle:

$$c^2 < 3bd, \qquad c^2 = 3bd, \qquad c^2 > 3bd.$$

Optimierungsprobleme und Extremwertaufgaben aus der Praxis

4.33 Ein Körper verliert durch Ausstrahlung umso weniger Wärme, je kleiner seine Oberfläche ist. Welche Gestalt hat man infolgedessen einem Quader von quadratischer Grundfläche bei konstantem Volumen V zu geben, damit der Wärmeverlust minimal wird?

4.34 In wässrigen Lösungen ist das Produkt der Konzentrationen von H^+-
      und OH^--Ionen konstant: $[H^+] \cdot [OH^-] = 10^{-14}$.

   a) Bestimmen Sie die Konzentration der H^+-Ionen, bei der die Summe
      aus den Konzentrationen der H^+- und OH^--Ionen, also $S = [H^+] +$
      $[OH^-]$, am kleinsten ist.

   b) Wie groß ist dann die Konzentration der OH^--Ionen?

   c) Um welche besondere Flüssigkeit handelt es sich?

4.35 Der Behälter eines Einkochers hat eine zylindrische Form. Die Quadrat-
      meter-Preise für das Deckelmaterial, das Bodenmaterial und das Mate-
      rial der Mantelfläche des Zylinders bezeichnen wir mit p_D, p_B bzw. p_M.

   a) Wie groß müssen Durchmesser d und Höhe h des Behälters sein, um
      bei gegebenem Volumen V die Herstellungskosten zu minimieren?

   b) Welche Maße ergäben sich bei identischen Preisen ($p_D = p_B = p_M$)?

   c) Der Behälter eines Einkochers ist $29\,cm$ hoch und hat einen Durch-
      messer von $34.5\,cm$. Er besteht aus emailliertem Stahl; nur der Deckel
      ist aus Plastik. In welcher Relation hätte der Quadratmeter-Preis p_D
      des Plastikdeckels zu denen des Bodens und der Mantelfläche aus
      Stahl stehen müssen, wenn letztere einander glichen ($p_B = p_M$) und
      die Herstellungskosten minimiert worden wären? *Hinweis:* Berechnen
      Sie zunächst das Verhältnis d/h aus den Ergebnissen in a).

4.36 Ein Stoßdämpfer befindet sich zur Zeit $t < 0$ in Ruhelage. Im Zeitpunkt
      $t = 0$ wird ihm ein Stoß versetzt. Seine Auslenkung $x(t)$ aus der Ruhelage
      gehorcht für $t \geq 0$ dem Gesetz $x(t) = C_0 \cdot t \cdot e^{-kt}$. Dabei hängt die
      Konstante C_0 von der Stärke des Stoßes und k von der Bauart des
      Stoßdämpfers ab.

   a) Zu welchem Zeitpunkt ist die Auslenkung maximal?

   b) Wie groß ist die maximale Auslenkung?

   c) Wenn man x in cm und t in Sekunden misst, welche Einheiten haben
      dann die Konstanten C_0 und k?

4.37 Die Gesamtkostenfunktion K sei linear in der Nachfrage x:

   $K(x) = \alpha + \beta x$ ($\alpha =$ Fixkosten, $\beta =$ Grenzkosten, $\alpha > 0$, $\beta > 0$).

   Die Nachfragefunktion lasse sich wie folgt beschreiben:

   $x = \gamma p^\delta$ ($p =$ Preis pro Produktionseinheit, $p > 0$, $\gamma > 0$, $\delta \overset{!}{<} 0$).

   Der Gewinn $G(x)$ ist die Diffferenz zwischen Erlös $p \cdot x$ und Kosten $K(x)$:

   $G(x) = px - K(x)$.

   Wann und ggf. bei welchem Preis hat die Gewinnfunktion G ein Maximum? *Hinweis:* Unterscheiden Sie die Fälle $\delta < -1$, $\delta = -1$, $\delta > -1$.

4.38 Der Querschnitt einer (oben offenen) Dachrinne soll die Form eines Rechteckes mit unten angesetztem Halbkreis haben; der Querschnitt habe den Flächeninhalt $A = 3\,\mathrm{dm}^2$. Wie lässt sich die vorgesehene Formgebung verwirklichen, wenn dabei der massive Rand des Querschnittes möglichst klein gemacht werden soll, damit Material gespart wird?

4.39 Es liegen n Messungen y_i für eine unbekannte Größe vor. Bestimmen Sie einen Schätzwert $\hat{y}$ für die gesuchte Größe, sodass die Summe SQ der quadrierten Abweichungen von $\hat{y}$ ein Minimum wird, also

$$\mathrm{SQ} = \sum_{i=1}^{n} (y_i - y^*)^2 \to \min.$$

4.40 Die monetäre Ertragsfunktion f_1 hängt u.a. vom Umfang x des Einsatzes eines gewissen Produktionsfaktors ab. Sie kann (cetris paribus) im interessierenden Bereich $0 \le x \le 120$ durch ein Polynom dritten Grades hinreichend genau beschrieben werden. Setzt man diesen Produktionsfaktor gar nicht ein ($x = 0$), so ergibt sich nur ein monetärer Ertrag von 1 (eine Geldeinheit). Obwohl die Funktion f_1 bei $x = 0$ die Steigung 0 hat, steigt sie für $x \ge 0$ streng monoton an, bis sie bei $x = 100$ ihr Maximum von 50 erreicht; anschließend fällt sie wieder. Die Kostenfunktion f_2 bzgl. dieses Produktionsfaktors ist dagegen linear: $f_2(x) = 0.4x$.

a) Bestimmen Sie die monetäre Ertragsfunktion f_1 vollständig.

b) Zeichnen Sie f_1 sowie die Kostenfunktion f_2 im Bereich $0 \le x \le 120$.

c) Bei welchem Umfang x ist (ceteris paribus) der Gewinn maximal?

Weitere Anwendungen der Ableitung in der Praxis

4.41 Die Abhängigkeit des Kartoffelertrages $E(K)$ von der Kalium-Düngung K sei durch die Funktion E wie folgt modellierbar:

$$E = 30\,\frac{\mathrm{Mg}}{\mathrm{ha}} \cdot \left(1 - \mathrm{e}^{-0.03(\mathrm{kg/ha})^{-1}K}\right) + 20\,\frac{\mathrm{Mg}}{\mathrm{ha}} \qquad \begin{bmatrix} 1\,\mathrm{Mg} & = & 1\,000\,\mathrm{kg} \\ 1\,\mathrm{ha} & = & 10\,000\,\mathrm{m}^2 \end{bmatrix}$$

a) Welcher Kartoffelertrag ist ohne K-Düngung zu erwarten?

b) Welcher Kartoffelertrag ist bei einer K-Düngung von 50 kg/ha zu erwarten?

c) Gegen welchen Grenzwert strebt der Kartoffelertrag, wenn die K-Düngung sehr groß wird, also für $K \to \infty\,\mathrm{kg/ha}$?

d) Bestimmen Sie den Grenzertrag als Funktion der K-Düngung. Interpretieren Sie den Grenzertrag sehr anschaulich.

e) Bei welcher K-Düngung beträgt der Ertragszuwachs 0.27 Mg/ha pro kg/ha K-Düngung?

4.42   Folgende logistische Funktionsgleichung (vgl. Aufg. 2.32 und 4.31) gibt
       die Abhängigkeit des Körnermaisertrags E von der P-Düngung P an:

$$E = \frac{9\,\text{Mg/ha}}{1 + 2 \cdot e^{-0.08\,(\text{kg/ha})^{-1} \cdot P}} \qquad \begin{bmatrix} 1\,\text{Mg} = 1\,\text{Megagramm} = 1\,000\,\text{kg} \\ 1\,\text{ha} = 1\,\text{Hektar} = 10\,000\,\text{m}^2 \end{bmatrix}$$

   a) Welcher Körnermaisertrag ist ohne Phosphor-Düngung zu erwarten?

   b) Welchen Ertrag erwartet man bei einer P-Düngung von 40 kg/ha?

   c) Gegen welchen Grenzwert strebt der Körnermaisertrag, wenn die P-
      Düngung sehr groß wird, also für $P \to \infty$ kg/ha?

   d) Bestimmen Sie den Grenzertrag als Funktion der P-Düngung.

   e) Welcher Grenzertrag liegt bei einer P-Düngung von 20 kg/ha vor?
      Interpretieren Sie dieses Ergebnis sehr anschaulich.

4.43   Das Enzym Katalase wird durch Licht in Gegenwart von Sauerstoff
       zerstört. Dabei nimmt die Katalasekonzentration c als Funktion der Zeit
       t nach dem folgenden exponentiellen Gesetz ab (vgl. Aufgabe 2.31):

$$c = 10\frac{\mu\text{g}}{\text{ml}} \cdot \left(\frac{1}{2}\right)^{4.0\,\text{h}^{-1}t} \qquad (\text{h} = \text{Stunde}).$$

   a) Wie lautet die erste Ableitung $c' = \frac{dc}{dt}$ nach der Zeit mit Einheiten?

   b) Interpretieren Sie diese erste Ableitung so anschaulich, dass auch ein
      Laie versteht, was sie bedeutet.

   c) Wie groß ist die erste Ableitung an den Stellen $t = 1\,\text{h}$ und $t = 2\,\text{h}$,
      also eine Stunde bzw. zwei Stunden nach Beginn des Zerfalls.

   d) Interpretieren Sie auch diese beiden Ergebnisse sehr anschaulich.

   e) Schreiben Sie c' als Exponentialfunktion zur Basis 10.

   f) In welchen Maßstäben müsste man die Ableitungsfunktion c' als
      Funktion der Zeit t antragen, damit sie zu einer Geraden wird?

4.44   Der Bestand eines Waldes hängt exponentiell von der Zeit ab. Er beträgt
       zur Zeit 69 000 Festmeter. 12 Jahre lang wurde kein Holz geschlagen. Die
       Wachstumsgeschwindigkeit beträgt momentan 2350 Festmeter pro Jahr.

   a) Formulieren Sie allgemein den Waldbestand als Funktion der Zeit.

   b) Bilden Sie die erste Ableitung des Waldbestandes nach der Zeit. Wel-
      cher physikalischen Größe entspricht diese Ableitung?

   c) Wie groß war der Waldbestand vor 12 Jahren?

   d) In welcher Zeit verdoppelt sich der Waldbestand?

   e) In welcher Zeit verdoppelt sich die Wachstumsgeschwindigkeit?

4.45   Ermitteln Sie eine Nullstelle der Funktion $f: x \mapsto f(x) = x^3 - 4x + 1$
       mit dem Newton-Verfahren. (Startpunkt: $x_0 = 0$)

Integralrechnung

4.46 Was ergeben die folgenden unbestimmten Integrale?

a) $\int \left(1 - \dfrac{2}{x} - \dfrac{1}{x^2} - \dfrac{1}{x^3} \right) dx$

b) $\int \dfrac{(2x - 5)^2}{4x} dx$

c) $\int \dfrac{4 - x}{x} dx$

d) $\int 5^{x-4} dx$

4.47 Berechnen Sie folgende unbestimmte Integrale:

a) $\int e^{8x} dx$

b) $\int \dfrac{18x^2 - 4}{3x^3 - 2x} dx$

c) $\int \dfrac{dx}{(2x + 4)^3}$

4.48 Berechnen Sie folgende bestimmte Integrale:

a) $\int_{-2}^{3} (9x^2 - 14x + 2) \, dx$

b) $\int_{-3}^{3} 2x^2 \, dx$

c) $\int_{-4}^{-2} \dfrac{4 \, dx}{x^3}$

4.49 Berechnen Sie folgende unbestimmte Integrale:

a) $\int (ax + b)^n \, dx$

b) $\int \dfrac{dx}{(5x - 4)^3}$

c) $\int \dfrac{1 - p}{(m - nx)^p} \, dx$

d) $\int \dfrac{3 \, dx}{\sqrt[5]{(4a - 5x)^2}}$

4.50 Berechnen Sie folgende unbestimmte Integrale:

a) $\int (3x^2 + 2x) \, dx$

b) $\int (8x^4 - 3x^3 + x) \, dx$

c) $\int \dfrac{2x}{4x^2 - 1} \, dx$

d) $\int \left(e^{3x} + \dfrac{1}{x^2} \right) dx$

e) $\int \dfrac{dx}{(3x - 2)^4}$

f) $\int \sin^2 x \, dx$

4.51 Berechnen Sie folgende bestimmte Integrale:

a) $\int_{0}^{2} (x^2 - 1) \, dx$

b) $\int_{0}^{2\pi} \sin t \, dt$

c) $\int_{1}^{e} \dfrac{dz}{z}$

4.52   Es sei $0 < \epsilon < 1$. Berechnen Sie:

a) $\displaystyle\int_{\epsilon}^{1} \frac{1}{\sqrt{x}}\, dx$ b)   den Grenzwert $\displaystyle\int_{0}^{1} \frac{1}{\sqrt{x}}\, dx = \lim_{\epsilon \to 0} \int_{\epsilon}^{1} \frac{1}{\sqrt{x}}\, dx$

4.53   Es sei $0 < N < \infty$. Berechnen Sie:

a) $\displaystyle\int_{0}^{N} e^{-x}\, dx$ b)   den Grenzwert $\displaystyle\int_{0}^{\infty} e^{-x}\, dx = \lim_{N \to \infty} \int_{0}^{N} e^{-x}\, dx$

4.54   Berechnen Sie: a) $\displaystyle\int \frac{(x+1)^2}{\sqrt{x}}\, dx$ b) $\displaystyle\int_{0}^{1} 2x \cdot e^{x^2}\, dx$

4.55   Bestimmen Sie die folgenden Integrale:

a) $\displaystyle\int_{2}^{2} 10^{1-x}\, dx$ b) $\displaystyle\int_{2}^{3} 10^{1-x}\, dy$ c) $\displaystyle\int x \cdot \sin x^2\, dx$

4.56   Berechnen Sie: a) $\displaystyle\int_{1}^{10} e^{\ln x}\, dx$ b) $\displaystyle\int_{-\infty}^{x} \frac{1}{y^2}\, dy$

4.57   Berechnen Sie folgende Integrale:

a) $\displaystyle\int_{1}^{e} \frac{\sin^2 x + \cos^2 x}{x}\, dx$ b) $\displaystyle\int -\frac{\ln t}{t^2}\, dt$ c) $\displaystyle\int_{-1}^{2} |x^3|\, dx$

4.58   Berechnen Sie folgende Integrale:

a) $\displaystyle\int_{1}^{2} \frac{1+x}{x}\, dx$ b) $\displaystyle\int_{0}^{x} 10^{2t}\, dt$ c) $\displaystyle\int -\sin^5 x \cdot \cos x\, dx$

4.59   Berechnen Sie: a) $\displaystyle\int_{0}^{2} \frac{x}{5x+1}\, dx$ b) $\displaystyle\int_{1}^{2} \frac{x}{\sqrt{2x-1}}\, dx$

4.60   Berechnen Sie: a) $\displaystyle\int_{0}^{1} \frac{1}{2+2x^2}\, dx$ b) $\displaystyle\int_{0}^{3} \frac{1}{\sqrt{9-x^2}}\, dx$

Anwendung von Integralen und gemischte Aufgaben zur Differential- und Integralrechnung

4.61 Die folgende Graphik zeigt die Potenzfunktion $f\colon x \mapsto y = f(x) = x^{2/3}$ im Bereich $0 \leq x \leq 8$.

$$y = x^{2/3}$$

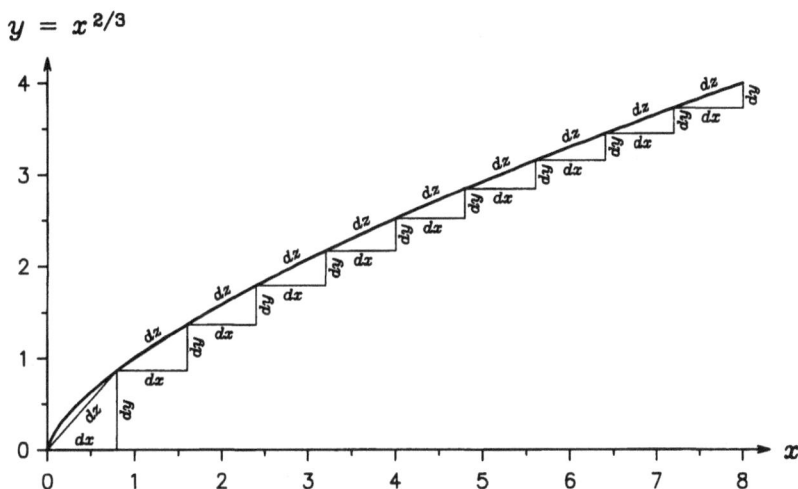

a) Berechnen Sie die Länge l des Graphen von f im Bereich $0 \leq x \leq 8$, indem Sie die Differentiale dz von $x = 0$ bis $x = 8$ bzw. von $y = f(0)$ bis $y = f(8)$ mittels Integration aufsummieren:

$$l = \int\limits_{z=0}^{l} dz = \int\limits_{x=0}^{8} dz = \int\limits_{y=f(0)}^{f(8)} dz$$

Hinweis: Sie müssen dabei die Beziehungen zwischen den Differentialen dx, dy und dz berücksichtigen und dann die Integranden so umformen, dass hinten ein dx bzw. dy steht. Überlegen Sie auch, welche der letzten beiden Integrale zur Berechnung der Länge sich als günstiger erweist.

b) Wie lang ist die kürzeste Verbindung zwischen den Endpunkten von f im angegebenen Bereich, also zwischen den Punkten $(0, f(0))$ und $(8, f(8))$.

c) Um wie viel Prozent ist die in a) berechnete Strecke l länger als die kürzeste Verbindung zwischen den Endpunkten in b)?

4.62 Gegeben seien die Funktionen $K_1\colon x \mapsto K_1(x) = \lambda - \dfrac{x^2}{\lambda}$ und

$K_2\colon x \mapsto K_2(x) = \lambda^3 - \lambda x^2$ mit λ als Parameter $(0 < \lambda \neq 1)$.

a) Berechnen Sie das oberhalb der x-Achse gelegene Flächenstück, das von den beiden Funktionen begrenzt wird.

b) Für welchen Wert von λ $(0 < \lambda < 1)$ hat diese Fläche den größten Inhalt? Wie groß ist dieser?

4.63 Die Funktion f sei durch $f(x) = \dfrac{x}{4 + 2x^2}$ gegeben.

a) Untersuchen Sie f auf Pole, Asymptoten, Nullstellen und Symmetrie.

b) Bestimmen Sie die relativen Extremwerte (Maxima, Minima) und skizzieren Sie f.

c) Sei x_u die Abszisse des Minimums $(x_u = -\sqrt{2})$. Wie groß ist die Fläche, die vom Graphen von f, der x-Achse, der y-Achse und der Geraden $x = x_u$ begrenzt wird?

4.64 Für $a \in \mathbb{R}$ sei die Funktion f_a durch $f_a(x) = \frac{1}{40} \cdot e^{a \cdot x} - 2$ gegeben.

a) Untersuchen Sie f_a auf Nullstellen, Monotonie, Grenzwerte und Asymptoten.

b) Bestimmen Sie für $a = 2$ die Gleichung der Tangente an f_2 im Punkt $x_0 = 3$. Skizzieren Sie f_2 im Bereich $-3 \leq x \leq 3$.

c) Berechnen Sie für $a = 2$ die Fläche, die von der Geraden $x = -2$, der x-Achse, der y-Achse und von f_2 eingeschlossen wird.

4.65 Gegeben sei die Funktion f_1 durch $f_1(x) = \ln{(3|x|)}$.

a) Bestimmen Sie die Nullstellen von f_1.

b) Bestimmen Sie den Grenzwert von f_1 für x gegen 0.

c) Für welche x ist f_1 monoton steigend und für welche x ist f_1 monoton fallend?

d) Ist f_1 gerade, ungerade oder weder gerade noch ungerade?

e) Skizzieren Sie f_1 im Bereich $-3 \leq x \leq 3$.

f) Mit Hilfe der Gerade $f_2(x) = ax + b$ sei nun die Funktion f wie folgt definiert:
$$f(x) := \begin{cases} f_1(x) & x \leq 1 \\ f_2(x) & x > 1 \end{cases}$$

Bestimmen Sie a und b so, dass f an der Stelle $x_0 = 1$ stetig und differenzierbar ist.

g) Berechnen Sie die Fläche A, die von den Vertikalen $x = -5$, $x = -3$, der x-Achse und dem Graphen von f eingeschlossen wird.

4.66 Die Funktion $F\colon x \mapsto F(x) = \int_0^x f(t)\,dt$ hat bei $x = 5$ ein relatives Extremum und bei $x = 3$ eine Nullstelle. Die Funktion f ist eine ganz-rationale Funktion zweiten Grades, d.h., $f(t) = at^2 + bt + c$; sie nimmt für $t = 1$ den Wert $\frac{4}{7}$ an. Bestimmen Sie nun die Parameter a, b und c.

4.67 Gegeben sei folgende auf $\mathbb{D} = \mathbb{R}$ abschnittsweise definierte Funktion f:

$$y = f(x) = \begin{cases} f_1(x) = 2 - x^2 & \text{für } |x| \le 1 \\[2mm] f_2(x) = \dfrac{1}{x^2} & \text{für } |x| > 1 \end{cases}$$

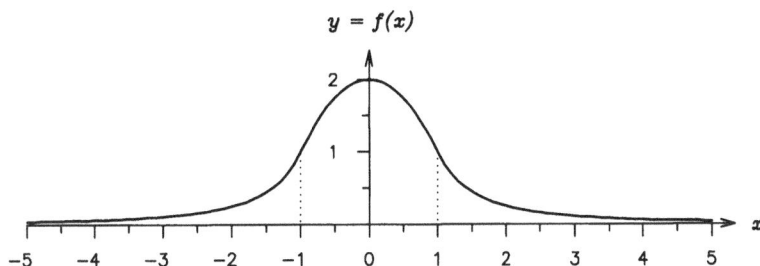

a) Zeigen Sie, dass diese Funktion f stetig ist. Sie dürfen dabei die Stetigkeit von f_1 und f_2 als bekannt voraussetzen.

b) Ist f auch überall differenzierbar? Die Differenzierbarkeit von f_1 und f_2 darf ebenfalls als bekannt vorausgesetzt werden.

c) Welche Punkte der zugehörigen Kurve haben vom Nullpunkt den kleinsten Abstand? Wie groß ist dieser?

d) Berechnen Sie die Fläche, die von der Kurve und der x-Achse im Bereich $0 \le x \le a$ $(a > 1)$ eingeschlossen wird.

5 Funktionen zweier Veränderlicher

Schnitte und Höhenlinien

5.1 Gegeben sei die Funktion $f\colon (x,y) \mapsto z := f(x,y) = 2x + y - \frac{1}{4}(x^2 + y^2)$.

    a) Bestimmen Sie zu dieser Funktion f die Schnittfunktion bei gegebenem x. Welche Art von Funktion ergibt sich?

    b) Bestimmen Sie zu dieser Funktion f die Schnittfunktion bei gegebenem y. Welche Art von Funktion ergibt sich?

    c) Bestimmen Sie die Höhenlinien von f, indem Sie nun die jeweilige Höhe z als gegeben betrachten. Welche Gestalt haben diese Höhenlinien? Beantworten Sie diese Frage speziell für $z = 0$, 1 und 5.

5.2 Die Funktion f sei gegeben durch $h := f(x_1, x_2) = x_1^2 - x_2 + 2x_1 + 3$. Leiten Sie zu dieser Funktion die Kurvenschar der Höhenlinien her und fertigen Sie für $h = -1, 0, 1, 2, 3$ eine Skizze des Höhenlinienprofils an.

5.3 Gegeben sei die Funktion $g\colon (x,y) \mapsto z := g(x,y) = \dfrac{x^2 + y}{(1 + x)^2}$.

    Berechnen Sie die Kurvenschar der Höhenlinien und skizzieren Sie sie für die Höhen $z = 0$, ± 0.5, ± 1, ± 1.5, ± 2, ± 5.

Partielle Ableitungen

5.4 Bilden Sie für $y := a\left(1 - e^{-bx}\right)$ die partiellen Ableitungen $\dfrac{\partial y}{\partial a}$ und $\dfrac{\partial y}{\partial b}$ sowie die gemischt partiellen Ableitungen $\dfrac{\partial^2 y}{\partial a\, \partial b}$ und $\dfrac{\partial^2 y}{\partial b\, \partial a}$.

5.5 Berechnen Sie die partiellen Ableitungen

$$\frac{\partial f(x,y)}{\partial x}, \quad \frac{\partial f(x,y)}{\partial y}, \quad \frac{\partial^2 f(x,y)}{\partial x^2}, \quad \frac{\partial^2 f(x,y)}{\partial y^2}, \quad \frac{\partial^2 f(x,y)}{\partial x \partial y} \quad \text{für:}$$

    a) $f(x,y) = \ln(2xy)$

    b) $f(x,y) = y^x$

    c) $f(x,y) = x^{4y}$

    d) $f(x,y) = x^3 y + x \cdot e^{x^2 + y}$

    e) $f(x,y) = \dfrac{1}{2} \cdot e^{(2x - 3y^2)^2}$

    f) $f(x,y) = x^3 y^2 - \sin(2x + 3y)$

    g) $f(x,y) = \sqrt{\dfrac{y}{x + y^2}}$

5.6   Bestimmen Sie zur gedämpften Schwingung: $x(t) = x_0 \cdot e^{-\lambda t} \cdot \cos(\omega t + \varphi_0)$

die partiellen Ableitungen $\dfrac{\partial x(t)}{\partial x_0}$, $\dfrac{\partial x(t)}{\partial \lambda}$, $\dfrac{\partial x(t)}{\partial \omega}$, $\dfrac{\partial x(t)}{\partial \varphi_0}$ und $\dfrac{\partial x(t)}{\partial t}$.

Berechnen Sie dann diese Ableitungen an den folgenden Messwerten:

$x_0 = 1\,\text{m}$, $\lambda = 0.1\,\text{s}^{-1}$, $\omega = 1\,\text{s}^{-1}$, $\varphi_0 = 30° = \frac{\pi}{6}$, $t = 10\,\text{s}$.

Schreiben Sie dabei die physikalischen Einheiten so, dass sie hinsichtlich des Differentialquotienten einen Sinn ergeben.

5.7   Der elektrische Widerstand ist durch $R = \dfrac{U}{I}$ definiert.

An einer Glühbirne liegt die Spannung $U = 222\,\text{V}$ an. Die Messung des Stroms durch die Glühbirne ergab $I = 0.27\,\text{A}$. Bestimmen Sie nun die partiellen Ableitungen $\dfrac{\partial R}{\partial U}$ und $\dfrac{\partial R}{\partial I}$ jeweils an der Stelle der Messwerte. Schreiben Sie dabei die physikalischen Einheiten so, dass sie erkennen lassen, welcher Differentialquotient berechnet wurde.

Kurvendiskussion

5.8   Gegeben sei $f(x, y) = \left(4x^2 + y^2\right) \cdot e^{-x^2 - 4y^2}$.

In welchen Punkten des $I\!R^2$ hat f lokale Extrema? Untersuchen Sie f auch auf Sattelpunkte und parabolische oder zylindrische Punkte.

Maximalfehlerrechnung

Vorbemerkung: Die Maximalfehlerrechnung eignet sich insbesondere für eindeutig bestimmbare Fehlergrenzen wie in Aufgabe 5.9 und ist nicht auf die Unabhängigkeit der Fehler angewiesen (in Aufgabe 5.9 wäre sie aber gegeben). Dafür liefert die Gaußsche Fehlerrechnung (siehe die Seiten 59 − 61) bei Funktionen von mehreren Messwerten kürzere Fehlerintervalle, da sie die Messfehler als unabhängig betrachtet.

5.9   Im Rodeln wird die Zeit auf eine tausendstel Sekunde genau gemessen. Während der olympischen Spiele 1998 in Nagano erzielte Barbara Niedernhuber nach der Zeitnahme von vier Läufen eine Gesamtzeit von 3:23.781 Minuten, während man Silke Kraushaar mit einer Gesamtzeit von 3:23.779 Minuten um zwei tausendstel Sekunden schneller einschätzte. Deshalb erklärte man sie zur alleinigen Olympiasiegerin, zeichnete nur sie mit der Goldmedaille aus, während man Barbara Niedernhuber die Silbermedaille um den Hals hängte. War das Betrug?

5.10 Die Geschwindigkeit des fallenden Steines im Brunnen nach der Zeit t lässt sich durch die Formel $v = g \cdot t$ berechnen.

a) Wie groß ist v nach 7 s?

b) Wie groß ist der Maximalfehler, wenn $\Delta t = 1$ s beträgt?

5.11 Eine Radarkontrolle hat ergeben, dass Sie innerhalb einer geschlossenen Ortschaft 65 km/h gefahren sind. Der maximale Fehler der Radarmessung sei ± 3 km/h. In welchen Grenzen könnte Ihre Tachoanzeige gewesen sein, wenn der Tachofehler höchstens 7 % beträgt?

5.12 Der Ohmsche Widerstand R eines elektrischen Leiters mit Länge L und Radius r kann über den spezifischen Widerstand ρ berechnet werden:

$$R = \rho \cdot \frac{L}{\pi r^2}$$

Es haben sich folgende Messdaten mit Maximalfehlergrenzen ergeben:

$$L = (1000 \pm 1)\,\text{mm}, \quad r = (0.50 \pm 0.02)\,\text{mm}, \quad \rho = (1.7 \pm 0.05) \cdot 10^{-8}\,\Omega\,\text{m}.$$

a) Bestimmen Sie den relativen Maximalfehler für R.

b) Welchen Anteil haben die einzelnen Messungen am Maximalfehler von R?

c) Geben Sie nun R mit den Maximalfehlergrenzen an.

5.13 Volumen V und Oberfläche A eines Kreiskegels mit Grundkreisradius r und Höhe h errechnen sich durch

$$V = \tfrac{1}{3}\pi r^2 h \quad \text{und} \quad A = \pi r(r + l), \text{ wobei } l = \sqrt{r^2 + h^2}.$$

Die Größen $r = 10$ cm und $h = 20$ cm seien mit einem relativen Fehler von höchstens 2 % gemessen.

a) Wie groß ist der relative Maximalfehler des Volumens V?

b) Wie groß ist der relative Maximalfehler der Oberfläche A?

c) Geben Sie V und A mit absoluten Maximalfehlergrenzen an.

5.14 Das nebenstehend skizzierte Fenster soll verglast werden. Die Maße sind in Zentimeter angegeben und jeweils mit einem absoluten Fehler von maximal einem Zentimeter behaftet.

In welchem Bereich liegt der Wert der gesamten Glasfläche?

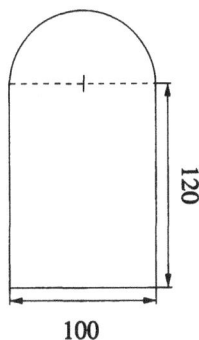

120

100

5.15 Zur Berechnung der Summe $1 + \dfrac{1}{2} + \dfrac{2}{3} + \dfrac{1}{4} + \dfrac{2}{5} + \dfrac{1}{6} + \dfrac{2}{7} + \dfrac{1}{8} + \dfrac{1}{9}$ werden die Zahlenwerte der einzelnen Summanden

  a) nach der zweiten Stelle abgebrochen.

  b) nach der dritten Stelle abgebrochen.

  c) auf drei gültige Stellen hinter dem Komma gerundet.

  Geben Sie in jedem der drei Fälle den absoluten Fehler des so errechneten Summenwertes an. Welche Schätzungen für den Maximalfehler ergeben sich mit den Mitteln der Fehlerrechnung beim Aufsummieren von neun Summanden gemäß den Regeln in a) bis c)?

5.16 Wesentliche Stellen einer Zahl heißen sämtliche angegebenen Ziffern mit Ausnahme führender Nullen. Die k-te Stelle einer Zahl ist dann die k-te von null verschiedene Ziffer. Diese ist gültig, wenn der absolute Fehler die halbe „Einheit" dieser Stelle nicht überschreitet. D.h., dass z.B. bei einem exakten Wert von $x_0 = 682.24$ die Zahl $x = 678.9$ zwei gültige Stellen hat. Die zweite Ziffer dieser Zahl, nämlich 7, ist noch gültig, denn der absolute Fehler des x-Wertes überschreitet die halbe Einheit der zweiten Stelle nicht. Die zweite Stelle von x gibt die Zehner an; ihre Einheit ist somit 10, ihre halbe Einheit 5. Der absolute Fehler der Zahl 678.9 ist $|678.9 - 682.24| = 3.34$, ist also kleiner als diese halbe Einheit 5. Somit ist die zweite Stelle dieser Zahl noch gültig und jede vor ihr ebenso, da der Fehler 3.34 natürlich auch kleiner als 50, die halbe Einheit der ersten Stelle, ist. Die dritte Stelle von x ist allerdings nicht mehr gültig, da der absolute Fehler 3.34 größer als 0.5, die halbe Einheit der dritten Stelle, ist. Also hat $x = 678.9$ zwei gültige Stellen.

  Es sei nun x eine beliebige Zahl mit k gültigen Stellen, d.h., dass von den wesentlichen Stellen von x die ersten k gültig sind. Verifizieren Sie, dass dann für den relativen Fehler der Zahl x gilt:

  $$\left| \frac{\Delta x}{x} \right| \le 5 \cdot 10^{-k}.$$

5.17 Ein Arbeiter will die Innenlänge einer etwa 49 Meter langen Halle exakt wissen, hat aber momentan nur einen Meterstab mit zwei Metern Länge parat, sodass er sie mittels Aneinanderreihen von Zweimeterstrecken abmessen muss. Wir gehen davon aus, dass er bei jeder dieser Einzelstrecken einen Fehler von höchstens einen halben Zentimeter macht.

  a) Auf wie viele Zentimeter genau kann er die Länge der Halle angeben?

  b) Halten Sie es für möglich, dass der Gesamtmessfehler in die Nähe des errechneten Maximalfehlers gelangen kann?

Gaußsche Fehlerrechnung

5.18   In Anschluss an Aufgabe 5.17 wenden wir uns wieder dem Arbeiter zu,
       der eine innen etwa 49 Meter lange Halle mit einem 2 m langen Meter-
       stab messen will. Etwas realistischer gehen wir jetzt davon aus, dass der
       Messfehler jeder Einzelstrecke mit hoher Wahrscheinlichkeit (z. B. 95 %)
       nicht größer als 0.4 cm ist; wir nennen diese 0.4 cm Messunsicherheit.

   a) Welche Messunsicherheit der gesamten Hallenlänge resultiert gemäß
       der Gaußschen Fehlerfortpflanzung?

   b) Was fällt im Vergleich zur Maximalfehlerrechnung in Aufg. 5.17 auf?

   c) Kritisieren Sie hier die Anwendung der Gaußschen Fehlerrechnung.
       Welche wichtige Voraussetzung ist möglicherweise verletzt?

5.19   Noch in den 1970er Jahren haben die Fahrer eines Milchtransport-Unter-
       nehmens die Milchmenge, die sie bei den Landwirten einmal täglich ab-
       holten, eigenhändig auf einen Liter genau aufgeschrieben. Dabei hatten
       sie die eingesaugte Milchmenge kaufmännisch zu runden.

   a) Welchen Maximalfehler macht der Fahrer bei einer Abholung?

   b) Welcher maximale Gesamtfehler entsteht im Laufe eines Jahres?

   c) Nehmen Sie nun den Maximalfehler der Einzelmessung als Messun-
       sicherheit. Wie groß ist dann gemäß der Gaußschen Fehlerrechnung
       die Messunsicherheit der abgeholten Jahres-Milchmenge?

   d) Was fällt gegenüber der Maximalfehlerrechnung auf?

   e) Warum ist es plausibel, dass die Gaußsche Messunsicherheit viel klei-
       ner ausfallen muss als der Maximalfehler?

   f) Soll man hier die Gaußsche Fehlerfortpflanzung oder die lineare gemäß
       der Maximalfehlerrechnung bevorzugen?

       Der Landwirt erhielt damals etwa 70 Pfennig (= 0.36 €) pro Liter Milch.

   g) Welcher maximale Gesamtfehler hinsichtlich der Milcheinnahmen des
       Landwirts kann im Laufe eines Jahres theoretisch entstehen?

   h) Welche Fehlergrenzen liefert die Gaußsche Fehlerfortpflanzung?

       Zusatzfragen aus dem Bereich statistische Verteilungen:

   i) Wie ist der Fehler der aufgeschriebenen Tages-Milchmenge verteilt?

   j) Welche Standardabweichung σ hat dieser Fehler?

   k) Welche Standardabweichung hat der Jahres-Gesamtfehler?

   l) Warum ist der Jahres-Gesamtfehler praktisch normalverteilt?

   m) Wie groß ist die Wahrscheinlichkeit, dass dieser Gesamtfehler zwi-
       schen die in c) errechneten Gaußschen Fehlergrenzen fällt?

   n) Gilt Entsprechendes für die Fehlergrenzen der Milcheinnahmen?

5.20 Der Ohmsche Widerstand R eines elektrischen Leiters mit Länge L und
      Radius r kann über den spezifischen Widerstand ρ berechnet werden:

$$R = \rho \cdot \frac{L}{\pi r^2}$$

Die Messdaten inklusive ihrer Messunsicherheit ergaben sich wie folgt:

$$L = (1000 \pm 1)\,\text{mm}, \quad r = (0.50 \pm 0.02)\,\text{mm}, \quad \rho = (1.7 \pm 0.05) \cdot 10^{-8}\,\Omega\,\text{m}.$$

a) Wie groß ist die relative Unsicherheit des Ohmschen Widerstands R?

b) Welchen Anteil haben die einzelnen Messungen am Quadrat der Un-
    sicherheit von R?

c) Was stellen Sie hierbei im Vergleich mit der Maximalfehlerrechnung
    in Aufgabe 5.12 fest?

d) In welchen (absoluten) Gaußschen Fehlergrenzen liegt R?

5.21 Jemand schätzt die Geschwindigkeit eines vorbeifahrenden Autos durch
      Zeitnahme zwischen zwei Straßenpfosten, deren Abstandsmessung 50 m
      ergab. Die handgestoppte Zeitmessung zeigte 1.5 Sekunden.

Daraus resultiert: $v = \dfrac{50\,\text{m}}{1.5\,\text{s}} = 33\frac{1}{3}\,\dfrac{\text{m}}{\text{s}}$

a) Mit welcher relativen Unsicherheit ist dieses Ergebnis behaftet, wenn
    die Abstandsmessung eine Unsicherheit von einem Prozent und die
    Zeitmessung eine Unsicherheit von 10 % des wahren Wertes aufweist?

b) Was fällt bei der errechneten Unsicherheit im Vergleich mit den Un-
    sicherheiten der Messfehler auf?

c) Berechnen Sie nun die geschätzte Geschwindigkeit in km/h samt den
    Fehlergrenzen gemäß der Gaußschen Fehlerfortpflanzung.

d) Wie sicher fühlt man sich, dass die tatsächlich gefahrene Geschwin-
    digkeit im errechneten Intervall $[v - \Delta v,\ v + \Delta v]$ enthalten ist, wenn
    die Angaben für Zeit- und Abstandsmessung einschließlich ihrer zehn-
    bzw. einprozentigen Messunsicherheit als 95-prozentig sicher gelten?

5.22 Eine zylindrische Blechdose zur Konservierung von Artischockenherzen
      hat einen Deckeldurchmesser von $d = 8.0\,\text{cm}$ und ist $h = 12.0\,\text{cm}$ hoch.

a) Wie groß ist der Rauminhalt der Blechdose?

b) Wie viel cm^2 Blech benötigt man zur Herstellung der Konservendose?

Der Deckeldurchmesser und die Dosenhöhe sind mit Unsicherheiten von
jeweils 0.2 cm behaftet, also $\Delta d = \Delta h = 0.2\,\text{cm}$.

c) Wie groß ist die relative Unsicherheit des Doseninhalts?

d) Welcher der beiden Messfehler Fehler trägt am meisten zum Quadrat
    des Gesamtfehlers des Doseninhalts bei?

e) Wie groß ist die absolute Unsicherheit der Dosenoberfläche?

5.23 Der elektrische Widerstand ist durch $R = \dfrac{U}{I}$ definiert.

    a) Wie groß ist gemäß der Gaußschen Fehlerfortpflanzung die relative Unsicherheit von R, wenn die relative Messunsicherheit der Spannung U und der Stromstärke I jeweils ein Prozent beträgt?

    b) Was weiß man vor Messung von U und I über die Wahrscheinlichkeit, dass die Angabe des Widerstands R mit Unsicherheitsgrenzen den wahren unbekannten Widerstand R miteinschließen wird?

5.24 In Rückständen aus einer Trinkschale, die vermutlich Bier enthielt und in einem Pharaonengrab gefunden wurde, stellt man mit der Radiokarbonmethode fest, dass die Aktivität A der ^{14}C-Atome nur noch $(60.4 \pm 0.5)\,\%$ der Ausgangsaktivität $A_0 = 100\,\%$ beträgt. Die Halbwertszeit t_H des Kohlenstoffisotops ^{14}C ist $(5\,600 \pm 5)\,$a.

    a) Wie alt ist das Bier, wenn die Aktivität gemäß der Gleichung $A = A_0 \cdot e^{-\ln 2 \cdot t / t_H}$ abnimmt?

    b) Berechnen Sie mittels Gaußscher Fehlerfortpflanzung die Unsicherheit der Altersbestimmung aufgrund dieses Modells.

Zwei Zusatzaufgaben aus dem Bereich Statistik und Normalverteilung:

5.25 Der Fettgehalt von Milch wurde mit zwei verschiedenen Methoden A und B aufgrund von jeweils 10 Messwerten bestimmt:

Fettgehalt A in %	3.3	3.5	3.7	3.2	3.6	3.5	3.6	3.4	3.6	3.9
Fettgehalt B in %	3.5	3.6	3.6	3.7	3.5	3.6	3.5	3.5	3.6	3.5

Beide Methoden schätzen den Fettgehalt durch den Mittelwert. Geben Sie deren Standardfehler an. Wie lange muss die Messreihe der weniger präzisen Methode sein, damit sie denselben Standardfehler wie die präzisere Methode mit zehn Messwerten hat?

5.26 Im Rodeln wird die Zeit auf eine tausendstel Sekunde genau gemessen. Das Endresultat entsteht durch die Aufaddierung der Zeitnahme von vier Läufen. (Fortsetzung von Aufgabe 5.9.)

    a) Wie groß ist die Standardabweichung des Messfehlers bei einem Lauf?

    b) Welche Standardabweichung hat der Fehler der Differenz der Gesamtzeiten der beiden Rodlerinnen Niedernhuber und Kraushaar?

    c) Wie groß ist die Wahrscheinlichkeit, dass unterschiedliche Gesamtzeiten entstehen, wenn (d.h., unter der Bedingung, dass) beide Rodlerinnen in der Summe von vier Läufen exakt gleich schnell wären?

    d) Wie wahrscheinlich ist es, dass Barbara Niedernhuber insgesamt um mindestens zwei tausendstel Sekunden langsamer gemessen wird, wenn beide Rodlerinnen in der Summe exakt gleich schnell wären?

6 Vektorrechnung und analytische Geometrie

Lineare Abhängigkeit und Unabhängigkeit von Vektoren

6.1 Gegeben sind folgende Vektoren im $\mathbb{R}^3$:

$$\vec{a} = \begin{pmatrix} 2 \\ 3 \\ 1 \end{pmatrix} \qquad \vec{b} = \begin{pmatrix} 1 \\ 2 \\ 3 \end{pmatrix} \qquad \vec{c} = \begin{pmatrix} 5 \\ 8 \\ 5 \end{pmatrix}$$

Prüfen Sie, ob die Vektoren $\vec{a}$, $\vec{b}$ und $\vec{c}$ linear abhängig sind,

a) mittels Berechnung des Rangs der Matrix $(\vec{a}, \vec{b}, \vec{c})$,

b) mittels Berechnung der Determinante der Matrix $(\vec{a}, \vec{b}, \vec{c})$.

6.2 a) Zeigen Sie, dass folgende Aussage gilt:

Sind die Vektoren $\vec{a}_1, \vec{a}_2, \cdots, \vec{a}_p$ linear abhängig, dann sind auch die Vektoren $\vec{a}_1, \vec{a}_2, \cdots, \vec{a}_p, \vec{a}_{p+1}, \ldots, \vec{a}_q$ für $q > p$ linear abhängig.

b) Zeigen Sie durch ein Gegenbeispiel, dass die entsprechende Aussage in a) für $q < p$ nicht gilt.

6.3 a) Zeigen Sie, dass folgende fünf Vektoren im $\mathbb{R}^5$ linear unabhängig sind.

$$\vec{a}_1 = \begin{pmatrix} 5 \\ 0 \\ 0 \\ 0 \\ 0 \end{pmatrix} \qquad \vec{a}_2 = \begin{pmatrix} 1 \\ 2 \\ 0 \\ 0 \\ 0 \end{pmatrix} \qquad \vec{a}_3 = \begin{pmatrix} 5 \\ 4 \\ 3 \\ 0 \\ 0 \end{pmatrix}$$

$$\vec{a}_4 = \begin{pmatrix} 1 \\ 4 \\ 3 \\ 4 \\ 0 \end{pmatrix} \qquad \vec{a}_5 = \begin{pmatrix} 5 \\ 4 \\ 3 \\ 2 \\ 1 \end{pmatrix}$$

b) Nun sei noch zusätzlich der folgende Vektor $\vec{b}$ gegeben: $\vec{b} = \begin{pmatrix} 20 \\ 18 \\ 12 \\ 10 \\ 1 \end{pmatrix}$

Stellen Sie $\vec{b}$ als Linearkombination der Vektoren $\vec{a}_i (i = 1, \cdots, 5)$ dar.

c) Bilden Sie aus den Vektoren $\vec{a}_i (i = 1, \cdots, 5)$ die Matrix A, indem Sie die Elemente von $\vec{a}_i$ als i-te Zeile nehmen. Sind die Spalten dieser Matrix linear abhängig oder linear unabhängig?

6.4   Mit $\vec{e}_1$, $\vec{e}_2$ und $\vec{e}_3$ seien die drei kanonischen Einheitsvektoren im $I\!R^3$
      bezeichnet. Nun soll der Vektor $\vec{d} = \vec{e}_1 + 4\vec{e}_2 - 2\vec{e}_3$, wenn möglich, in
      Richtung der folgenden Vektoren $\vec{a}$, $\vec{b}$ und $\vec{c}$ zerlegt werden.

   a) $\vec{a} = \begin{pmatrix} -3 \\ 1 \\ 2 \end{pmatrix}$ $\vec{b} = \begin{pmatrix} -2 \\ 3 \\ -1 \end{pmatrix}$ $\vec{c} = \begin{pmatrix} 1 \\ 2 \\ -3 \end{pmatrix}$

   b) $\vec{a} = \begin{pmatrix} -3 \\ 1 \\ -2 \end{pmatrix}$ $\vec{b} = \begin{pmatrix} 2 \\ 3 \\ -1 \end{pmatrix}$ $\vec{c} = \begin{pmatrix} 1 \\ -2 \\ -3 \end{pmatrix}$

6.5   Gegeben seien die folgenden drei Vektoren:

$$\vec{a} = \begin{pmatrix} 5 \\ 3 \\ 1 \end{pmatrix} \qquad \vec{b} = \begin{pmatrix} 6 \\ 2 \\ 0 \end{pmatrix} \qquad \vec{c} = \begin{pmatrix} -1 \\ 1 \\ 1 \end{pmatrix}$$

Zeigen Sie, dass man mit diesen drei Vektoren nicht den ganzen dreidimensionalen Raum, sondern nur eine Ebene aufspannen kann, d.h., dass
sie linear abhängig sind. Zeigen Sie dies durch:

   a)   Berechnung der Konstanten λ und μ in der Beziehung $\lambda\vec{a} + \mu\vec{b} + \vec{c} = 0$.

   b)   Skalarmultiplikation von $\vec{a} \times \vec{b}$ mit $\vec{c}$.

Skalarprodukt, Kreuzprodukt, Winkel, Länge, Fläche und Volumen

6.6   Gegeben seien die folgenden vier Vektoren im $I\!R^3$:

$$\vec{a} = \begin{pmatrix} 2 \\ 3 \\ 1 \end{pmatrix} \qquad \vec{b} = \begin{pmatrix} 1 \\ 2 \\ 3 \end{pmatrix} \qquad \vec{c} = \begin{pmatrix} 5 \\ 8 \\ 5 \end{pmatrix} \qquad \vec{d} = \begin{pmatrix} 4 \\ 7 \\ 9 \end{pmatrix}$$

   a)   Aufgabe 6.1 hat ergeben, dass $\vec{a}$, $\vec{b}$ und $\vec{c}$ linear abhängig sind. Wel-
        chen Rauminhalt hat also der von $\vec{a}$, $\vec{b}$ und $\vec{c}$ aufgespannte Spat?

   b)   Bestimmen Sie die Längen $|\vec{a}|$ und $|\vec{b}|$ der Vektoren $\vec{a}$ und $\vec{b}$.

   c)   Welchen Winkel (in °) schließen die Vektoren $\vec{a}$ und $\vec{b}$ ein?

   d)   Welche Fläche hat ein von $\vec{a}$ und $\vec{b}$ aufgespanntes Parallelogramm?

   e)   Welche Fläche hat ein Dreieck mit $\vec{b}$ und $\vec{d}$ als „Seitenvektoren"?

   f)   Welches Volumen hat der Spat, der von den drei Kantenvektoren $\vec{b}$,
        $\vec{c}$ und $\vec{d}$ aufgespannt wird?

   g)   Welches Volumen hat ein Tetraeder mit den vier Endpunkten dieser
        drei aufspannenden Kantenvektoren $\vec{b}$, $\vec{c}$ und $\vec{d}$?

6.7 Zeigen Sie mittels eines Beispieles mit drei Vektoren $\vec{a}$, $\vec{b}$ und $\vec{c}$ im $I\!\!R^3$, dass im Allgemeinen $\vec{a} \cdot (\vec{b} \cdot \vec{c}) \neq (\vec{a} \cdot \vec{b}) \cdot \vec{c}$ ist.
Beachten Sie bitte, dass es sich hier um verschiedene Multiplikationen „$\cdot$" handelt: Innerhalb der Klammer ist es das Skalarprodukt, außerhalb die Multiplikation eines Vektors mit einem Skalar.

6.8 Vereinfachen Sie $(\vec{a} + \vec{c}) \cdot (\vec{d} - \vec{a}) - (\vec{a} - \vec{d} + \vec{c}) \cdot \vec{d}$ für $\vec{a} \perp \vec{c}$.

6.9 $\vec{c}$ und $\vec{d}$ seien nichtparallele Vektoren. Zeigen Sie, dass $\vec{c} + \vec{d}$ und $\vec{c} - \vec{d}$ genau dann aufeinander senkrecht stehen, wenn $|\vec{c}| = |\vec{d}|$ ist.

6.10 Wann ist $(\vec{a} \cdot \vec{b})^2 = \vec{a}^{\,2} \cdot \vec{b}^{\,2}$?

6.11 Wie muss man die Zahlen a_1, b_2 und c_2 wählen, damit die Vektoren
$$\vec{a} = \begin{pmatrix} a_1 \\ 3 \\ -2 \end{pmatrix} \quad \text{und} \quad \vec{b} = \begin{pmatrix} -1 \\ b_2 \\ 6 \end{pmatrix} \quad \text{auf dem Vektor} \quad \vec{c} = \begin{pmatrix} -2 \\ c_2 \\ 13 \end{pmatrix}$$
senkrecht stehen? Geben Sie alle Lösungen an.

6.12 Im $I\!\!R^3$ sei der folgende Vektor $\vec{c} = \begin{pmatrix} c_1 \\ 1 \\ c_3 \end{pmatrix}$ gegeben.

Berechnen Sie alle möglichen Koeffizientenpaare (c_1, c_3), wenn gleichzeitig die beiden folgenden Forderungen erfüllt sein sollen:

Forderung A: $\vec{c} \cdot \vec{e}_1 = 3\vec{c} \cdot \vec{e}_3$,

Forderung B: der Winkel zwischen $\vec{c}$ und $\vec{e}_2$ sei $\dfrac{\pi}{4}$.

6.13 Die Vektoren $\vec{a}_0$ und $\vec{b}_0$ haben jeweils die Länge 1 (d.h., sie sind Einheitsvektoren) und schließen den Winkel $\dfrac{\pi}{3}$ ein. Zeigen Sie, dass dann die Vektoren $\vec{u} := 2\vec{a}_0 - 3\vec{b}_0$ und $\vec{v} := 4\vec{a}_0 + \vec{b}_0$ zueinander senkrecht sind.

6.14 Es seien $\vec{p}_0$ und $\vec{q}_0$ zwei aufeinander senkrecht stehende Einheitsvektoren. Für welche $m \in I\!\!R$ stehen dann die beiden Vektoren $\vec{v} := \vec{p}_0 + m\vec{q}_0$ und $\vec{w} := 2\vec{p}_0 + \vec{q}_0$ in einem Winkel von 60° zueinander?

6.15 $\vec{p}_1$ und $\vec{p}_2$ seien Einheitsvektoren, deren vektorielle Summe die Länge $\sqrt{3}$ hat. Ein Vektor $\vec{a}$ der Länge 3 werde dargestellt durch
$$\vec{a} := \vec{p}_1 + \vec{p}_2 + \lambda \cdot (\vec{p}_1 \times \vec{p}_2), \quad \text{wobei } \lambda > 0 \text{ ist.}$$

a) Berechnen Sie den Winkel φ zwischen $\vec{p}_1$ und $\vec{p}_2$.

b) Berechnen Sie den Koeffizienten λ.

c) Berechnen Sie den Winkel φ_1 zwischen $\vec{p}_1$ und $\vec{a}$ und den Winkel φ_2 zwischen $\vec{p}_2$ und $\vec{a}$.

Geraden und Ebenen

6.16   Gegeben seien die Punkte $A(2, -7, 2)$ und $B(-4, 2, 11)$. Es sei g_1 die
       Gerade durch A und B und g_2 die Gerade mit der Parameterdarstellung

$$g_2: \quad \vec{x} = \begin{pmatrix} x_1 \\ x_2 \\ x_3 \end{pmatrix} = \begin{pmatrix} 3 \\ 4 \\ -2 \end{pmatrix} + \mu \cdot \begin{pmatrix} -1 \\ -1 \\ 2 \end{pmatrix}$$

(*Anmerkung:* Das bedeutet, die Gerade g besteht aus allen $\vec{x}$, die entstehen, wenn μ die ganze Menge $\mathbb{R}$ von $-\infty$ bis $+\infty$ durchläuft.)

Schneiden sich g_1 und g_2, sind sie parallel oder sind sie windschief?

6.17   Durch die Punkte $P_1(1, 3, -2)$, $P_2(3, -1, 1)$ und $P_3(0, -5, 2)$ sei eine
       Ebene E gegeben.

a) Stellen Sie die Gleichung der Ebene E in Parameterform auf.

b) Bestimmen Sie nun die parameterfreie Form (Koordinatenform).

c) Nun betrachten wir noch die folgende Gerade g:

$$g: \quad \vec{x} = \begin{pmatrix} 3 \\ -1 \\ 1 \end{pmatrix} + \tau \cdot \begin{pmatrix} 1 \\ -2 \\ 7 \end{pmatrix}$$

Liegt diese Gerade g in der Ebene E? Begründen Sie Ihre Antwort.

6.18   a) Bestimmen Sie diejenige Ebene $E: ax_1 + bx_2 + cx_3 + d = 0$, welche
          die drei Koordinatenachsen bei $x_1 = 2$, $x_2 = 4$ und $x_3 = 1$ schneidet.

b) Ermitteln Sie den Abstand dieser Ebene E vom Punkt $P(1, 0, 0)$.

c) Bestimmen Sie diejenige Gerade g, die durch $P(1, 0, 0)$ geht und zur
   Ebene E senkrecht steht.

d) Wo schneidet diese Gerade g die Ebene E?

e) Bestimmen Sie diejenige Gerade h, die durch orthogonale Projektion
   der x_1-Achse auf die Ebene E entsteht.

f) In welchem spitzen Winkel steht die x_1-Achse zur Ebene E?

6.19   Gegeben seien folgende Vektoren: $\quad \vec{a} = \begin{pmatrix} 2 \\ 1 \\ -1 \end{pmatrix} \quad \vec{b} = \begin{pmatrix} 4 \\ 1 \\ 2 \end{pmatrix}$

a) Bestimmen Sie diejenige Ebene E, die parallel zu $\vec{a}$ und $\vec{b}$ ist und die
   x_3-Achse bei $x_3 = 4$ schneidet. Geben Sie ihre Gleichung zunächst
   in Parameterform an.

b) Erstellen Sie nun eine parameterfreie Form.

c) Bestimmen Sie die Komponente c_1 eines Vektors $\vec{c} = \begin{pmatrix} c_1 \\ -2 \\ 2 \end{pmatrix}$ so,
   dass $\vec{c}$ parallel zur Ebene E ist.

6.20   Gegeben seien die folgenden drei Vektoren:

$$\vec{a} = \begin{pmatrix} 2 \\ a_2 \\ a_3 \end{pmatrix} \qquad \vec{b} = \begin{pmatrix} -1 \\ 4 \\ 1 \end{pmatrix} \qquad \vec{c} = \begin{pmatrix} 3 \\ -3 \\ 1 \end{pmatrix}$$

    a) Bestimmen Sie die Komponenten a_2 und a_3 des Vektors $\vec{a}$, sodass $\vec{a}$ sowohl auf $\vec{b}$ als auch auf $\vec{c}$ senkrecht steht.

    b) Geben Sie den Winkel zwischen dem Vektor $\vec{a}$ und dem Vektor $\vec{b}+\vec{c}$ an.

    c) Welchen Flächeninhalt hat das von den Vektoren $\vec{a}$ und $\vec{b}+\vec{c}$ aufgespannte Parallelogramm?

    d) Eine Ebene E_1 gehe durch den Punkt $S(-1, -\frac{1}{2}, 1)$ und hat die Richtungsvektoren $\vec{b}$ und $\vec{c}$. Wie lautet ihre Gleichung in parameterfreier Form?

    e) Zusätzlich werde durch S eine Ebene E_2 gelegt, sodass die Gerade

$$g: \ \vec{x} = \lambda \cdot \begin{pmatrix} 2 \\ 1 \\ -2 \end{pmatrix}$$

    senkrecht zu E_2 verläuft. Geben Sie die Gleichung von E_2 an!

    f) Bestimmen Sie die Schnittgerade h von E_1 und E_2!

6.21   Es sei $E: 10x_1 + 15x_2 + 6x_3 - 30 = 0$ die Gleichung einer Ebene im $\mathbb{R}^3$.

    a) Bestimmen Sie die Schnittpunke P_1, P_2 und P_3 der Ebene E mit der x_1-, der x_2- und der x_3-Achse.

    b) Geben Sie die Achsenabschnittsform der Ebene E an, d.h., eine parameterfreie Gleichung, die die errechneten Achsenabschnitte enthält.

    c) Bestimmen Sie jeweils die Schnittgerade von E mit der (x_1, x_2)-, der (x_1, x_3)- und der (x_2, x_3)-Koordinaten-Ebene.

    d) Berechnen Sie mittels der in c) bestimmten Richtungsvektoren der Schnittgeraden einen zur Ebene E senkrechten Vektor $\vec{u}$.

    e) Warum und wie kann man einen zu E senkrechten Vektor viel einfacher erhalten?

    f) Bestimmen Sie den Abstand des Punktes $A(30, 40, 20)$ zur Ebene.

    g) In welchem Abstand steht die Ebene zum Ursprung $O(0, 0, 0)$?

    h) Bestimmen Sie die Parameterdarstellung der Ebene E.

    i) Stellen Sie die Gleichung derjenigen Geraden g in Parameterform auf, welche durch den Punkt $A(30, 40, 20)$ geht und auf E senkrecht steht.

6.22   Gegeben seien folgende zwei Geraden g und h:

$$g: \ \vec{x} = \begin{pmatrix} 0 \\ 6 \\ 0 \end{pmatrix} + \lambda \cdot \begin{pmatrix} 1 \\ 0 \\ 1 \end{pmatrix} \qquad h: \ \vec{x} = \begin{pmatrix} 3 \\ 3 \\ 3 \end{pmatrix} + \mu \cdot \begin{pmatrix} 1 \\ -1 \\ 0 \end{pmatrix}$$

a) Welchen Abstand hat $P(1, 2, 3)$ von der Geraden g?

b) Berechnen Sie den Fußpunkt des Lotes von P auf die Gerade g.

c) Welchen Abstand haben die Geraden g und h?

d) Welche zwei Punkte auf g bzw. h haben diesen minimalen Abstand?

e) Die Gerade i geht durch den Ursprung $O(0, 0, 0)$ und hat denselben Richtungsvektor wie h. In welchem Abstand stehen die beiden Geraden i und h zueinander?

6.23   Gegeben seien die folgenden drei Ebenen: $E_1: 10x_1 - x_2 + 5x_3 - 2 = 0$, $E_2: 5x_1 + 4x_2 + 9x_3 = 0$ und $E_3: -20x_1 + 2x_2 - 10x_3 - 7 = 0$.

a) Bestimmen Sie die Schnittgerade der Ebenen E_1 und E_2.

b) In welchem spitzen Winkel schneiden sich E_1 und E_2?

c) Warum schneiden sich E_1 und E_3 nicht?

d) Wie groß ist der Abstand zwischen E_1 und E_3?

e) In welchem spitzen Winkel schneiden sich E_2 und E_3?

6.24   Gegeben sei die Ebene $E: 7x_1 - 2x_2 + x_3 - 5 = 0$ und folgende Gerade:

$$g: \ \vec{x} = \begin{pmatrix} 9 \\ 8 \\ 0 \end{pmatrix} + \lambda \cdot \begin{pmatrix} 2 \\ 6 \\ 1 \end{pmatrix}$$

a) Welchen spitzen Winkel schließt die Gerade g mit der Ebene E ein?

b) In welchem Punkt S durchstößt g die Ebene E?

c) Der Richtungsvektor der Geraden h sei eine Linearkombination der Richtungsvektoren der Ebene E. Außerdem geht h durch $P(4, 5, 6)$. Warum schneidet eine solche Gerade h die Ebene E nicht?

d) Wie groß ist der Abstand zwischen h und E?

e) Stellen Sie die Ebene E in Parameterform dar.

6.25   Zum Schluss des Kapitels betrachten wir noch eine Gerade g im $\mathbb{R}^2$:

$$g: \ \vec{x} = \begin{pmatrix} 9 \\ 8 \end{pmatrix} + \lambda \cdot \begin{pmatrix} 3 \\ 4 \end{pmatrix}$$

a) Bestimmen Sie einen Normalenvektor zu dieser Geraden.

b) Bestimmen Sie die Koordinatendarstellung dieser Geraden.

c) Welchen Abstand hat der Punkt $P(6, 7)$ von der Geraden g?

d) Berechnen Sie den Fußpunkt des Lotes von P auf g.

7 Matrizenrechnung und lineare Gleichungssysteme

Matrizenrechnung

7.1 Führen Sie, wenn möglich, folgende Additionen durch:

a) $A + B$ b) $A + C$,   wobei

$$A = \begin{pmatrix} 3 & 1 & 2 & -1 \\ 2 & 3 & -1 & 1 \\ -1 & 2 & 1 & 3 \\ 1 & -1 & 3 & 2 \end{pmatrix} \qquad B = \begin{pmatrix} 2 & -2 & 7 & -4 \\ 2 & 7 & 1 & 13 \\ 12 & 3 & 14 & -2 \\ 9 & 17 & 3 & 18 \end{pmatrix}$$

$$C = \begin{pmatrix} 5 & 1 & 8 & 2 \\ -1 & 2 & 3 & 0 \end{pmatrix}$$

7.2 Bilden Sie, wenn möglich, mit den Matrizen bzw. Vektoren

$$A = \begin{pmatrix} 3 & 1 & 2 \\ -1 & 2 & 1 \end{pmatrix} \quad B = \begin{pmatrix} 2 & -2 \\ 2 & 1 \end{pmatrix} \quad p = \begin{pmatrix} 5 \\ 4 \end{pmatrix} \quad q = \begin{pmatrix} -1 \\ 3 \\ 2 \end{pmatrix}$$

folgende Produkte:

a) BA b) AB c) $A'B$ d) Aq e) $q'A$

f) $p'A$ g) pp' h) $q'q$ i) $(B + B') \cdot p$

7.3 Bilden Sie mit den Matrizen bzw. Vektoren

$$A = \begin{pmatrix} 3 & 2 & -1 \\ 0 & 1 & 2 \end{pmatrix} \quad B = \begin{pmatrix} -1 & 2 \\ 4 & 1 \end{pmatrix} \quad p = \begin{pmatrix} 1 \\ 2 \end{pmatrix} \quad q = \begin{pmatrix} 3 \\ -2 \\ 1 \end{pmatrix}$$

folgende Produkte:

a) BA b) $A'B$ c) Aq d) $p'A$

7.4 Berechnen Sie folgende Matrizen A und B

$$A = 2 \begin{pmatrix} 2 & -3 \\ 1 & 4 \end{pmatrix} - 3 \begin{pmatrix} -1 & 2 \\ 0 & 1 \end{pmatrix} \qquad B = 2 \begin{pmatrix} 3 & 0 \\ 1 & 2 \end{pmatrix} + 2 \cdot I$$

sowie die Differenz $A - B$.

7.5 Sind die folgenden Matrizen A und B gleich?

$$A = \begin{pmatrix} 2 & 3 & -5 \\ 7 & 0 & 1 \end{pmatrix} + \begin{pmatrix} 1 & 0 & 8 \\ -4 & 3 & 2 \end{pmatrix}$$

$$B = \begin{pmatrix} 6 & -1 & -2 \\ 0 & 2 & 1 \end{pmatrix} - \begin{pmatrix} 3 & -4 & -5 \\ -3 & -1 & 2 \end{pmatrix}$$

7.6   Es sei $A = \begin{pmatrix} 6 & -4 \\ 9 & -6 \end{pmatrix}$. Berechnen Sie A^n für alle $n \in I\!N_0$.

7.7   Untersuchen Sie folgende Matrizen auf Gleichheit:

$A = (a_{ik})_{\substack{i=1,\cdots,4 \\ k=1,\cdots,4}}$ mit $a_{ik} = 3i + (-1)^{i+k}2k$

$$B = \begin{pmatrix} 5 & -1 & 9 & -5 \\ 4 & 10 & 0 & 14 \\ 11 & 5 & 15 & 1 \\ 10 & 16 & 6 & 15 \end{pmatrix}$$

$$C = \begin{pmatrix} 3 & 1 & 2 & -1 \\ 2 & 3 & -1 & 1 \\ -1 & 2 & 1 & 3 \\ 1 & -1 & 3 & 2 \end{pmatrix} + \begin{pmatrix} 2 & -2 & 7 & -4 \\ 2 & 7 & 1 & 13 \\ 12 & 3 & 14 & -2 \\ 9 & 17 & 3 & 18 \end{pmatrix}$$

7.8   Warum gilt für quadratische Matrizen A, dass $A + A'$ stets eine symmetrische Matrix ergibt?

7.9   Bilden Sie mit den Matrizen

$$A = \begin{pmatrix} 1 & 2 & 3 \\ 4 & 5 & 7 \\ 9 & 8 & 6 \end{pmatrix} \quad P_1 = \begin{pmatrix} 0 & 1 & 0 \\ 1 & 0 & 0 \\ 0 & 0 & 2 \end{pmatrix}$$

$$P_2 = \begin{pmatrix} 1 & 0 & 0 \\ 0 & 1 & 0 \\ 0 & 0 & 2 \end{pmatrix} \quad P_3 = \begin{pmatrix} 1 & 3 & 0 \\ 0 & 1 & 0 \\ 0 & 0 & 1 \end{pmatrix}$$

die Produkte P_1A, AP_1, P_2A, AP_3.
Was bewirken die Matrizen $P_i (i = 1, 2, 3)$?

7.10   Gegeben sei folgende Matrix: $P = \dfrac{1}{3} \begin{pmatrix} 1 & 1 & 1 \\ 1 & 1 & 1 \\ 1 & 1 & 1 \end{pmatrix}$

a) Berechnen Sie $P \cdot x$ für $x \in I\!R^3$ und interpretieren Sie das Ergebnis.
b) Welchen Rang hat die Matrix P?
c) Berechnen Sie $P^2 = P \cdot P$ und deuten Sie das Ergebnis geometrisch.

7.11   Gegeben sei folgende Matrix: $S = \begin{pmatrix} \dfrac{1}{\sqrt{6}} & \dfrac{1}{\sqrt{3}} & \dfrac{1}{\sqrt{2}} \\[2mm] \dfrac{-2}{\sqrt{6}} & \dfrac{1}{\sqrt{3}} & 0 \\[2mm] \dfrac{1}{\sqrt{6}} & \dfrac{1}{\sqrt{3}} & \dfrac{-1}{\sqrt{2}} \end{pmatrix}$

a) Berechnen Sie die Länge der Spaltenvektoren von S.
b) Berechnen Sie alle Winkel zwischen jeweils zwei Spaltenvektoren.
c) Interpretieren Sie am Einheitswürfel I_3 geometrisch, was die Matrix S durch Multiplikation von links bewirkt.
d) Berechnen Sie SS' und $S'S$.
e) Was folgt daraus für die Inverse S^{-1}?
f) Berechnen Sie die Determinante von S und interpretieren Sie das Ergebnis.
g) Welchen Rang hat die Matrix S?

7.12   Gegeben seien folgende Matrizen:

$$A = \begin{pmatrix} 1 & 0 & 2 \\ 0 & 1 & 0 \\ 1 & 0 & 2 \end{pmatrix} \qquad B = \begin{pmatrix} 2 & 0 & -2 \\ 0 & 0 & 0 \\ -1 & 0 & 1 \end{pmatrix}$$

a) Bestimmen Sie das Matrizenprodukt $C = A \cdot B$.
b) Welchen Rang hat die Matrix C?

7.13   Gegeben seien folgende Matrizen:

$$A = \begin{pmatrix} 1 & 2 & 3 \\ 0 & 0 & 0 \end{pmatrix} \qquad B = \begin{pmatrix} -1 \\ 0 \\ 0 \end{pmatrix}$$

a) Berechnen Sie die Matrix $C = A \cdot B$ sowie die Transponierte C'.
b) Bestimmen Sie den Rang der Matrizen A, B, C, A', B' und C'.
c) Bestimmen Sie jeweils den Typ $k \times l$ der Matrizen A, B, C und C'.
d) Berechnen Sie, wenn möglich, das Matrizenprodukt $B \cdot A$?

7.14   Gegeben seien folgende Matrizen:

$$A = \begin{pmatrix} 1 & 2 & 3 \\ 1 & 0 & 0 \\ 1 & 0 & 1 \\ -1 & 0 & 0 \end{pmatrix} \qquad B = \begin{pmatrix} 1 & 0 \\ 2 & 0 \\ 3 & 0 \end{pmatrix}$$

a) Berechnen Sie die Matrizenprodukte $(A \cdot B)'$ und $B' \cdot A'$.
b) Welchen Rang hat die Matrix B?
c) Ist das Matrizenprodukt $B \cdot A$ möglich?

7.15   Bestimmen Sie den Rang folgender Matrizen A und B:

$$A = \begin{pmatrix} 1 & 2 & 3 & -1 \\ 2 & 2 & 2 & 1 \\ -3 & 2 & 4 & 3 \end{pmatrix} \qquad B = \begin{pmatrix} 3 & 3 & 2 & 1 \\ 1 & 1 & -2 & 2 \\ -2 & 4 & 1 & 3 \\ -5 & 1 & -1 & 2 \end{pmatrix}$$

7.16   Gegeben sei folgende Matrix: $A = \begin{pmatrix} 0 & 1 & 1 & 1 \\ \frac{1}{3} & 0 & \frac{1}{3} & 0 \\ 1 & 0 & 0 & 0 \\ 1 & 0 & 1 & 0 \end{pmatrix}$

Bestimmen Sie den Rang rg(A) der Matrix A und den Rang rg(A') der transponierten Matrix A'.

7.17   Berechnen Sie, wenn möglich, die Determinante folgender Matrizen:

$$R = \begin{pmatrix} 1 & 2 & 3 & 4 \\ 5 & 6 & 7 & 8 \end{pmatrix} \qquad A = \begin{pmatrix} -9 \end{pmatrix} = -9$$

$$B = \begin{pmatrix} 1 & 2 \\ 3 & 4 \end{pmatrix} \qquad C = \begin{pmatrix} 2 & -1 & 3 \\ 5 & -2 & 4 \\ 6 & 1 & 9 \end{pmatrix} \qquad D = \begin{pmatrix} 7 & 2 & -1 & 5 \\ 0 & 1 & 6 & 3 \\ -2 & 0 & -1 & 2 \\ 0 & 5 & 9 & 0 \end{pmatrix}$$

$$E = \begin{pmatrix} 4 & 1 & -1 & 2 & 2 \\ 7 & 9 & 5 & 9 & 8 \\ -2 & 0 & -6 & 0 & 0 \\ 7 & 5 & 0 & 0 & 0 \\ 8 & 0 & 0 & 0 & 0 \end{pmatrix} \qquad F = \begin{pmatrix} 0 & 0 & 0 & 0 & 0 & 5 \\ 0 & 0 & 0 & 0 & 7 & 1 \\ 0 & 0 & 0 & 8 & 5 & 6 \\ 0 & 0 & -5 & 0 & 2 & 9 \\ 0 & 9 & 3 & 3 & 7 & 9 \\ -8 & 4 & -6 & 0 & 7 & 2 \end{pmatrix}$$

7.18   Welche der folgenden Matrizen sind invertierbar?

$$A = \begin{pmatrix} 7 & 2 & -1 & 5 \\ 0 & 1 & 6 & 3 \\ 0 & 0 & 0 & 2 \\ 0 & 0 & 0 & 5 \end{pmatrix} \qquad B = \begin{pmatrix} 5 & 3 \\ 2 & 1 \\ 4 & 1 \end{pmatrix} \qquad C = \begin{pmatrix} 7 & 4 & -1 \\ 4 & 7 & -1 \\ -4 & -4 & 4 \end{pmatrix}$$

$$D = \begin{pmatrix} -5 \end{pmatrix} = -5 \qquad E = \begin{pmatrix} 7 & 2 & -1 & 5 \end{pmatrix} \qquad F = \begin{pmatrix} 2 & -1 \\ 4 & -2 \end{pmatrix}$$

7.19   Invertieren Sie folgende Matrizen:

$$A = \begin{pmatrix} 0.25 \end{pmatrix} = 0.25 \qquad B = \begin{pmatrix} 1 & 2 \\ 3 & 4 \end{pmatrix} \qquad C = \begin{pmatrix} 7 & 4 & -1 \\ 4 & 7 & -1 \\ -4 & -4 & 4 \end{pmatrix}$$

$$D = \begin{pmatrix} 1 & 0 & 0 & 0 \\ 0 & 2 & 0 & 0 \\ 0 & 0 & 3 & 0 \\ 0 & 0 & 0 & 4 \end{pmatrix} \qquad E = \begin{pmatrix} 0 & 0 & 0 & 4 \\ 0 & 0 & 3 & 0 \\ 0 & 2 & 0 & 0 \\ 1 & 0 & 0 & 0 \end{pmatrix}$$

Anmerkung: Die Matrix D ist eine Diagonalmatrix, denn außerhalb ihrer Hauptdiagonale stehen nur Nullen. E ist dagegen keine Diagonalmatrix; sie hat zwar außerhalb der Nebendiagonale lauter Nullen, nicht aber außerhalb der Hauptdiagonale – und nur das ist entscheidend.

Lineare Gleichungssysteme

7.20 Sagt eine Bäuerin zur anderen: „Ach gib mir doch eine Henne, dann habe ich auch so viele wie du!" Kontert die andere: „Gib mir doch du eine, dann habe ich doppelt so viele wie du!" Wie viele Hennen hat jede?

7.21 Lösen Sie folgendes lineares Gleichungssystem mit dem Gauß-Verfahren:

$$\begin{pmatrix} 1 & -1 & 2 \\ -2 & 1 & -6 \\ 1 & 0 & -2 \end{pmatrix} \cdot \begin{pmatrix} x \\ y \\ z \end{pmatrix} = \begin{pmatrix} 0 \\ 0 \\ 3 \end{pmatrix}$$

7.22 Urteilen Sie mittels Matrizenrängen über die Lösbarkeit des folgenden linearen Gleichungssystems und bestimmen Sie ggf. die Dimension der Lösungsmenge sowie alle Lösungen:

$$\begin{array}{rcl}
\lambda + \mu & = & 2 \\
\lambda + \mu + \nu & = & 1 \\
\mu + \nu + \xi & = & 2 \\
\nu + \xi + \varrho & = & 2 \\
\xi + \varrho & = & 3
\end{array}$$

7.23 Überführen Sie die folgenden linearen Gleichungssysteme in die Matrizenschreibweise $A\vec{x} = \vec{b}$ und untersuchen Sie sie auf ihre Lösbarkeit. Argumentieren Sie dabei mit den Rängen der Matrizen A und $(A \mid \vec{b})$. Bestimmen Sie ggf. die Lösungen nach dem Gaußschen Algorithmus.

a)
$$\begin{array}{rcl}
2x_1 - 5x_2 + 6x_3 - 6x_4 & = & -3 \\
2x_1 + 3x_2 - x_3 + x_4 & = & 8 \\
-6x_1 - x_2 + 2x_4 & = & 10 \\
4x_1 + 6x_2 - 2x_3 + 2x_4 & = & 12
\end{array}$$

b)
$$\begin{array}{rcl}
x_1 + x_2 + x_3 + x_4 & = & 1 \\
-x_1 + x_2 + 2x_3 - x_4 & = & 2 \\
x_1 + x_2 - 5x_3 + 3x_4 & = & -1 \\
2x_1 - x_2 - x_3 + 2x_4 & = & 0
\end{array}$$

c)
$$\begin{array}{rcl}
x_1 + x_2 + x_3 + x_4 & = & 0 \\
-x_1 + x_2 + 2x_3 - x_4 & = & 0 \\
x_1 + x_2 - 5x_3 + 3x_4 & = & 0 \\
2x_1 - x_2 - x_3 + 2x_4 & = & 0
\end{array}$$

d)
$$\begin{array}{rcl}
x_2 - x_3 & = & 0 \\
3x_1 + 4x_2 - 7x_3 & = & 0 \\
-x_1 - 2x_2 + 3x_3 & = & 0
\end{array}$$

7.24 Bestimmen Sie die vollständige Lösung des folgenden Gleichungssystems sowie die Dimension der Lösungsmenge:

$$
\begin{array}{rcrcrcrcrcr}
2v & + & & & 4x & + & 3y & + & 7z & = & 1 \\
v & + & 4w & + & 2x & + & 8y & + & 3z & = & 0 \\
& & 8w & & & + & 13y & - & z & = & -1 \\
v & - & 4w & + & 2x & - & 5y & + & 4z & = & 1 \\
4v & + & 8w & + & 8x & + & 19y & + & 13z & = & 1
\end{array}
$$

7.25 Jemand möchte sich ausschließlich von Weißbier, Brezen und Weißwürsten ernähren und dabei stets genau seinen Tagesbedarf an Eiweiß, Kohlenhydraten und Fett decken. Die Nährstoffgehalte entnehme man folgender Tabelle:

	Eiweiß	Kohlenhydrate	Fett
1/2 l Weißbier	3.2	28	0
1 Brezen	3.6	27	0
1 Weißwurst	7.6	0	15
Tagesbedarf	66	165	90

Ermitteln Sie mit Hilfe eines linearen Gleichungssystems, wie viele „Halbe" Weißbier, Brezen und Weißwürste er täglich konsumieren muss.

7.26 Die folgende Tabelle zeigt die prozentualen Anteile von Stickstoff (N), Phosphor (P) und Kalium (K) von drei Salzen. Aus diesen Salzen soll ein Düngergemisch hergestellt werden, das die in der letzten Spalte angegebenen Gehalte an Pflanzennährstoffen hat.

	$(NH_4)_3PO_4$	K_3PO_4	KNO_3	Düngergemisch
N [%]	28		14	12
P [%]	21	15		6
K [%]		55	39	12

Bestimmen Sie nun die Anteile der drei Salze am Düngergemisch.

7.27 Für Mastschweine soll eine bedarfsgerechte Futterration erstellt werden. Die folgende Tabelle zeigt die Nährwerte der einzusetzenden Futtermittel und den Bedarf an den jeweiligen Nährstoffen.

Nährwerte	Winter-weizen	Winter-gerste	Soja-schrot	Bedarf
Energie [MJ/kg]	14	12	14	30 [MJ]
verd. Eiweiß [g/kg]	98	80	398	270 [g]
Rohfaser [g/kg]	28	48	60	120 [g]

a) Bestimmen Sie die benötigten Mengen der drei Futtermittel.

b) Welche Mengen würden Sie in der Praxis verfüttern?

7.28 Wir betrachten das folgende Gleichungssystem:

$$
\begin{aligned}
-x_1 &- 2x_2 + x_3 - x_4 = 2 \\
3x_1 &+ 5x_2 - 4x_3 - x_4 = -6 \\
-2x_1 &- 3x_2 + 3x_3 + 2x_4 = \lambda
\end{aligned}
$$

a) Wie groß muss λ sein, damit das Gleichungssystem lösbar wird?

b) Ist die Lösung dann eindeutig?

c) Welche Dimension hat sie?

d) Geben Sie die vollständige Lösungsmenge an.

7.29 Es sei $A = \begin{pmatrix} -2 & 1 & 4 & 0 \\ 4 & -2 & 3 & 1 \\ 0 & 2 & -1 & 1 \\ 2 & -1 & 7 & t \end{pmatrix}$ $\vec{b} = \begin{pmatrix} 2 \\ 8 \\ 4 \\ 11 \end{pmatrix}$ $\vec{c} = \begin{pmatrix} 2 \\ 8 \\ 4 \\ 10 \end{pmatrix}$

Sind die Gleichungssysteme $A\vec{x} = \vec{b}$ und $A\vec{x} = \vec{c}$ für die Werte $t = 1$ bzw. $t = 2$ lösbar? Bestimmen Sie ggf. die Dimension der Lösungsmenge.

7.30 Die folgende Aufgabe ist zuerst aus amerikanischen Reiseberichten bekannt geworden:

> Marie ist 24 Jahre alt. Sie ist doppelt so alt, wie Anna war, als Marie so alt war, wie Anna jetzt ist. Wie alt ist Anna?

7.31 Ist das folgende lineare Gleichungssystem lösbar? Bestimmen Sie ggf. die vollständige Lösungsmenge.

$$
\begin{aligned}
2x_1 &- x_2 - x_3 + 3x_4 = 6 \\
6x_1 &- 2x_2 - 3x_3 = -3 \\
-4x_1 &- 2x_2 + 3x_3 - 3x_4 = -5
\end{aligned}
$$

7.32 Gegeben sei das lineare Gleichungssystem $A\vec{x} = \vec{b}$ mit

a) $A = \begin{pmatrix} 1 & 2 \\ 2 & 3 \end{pmatrix}$ $\vec{b} = \begin{pmatrix} 1 \\ 1 \end{pmatrix}$ $\vec{x} = \begin{pmatrix} x_1 \\ x_2 \end{pmatrix}$

b) $A = \begin{pmatrix} 1 & 3 & 5 \\ 2 & 4 & 4 \\ 6 & 1 & 2 \end{pmatrix}$ $\vec{b} = \begin{pmatrix} 1 \\ 2 \\ 3 \end{pmatrix}$ $\vec{x} = \begin{pmatrix} x_1 \\ x_2 \\ x_3 \end{pmatrix}$

c) $A = \begin{pmatrix} -2 & 1 & 4 & 0 \\ 4 & -2 & 3 & 1 \\ 0 & 2 & -1 & 1 \\ 2 & -1 & 7 & 1 \end{pmatrix}$ $\vec{b} = \begin{pmatrix} 2 \\ 8 \\ 4 \\ 10 \end{pmatrix}$ $\vec{x} = \begin{pmatrix} x_1 \\ x_2 \\ x_3 \\ x_4 \end{pmatrix}$

Berechnen Sie mit Hilfe des Gaußschen Algorithmus jeweils die vollständige Lösung $\vec{x}$.

7.33 Es sei $A = \begin{pmatrix} 1 & 2 & 2 & -1 \\ 0 & 4 & 2 & -1 \\ -1 & 3 & 0 & 2 \\ 2 & -4 & 3 & 3 \end{pmatrix}$ $\vec{r}_1 = \begin{pmatrix} 1 \\ 0 \\ 0 \\ 0 \end{pmatrix}$ $\vec{r}_2 = \begin{pmatrix} 1 \\ 1 \\ 1 \\ 1 \end{pmatrix}$

Lösen Sie die Gleichungssysteme $A \cdot \vec{x} = \vec{r}_i$ $(i = 1, \, 2)$.

7.34 Es sei $B = \begin{pmatrix} 1 & -4 & 9 \\ -3 & 2 & 1 \\ -1 & -6 & 19 \end{pmatrix}$

$\vec{b}_1 = \begin{pmatrix} 0 \\ 0 \\ 0 \end{pmatrix}$ $\vec{b}_2 = \begin{pmatrix} 2 \\ -4 \\ 0 \end{pmatrix}$ $\vec{b}_3 = \begin{pmatrix} 0 \\ 1 \\ 0 \end{pmatrix}$

Bestimmen Sie, falls vorhanden, sämtliche Lösungen der Gleichungssysteme $B \cdot \vec{y} = \vec{b}_i$ $(i = 1, \, 2, \, 3)$.

7.35 Bestimmen Sie alle Lösungen des folgenden linearen Gleichungssystems:

$$\begin{array}{rcrcrcrcr} x_1 & + & x_2 & + & x_3 & + & x_4 & = & 14 \\ x_1 & + & 2x_2 & + & 2x_3 & + & 2x_4 & = & 26 \\ x_1 & + & 2x_2 & + & 3x_3 & + & 3x_4 & = & 35 \\ 2x_1 & + & 4x_2 & + & 6x_3 & + & 6x_4 & = & 70 \end{array}$$

7.36 Ein Polynom dritten Grades geht durch die Punkte $(1, 0)$, $(-1, 2)$, $(2, 8)$ und $(-2, 0)$.

a) Stellen Sie die Gleichungen zur Bestimmung der Koeffizienten des Polynoms auf.

b) Lösen Sie das Gleichungssystem.

c) Wie lautet die Funktionsgleichung des gesuchten Polynoms?

7.37 Ein Polynom $p\colon x \mapsto p(x) = a_3 x^3 + a_2 x^2 + a_1 x + a_0$ soll durch die Punkte $(-1, 0)$, $(1, 0)$ und $(2, 0)$ gehen.

a) Wie lautet die allgemeine Lösungsmenge der Polynome, die obigen Bedingungen genügt? Bestimmen Sie diese sowohl durch Lösen des Gleichungssystems mit dem Gauß-Algorithmus nach Einsetzen der Punkte in die Polynomgleichung als auch durch die Faktorzerlegung.

b) Geben Sie zwei Polynome dritten Grades an, die obigen Bedingungen genügen.

c) Wo besitzen die Polynome dritten Grades mit den in a) bestimmten Koeffizienten ihren Wendepunkt?

7.38 Ein Polynom vierten Grades ist achsensymmetrisch zur y-Achse und geht durch die Punkte $(0, -4)$, $(1, -6)$ und $(2, 0)$. Bestimmen Sie die Funktionsgleichung des Polynoms.

8 Lineare Optimierung

8.1 Ein Mann, der den ganzen Tag hindurch genau registriert hat, welche Mengen an Eiweiß, Fett und Kohlenhydraten er bereits zu sich genommen hat, kommt nach Hause und will das Abendessen dazu nutzen, die Mindestversorgung seines Körpers an Nährstoffen sicherzustellen. Den dazu noch nötigen Mindestbedarf hat er bereits errechnet und in die untenstehende Tabelle eingetragen. Seine Frau bietet ihm zwei Speisen X und Y an. Preis und Nährstoffgehalt dieser Speisen stehen ebenfalls in der Tabelle.

		100 g von Speise X	100 g von Speise Y	Mindest-bedarf
Eiweiß	in g	10	4	20
Fett	in g	5	5	20
Kohlenhydrate	in g	20	60	120
Preis	in €	0.60	1.00	

Welche Mengen an diesen Speisen sollte sie ihm bereiten, um ihm mit geringstmöglichen Kosten die Mindestnährstoffzufuhr zu sichern? Geben Sie hierzu die zu minimierende Funktion und die Nebenbedingungen an, zeichnen Sie den zulässigen Bereich an Speisenkombinationen und bestimmen Sie dann die kostenminimierende Lösung.

8.2 Eine Mischung von zwei Flüssigkeiten X und Y soll von der Substanz S_1 mindestens 0.24 Liter, von der Substanz S_2 mindestens 0.22 Liter und von der Substanz S_3 mindestens 0.21 Liter beinhalten. Die beiden Flüssigkeiten enthalten die erforderten Substanzen S_i unterschiedlich stark, wie die folgenden Werte a_{iX} und a_{iY} zeigen. Diese geben an, welcher Anteil an Substanz S_i in der Flüssigkeit X bzw. Y enthalten ist:

$a_{1X} = 0.8\,\%$ $a_{2X} = 0.4\,\%$ $a_{3X} = 0.2\,\%$
$a_{1Y} = 0.3\,\%$ $a_{2Y} = 0.4\,\%$ $a_{3Y} = 0.6\,\%$

Die Kosten für die Herstellung der Flüssigkeiten X und Y belaufen sich auf c_X bzw. c_Y Geldeinheiten pro Liter:

$c_X = 30$ $c_Y = 20$

Ziel ist es, aus den beiden Flüssigkeiten X und Y eine solche Mischung zu erzeugen, die den beschriebenen Anforderungen genügt und die Gesamtkosten minimiert.

Welche Menge braucht man dazu von jeder Flüssigkeit? Auf welche Summe belaufen sich dann die minimierten Kosten? Lösen Sie die gestellte Aufgabe unter Zuhilfenahme graphischer Mittel.

8.3 Ein Betrieb fertigt zwei Produkte X und Y. Die monatlichen Fixkosten
     betragen 36 000 €. Der Erlös aus dem Produkt X beträgt 1 000 € pro
     Stück, während das Produkt Y einen Erlös von 3 000 € pro Stück ab-
     wirft. Die Stückzahl der beiden Produkte ist durch die Kapazität der Fer-
     tigungsmaschinen M_1, M_2 und M_3 begrenzt. Das Produkt X durchläuft
     Maschine M_1 und M_2 jeweils eine Stunde. Zur Fertigung eines Stückes
     von Produkt Y wird zwei Stunden lang Maschine M_1, eine Stunde lang
     Maschine M_2 und drei Stunden lang Maschine M_3 benötigt. Die Ka-
     pazität der Maschinen ergibt sich aus der monatlichen einschichtigen
     Arbeitszeit abzüglich der zu erwartenden Zeiten für Reparatur, Instand-
     haltung und Wartung.

	ein Stück von Produkt		monatliche Kapazität [h]
	X	Y	
Belegungsdauer von M_1 [h]	1	2	170
Belegungsdauer von M_2 [h]	1	1	150
Belegungsdauer von M_3 [h]	–	3	180
Erlös [€]	1 000	3 000	

Bestimmen und skizzieren Sie den Bereich der monatlich herstellbaren
Stückzahlen an Produkt X und Y, berechnen Sie die Höhenlinien zur Gewinnfunktion und bestimmen Sie dann anhand Ihrer Skizze die gewinnmaximierende Mengenkombination der Produkte X und Y. Auf welche
Summe beläuft sich dann der maximale Gewinn?

9 Kombinatorik und Wahrscheinlichkeitsrechnung

Kombinatorik

9.1 a) Wie viele dreistellige Zahlen kann man mit den sechs Ziffern 2, 3, 5, 6, 7 und 9 bilden? (Jede darf beliebig oft verwendet werden.)

b) Wie viele davon sind kleiner als 400?

c) Wie viele sind gerade?

d) Wie viele sind ungerade?

e) Wie viele sind durch 5 teilbar?

9.2 a) Wie viele natürliche Zahlen zwischen 1 und 100 kann man mit den Ziffern $2, 4, 5$ und 7 bilden? (Jede darf beliebig oft vorkommen.)

b) Wie viele dieser Zahlen sind ungerade?

9.3 Wie viele Möglichkeiten gibt es

a) acht verschiedenfarbige Perlen,

b) vier rote, zwei weiße und zwei grüne Perlen aneinanderzureihen?

9.4 Ein Kuchen soll mit fünf Erdbeeren garniert werden.

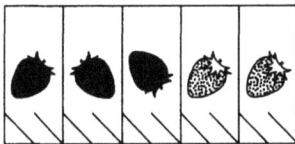

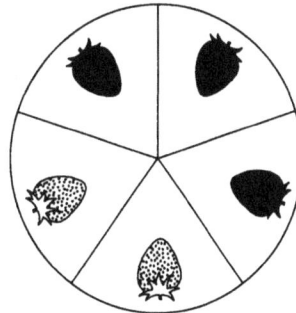

a) Auf wie viele Arten kann man einen rechteckigen Kuchen, der auf einer Seite etwas angebrannt ist, in der dargestellten Weise mit den fünf verschiedenen Erdbeeren belegen?

b) Von den fünf Erdbeeren sind drei reif, die anderen beiden noch etwas grün. Auf wie viele Arten kann man den Kuchen belegen, wenn es ausschließlich auf die Reihenfolge der reifen und grünen Erdbeeren ankommt?

c) Auf wie viele Arten kann man einen runden Kuchen in der dargestellten Weise belegen, wenn es wiederum nur auf die Anordnung der reifen und grünen Erdbeeren ankommt?

9.5   Auf einem Tennisplatz erscheinen an einem Nachmittag fünf Herren und sieben Damen. Wie viele Spielpaarungen sind möglich, bei denen zwei Damen gegen zwei Herren antreten?

9.6   Auf wie viele Arten kann man vier Mathematik-, drei Geschichts-, drei Chemie- und zwei Biologiebücher so auf ein Bücherbrett stellen, dass Bücher derselben Fachrichtung zusammenstehen?

9.7   a) Für eine Wettvorhersage soll man tippen, welche der zehn Pferde die ersten drei Plätze belegen, ohne Rücksicht auf die Reihenfolge. Wie viele Möglichkeiten gibt es?

       b) Wie viele Möglichkeiten gibt es, wenn man zusätzlich zu a) auch noch die richtige Reihenfolge angeben muss.

9.8   11 Teams bestreiten mit jeweils zwei Wagen ein Formel-1-Rennen.

       a) Wie viele verschiedene Endresultate gibt es nach der Fahrerwertung?

       b) Wie viele verschiedene Endresultate gibt es nach der Markenwertung?

       c) Wie viele verschiedene Endresultate nach der Markenwertung gäbe es, wenn zwei Teams aus der Formel 1 ausstiegen, dafür aber die vier stärkeren Teams jeweils drei Wagen ins Rennen schicken dürften?

9.9   Die Mensa stellt 26 verschiedene Arten von Beilagen zur Wahl. Wie viele Möglichkeiten gibt es, drei Beilagen auszuwählen, wenn

       a) alle Beilagen verschieden sein sollen?

       b) gleiche Beilagen auch mehrmals vorkommen dürfen?

9.10   Es haben zehn Studenten den Weg ins Gasthaus gefunden. Sie wollen sich an zwei Tische setzen. Ein Tisch bietet Raum für vier Personen, der andere für sechs. Auf wie viele Arten können sich die zehn Studenten auf die beiden Tische verteilen, wenn die Anordnung am jeweiligen Tisch nicht interessiert? Bestimmen Sie diese Zahl der Möglichkeiten auch jeweils unter der Bedingung, dass am Tisch mit den vier Personen null, einer bzw. zwei der zwei anwesenden Biologie-Studenten Platz nehmen.

9.11   Aus einem Angebot von drei verschiedenen Biersorten soll eine Person zehn Flaschen wählen. Wie viele Möglichkeiten gibt es dafür?

9.12   a) Fünf Damen wollen an einem runden Tisch Platz nehmen. Wie viele Möglichkeiten hinsichtlich verschiedener Nachbarschaften haben sie?

       b) Nun kommen drei Herren hinzu. Wie viele Möglichkeiten stehen ihnen offen, wenn sich jeder zwischen zwei Damen niederlassen will?

       c) Wie viele Anordnungsmöglichkeiten gibt es also für die acht Personen, wenn keine Herren nebeneinandersitzen dürfen?

9.13 Ein Bauer kauft drei Kühe, zwei Schweine und vier Hühner von einem anderen Bauern, der sechs Kühe, fünf Schweine und acht Hühner besitzt. Auf wie viele Arten kann er seine Auswahl treffen?

9.14 Zur Verfügung stehen folgende Karten eines Skatspiels:

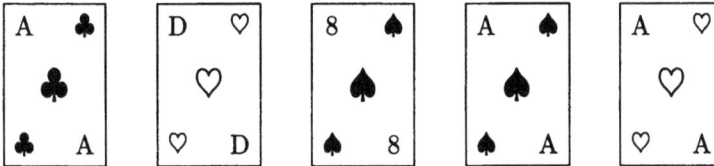

a) Wie viele verschiedene Anordnungen dieser fünf Karten gibt es?

b) Wie viele Anordnungen gibt es, wenn ausschließlich die Farbe interessiert, die Bilder (A, D, 8) also nicht berücksichtigt werden?

c) Wie viele Anordnungen gibt es, wenn ausschließlich die Bilder interessieren, d.h., die Farbe nicht berücksichtigt wird?

d) Sie erhalten drei dieser fünf verschiedenen Karten. Die anderen beiden kommen in den Skat. Wie viele Möglichkeiten gibt es dafür?

9.15 Ein Gen kommt in fünf Ausprägungen (Allelen) für ein Merkmal vor. Der Mensch besitzt für jedes Merkmal ein Gen vom Vater und ein Gen von der Mutter, wobei es bzgl. seines Genotyps keine Rolle spielt, welches vom Vater und welches von der Mutter kommt. Wie viele verschiedene Genotypen gibt es bei diesem Merkmal?

9.16 Die m-RNA (messenger-Ribonukleinsäure) besteht aus Nukleotidketten. In ihr kommen vier verschiedene Nukleotide vor, welche die Basen

$$\text{Adenin (A),} \quad \text{Uracil (U),}$$
$$\text{Guanin (G),} \quad \text{Cytosin (C)}$$

enthalten.

a) Auf wie viele Arten lassen sich die vier Basen anordnen?

b) Eine Nukleotidsequenz aus drei Basen (Codon) kodiert für eine Aminosäure. Reicht die Anzahl der Codons für 20 verschiedene Aminosäuren, wenn jede Base in einem Codon nur einmal vorkommen darf?

c) Wie viele verschiedene Codons gibt es, wenn die Basen im Codon auch mehrfach vorkommen dürfen?

d) Würde die Anzahl der Codons für 20 Aminosäuren ausreichen, wenn ein Codon nur aus zwei Basen bestünde (gleiche Basen dürfen doppelt vorkommen)?

9.17   In der Desoxiribonukleinsäure (DNA) sind Nukleotide mit vier verschiedenen Basenbestandteilen

       Adenin (A),   Thymin (T),

       Guanin (G),   Cytosin (C)

       zu einer Kette verbunden. Ein Codon ist eine Sequenz aus drei Nukleotiden und kodiert für eine Aminosäure.

       a) Ein Genabschnitt auf der DNA bestehe aus 3000 Nukleotiden. Wie viele verschiedene Nukleotidsequenzen aus den vier Basen sind möglich? Geben Sie diese Anzahl mit Hilfe von Zehnerpotenzen an.

       b) Wie lang muss eine Nukleotidsequenz (Codon) mindestens sein, damit 20 verschiedene Aminosäuren kodiert werden können?

       c) Es gibt insgesamt drei Codons, die anstatt einer Aminosäure das Kettenende eines Proteins kodieren. Wie groß ist die Wahrscheinlichkeit, dass bei einer zufälligen Auswahl eines Codons eines für das Kettenende gefunden wird?

9.18   Wie viele Möglichkeiten gibt es, 20 verschiedene Aminosäuren zu einem Peptid aus 9 Aminosäuren aneinanderzureihen, wenn

       a) die Peptidsequenz aus lauter verschiedenen Aminosäuren bestehen soll?

       b) gleiche Aminosäuren auch mehrfach auftreten dürfen?

Berechnung von Wahrscheinlichkeiten

9.19   Elisabeth und Ottilie werfen zwei Würfel. Elisabeth gewinnt, wenn beide Würfel dieselbe Augenzahl zeigen; Ottilie gewinnt, wenn die Augenzahl eines Würfels doppelt so groß wie die des anderen ist. Ansonsten ist das Ergebnis unentschieden. Was ist wahrscheinlicher, dass Elisabeth gewinnt oder dass Ottilie gewinnt? Wie groß sind jeweils diese Wahrscheinlichkeiten? Wie groß ist die Wahrscheinlichkeit für unentschieden?

9.20   Gegeben sei eine gerade Anzahl durchnummerierter Lose in den Farben blau, rot und gelb. Geben Sie folgende Wahrscheinlichkeiten an, wenn bekannt ist, dass $P(\text{rot}) = \frac{1}{4}$ und $P(\text{gelb}) = \frac{1}{4}$ ist und Farbe und Losnummer unabhängig sind.

       a) P (das gezogene Los ist blau)

       b) P (das gezogene Los trägt eine gerade Nummer)

       c) P (das gezogene Los ist rot und trägt eine gerade Nummer)

       d) P (das gezogene Los ist gelb oder trägt eine ungerade Nummer)

       e) P (das gezogene Los ist gelb oder blau)

9.21 Ein Skatspiel besteht aus 32 Karten. Es wird in drei Runden ausgegeben; in der mittleren Runde erhält man vier Karten.

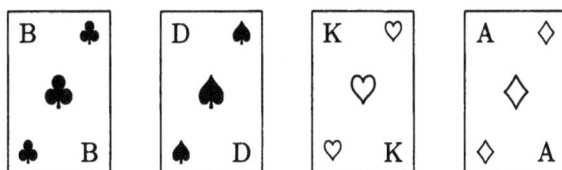

B ♣	D ♠	K ♡	A ◇
♣	♠	♡	◇
♣ B	♠ D	♡ K	◇ A

a) Wie groß ist die Wahrscheinlichkeit, genau die vier abgebildeten Karten zu erhalten?

b) Wie groß ist die Wahrscheinlichkeit, nur Buben zu erhalten?

c) Wie groß ist die Wahrscheinlichkeit, dass unter diesen vier Karten mindestens ein Bube ist?

d) Wie groß ist die Wahrscheinlichkeit, dass unter diesen vier Karten genau ein Bube ist?

e) Wie groß ist die Wahrscheinlichkeit, dass der Kreuzbube dabei ist?

f) Wie groß ist die Wahrscheinlichkeit, dass alle vier Karten die gleiche Farbe haben? (*Die Skatspieler bitten wir um Verständnis, dass diese und die nächste Frage die Buben in gleicher Weise miteinbezieht.*)

g) Wie groß ist die Wahrscheinlichkeit, dass alle vier Karten verschiedene Farbe haben?

h) Wie groß ist die Wahrscheinlichkeit, nur Bildkarten der Sorte Bube, Dame, König oder As zu erhalten?

i) Wie groß ist die Wahrscheinlichkeit, alle vier verschiedenen Bilder Bube, Dame, König und As zu erhalten?

j) Nun haben Sie die oben abgebildeten vier Karten bereits erhalten und decken sie in zufälliger Reihenfolge auf. Wie groß ist dann die Wahrscheinlichkeit, dass Sie den Kreuzbuben als zweite Karte aufdecken? Und wie groß ist die Wahrscheinlichkeit, dass er als letzter auf sich aufmerksam macht?

9.22 Eine Münze wird fünfmal geworfen. Wie groß ist die Wahrscheinlichkeit für das Ereignis, dass dreimal Kopf und zweimal Wappen oben liegt?

9.23 Ein Würfel wird dreimal geworfen. Wie groß ist die Wahrscheinlichkeit,

a) eine Augensumme von mindestens 5 zu erhalten?

b) eine Augensumme von höchstens 5 zu erhalten?

c) eine Augensumme von genau 12 zu erhalten?

d) dass die Augensumme gerade ist?

e) dass mindestens eine Sechs dabei ist?

9.24 Lösen Sie das nachstehende Problem, das Chevalier de Méré im Jahre 1654 dem Mathematiker Blaise Pascal vorgelegt hat:

> Wie oft muss man mindestens einen Wurf mit vier Würfeln ausführen, damit die Wahrscheinlichkeit dafür, dass wenigstens ein Wurf mit vier Einsen vorkommt, größer als 1 % ist?

9.25 Wie groß ist die Wahrscheinlichkeit, dass bei einer Auswahl von 30 Personen mindestens zwei am gleichen Tag Geburtstag haben?

9.26 a) Der Professor hat gerade seine Vorlesung beendet und steht nun vor dem Hörsaal. Als die Studenten in zufälliger Reihenfolge den Saal verlassen, beobachtet er die ersten fünf von ihnen. Es fällt ihm auf, dass sie alle Chinesen sind. „Interessant," sagt er zu seinem Freund, „die Chancen dafür waren genau 50 : 50." Wie viele Studenten befanden sich im Hörsaal und wie viele von ihnen waren Chinesen?
   Hinweis: Es waren höchstens 10 Studenten im Hörsaal.

   b) Bei einer anderen Vorlesung sind 15 Studenten anwesend, darunter drei Perser und zwei Iren. Wie groß ist die Wahrscheinlichkeit, dass unter den ersten drei, die den Saal verlassen, nur Perser oder Iren sind?

9.27 Es werden Autos mit vierziffrigem Kennzeichen betrachtet.

   a) Wie groß ist die Wahrscheinlichkeit, von Autos mit vierziffrigem Kennzeichen ein solches zu erwischen, bei dem alle vier Ziffern in direkt aufeinanderfolgender, aufsteigender Reihenfolge stehen? Vorausgesetzt wird, dass alle vierziffrigen Kennzeichen gleich häufig sind.

   b) Berechnen Sie die Wahrscheinlichkeit, bei der zufälligen Auswahl von 20 Autos mit vierstelligem Kennzeichen mindestens zwei zu erwischen, deren Kennzeichen in den drei Endziffern übereinstimmen. Wiederum komme jedes vierstellige Kennzeichen gleich oft vor.

9.28 4% der bayerischen Bevölkerung haben die Blutgruppe AB. Es werden zufällig 100 Bayern ausgewählt und deren Blutgruppe bestimmt.

   a) Wie groß ist die Wahrscheinlichkeit, dass genau eine Person die Blutgruppe AB hat?

   b) Wie groß ist die Wahrscheinlichkeit, dass höchstens eine Person die Blutgruppe AB hat?

   c) Wie groß ist die Wahrscheinlichkeit, dass mindestens zwei Personen die Blutgruppe AB haben?

9.29 A und B seien unabhängige Ereignisse. Zeigen Sie, dass dann auch

   a) A und $\overline{B}$,   b) $\overline{A}$ und B,   c) $\overline{A}$ und $\overline{B}$ unabhängig sind.

9.30 Folgende Tabelle zeigt die durchschnittlichen Durchfallquoten bei der Diplomvorprüfung in den sechs Prüfungsfächern eines Studiengangs.

Prüfungsfach	Durchfallquote in %		
	1. Tn.	1. Wh.	2. Wh.
Mathematik und Statistik	30	50	50
Physik	60	50	40
Chemie	30	30	30
Biologie der Pflanzen	30	15	k.A.
Biologie der Tiere	20	10	k.A.
Volkswirtschaftslehre	30	20	k.A.

Abkürzungen: Tn.: Teilnahme; Wh.: Wiederholung, k.A.: keine Angabe

a) Wie groß ist die Wahrscheinlichkeit, alle sechs Prüfungen bei der ersten Teilnahme zu bestehen, unter der Voraussetzung, das Bestehen einer Prüfung sei vom Bestehen einer anderen unabhängig?

b) Warum ist die Erfolgsquote in der Praxis höher?

c) Spätestens nach erfolgloser zweiter Wiederholung erfolgt die Exmatrikulation. Wie viele Studenten von 120 scheitern erwartungsgemäß am Fach Physik?

9.31 Ein Kasten Bier enthält 15 volle und fünf leere Flaschen.

a) Wie groß ist die Wahrscheinlichkeit, aus diesem Kasten dreimal hintereinander eine leere Flasche zu ziehen, wenn die leeren Flaschen nach dem Zug wieder in den Kasten zurückgestellt werden? Gehen Sie hier noch davon aus, dass die Züge völlig unabhängig sind, so dass man sich auch die Positionen der erfolgten Fehlgriffe nicht merkt.

b) Wie groß ist die Wahrscheinlichkeit, dreimal hintereinander eine leere Flasche zu ziehen, wenn die leeren Flaschen zwar wieder zurückgestellt werden, man sich aber deren Position im Kopf behält, sodass man nicht noch einmal nach ihnen greift?

c) Nun werden nacheinander drei Flaschen ohne Zurückstellen gezogen. Wie groß ist dann die Wahrscheinlichkeit, beim dritten Zug eine leere Flasche zu erwischen?

9.32 a) Wie groß ist die Wahrscheinlichkeit, dass eine Zufallsauswahl aus Familien mit zwei Kindern, von denen mindestens eines ein Junge ist, auf eine Familie mit zwei Jungen fällt?

b) Wie groß ist die Wahrscheinlichkeit, dass eine Zufallsauswahl aus Familien mit zwei Kindern, deren erstes Kind ein Junge ist, auf eine Familie mit zwei Jungen fällt?

→ Eine Wahrscheinlichkeitsfrage zur Genetik steht in Aufgabe 9.17 c).

Bedingte Wahrscheinlichkeit, Satz von Bayes

9.33 Die folgende Aufgabe beinhaltet eine alternative Formulierung von Aufgabe 9.32. Sie soll nun mittels der Formeln für bedinge Warhscheinlichkeiten beantwortet werden:

a) Wie groß ist die bedingte Wahrscheinlichkeit, dass eine Zufallsauswahl aus Familien mit zwei Kindern auf eine Familie mit zwei Jungen fällt, unter der Bedingung, dass mindestens ein Junge dabei ist?

b) Wie groß ist die bedingte Wahrscheinlichkeit, dass eine Zufallsauswahl aus Familien mit zwei Kindern auf eine Familie mit zwei Jungen fällt, unter der Bedingung, dass deren ältestes Kind ein Junge ist?

9.34 Die Zuverlässigkeit einer Tuberkulose-Röntgen-Untersuchung sei durch folgende Angaben gekennzeichnet. Von den Tbc-kranken Personen werden 90 % durch Röntgen entdeckt, d.h., als Tbc-verdächtig eingestuft, 10 % bleiben unentdeckt. Von den Tbc-freien Personen werden 99 % als solche erkannt, aber 1 % als Tbc-verdächtige festgestellt. In einer großen Bevölkerung seien 0.1 % Tbc-krank. So schätzt man a priori auch jede Person mit einer Bayes-Wahrscheinlichkeit von 0.1 % als Tbc-krank ein. Wie groß ist aber a posteriori die Bayes-Wahrscheinlichkeit, dass eine Person tatsächlich Tbc-krank ist, nachdem der Test sie als Tbc-verdächtig eingestuft hat?

9.35 Eine Firma steht vor der Frage, ob sie in Land A oder B eine Filiale eröffnen soll. Sie zieht drei verschiedene Nachfragesituationen N_1, N_2 und N_3 in Betracht. Nach intensiven Marktstudien geht sie von folgenden Wahrscheinlichkeiten für das Auftreten dieser Nachfragesituation in den Ländern A und B aus:

$$P(N_1 \mid A) = 0.25 \qquad P(N_1 \mid B) = 0.3$$
$$P(N_2 \mid A) = 0.5 \qquad P(N_2 \mid B) = 0.3$$
$$P(N_3 \mid A) = 0.25 \qquad P(N_3 \mid B) = 0.4$$

Die Firma interessiert sich jetzt für die Wahrscheinlichkeit, einen Gewinn in Höhe von G_1, G_2 oder G_3 zu erwirtschaften. Dabei seien die bedingten Wahrscheinlichkeiten $P(G_i \mid N_j)$, unter der Nachfragesituation N_j einen Gewinn in Höhe von G_i zu erzielen, bekannt:

$P(G_i \mid N_j)$	G_1	G_2	G_3
N_1	0.1	0.4	0.5
N_2	0.3	0.3	0.4
N_3	0.5	0.5	0

Wie groß sind die Wahrscheinlichkeiten für einen Gewinn in Höhe von G_1, G_2 und G_3, wenn die Firma in A bzw. in B investiert?

9.36 Ein Haushaltswarengeschäft bezieht eine Warensendung von 20 Rasier-
      apparaten. Davon funktionieren zwei nicht richtig; sie rupfen mehr an-
      statt zu rasieren. Die anderen 18 aber sind in Ordnung.

   a) Wie groß ist die Wahrscheinlichkeit, als erster Käufer einen intakten
      Rasierapparat aus dieser Warensendung zu erhalten? Und wie groß
      ist die Wahrscheinlichkeit, dass das erstgekaufte Stück defekt ist?

   b) Wie groß ist die Wahrscheinlichkeit, als zweiter Käufer ein defek-
      tes Erzeugnis zu erwischen, wenn der erste Käufer einen intakten
      Rasierer erstanden hat?

   c) Wie groß ist die Wahrscheinlichkeit, als zweiter Käufer einen funkti-
      onsuntüchtigen Apparat zu erwischen, wenn schon dem ersten Käufer
      dieses Schicksal widerfahren ist?

   d) Berechnen Sie nun unter Verwendung der beiden bedingten Wahr-
      scheinlichkeiten in b) und c) die nichtbedingte Wahrscheinlichkeit,
      als zweiter Käufer ein Rupfgerät statt eines Rasierers zu ergattern.

   e) Inwiefern ergibt sich diese Wahrscheinlichkeit auch einfacher?

9.37 Der Nahverkehr innerhalb einer Großstadt wird im Wesentlichen durch
      vier verschiedene Verkehrsmittel bewältigt. Dazu sind für einen bestimm-
      ten Planungszeitraum die folgenden Daten ermittelt worden:

Verkehrsmittel i	Wahrscheinlichkeit für Betriebsbereitschaft	Beförderungsanteil
S-Bahn 1	0.90	0.5
U-Bahn 2	0.95	0.1
Straßenbahn 3	0.70	0.15
Bus 4	0.80	0.25

   a) Wie groß ist die Wahrscheinlichkeit, dass ein zufällig herausgegrif-
      fener Fahrgast befördert werden kann? Es wird vorausgesetzt, dass
      der Fahrgast nur eines der vier Verkehrsmittel zu benutzen gedenkt.

   b) In welchen Proportionen ist eine Störungs-Reserve für die einzelnen
      Verkehrsmittel zu planen?

9.38 Wir betrachten eine Lieferung von 100 Salatköpfen mit den Eigenschaf-
      ten aus Aufgabe 1.56. Dieser Lieferung wird zufällig ein Salatkopf ent-
      nommen. Wie groß ist die Wahrscheinlichkeit, einen zu erwischen, der

   a) im Glashaus gezogen wurde und mindestens eine der Eigenschaften
      K (Krankheitsbefall) oder U (Unterschreiten der Mindestgröße) hat?

   b) im Glashaus gezogen wurde und sowohl die Eigenschaft K als auch
      die Eigenschaft U aufweist?

   Wie groß sind die Wahrscheinlichkeiten in a) und b), wenn die Lieferung
   lediglich die 40 im Glashaus gezogenen Salatköpfe umfasst?

Verteilungsfunktion, Erwartungswert und Varianz

9.39   Ein Experiment besteht aus dem viermaligen Werfen einer Münze. Es sei
       X die Zufallsvariable, welche die Zahl der geworfenen „Köpfe" angibt.

   a) Bestimmen Sie für die Zufallsvariable X die Wahrscheinlichkeitsfunk-
      tion f und veranschaulichen Sie sie in Form eines Stabdiagramms.
   b) Bestimmen Sie mittels dieser Wahrscheinlichkeitsfunktion $P(X > 2)$,
      also die Wahrscheinlichkeit, mehr als zweimal Kopf zu werfen?
   c) Bestimmen Sie die Verteilungsfunktion F und zeichnen Sie sie.
   d) Wie berechnet man $P(X > 2)$ mit Hilfe der Verteilungsfunktion?
   e) Und wie berechnet man $P(X \geq 2)$ mittels der Verteilungsfunktion?
   f) Bestimmen Sie den Erwartungswert $E(X)$.
   g) Berechnen Sie die Varianz $\text{Var}(X)$ und die Standardabweichung σ.

9.40   Bei einer Lotterie von 1 000 Losen zu je 1 € kann man einen Preis zu
       500 €, vier Preise zu je 100 € und fünf Preise zu je 10 € gewinnen.
       Berechnen Sie den Erwartungswert des Gewinns beim Kauf eines Loses,
       der nach Abzug des Lospreises noch verbleibt.

9.41   Ein Blumenhändler hat für eine gewisse Sorte Blumen einen Preis von
       0.50 €/Stück zu bezahlen. Er bietet diese Blumen für 1.50 €/Stück zum
       Verkauf an. Sie müssen noch am selben Tag an den Kunden gebracht
       werden, ansonsten sind sie wertlos. Die Zufallsvariable K sei die Anzahl
       der Blumen dieser Sorte, welche die Kunden an einem bestimmten Tag
       kaufen. Der Blumenhändler geht von folgender Wahrscheinlichkeitsfunk-
       tion f aus:

k	0	1	2	3
$f(k)$	0.1	0.4	0.3	0.2

   Wie viele Blumen muss der Händler einkaufen, um im Mittel einen möglichst großen Gewinn zu erzielen?

9.42   Hans und Otto werfen je einen Würfel. Otto, bekannt als leidenschaft-
       licher Spieler, macht Hans folgenden Vorschlag: „Wenn die Summe der
       Augenzahlen beider Würfel kleiner als 7 ist, hast du gewonnen, andern-
       falls bin ich der Sieger."

   a) Wie groß sind die Gewinnwahrscheinlichkeiten von Hans und Otto?
      Wer ist bei diesem Spiel im Vorteil?
   b) Nun schlägt Hans Folgendes vor: „Wenn ich gewinne, gibst du mir
      drei Perlen. Andernfalls gebe ich dir zwei." Berechnen Sie für bei-
      de Spieler den Erwartungswert des Gewinns bei einem und bei 12
      Spielen. Geben Sie eine anschauliche Interpretation des letzten Er-
      gebnisses. Wer darf sich jetzt im Vorteil wähnen?

9.43 Die Verteilungsfunktion F der Zufallsvariablen X sei wie folgt gegeben:

$$F(x) = \begin{cases} 0 & \text{falls} & x < -1 \\ 1/4 & \text{falls} & -1 \leq x < 1 \\ 1/2 & \text{falls} & 1 \leq x < 2 \\ 2/3 & \text{falls} & 2 \leq x < 3 \\ 1 & \text{falls} & x \geq 3 \end{cases}$$

a) Zeichnen Sie F.

b) Bestimmen Sie:

$P(X \leq 1)$ $P(X = 1)$ $P(-1 < X \leq 2)$ $P(-1 \leq X < 2)$

$P(X < 3)$ $P(X < 3.3)$ $P(1.5 < X < 2.7)$

c) Bestimmen Sie die Wahrscheinlichkeitsfunktion f vollständig.

9.44 In einer Sendung von acht Artikeln sind zwei defekt. Aus dieser Sendung wird eine zufällige Stichprobe von vier Stück gezogen (ohne Zurücklegen). Die Zufallsvariable X sei die Anzahl der defekten Artikel in dieser Stichprobe.

a) Bestimmen Sie für die Zufallsvariable X die Wahrscheinlichkeitsfunktion f und veranschaulichen Sie sie in Form eines Stabdiagramms.

b) Es sei F die Verteilungsfunktion zur Zufallsgröße X. Bestimmen Sie nur $F(1)$ und $F(28)$.

c) Bestimmen Sie den Erwartungswert $E(X)$.

d) Berechnen Sie die Varianz $\text{Var}(X)$ und die Standardabweichung σ.

9.45 In einer Urne befinden sich sieben rote und drei schwarze Kugeln. Davon werden drei ohne Zurücklegen entnommen. Die Zufallsgröße X bezeichne die Differenz zwischen der Anzahl der roten und der schwarzen Kugeln unter den drei gezogenen.

a) Bestimmen Sie ihre Wahrscheinlichkeitsfunktion f.

b) Bestimmen Sie ihre Verteilungsfunktion F.

c) Bestimmen Sie anhand dieser Verteilungsfunktion die Wahrscheinlichkeit, mehr rote als schwarze Kugeln zu ziehen.

d) Berechnen Sie den Erwartungswert $E(X)$, die Varianz $\text{Var}(X)$ und die Standardabweichung σ.

9.46 a) Berechnen Sie sowohl für fünfmaliges als auch für sechsmaliges Würfeln den Erwartungswert der Anzahl der geworfenen Sechsen.

b) Was ist wahrscheinlicher: bei fünfmaligem oder bei sechsmaligem Würfeln *genau eine* Sechs zu werfen?

c) Was ist wahrscheinlicher: bei fünfmaligem oder bei sechsmaligem Würfeln *mindestens eine* Sechs zu werfen?

9.47 Die begrenzenden Dreiecksflächen eines Tetraeders sind mit den Augen-
      zahlen 1, 2, 3 und 4 beschriftet. Als geworfen gilt jene Fläche, die auf
      dem Boden liegt und damit verdeckt ist. Da die begrenzenden Dreiecks-
      flächen unseres Tetraeders nicht gleich groß sind, ergeben sich ungleiche
      Wahrscheinlichkeiten für das Werfen der Augenzahl X:

$$P(X = x) = f(x) = \begin{cases} 0.1 & \text{für } x = 1 \\ 0.2 & \text{für } x = 2 \\ 0.3 & \text{für } x = 3 \\ ? & \text{für } x = 4 \end{cases}$$

a) Bestimmen Sie die Wahrscheinlichkeit für das Werfen der Augenzahl
   4 und vervollständigen Sie so die Wahrscheinlichkeitsfunktion f.

b) Bestimmen Sie die Verteilungsfunktion F.

c) Bestimmen Sie $P(X \geq x)$ für alle $x \in \mathbb{R}$.

d) Bestimmen Sie die ganzzahlige (untere) 60%-Quantile (-Fraktile),
   d.h., diejenige ganze Zahl $x_{60\%}$, für die gilt: $P(X \leq x_{60\%}) = 60\%$.

e) Bestimmen Sie die obere ganzzahlige 40%-Quantile (-Fraktile), d.h.,
   diejenige ganze Zahl $x_{40\%}^{(\text{oben})}$, für die gilt: $P(X \geq x_{40\%}^{(\text{oben})}) = 40\%$.

f) Allgemein gilt für den Median x_{Med} einer Zufallsvariablen X, dass
   sowohl $P(X \leq x_{\text{Med}}) \geq 50\%$ als auch $P(X \geq x_{\text{Med}}) \geq 50\%$ ist.
   Bestimmen sie den Median x_{Med} der Augenzahl X.

g) Berechnen Sie den Erwartungswert der Augenzahl X.

h) Berechnen Sie die Standardabweichung der Augenzahl X?

i) Berechnen Sie die „mittlere Abweichung" $D(X) = E(|X - E(X)|)$,
   d.h., die erwartete absolute Abweichung vom Erwartungswert.

j) Welche Augensumme erwartet man bei 64 Tetraederwürfen?

k) Berechnen Sie die Standardabweichung der Augensumme bei 64 Tetraederwürfen?

l) Warum ist es plausibel, dass die „mittlere Abweichung" der Augensumme bei 64-maligem Werfen nicht gleich 64 mal so groß wie die
   bei einmaligem Werfen ist?

9.48 Sie wollen einen Zaun aus möglichst gleich langen Pflöcken von einem
      Meter Länge bauen.

a) Welche Standardabweichung σ sollte die Länge dieser Pflöcke haben?

b) Wie groß sollten Median und Erwartungswert der Pflocklänge sein?

c) F sei die Verteilungsfunktion zur Länge dieser Pflöcke. Wie groß sollte dann in etwa $F(20\,\text{cm})$ und $F(10\,\text{m})$ sein? Die Wahrscheinlichkeit
   für was wird mit diesen Funktionswerten angegeben?

d) Wie könnte in etwa die Dichtefunktion zur Länge solcher Pflöcke
   aussehen? Skizzieren Sie sie.

9.49 Die Zufallsvariable X habe die folgende Dichtefunktion $f\colon \mathbb{R} \longrightarrow \mathbb{R}_0^+$,

$$f(x) = \begin{cases} 1 & \text{für } 0 \leq x \leq 0.4 \text{ und für } 1 \leq x \leq 1.6 \\ 0 & \text{sonst.} \end{cases}$$

a) Zeichnen Sie f und veranschaulichen Sie $P(0.2 \leq X \leq 1.2)$ graphisch. Wie groß ist diese Wahrscheinlichkeit?

b) Berechnen Sie für alle $x \in \mathbb{R}$ die Wahrscheinlichkeit $P(X > x)$ und zeichnen Sie die Funktion $x \mapsto P(X > x)$. Wie kann man $P(X > x)$ mit Hilfe der Verteilungsfunktion F ausdrücken?

c) Wie groß sind $P(X = 0.3)$, $P(X \geq 0.4)$, $P(X > 1)$ und $F(2)$?

d) Für welches x ist $P(X \leq x) = 0.9$? Welchen Namen hat dieses x?

e) Geben Sie ein x_1 und ein x_2 an, sodass $P(x_1 \leq X \leq x_2) = 0.8$ ist.

f) Wo liegt der Median der Zufallsgröße X? Begründung!

g) Ist der Erwartungswert kleiner oder größer als der Median?

9.50 Es sei folgende Funktion f definiert: $f(x) = \begin{cases} 1 - |x| & \text{für } |x| \leq 1 \\ 0 & \text{sonst} \end{cases}$

a) Zeichnen Sie f. Warum ist f Dichtefunktion einer Zufallsgröße X?

b) Für welche Zahl x ist $P(|X| \leq x) = 75\,\%$?

c) Wie groß sind Erwartungswert und Median von X?

d) Schreiben Sie f ohne Betragsstriche.

e) Berechnen Sie dann die Varianz σ^2 und die Standardabweichung σ.

f) Ermitteln Sie die Verteilungsfunktion F und zeichnen Sie sie.

g) Berechnen Sie die 8\,%-Quantile $x_{8\%}$ und die 92\,%-Quantile $x_{92\%}$.

h) Bestimmen Sie $P(X = x_{8\%})$, $P(X > x_{90\%})$ und $P(0.2 < X \leq x_{95\%})$?

9.51 Gegeben sei folgende Dichte f aus der Familie der Pareto-Verteilungen:

$$f(x) = \begin{cases} \dfrac{1}{x^2} & \text{für } x \geq a \\ 0 & \text{sonst} \end{cases}$$

a) Bestimmen Sie a so, dass f eine Dichtefunktion ist.

b) Berechnen Sie dann die Verteilungsfunktion F.

c) Wie groß ist der Erwartungswert $\mathrm{E}(X)$ dieser Verteilung?

9.52 Die Dichte f einer Cauchy-Verteilung ist durch $f(x) = \dfrac{c}{1 + x^2}$ definiert (vgl. Aufgabe 2.57 c)), und zwar auf ganz $\mathbb{R}$.

a) Welches c ist nötig, damit f eine Dichtefunktion ist?

b) Bestimmen Sie nun die Verteilungsfunktion F.

c) Geben Sie ein $a \in \mathbb{R}^+$ an, sodass $P(|X| \leq a) = 50\,\%$ ist.

d) Wo liegt der Erwartungswert $\mathrm{E}(X)$? Existiert er überhaupt?

10 Klausuraufgaben

Erste Klausur in Mathematik

10.1 Das folgende Streudiagramm zeigt den parabelförmigen Zusammenhang des Bleigehalts c von Pflanzen eines Grünstreifens zwischen zwei Autobahntrassen in Abhängigkeit des Abstands x von der Streifenmitte:

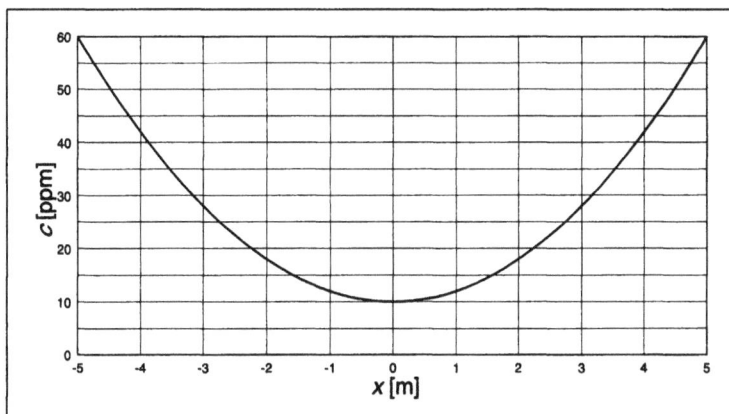

a) Bestimmen Sie den Scheitelpunkt der Parabel.

b) Bestimmen Sie den funktionalen Zusammenhang $c(x)$.

c) Schätzen Sie den mittleren Bleigehalt der Pflanzen direkt neben der Autobahntrasse, wenn der Grünstreifen insgesamt 14 m breit ist.

d) Wie groß ist die Änderung des Bleigehalts pro m Abstand von der Streifenmitte bei $x = 4\,\text{m}$?

10.2 Bestimmen Sie die partiellen Ableitungen $\dfrac{\partial y}{\partial a}$ und $\dfrac{\partial y}{\partial b}$ sowie die beiden gemischt partiellen Ableitungen $\dfrac{\partial^2 y}{\partial a\,\partial b}$ und $\dfrac{\partial^2 y}{\partial b\,\partial a}$ von $y = ax^2 + b$.

10.3 Bei Pilzen wurde eine Cäsiumaktivität von $1500\,\frac{\text{Bq}}{100\,\text{g}}$ Trockenmasse festgestellt[1]. Die jährliche Zerfallsrate des radioaktiven Cäsiumisotops $^{55}_{137}\text{Cs}$ beträgt 2.27%.

a) Formulieren Sie die Gleichung für die Aktivität A nach n Jahren.

b) Wie groß ist die Aktivität nach zehn Jahren?

c) Wie groß ist die Halbwertszeit von $^{55}_{137}\text{Cs}$?

d) Nach wie vielen Jahren hat die Aktivität auf 10% des ursprünglichen Werts abgenommen?

---

[1]Die Einheit Bequerel bedeutet Zerfälle pro Sekunde.

10.4 Eine Kugel hängt an einer Feder. Nun gibt ihr jemand einen Stoß nach unten, sodass sie zu schwingen beginnt. Die erste Auslenkung beträgt 50 cm nach unten. Dann zieht die Feder die Kugel wieder hoch, bis sie 40 cm nach oben ausgelenkt wird (zweite Auslenkung). Dann geht die Kugel wieder nach unten. Die Auslenkung nach unten (dritte Auslenkung) beträgt dann nur noch 32 cm. Und so schwingt die Kugel in Form einer gedämpften Sinusschwingung weiter. Die 1., 3., 5., 7., ... Auslenkung geht nach unten, die 2., 4., 6., 8., ... Auslenkung nach oben. Jede Auslenkung ist (dem Betrag nach) um 20% geringer als die vorhergehende.

a) Geben Sie eine Formel für den Betrag der i-ten Auslenkung A_i an.

b) Welchen Weg legt die Kugel insgesamt (d.h., nach unendlich vielen Schwingungen) zurück?

c) Die Zeit, bis die Kugel ihren ersten Tiefpunkt (50 cm nach unten) erreicht, beträgt eine halbe Sekunde (nach dem Anstoßen). Wie lange braucht dann die Kugel von diesem Tiefpunkt an bis zum nächsten Hochpunkt (40 cm nach oben) und wie groß ist die Schwingungsdauer T der Kugel.

d) Skizzieren Sie nun die Auslenkung $y(t)$ der Kugel als Funktion der Zeit. (Eine Auslenkung nach oben gelte als positiv, eine nach unten als negativ.)

e) Geben Sie nun die Amplitude $A(t)$ als Funktion der Zeit t an.
    Hinweise: In Aufgabe a) haben Sie die Amplitude als Funktion von i bestimmt, wobei i die i-te Auslenkung bedeutet. Es braucht nur unter Berücksichtigung der Ergebnisse von Aufgabe c) an die Stelle i eine einfache Funktion der Zeit t zu treten. (Sie dürfen aber die Amplitudengleichung auch in Form einer e-Funktion bestimmen.)

f) Wie groß ist die Winkelgeschwindigkeit ω?

g) Bestimmen Sie nun die Auslenkung $y(t)$ der Kugel als Funktion der Zeit t, d.h., die gesamte Gleichung der gedämpften Sinusschwingung.

10.5 Bestimmen Sie folgende Integrale:

a) $\displaystyle\int_0^x \frac{1}{\sin^2 t + \cos^2 t}\, dt$ b) $\displaystyle\int 5x^4 \cdot \ln x\, dx$ c) $\displaystyle\int_{0.5}^1 e^{(2x-1)}\, dx$

10.6 Bestimmen Sie alle Lösungen des folgenden linearen Gleichungssystems:

$$
\begin{aligned}
2a + b + \quad\quad\quad\;\; &= 4 \\
4a + 4b + 2c - 2d &= 12 \\
2a + 2b \quad\quad\quad\; &= 6 \\
2a + 2b + c - d &= 6
\end{aligned}
$$

Zweite Klausur in Mathematik

10.7 Die folgende Abbildung zeigt eine kubische Funktion, also ein Polynom dritten Grades:

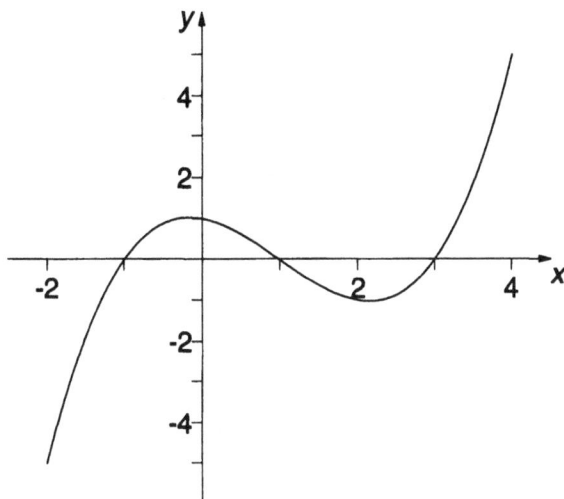

a) Bestimmen Sie die Funktionsgleichung.

b) Berechnen Sie das relative Maximum und das relative Minimum.

c) Berechnen Sie den Wendepunkt.

10.8 Zur serienmäßigen Produktion dezentraler Lüfter benötigt eine Firma einen Bankkredit von 360 000 €. Aus Steuergründen wählt sie ein Darlehen mit einem Disagio von 10 %, d.h., es werden nur 90 % des Kredits ausgezahlt. Allerdings muss die gesamte Kreditsumme getilgt werden. Der jährliche Zinssatz beträgt aber nur 4 % bei einer festen Laufzeit des Darlehens von 20 Jahren.

a) Welchen Kreditbetrag muss die Firma aufnehmen, damit sie von der Bank die benötigten 360 000 € ausgezahlt bekommt?

b) Welchen konstanten Betrag muss die Firma jährlich zurückzahlen, um den Kredit nach 20 Jahren zu tilgen?

c) Wie hoch sind die Zinsen am Ende des ersten Jahres?

d) Wie viel kann also nach dem ersten Jahr bereits getilgt werden?

e) Wie hoch ist die Restschuld nach zehn Jahren?

f) Wie hoch ist die Tilgung am Ende des zehnten Jahres?

g) Wie hoch sind die Zinsen am Ende des zehnten Jahres?

10.9   Ein Schiff steuert flussabwärts in einem Winkel von 30° zum Flussufer. Die Eigengeschwindigkeit des Schiffes beträgt 15 km/h, während die Strömungsgeschwindigkeit des Flusses 10 km/h beträgt.

a) Wie groß ist die Geschwindigkeit des Schiffs quer zur Strömungsrichtung?

b) Wie groß ist die Geschwindigkeit des Schiffs in Strömungsrichtung?

c) Wie groß ist die Geschwindigkeit des Schiffs in Fahrtrichtung?

d) In welcher Richtung, also unter welchem tatsächlichen Winkel zum Flussufer, fährt das Schiff über den Fluss? Geben Sie diesen Winkel in Grad und im Bogenmaß an.

10.10   Es sei das folgende Produkt einer Matrix M mit einem Spaltenvektor gegeben:

$$M \cdot \begin{pmatrix} a \\ b \\ c \end{pmatrix} = \begin{pmatrix} a \\ b \\ 0 \end{pmatrix}$$

a) Welchen Typs $k \times l$ ist die Matrix M?

b) Geben Sie eine Matrix M an, die obige Eigenschaft erfüllt.

c) Welchen Rang hat Ihre Matrix M?

10.11   Bei einer Rinderrasse beträgt die Wahrscheinlichkeit für die Geburt eines männlichen Kalbs 60%. Die Zufallsvariable X sei die Anzahl der Bullenkälber einer Kuh nach zwei Kalbungen.

a) Wie groß ist die Wahrscheinlichkeit, dass eine Kuh nach zwei Kalbungen zwei Bullenkälber hat?

b) Wie groß ist die Wahrscheinlichkeit, dass eine Kuh nach zwei Kalbungen ein männliches und ein weibliches Kalb hat?

c) Wie groß ist die Wahrscheinlichkeit, dass eine Kuh nach zwei Kalbungen mindestens ein Bullenkalb hat?

d) Wie groß sind $P(X = 0)$ und $P(X = 3)$?

e) Bestimmen und zeichnen Sie die Wahrscheinlichkeitsfunktion f und die Verteilungsfunktion F der Zufallsvariablen X.

f) Bestimmen Sie den Erwartungswert $E(X)$.

Dritte Klausur in Mathematik

10.12 Ein Versuch zur Bestimmung des Bremsweges von Autos auf einer trockenen Teerstraße brachte folgendes Ergebnis:

Geschwindigkeit in km/h v	20	50	80	120	160
Bremsweg in m s	1.8	11	29	65	120

a) Tragen Sie diese Werte in ein doppeltlogarithmisches Papier (siehe Seite 20) oder in ein geeignetes anderes Diagramm ein, sodass als Ausgleichskurve eine Gerade entsteht.

b) Bestimmen Sie aufgrund dieser Daten den funktionalen Zusammenhang zwischen Geschwindigkeit und Bremsweg.

c) Schätzen Sie den Bremsweg bei Tempo 300 km/h.

d) Die Bremsweg-Formel, die man zur Erlangung eines Führerscheins erlernen muss, lautet:

$$\frac{\text{Bremsweg}}{\text{in Meter}} = \frac{\text{Geschwindigkeit in km/h}}{10} \cdot \frac{\text{Geschwindigkeit in km/h}}{10}$$

Tragen Sie auch diesen funktionalen Zusammenhang in Ihr Diagramm ein.

e) Wie viel Prozent des „Führerschein-Bremsweges" beträgt in etwa der Bremsweg im Versuch? Hängt dieser Prozentsatz stark von der Geschwindigkeit ab?

10.13 Ein Darlehen von 100 000 € wird bei einem jährlichem Zinssatz von 7 % in konstanten Annuitäten zurückgezahlt. Aus der Laufzeit (die Sie erst in Aufgabe d) selbst errechnen) des Darlehens errechnet sich die Tilgung am Ende des ersten Jahres zu 7 238.75 €.

a) Wie viel Zinsen sind am Ende des ersten Jahres fällig?

b) Wie hoch ist die Annuität in diesem Tilgungsplan?

c) Wie hoch ist die Restschuld am Ende des fünften Jahres?

d) Nach wie vielen Jahren ist das Darlehen getilgt?

10.14 Berechnen Sie folgende Grenzwerte:

a) $\lim\limits_{x \to -1} \dfrac{x}{(1+x)^2}$
   b) $\lim\limits_{x \to 0} \dfrac{1 - e^{2x}}{\sin x}$

Hinweis: Es empfiehlt sich, eine dieser beiden Aufgaben mit Hilfe der Regel von de l'Hospital zu lösen.

10.15 Die Oberfläche A eines Zylinders mit Radius r und Höhe h berechnet sich mit der Formel:

$A = 2\pi r(r + h)$.

Es wurden an einem Zylinder die Werte $r = 22$ cm und $h = 50$ cm gemessen. Dabei betrug der absolute maximale Fehler des Radius 0.5 cm und der relative maximale Fehler der Höhe 0.25%.

   a) Berechnen Sie die partielle Ableitung der Oberfläche nach dem Radius $\dfrac{\partial A}{\partial r}$ an der Stelle der Messwerte.

   b) Berechnen Sie die partielle Ableitung der Oberfläche nach der Höhe $\dfrac{\partial A}{\partial h}$ an der Stelle der Messwerte.

   c) Wie groß ist der absolute maximale Fehler der Oberfläche?

   d) Wie groß ist der relative maximale Fehler der Oberfläche?

10.16 Berechnen Sie folgende Integrale:

   a) $\displaystyle\int e^{-x}\, dx$ b) $\displaystyle\int_0^a x e^{-x}\, dx$ c) $\displaystyle\int_0^x x e^{-x}\, da$

10.17 Gegeben sei die Matrix A und der Vektor $\vec{b}$. Der Vektor $\vec{x}$ sei variabel.

$$A = \begin{pmatrix} 2 & -1 & 1 \\ -4 & -3 & -2 \\ 10 & 0 & 5 \end{pmatrix} \qquad \vec{x} = \begin{pmatrix} x_1 \\ x_2 \\ x_3 \end{pmatrix} \qquad \vec{b} = \begin{pmatrix} 2 \\ 0 \\ 6 \end{pmatrix}$$

   a) Bestimmen Sie die vollständige Lösung des Gleichungssystems $A\vec{x} = \vec{b}$.

   b) Wie groß ist der Rang der Matrix A?

10.18 In einer Schüssel liegen zehn Erdbeeren. Sechs davon sind rot, während die anderen vier noch etwas grün sind.

   a) Sie wollen zwei Erdbeeren essen, die Sie zufällig aus der Schüssel herausgreifen. Wie groß ist dabei die Wahrscheinlichkeit, dass Sie zwei rote erwischen?

   b) Auf wie viele Reihenfolgen kann man alle zehn Erdbeeren essen, wenn nur nach der Farbe (rot oder noch etwas grün) unterschieden wird?

Vierte Klausur in Mathmatik

10.19 Aus zwei Metern Höhe wirft jemand zwei Steine. Ihre Flugbahnen erreichen nach 20 Metern die größte Höhe. Sie werden idealisiert durch Parabeln beschrieben und sind in der Skizze ausschnittsweise dargestellt (h = Höhe in Meter, x = Weite in Meter; wir rechnen zunächst ohne die Einheiten).

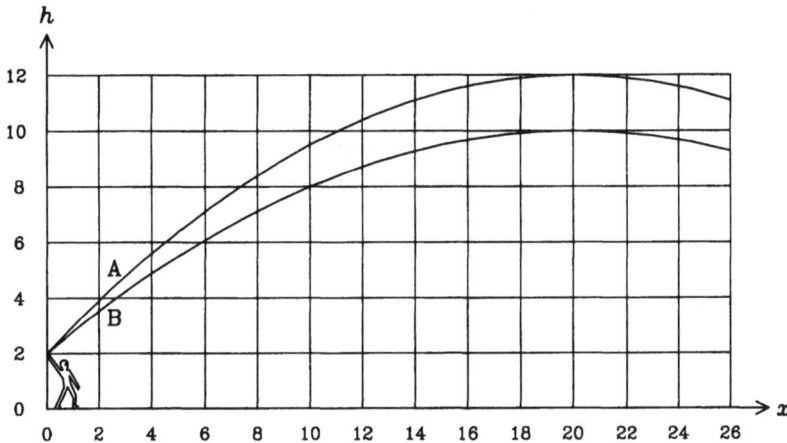

a) Bestimmen Sie die Gleichung der Parabel, die die Flugbahn des tiefer fliegenden Steines B beschreibt.

In der Polynomdarstellung ist die Flugbahn des höher fliegenden Steines A durch die Gleichung $h_A = -0.025x^2 + x + 2$ gegeben (ohne Einheiten).

b) In welchem Winkel (der Tangente) zur Horizontale wurde dieser Stein A losgeworfen? (*Anmerkung:* Das Schätzen des Winkels aus der Zeichnung wird hier in Aufgabe b) nicht gewertet.)

c) Wie weit fliegt Stein A? Fliegt er weiter als Stein B?

d) Stellen Sie die Flugbahn von Stein A in Produktform dar (Faktorzerlegung!).

e) Fügen Sie nun der in Polynomform geschriebenen Gleichung $h_A = -0.025x^2 + x + 2$ der Flugbahn von Stein A die Einheiten hinzu.

10.20 Das Volumen einer Kugel berechnet sich zu $V = \frac{4}{3}\pi r^3$. Auf wie viel Prozent genau kann man das Volumen V angeben, wenn der Radius r auf ein Prozent genau gemessen wurde (d.h., dass der maximale relative Fehler des Radius ein Prozent beträgt)?

10.21 Kalium zerfällt in Argon nach dem exponentiellen Gesetz

$N(t) = N_0 \cdot e^{-\lambda t}$ mit $\lambda = 5.3 \cdot 10^{-10} a^{-1}$,

wobei N = Zahl der Kalium-Atome, a = Jahre.

Unter der wahrheitswidrigen Modellannahme, dass Lavagestein bei seiner Entstehung kein Argon enthalte, dass also das Argon ausschließlich durch den Kalium-Zerfall entstanden sei, errechnen sich aus Proben von 166–167 Jahre altem Lavagestein aus Hawaii, dessen Entstehung in den Jahren 1800 bis 1801 dokumentiert ist, für $N(t)/N_0$ Werte von 0.21 bis 0.92.

Berechnen Sie für $N(t)/N_0 = 0.92$ das Modellalter dieser Lava?

10.22 Zum Bau eines Laufstalls nimmt ein Landwirt von einer Bank einen Kredit von 300 000 € zu einem jährlichen Zinssatz von 8 % auf. Aufgrund der schlechten wirtschaftlichen Lage zahlt der Landwirt weder Zins noch Tilgung zurück, sondern benötigt jedes Jahresende eine zusätzliche Summe von 20 000 €, um seine Verluste aus der Lanwirtschaft zu decken.

a) Welche Summe schuldet er der Bank am Ende des 25. Jahres nach Kreditaufnahme?

b) Welche Zinslast fällt am Ende des 26. Jahres an?

10.23 Die Funktion f sei durch $f(x) = \dfrac{x^2 + 3x}{x - 1}$ gegeben.

a) Bestimmen Sie Definitionsbereich und Verhalten von f bei Annäherung an die Definitionslücke von links und von rechts.

b) Berechnen Sie auch die Grenzwerte $\lim\limits_{x \to \pm\infty} f(x)$.

c) Welche Nullstellen hat f?

d) f hat eine schiefe Gerade als Asymptote. Bestimmen Sie ihre Gleichung.

e) Für die zweite Ableitung von f gilt: $f''(x) < 0$ für $x < 1$ und: $f''(x) > 0$ für $x > 1$. Verwenden Sie dieses Ergebnis, um zu zeigen, wo f ein relatives Minimum und wo ein relatives Maximum hat, und geben Sie die Koordiniaten dieser relativen Extrema an.

f) Skizzieren Sie f aufgrund der bisherigen Ergebnisse. Zeichnen Sie auch die schiefe Asymptote und die Polstelle ein.

10.24 Berechnen Sie $\displaystyle\int\limits_{0}^{1} \frac{6x}{x^2 + 1}\, dx.$

10.25 Es sei folgende 2×2-Matrix A gegeben: $A = \begin{pmatrix} \frac{1}{2}\sqrt{2} & \frac{1}{2}\sqrt{2} \\ \frac{1}{2}\sqrt{2} & -\frac{1}{2}\sqrt{2} \end{pmatrix}$

  a) Welche Länge haben die beiden Spaltenvektoren?

  b) In welchem Winkel stehen diese Vektoren zueinander?

  c) Welchen Rang hat die Matrix A?

  d) *Zusatzfrage:* Berechnen Sie das Matrizenprokukt $A \cdot A$ und interpretieren Sie die Matrix A sowie das Ergebnis von $A \cdot A$ geometrisch.

10.26 Ein frischverheiratetes Ehepaar wünscht sich Kinder. Wir gehen davon aus, dass ihm mindestens zwei geschenkt werden und dass Knaben- und Mädchengeburten gleichwahrscheinlich sind. A sei das Ereignis, dass die ersten beiden Kinder Kinder beiderlei Geschlechts sind, und B das Ereignis, dass nach den ersten beiden Geburten mindestens ein Bub zur Welt gekommen ist.

  a) Wie groß sind die Wahrscheinlichkeiten $P(A)$, $P(B)$ und $P(A \cap B)$?

  b) Sind A und B unabhängig? Begründung!

  c) Die Zufallsvariable X bezeichne die Anzahl der Mädchen nach den ersten zwei Geburten. Welche Werte kann X annehmen? Veranschaulichen Sie die Wahrscheinlichkeitsfunktion f von X in Form eines Stabdiagramms.

II. Teil: Lösungen

1 Mathematische Grundbegriffe

Potenzen und Logarithmen

1.1   a) $7^0 = 1$ $15^{5/39} = 1$ $0^{4/27} = 0$ $100^0 = 1$ $0^0 = 1$ $1^{-100} = 1$

     b) $8^{1/3} = \sqrt[3]{8} = 2$ $8^{-1/3} = \frac{1}{2}$ $8^{4/3} = (8^{1/3})^4 = 16$ $8^{-2} = \frac{1}{64}$

         $(8^2)^{1/3} = (8^{1/3})^2 = 4$ $8^{-5/3} = \frac{1}{(8^{1/3})^5} = \frac{1}{32}$ $\left(\frac{1}{8}\right)^{-1/3} = 8^{1/3} = 2$

     c) $0.01^{3/2} = \sqrt{0.01}^3 = 0.1^3 = 0.001$ $1000^{2/3} = \sqrt[3]{1000}^2 = 10^2 = 100$

     d) $32^{0.8} = 32^{4/5} = \sqrt[5]{32}^4 = 2^4 = 16$ $16^{-2.5} = \frac{1}{16^{5/2}} = \frac{1}{\sqrt{16}^5} = \frac{1}{1024}$

1.2   a) $\left(\frac{1}{1000}\right)^{1/2} = \frac{1}{\sqrt{1000}} = 0.03162 = 3.162 \cdot 10^{-2}$ $1000^{3/2} = 3.162 \cdot 10^4$

     b) $27^{-1/2} = \frac{1}{\sqrt{27}} = 0.19245$ $27^{-5/6} = \frac{1}{27^{5/6}} = \frac{1}{3^{3 \cdot 5/6}} = \frac{1}{3^{5/2}} = 0.06415$

     c) $\left(\frac{5}{3}\right)^{1.5} = 2.152$ $0.6^{-3/2} = \left(\frac{3}{5}\right)^{-1.5} = \left(\frac{5}{3}\right)^{1.5} = 2.152$

1.3 $a^{-1} = b^{-1} - (b \cdot c)^{-1} \implies \frac{1}{a} = \frac{1}{b} - \frac{1}{b \cdot c} = \frac{c-1}{b \cdot c} \implies a = \frac{b \cdot c}{c-1}$

1.4 $x^{1/2} \cdot x^{1/2} \cdot x^{-1} \cdot y^{-1} = x^{1/2+1/2-1} \cdot y^{-1} = x^0 \cdot \frac{1}{y} = \frac{1}{y}$

1.5   a) Das Argument der Quadratwurzel, $x \cdot y^2 \cdot z^3$, muss ≥ 0 sein. Da stets $y^2 \geq 0$ ist, gilt das für $x \geq 0 \wedge z \geq 0$, aber auch für $x \leq 0 \wedge z \leq 0$.
Teilweise Radizierung: $\sqrt{x \cdot y^2 \cdot z^3} = |y| \cdot |z| \cdot \sqrt{xz} = |yz| \cdot \sqrt{xz}$.

     b) Da 5 ungerade ist, ist die fünfte Wurzel für alle $x, y, z \in I\!R$ definiert.

         $\sqrt[5]{x^{21}y^{14}z^7} = \sqrt[5]{x^{20}y^{10}z^5} \cdot \sqrt[5]{x^1 y^4 z^2} = x^4 y^2 z \cdot \sqrt[5]{xy^4 z^2}$.

     c) Wenn n ungerade ist, ist $\sqrt[n]{x^{n+2}y^{2n-1}}$ für alle $x, y \in I\!R$ definiert, bei geradem n nur, wenn $y \geq 0$ ist; denn dann ist x^{2n+2} stets ≥ 0, während das stets ungerade y^{2n-1} nur für $y \geq 0$ nicht negativ ist.

     Zur teilweisen Radizierung unterscheiden wir:

     1. Fall: Sonderfall $y = 0$. Dann: $\sqrt[n]{x^{n+2}y^{2n-1}} = 0$.

     2. Fall: $y \neq 0$. Dann ist stets: $\sqrt[n]{x^{n+2}y^{2n-1}} = y^2 \cdot \sqrt[n]{x^n x^2 y^{-1}}$.

        Weiter gilt für n ungerade: $\sqrt[n]{x^{n+2}y^{2n-1}} = x \cdot y^2 \cdot \sqrt[n]{x^2 y^{-1}}$.

        Für n gerade gilt jedoch: $\sqrt[n]{x^{n+2}y^{2n-1}} = |x| \cdot y^2 \cdot \sqrt[n]{x^2 y^{-1}}$.

1.6   a) $\left(x^{1/3} - y^{1/3}\right)\left(x^{2/3} + (xy)^{1/3} + y^{2/3}\right) =$

        $x^{3/3} + x^{2/3}y^{1/3} + x^{1/3}y^{2/3} - x^{2/3}y^{1/3} - x^{1/3}y^{2/3} - y^{3/3} = x - y$

   b) $\sqrt{\dfrac{0.00004 \cdot 25000}{(0.02)^5 \cdot 0.125}} = \sqrt{\dfrac{4 \cdot 10^{-5} \cdot 25 \cdot 10^3}{0.02^5 \cdot 0.5^3}} =$

        $\dfrac{2 \cdot 5 \cdot 10^{-1}}{0.02^2 \cdot 0.5} \cdot \sqrt{\dfrac{1}{0.02 \cdot 0.5}} = \dfrac{1}{2 \cdot 10^{-4} \cdot \sqrt{2 \cdot 10^{-2} \cdot 0.5}} =$

        $\dfrac{1}{2} \cdot 10^5 = 50\,000$

   c) $\sqrt[4]{x^4 - 4x^3 + 6x^2 - 4x + 1} = \sqrt[4]{(x-1)^4} = |x - 1|$

   d) $-\left(\tfrac{1}{8}\right)^{4/3} - \sqrt[3]{(-27)^{-2}} = -\left(\sqrt[3]{\tfrac{1}{8}}\right)^4 - \left(\sqrt[3]{-27}\right)^{-2}$

        $= -\left(\tfrac{1}{2}\right)^4 - (-3)^{-2} = -\left[\tfrac{1}{16} + \tfrac{1}{9}\right] = -\tfrac{9+16}{144} = -\tfrac{25}{144}$

1.7   a) $\dfrac{3}{\sqrt[3]{2}} = \dfrac{3 \cdot 2^{2/3}}{2}$

   b) $\dfrac{1}{\sqrt{a} + \sqrt{b}} = \dfrac{\sqrt{a} - \sqrt{b}}{a - b}$

   c) $\dfrac{x + y}{\sqrt[3]{x} + \sqrt[3]{y}}$ $\left[\text{wir verwenden } a^3 + b^3 = (a+b)(a^2 - ab + b^2)\right]$

        $= \dfrac{(\sqrt[3]{x})^3 + (\sqrt[3]{y})^3}{\sqrt[3]{x} + \sqrt[3]{y}} = \dfrac{(\sqrt[3]{x} + \sqrt[3]{y})[(\sqrt[3]{x})^2 - \sqrt[3]{x}\sqrt[3]{y} + (\sqrt[3]{y})^2]}{\sqrt[3]{x} + \sqrt[3]{y}}$

        $= \sqrt[3]{x^2} - \sqrt[3]{xy} + \sqrt[3]{y^2}$

        oder mittels Polynomdivision:

        $(x+y) : (x^{1/3}+y^{1/3}) = x^{2/3}-x^{1/3}\cdot y^{1/3}+y^{2/3} = \sqrt[3]{x^2}-\sqrt[3]{xy}+\sqrt[3]{y^2}$

$$
\begin{array}{l}
\underline{x + x^{2/3} \cdot y^{1/3}} \\
\quad y - x^{2/3} \cdot y^{1/3} \\
\quad \underline{-x^{2/3} \cdot y^{1/3} - x^{1/3} \cdot y^{2/3}} \\
\qquad y + x^{1/3} \cdot y^{2/3} \\
\qquad \underline{y + x^{1/3} \cdot y^{2/3}} \\
\qquad \qquad - \ - \ -
\end{array}
$$

   d) $\dfrac{x}{\sqrt[3]{(x-1)^2}} = \dfrac{x \cdot \sqrt[3]{(x-1)}}{\sqrt[3]{(x-1)^2} \cdot \sqrt[3]{(x-1)}} = \dfrac{x \cdot \sqrt[3]{(x-1)}}{x - 1}$

1.8 a) $a = {}^b\log 5 \iff b^a = 5$

b) $u = \ln 3 \iff e^u = 3$

c) ${}^2\log 10 = z \iff 2^z = 10$

1.9 a) $3^y = 500 \iff y = {}^3\log 500$

b) $10^z = 0.000001 \iff z = \lg 10^{-6} = -6$

c) $e^x = 10 \iff x = \ln 10$

1.10 ${}^b\log a \cdot {}^a\log b = \dfrac{\lg a}{\lg b} \cdot \dfrac{\lg b}{\lg a} = 1 \qquad (a \neq 1,\ b \neq 1)$

1.11 Zu berechnen sind Ausdrücke des Typs $x = {}^b\log a$, also die Lösung von $b^x = a$. Das ist äquivalent zu $x \cdot \ln b = \ln a$ oder, mittels Zehnerlogarithmus, zu $x \cdot \lg b = \lg a$, falls $a > 0$ und $b > 0$ ist.

Letzteres ergibt für $a > 0$, $b > 0$ und $b \neq 1$ die Lösung zu $x = \dfrac{\lg a}{\lg b}$.

a) ${}^2\log 37 \quad = \dfrac{\lg 37}{\lg 2} = \dfrac{1.568}{0.301} = 5.209$

b) ${}^3\log 6 \quad = \dfrac{\lg 6}{\lg 3} = \dfrac{0.778}{0.477} = 1.631$

c) ${}^{1/2}\log 10 \quad = \dfrac{\lg 10}{\lg 0.5} = \dfrac{1}{-0.301} = -3.32$

d) ${}^4\log 0.25 \quad = \dfrac{\lg 0.25}{\lg 4} = \dfrac{\lg 4^{-1}}{\lg 4} = \dfrac{-\lg 4}{\lg 4} = -1$

e) ${}^{0.7}\log 0.75 \quad = \dfrac{\lg 0.75}{\lg 0.7} = 0.806$

f) ${}^6\log 46\,656 \quad = \dfrac{\lg 46\,656}{\lg 6} = \dfrac{\lg 6^6}{\lg 6} = \dfrac{6 \cdot \lg 6}{\lg 6} = 6$

1.12 a) $4^x = 6^y \Rightarrow x \cdot \ln 4 = y \cdot \ln 6 \Rightarrow y = x \cdot \dfrac{\ln 4}{\ln 6} = 0.7737x$

b) $1.56 \cdot 3^{0.27x-3} = 4.1 \cdot 5^y \Rightarrow \dfrac{1.56}{4.1} \cdot 3^{-3} \cdot 3^{0.27x} = 5^y$

$\Rightarrow 0.014 \cdot 3^{0.27x} = 5^y \Rightarrow \ln 0.014 + 0.27x \cdot \ln 3 = y \cdot \ln 5 \Rightarrow$

$y = \dfrac{\ln 0.014}{\ln 5} + \dfrac{0.27 \cdot \ln 3}{\ln 5} \cdot x = 0.184x - 2.65$

c) $2^{2x} = 4 \cdot e^y \Rightarrow 2^{2x} = 2^2 e^y \Rightarrow 2^{2x-2} = e^y \Rightarrow$

$y = (2x - 2) \cdot \ln 2 = 1.39x - 1.39$

Gleichungen, Ungleichungen und Absolutbetrag

1.13   a) $x - y < 0 \implies y > x$ b) $x^2 + y^2 \leq 4$

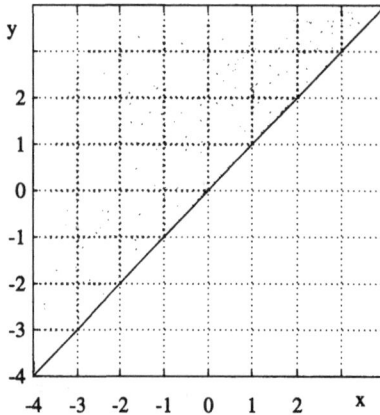

Die Punktmenge besteht aus allen Punkten, die oberhalb oder auf der Geraden $y = x$ liegen.

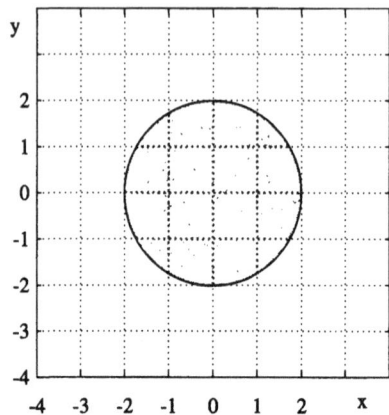

Die Punktmenge besteht aus allen Punkten, die auf dem Kreis oder innerhalb des Kreises um den Ursprung mit Radius $\sqrt{4} = 2$ liegen.

c) $y < x^2$ d) $|x| = |y|$

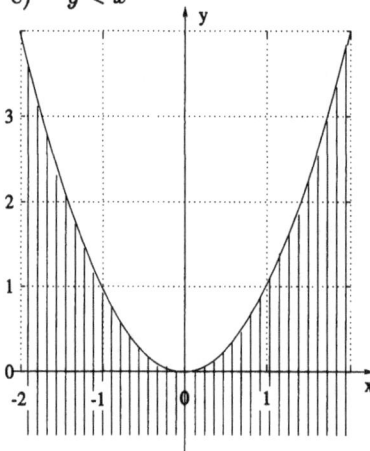

Die Punktmenge besteht aus allen Punkten, die unter der Einheitsparabel liegen, wobei die Punkte auf der Einheitsparabel nicht dazugehören.

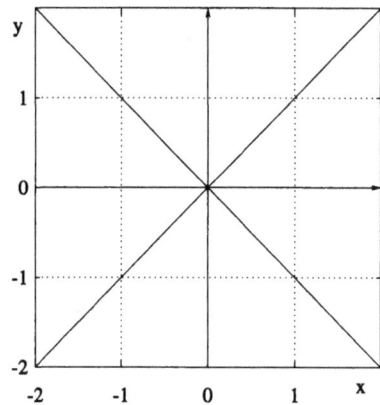

Die Punktmenge umfasst alle Punkte der Winkelhalbierenden des 1. und 3. Quadranten und alle Punkte der Winkelhalbierenden des 2. und 4. Quadranten.

1.14 Allgemein geben die Paare (x, y), die $(x-x_0)^2+(y-y_0)^2 \leq r^2$ genügen, die Menge aller Punkte an, die von (x_0, y_0) höchstens Abstand r haben; das ist ein ausgefüllter Kreis mit Radius r um den Mittelpunkt (x_0, y_0). Nun ist $(y+8)^2 = (y-(-8))^2$; also wird $(x-7)^2 + (y+8)^2 > 9$ von allen Punkten erfüllt, die mehr als $r = \sqrt{9} = 3$ von $(7, -8)$ entfernt sind; das sind alle Punkte außerhalb eines Kreises um $(7, -8)$ mit Radius 3.

1.15 a) $|2x+6| \leq 5 \Leftrightarrow -5 \leq 2x+6 \leq 5 \Leftrightarrow -\dfrac{11}{2} \leq x \leq -\dfrac{1}{2}$

$\mathbb{L} = \{x \mid -5.5 \leq x \leq -0.5\}$

b) $|x^2-1| \leq 3 \Leftrightarrow -3 \leq x^2-1 \leq 3 \Leftrightarrow -2 \leq x^2 \leq 4 \Leftrightarrow x^2 \leq 4 \Leftrightarrow |x| \leq 2$

$\mathbb{L} = \{x \mid -2 \leq x \leq 2\}$

c) $\alpha)$ $x < 0$: $\quad \dfrac{-3x}{x-2} < 1 \Leftrightarrow -3x > x-2 \Leftrightarrow -4x > -2$

$\Leftrightarrow 4x < 2 \Leftrightarrow x < \dfrac{1}{2} \implies \mathbb{L}_\alpha = \{x \mid x < 0\}$

$\beta)$ $0 < x < 2$: $\quad \dfrac{3x}{x-2} < 1 \Leftrightarrow 3x > x-2 \Leftrightarrow 2x > -2$

$\Leftrightarrow x > -1 \implies \mathbb{L}_\beta = \{x \mid 0 < x < 2\}$

$\gamma)$ $x > 2$: $\quad \dfrac{3x}{x-2} < 1 \Leftrightarrow 3x < x-2 \Leftrightarrow 2x < -2$

$\Leftrightarrow x < -1 \implies \mathbb{L}_\gamma = \emptyset$

$\mathbb{L} = \mathbb{L}_\alpha \cup \mathbb{L}_\beta \cup \mathbb{L}_\gamma = \{x \mid x < 0 \vee 0 < x < 2\} = (-\infty, 2) \setminus \{0\}$

d) $x^2 - 3x - 1 \geq -3 \iff x^2 - 3x + 2 \geq 0$. Es ist $y = x^2 - 3x + 2 = (x-1)(x-2)$ eine nach oben geöffnete Parabel mit Nullstellen 1 und 2, die somit außerhalb des Bereichs zwischen diesen beiden Nullstellen größer oder gleich 0 ist; also $\mathbb{L} = \{x \mid x \leq 1 \vee x \geq 2\}$.

1.16 a) $\sqrt{x^5}$ $\qquad x^5 \geq 0 \Leftrightarrow x \geq 0$; also $\mathbb{D} = \{x \mid x \geq 0\} = \mathbb{R}_0^+$

b) $\sqrt{4x - 2x^2 - 2}$ $\qquad -2x^2 + 4x - 2 \geq 0 \Leftrightarrow x^2 - 2x + 1 \leq 0$

$\Leftrightarrow (x-1)^2 \leq 0 \Leftrightarrow x = 1$; also $\mathbb{D} = \{1\}$

1.17 $\sqrt{1-x} = x+5 \implies 1-x = (x+5)^2 \iff x^2 + 11x + 24 = 0 \iff (x+3)(x+8) = 0 \iff x = -3 \vee x = -8$. Vorsicht! Das Quadrieren zu Beginn war keine Äquivalenzumformung. Wir haben nur „$\implies$" gezeigt, um keine Lösung zu verlieren, nicht aber auch „$\impliedby$", was sicherstellte, dass die gefundenen x auch Lösungen sind. Das muss sich nun durch die Probe erweisen: $x = -3$ löst die Gleichung $\sqrt{1-x} = x+5$, denn $\sqrt{4} = 2$; $x = -8$ löst sie aber nicht, denn $\sqrt{9} \neq -3$; also ist $\mathbb{L} = \{-3\}$. *Merke*: Bei Wurzel-Gleichungen muss man immer die Probe machen!

1.18 Für $\lambda = 0$ ist $x = \frac{1}{4}$ eine reelle Lösung.

Für $\lambda \neq 0$ hat $\lambda x^2 - 4x + 1 = 0$ die Lösungen $x_{1,2} = \dfrac{4 \pm \sqrt{16 - 4\lambda}}{2\lambda}$.

Diese existieren in $I\!\!R$, wenn gilt: $16 - 4\lambda \geq 0$, d.h., wenn $\lambda \leq 4$ ist.

Beide Fälle zusammenfassend gilt also, dass die quadratische Gleichung für alle $\lambda \leq 4$ reelle Lösungen hat.

1.19 Dreiecksungleichung: $|x + y| \leq |x| + |y|$, $|x| < 2$, $|y| \leq 1$.

a) $|x + 2y| \leq |x| + |2y| \iff |x + 2y| < 2 + 2 \cdot 1 \iff |x + 2y| < 4$

b) $|10x^2 - 15xy| \leq |10x^2| + |15xy| = 10x^2 + 15|x|\,|y|$

$\iff |10x^2 - 15xy| < 70$

1.20 a) $|x - 3| < 2$ gilt für alle x, die von 3 weniger als 2 entfernt sind, also für $1 < x < 5$.

b) $|2x - 1| > 0.5$ gilt, wenn $2 \cdot x$ mehr als 0.5 von 1 weg ist, d.h., wenn $2x < 0.5 \vee 2x > 1.5$ und somit, wenn $x < 0.25 \vee x > 0.75$.

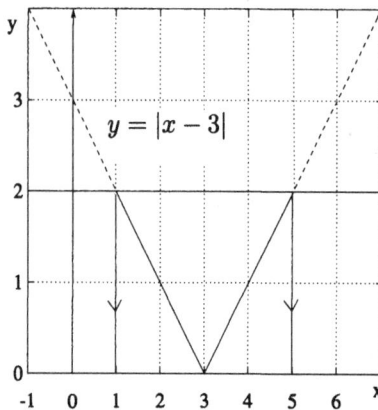

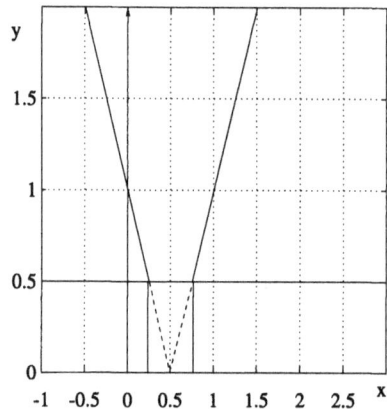

$$y = |x - 3|$$

1.21 a) $x_{1,2} = \dfrac{-4 \pm \sqrt{16 - 4 \cdot 2 \cdot (-6)}}{2 \cdot 2} \Rightarrow x_1 = 1;\ x_2 = -3$

b) Es sind also zwei Zahlen x_1 und x_2 zu suchen mit

$$x_1 + x_2 = -\frac{b}{a} = -(-10)/2 = 5 \quad \text{und} \quad x_1 \cdot x_2 = c/a = 12/2 = 6.$$

Man sieht sofort, dass das nur für 2 und 3 möglich ist, welche somit die Nullstellen sind.

Anmerkung:

Der Satz von Vieta ist das Ergebnis folgender Vorgehensweise:

Zunächt 2 ausklammern: $2x^2 - 10x + 12 = 2(x^2 - 5x + 6)$.

Nun suche man zur Faktorzerlegung zwei Zahlen, deren Summe $b_{neu} = -5$ und deren Produkt $c_{neu} = 6$ ergibt.

Die Zahlen -2 und -3 erfüllen diese Bedingung. Also:

$2(x^2 - 5x + 6) = 2(x - 2)(x - 3)$.

Daraus ergeben sich die Nullstellen $x_1 = 2$ und $x_2 = 3$.

c) $(x - 1)^2 = 2 \cdot (x - 1)$.

Eine Lösung, nämlich die Nullstelle beider Seiten, $x_1 = 1$, sieht man sofort. Nun sei x ungleich dieser Nullstelle, d.h., $x - 1 \neq 0$, weswegen wir durch $(x - 1)$ kürzen können. Daraus folgt dann aus $(x - 1) = 2$ die zweite Lösung: $x_2 = 3$.

1.22 a) $y = |x|$

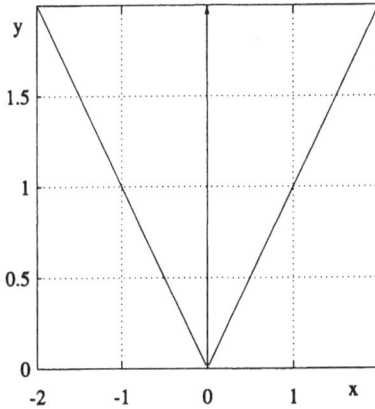

b) $y = -|x|$

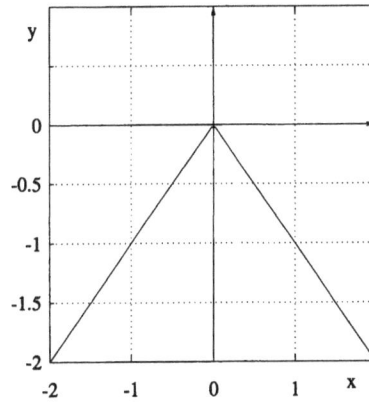

c) $y = [x]$

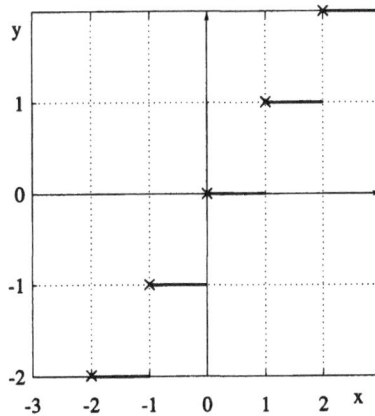

1.23

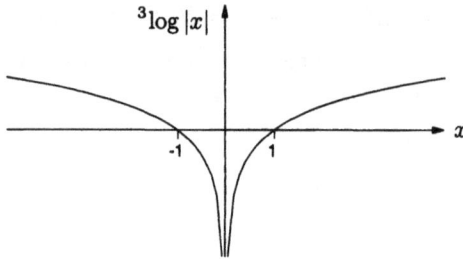

Sei $x \neq 0$ (sonst ist $\log|x|$ nicht definiert); dann gilt:

$$^3\log|x| \leq 0 \iff |x| \leq 3^0$$
$$\iff -1 \leq x \leq 1$$

Da $x \neq 0$ sein muss, erhalten wir die Lösungsmenge

$$\mathbb{L} = [-1, 0[\ \cup\ ]0, 1].$$

Prozentrechnen

1.24 a) $V = 0.029 \cdot 0.5\,\text{dm}^3 = 0.0145\,\text{dm}^3 = 14.5\,\text{cm}^3$

b) $m = \rho \cdot V = 0.789\,\dfrac{\text{g}}{\text{cm}^3} \cdot 14.5\,\text{cm}^3 = 11.44\,\text{g}$

c) $\dfrac{11.44\,\text{g}}{(500\,\text{g} - 14.5\,\text{g}) + 11.44\,\text{g}} = 0.0230$; das sind $2.3\,\%$.

d) Ohne Mehrwertsteuer kostet der Kasten $\dfrac{11.79\,\text{€}}{1.16} = 10.16\,\text{€}$.

e) Wir beziehen uns auf einen 75 kg schweren Mann und gehen von einer Dreiviertelstunde aus, bis der Alkohol ins Blut gegangen ist. Dann werden in den verbleibenden $5 - {}^3\!/_4 = 4.25$ Stunden vor der Autofahrt $4.25 \cdot 0.15 = 0.6375$ Promille des Körperflüssigkeitsgewichtes an Alkohol abgebaut. Wegen der 0.5-Promille-Grenze darf man somit insgesamt eine Alkoholmenge von $0.5 + 0.6375 = 1.1375$ Promille der Flüssigkeit seines Körpers zu sich nehmen. Das sind

$$0.0011375 \cdot (0.68 \cdot 75\,\text{kg}) = 0.0580\,\text{kg} = 58\,\text{g Alkohol}.$$

Man darf also $\dfrac{58\,\text{g}}{11.44\,\text{g}} = 5.07 \approx$ fünf Halbe ($2\frac{1}{2}$ Liter) trinken.

Warnung: Bei weniger Körpergewicht, bei einer Frau oder bei kürzerer Aufenthaltsdauer würde der erlaubte Alkoholkonsum niedriger ausfallen. Außerdem gibt es viele weitere Faktoren, die den Alkoholabbau beeinflussen. Die vorliegende Rechnung mit Durchschnittswerten bietet also keine Gewähr hinsichtlich einer Alkoholkontrolle.

1.25 Schenkte der Hüttenwirt exakt 0.2 Liter pro Glaus aus, so könnte er genau (100 Liter)/(0.2 Liter) = 500 Gläser verkaufen. Da sich seine Verkaufs-Einnahmen um höchstens 10 % verringern sollen, muss er wenigstens 450 Gläser – das sind 10 % weniger – verkaufen. Um dieses Soll zu erfüllen, darf er im Durchschnitt pro Glas höchstens (100 Liter)/450

$= 0.222\overline{2}$ Liter, also um höchstens $0.022\overline{2}$ Liter zu viel ausschenken. Das ist ein Anteil von $(0.022\overline{2}\,\text{Liter})/(0.2\;\text{Liter}) = 0.11\overline{1} = 11.\overline{1}\,\% \approx 11\,\%$ an der Nominalmenge 0.2 Liter.

Das Glas Jägertee darf also im Durchschnitt um höchstens $11.\overline{1}\,\%$ zu viel enthalten, wenn sich die Einnahmen aus dem Verkauf um höchstens 10 % verringern sollen.

Der Grund für diese scheinbare Diskrepanz ist, dass sich die 10 % auf die größere der beiden Zahlen 450 und 500 Gläser beziehen, die $11.\overline{1}\,\%$ dagegen auf die kleinere der beiden Zahlen 0.2 und $0.22\overline{2}$ Liter. Die Logik der Aufgabe erfordert es, dass das Verhältnis dieser beiden Zahlenpaare gleich sein muss; es ist jeweils 9 : 10. Nun ist aber 9 um 10 % weniger als 10, während 10 um $11.1\overline{1}\,\%$ mehr ist als 9. Letzterer ist nur deswegen ein größerer Prozentsatz, weil er von der kleineren Zahl 9 genommen ist.

1.26   a) $0.98 \cdot 500\,\text{g} = 490\,\text{g}$ Wasser,
           $500\,\text{g} - 490\,\text{g} = 10\,\text{g}$ Trockenmasse.

    b) Ebenfalls 10 g.

    c) Die ausgetrocknete Gurke hat einen Wassergehalt von 96 % und damit 4 % Trockenmasse. Obwohl die Trockenmasse nach dem Austrocknen absolut gesehen unverändert bei 10 g geblieben ist, hat sich ihr Anteil am Gesamtgewicht von 2 % auf 4 % verdoppelt. Das ist nur möglich, wenn sich das Gesamtgewicht halbiert hat; denn will man einen Bruch verdoppeln, ohne den Zähler zu ändern, dann muss man eben den Nenner halbieren. Die ausgetrocknete Gurke wiegt also nur noch die Hälfte, nämlich 250 g.

Die formale Berechnung des Gesamtgewichts G der ausgetrockneten Gurke ist also am einfachsten, wenn man sich auf deren Trockenmasse bezieht, deren absolutes Gewicht wir bereits kennen:

$$0.04 \cdot G = 10\,\text{g} \implies G = \frac{10\,\text{g}}{0.04} = 250\,\text{g}.$$

Schwieriger ist es, wenn man sich direkt auf den Wassergehalt bezieht. Dazu bezeichne W das Gewicht des Wassers der ausgetrockneten Gurke, das wir eben noch nicht kennen:

$$0.96 = \frac{W}{G} = \frac{G - 10\,\text{g}}{G} = 1 - \frac{10\,\text{g}}{G} \implies G = \frac{10\,\text{g}}{0.04} = 250\,\text{g}.$$

Der Grund, warum dieses Ergebnis so zu verblüffen vermag, ist, dass sich die angegebenen Prozentzahlen (Wassergehalt von 98 % bzw. 96 %) nicht auf das gleiche, sondern auf ein verschiedenes Gurkengewicht beziehen: Die ausgetrocknete Gurke kann leicht noch 96 % Wasser haben, sind es ja nur 96 % von 250 g und nicht von 500 g.

Rechnen mit dem Summenzeichen, Mittelwerte

1.27 $\displaystyle\sum_{i=1}^{5} \frac{x_i^2 - 2x_i}{2} = \frac{1}{2} \cdot \Big[4^2 - 2 \cdot 4 + 5^2 - 2 \cdot 5 + (-2)^2 - 2 \cdot (-2)$

$$+ 0^2 - 2 \cdot 0 + 1^2 - 2 \cdot 1 \Big]$$

$$= \frac{1}{2} \cdot 30 = 15$$

1.28 a) $\displaystyle\sum_{i=1}^{7} \frac{2}{i} = 2 \sum_{i=1}^{7} \frac{1}{i} = 2 \Big(1 + \frac{1}{2} + \frac{1}{3} + \frac{1}{4} + \frac{1}{5} + \frac{1}{6} + \frac{1}{7} \Big) = 5.19$

b) $\displaystyle\sum_{i=1}^{5} (x_i - 2)k = k \sum_{i=1}^{5} x_i - 10k = k \cdot 21 - 10k = 11k$

c) $\displaystyle\sum_{i=1}^{4} 1.5^i \cdot 100 = 100 \sum_{i=1}^{4} 1.5^i = 1\,218.75$

1.29 a) $\displaystyle (a_1 + k) + (a_2 + k) + \ldots + (a_{10} + k) = \sum_{i=1}^{10} (a_i + k)$

$$= \sum_{i=1}^{10} a_i + \sum_{i=1}^{10} k = \sum_{i=1}^{10} a_i + 10k$$

b) $\displaystyle 1 + (x_2 + k) + (x_3 + k)^2 + \ldots + (x_8 + k)^7 = \sum_{i=0}^{7} (x_{i+1} + k)^i$

wegen $(x_1 + k)^0 = 1$

c) $\displaystyle a + (a + d) + (a + 2d) + \ldots + (a + (n-1)d) = \sum_{i=0}^{n-1} (a + id)$

$$= n \cdot a + d \sum_{i=0}^{n-1} i = n \cdot a + d \cdot \frac{n \cdot (n-1)}{2}$$

d) $\displaystyle \frac{1}{7} z - \frac{3}{13} z + \frac{5}{19} z - \frac{7}{25} z + \frac{9}{31} z = \sum_{k=0}^{4} \frac{(-1)^k \cdot (2k+1)}{7 + 6k} z$

$$= z \sum_{k=1}^{5} \frac{2k-1}{1+6k} (-1)^{k+1}$$

e) $\displaystyle \frac{a^3}{5} + \frac{a^4}{7} + \frac{a^5}{9} + \frac{a^6}{11} = \sum_{k=1}^{4} \frac{a^{k+2}}{2k+3} = \sum_{k=3}^{6} \frac{a^k}{2k-1}$

f) $-\dfrac{3}{7}b + \dfrac{5}{13}b - \dfrac{7}{19}b + \dfrac{9}{25}b = b \cdot \displaystyle\sum_{k=1}^{4} \dfrac{2k+1}{1+6k}(-1)^k$

g) $1 - \dfrac{2}{9} + \dfrac{3}{25} - \dfrac{4}{49} + \dfrac{5}{81} = \displaystyle\sum_{k=1}^{5} \dfrac{k}{(2k-1)^2}(-1)^{k+1}$

1.30 $\displaystyle\sum_{i=1}^{n}(i^2+1) - \sum_{k=1}^{n}k^2 - \left[\sum_{i=0}^{n+1}2 - \sum_{j=1}^{n-1}2\right]$

$$= \sum_{i=1}^{n}i^2 + \sum_{i=1}^{n}1 - \sum_{i=1}^{n}i^2 - \Big[(n+2)\cdot 2 - (n-1)\cdot 2\Big] = n - \Big[3\cdot 2\Big] = n-6$$

1.31 $\displaystyle\sum_{k=1}^{6}(k^2-2k) + \sum_{j=4}^{9}(j-(j-3)^2+1)$ $\Big[\text{jetzt Indexverschiebung: } k = j - 3\Big]$

$$= \sum_{k=1}^{6}(k^2-2k) + \sum_{k=1}^{6}(k+4-k^2) = \sum_{k=1}^{6}(k^2-2k+k+4-k^2)$$

$$= \sum_{k=1}^{6}(4-k) = 3+2+1+0+(-1)+(-2) = 3$$

1.32 a) $\displaystyle\sum_{i=1}^{m}(4i+3) - \sum_{i=0}^{m+1}2(i+1) - 3\sum_{i=1}^{m-1}\left(\dfrac{2}{3}i+1\right) - 2m$

$$= 4\sum_{i=1}^{m}i + m\cdot 3 - 2\sum_{i=1}^{m}i - 0 - 2(m+1) - (m+1+1)\cdot 2$$

$$- 2\sum_{i=1}^{m}i + 2m - 3(m-1)\cdot 1 - 2m$$

$$= (4-2-2)\sum_{i=1}^{m}i + m(3-2-2+2-3-2) - 2 - 4 + 3$$

$$= -4m - 3.$$

Das ergibt -11 für $m = 2$ und -43 für $m = 10$.

b) $\displaystyle\sum_{i=0}^{8}(2i+2)^2 - \sum_{i=1}^{8}2i(i+2) = 4 + \sum_{i=1}^{8}(4i^2+4+8i-2i^2-4i)$

$$= 4 + 2\sum_{i=1}^{8}i^2 + 4\sum_{i=1}^{8}i + 32 = 4 + 408 + 144 + 32 = 588$$

1.33 $\displaystyle\sum_{i=1}^{2}\sum_{j=5}^{7}\frac{j^i}{ij} = \sum_{j=5}^{7}\frac{j^1}{1} + \sum_{j=5}^{7}\frac{j^2}{2j} = 5+6+7+\frac{5^2}{2^5}+\frac{6^2}{2^6}+\frac{7^2}{2^7} = 19.73$

1.34 a) $a_{11}+a_{12}+a_{13}+a_{21}+a_{22}+a_{23} = \displaystyle\sum_{i=1}^{2}\sum_{j=1}^{3}a_{ij}$

b) $a_{11}+a_{12}+a_{21}+a_{22}+a_{23}+a_{32}+a_{33}+a_{34}+a_{43}+a_{44} = \displaystyle\sum_{\substack{i,k=1 \\ |i-k|\le 1}}^{4}a_{ik}$

1.35 a) $\displaystyle\sum_{i=1}^{4}\sum_{k=1}^{3}a_{ik}$

$= a_{11}+a_{12}+a_{13}+a_{21}+a_{22}+a_{23}+a_{31}+a_{32}+a_{33}+a_{41}+a_{42}+a_{43}$

$= \dfrac{1}{1}+\dfrac{1}{2}+\dfrac{1}{3}+\dfrac{1}{3}+\dfrac{1}{4}+\dfrac{1}{5}+\dfrac{1}{5}+\dfrac{1}{6}+\dfrac{1}{7}+\dfrac{1}{7}+\dfrac{1}{8}+\dfrac{1}{9} = 3.505$

b) $\displaystyle\sum_{\substack{i,k=1 \\ i=k}}^{4}a_{ik} = a_{11}+a_{22}+a_{33}+a_{44} = \dfrac{1}{1}+\dfrac{1}{4}+\dfrac{1}{7}+\dfrac{1}{10} = 1.493$

c) $\displaystyle\sum_{\substack{i,k=1 \\ |i-k|=1}}^{4}a_{ik} = a_{12}+a_{21}+a_{23}+a_{32}+a_{34}+a_{43}$

$= \dfrac{1}{2}+\dfrac{1}{3}+\dfrac{1}{5}+\dfrac{1}{6}+\dfrac{1}{8}+\dfrac{1}{9} = 1.436$

1.36 a) $\displaystyle\sum_{i=1}^{m}x_{i22} = 9+7+8 = 24$

b) $\displaystyle\sum_{j=1}^{n}x_{1j2} = 1+9 = 10$

c) $\displaystyle\sum_{i=1}^{m}\sum_{k=1}^{r}x_{i1k} = 4+1+8+5+3+4+6+8+7+5+1+3 = 55$

d) $\displaystyle\sum_{j=1}^{n}\sum_{k=1}^{r}x_{3jk} = 7+5+1+3+3+8+2+1 = 30$

e) $\displaystyle\sum_{i=1}^{2}\sum_{j=1}^{n}\sum_{k=1}^{r}x_{ijk} = 4+1+\ldots+2+7 = 80$ $\left[\begin{array}{l}\text{die 16 Summan-} \\ \text{den der ersten} \\ \text{beiden Zeilen}\end{array}\right]$

f) $\displaystyle\sum_{i=1}^{m}\sum_{j=1}^{n}\sum_{k=1}^{r}x_{ijk} = 30+80 = 110$ $\left[\begin{array}{l}\text{alle 24 Daten aufsummieren;} \\ \text{ergibt Summe aus d) und e)}\end{array}\right]$

g) $\displaystyle\sum_{k=1}^{r} \bar{x}_{\cdot 2k} = \frac{10}{3}+\frac{24}{3}+\frac{7}{3}+\frac{14}{3} = 18\tfrac{1}{3}$ $\left[\begin{array}{l}\text{Summe der Spaltenmittel}\\\text{des Blocks } j=2\end{array}\right]$

h) $\displaystyle\sum_{j=1}^{n} \bar{x}_{\cdot j\cdot} = \frac{55}{12}+\frac{55}{12} = 9\tfrac{1}{6}$ $\left[\begin{array}{l}\text{Summe der Mittelwerte der}\\\text{beiden Blöcke } j=1 \text{ und } j=2\end{array}\right]$

i) $\displaystyle\sum_{j=1}^{n} \bar{x}_{1j\cdot} = 4\tfrac{1}{2}+6 = 10\tfrac{1}{2}$ $\left[\begin{array}{l}\text{Summe der Mittelwerte der ersten}\\\text{Zeilen beider Blöcke } j=1 \text{ und } j=2\end{array}\right]$

1.37 a) $\displaystyle\frac{1}{n}\sum_{i=1}^{n}(x_i - a) = \frac{1}{n}\sum_{i=1}^{n}x_i - \frac{1}{n}\sum_{i=1}^{n}a = \bar{x} - \frac{1}{n}\cdot n\cdot a = \bar{x} - a$

b) $\displaystyle\frac{1}{n}\sum_{i=1}^{n}\frac{x_i - a}{b} = \frac{1}{b}\left(\frac{1}{n}\sum_{i=1}^{n}(x_i - a)\right) = \frac{\bar{x}-a}{b}$ [wegen a)]

c) $\displaystyle\sum_{i=1}^{n}(x_i - \bar{x})^2 = \sum_{i=1}^{n}\left(x_i^2 - 2x_i\bar{x} + \bar{x}^2\right) = \sum_{i=1}^{n}x_i^2 - 2\bar{x}\cdot\sum_{i=1}^{n}x_i + n\bar{x}^2$

$\displaystyle = \sum_{i=1}^{n}x_i^2 - 2\cdot\frac{1}{n}\left(\sum_{i=1}^{n}x_i\right)\cdot\left(\sum_{i=1}^{n}x_i\right) + n\cdot\frac{1}{n}\left(\sum_{i=1}^{n}x_i\right)\cdot\frac{1}{n}\left(\sum_{i=1}^{n}x_i\right)$

$\displaystyle = \sum_{i=1}^{n}x_i^2 - \frac{1}{n}\left(\sum_{i=1}^{n}x_i\right)^2$

Fakultät und Binomialkoeffizient

1.38 a) $\displaystyle\frac{(n+3)!}{n!} = \frac{n!\cdot(n+1)(n+2)(n+3)}{n!} = (n+1)(n+2)(n+3)$

b) $\displaystyle\frac{(n+1)!}{(n-1)!} = \frac{(n-1)!\cdot n\cdot(n+1)}{(n-1)!} = n(n+1)$

1.39 a) $499! = 10^{\lg 499!} = 10^{1131.38744} = 10^{1131}\cdot 10^{0.38744} = 10^{1131}\cdot 2.4403$
$= 2.4403\cdot 10^{1131}$

b) $500! = 500\cdot 499! = 500\cdot 10^{0.38744}\cdot 10^{1131} = 1220.14\cdot 10^{1131}$
$= 1.22014\cdot 10^{1134}$

c) $\lg(500!) = \lg(500\cdot 499!) = \lg 500 + \lg(499!) = 2.69897 + 1131.38744$
$= 1134.08641$

Oder: $\lg(500!) = \lg(1.22014\cdot 10^{1134}) = \lg 1.22014 + \lg(10^{1134})$
$= 0.08641 + 1134 = 1134.08641$

d) $500! \approx \left(500e^{-1}\right)^{500} \cdot e^{1/(12\cdot500)} \cdot \sqrt{2\pi \cdot 500}$

Mit $\left(500\,e^{-1}\right)^{500} = 100^{500} \cdot (5e^{-1})^{500} = \left(10^2\right)^{500} \cdot \left((5e^{-1})^{250}\right)^2$

$$= 10^{2\cdot500} \cdot \left(1.475300903 \cdot 10^{66}\right)^2 = 2.176512754 \cdot 10^{1000+2\cdot66}$$

folgt: $500! = 122.0136826 \cdot 10^{1132} = 1.220136826 \cdot 10^{1134}$.

Diese Approximation stimmt mit dem Ergebnis $1.22014 \cdot 10^{1134}$ aus b) auf die dort erreichbaren Stellen genau überein. Rechnet man sie mit höherer Genauigkeit durch, stellt sich heraus, dass sie das wahre Ergebnis $1.2201368260 \cdot 10^{1134}$ sogar mit 11 gültigen Stellen liefert.

1.40   a) $\displaystyle\binom{8}{5} = \binom{8}{3} = \frac{8!}{5! \cdot 3!} = \frac{8 \cdot 7 \cdot 6}{1 \cdot 2 \cdot 3} = 56$

$\displaystyle\binom{10}{6} = \binom{10}{4} = \frac{10!}{6! \cdot 4!} = \frac{10 \cdot 9 \cdot 8 \cdot 7}{1 \cdot 2 \cdot 3 \cdot 4} = 210$

b) Die folgenden Binomialkoeffizienten 1, 5, 10, 10, 5, 1 sind der 6. Reihe des Pascalschen Dreiecks entnommen:

$$(3a - 2b)^5 = (3a)^5 + 5(3a)^4(-2b)^1 + 10(3a)^3(-2b)^2$$
$$+10(3a)^2(-2b)^3 + 5(3a)^1(-2b)^4 + (-2b)^5$$
$$= 243a^5 - 810a^4b + 1080a^3b^2 - 720a^2b^3 + 240ab^4 - 32b^5$$

1.41   a) $\displaystyle\sum_{r=0}^{4}\binom{4}{r}2^{4-r}3^r = \binom{4}{0}2^43^0 + \binom{4}{1}2^33^1 + \binom{4}{2}2^23^2 + \binom{4}{3}2^13^3 + \binom{4}{4}2^03^4$

$$= 625$$

oder einfacher mit dem binomischen Satz:

$$\sum_{r=0}^{4}\binom{4}{r}2^{4-r}3^r = (2+3)^4 = 625$$

b) $\displaystyle\sum_{r=0}^{4}\binom{4}{r}2^r = \binom{4}{0}2^0 + \binom{4}{1}2^1 + \binom{4}{2}2^2 + \binom{4}{3}2^3 + \binom{4}{4}2^4 = 81$

oder mit dem binomischen Satz:

$$\sum_{r=0}^{4}\binom{4}{r}2^r = \sum_{r=0}^{4}\binom{4}{r}2^r 1^{4-r} = (2+1)^4 = 81$$

c) Mit dem binomischen Satz erhalten wir sofort:

$$\sum_{r=0}^{50}\binom{50}{r}\left(\frac{1}{2}\right)^{50} = \sum_{r=0}^{50}\binom{50}{r}\left(\frac{1}{2}\right)^r\left(\frac{1}{2}\right)^{50-r} = \left(\frac{1}{2} + \frac{1}{2}\right)^{50} = 1^{50} = 1$$

Induktionsbeweise

1.42 Zu zeigen ist: $\displaystyle\sum_{k=1}^{n} k^2 = \frac{n(n+1)(2n+1)}{6}$

1. *Induktionsanfang:* Wir zeigen die Gültigkeit für $n = 1$:

$$\text{linke Seite} = \sum_{k=1}^{1} k^2 = 1^2 = 1 = \frac{1\cdot(1+1)(2\cdot 1+1)}{6} = \text{rechte Seite}$$

2. *Induktionsannahme:* die Behauptung gilt für n:

$$\sum_{k=1}^{n} k^2 = 1^2 + 2^2 + \ldots + n^2 = \frac{n(n+1)(2n+1)}{6} \qquad \text{(I.A.)}$$

3. *Schluss von n auf $n+1$:*

Wir zeigen unter der Induktionsannahme (I.A.) die Gültigkeit für $n+1$:

$$\sum_{k=1}^{n+1} k^2 = \left[1^2 + 2^2 + \ldots + n^2\right] + (n+1)^2 = \frac{(n+1)(n+2)(2n+3)}{6}$$

$$\overset{\text{I.A.}}{\Longleftarrow} \quad \frac{n(n+1)(2n+1)}{6} + (n+1)^2 = \frac{(n+1)(n+2)(2n+3)}{6}$$

$$\overset{\cdot\frac{n+1}{6}}{\Longleftarrow} \quad n(2n+1) + 6(n+1) = (n+2)(2n+3)$$

$$\Longleftarrow \quad 2n^2 + 7n + 6 = 2n^2 + 7n + 6$$

Die Behauptung ist für $n = 1$ gültig, und wenn für n, dann auch für die um 1 größere Zahl $n+1$. Also ist sie für alle $n \geq 1$ wahr.

1.43 Zu zeigen ist: $\displaystyle\sum_{k=0}^{n} 2^k = 2^{n+1} - 1$

1. *Induktionsanfang:* $n = 0$: $\displaystyle\sum_{k=0}^{0} 2^k = 2^0 = 1 = 2^{0+1} - 1$, q.e.d.

2. *Induktionsannahme:* die Behauptung gilt für n: $\displaystyle\sum_{k=0}^{n} 2^k = 2^{n+1} - 1$

3. *Schluss von n auf $n+1$:*

Unter dieser Induktionsannahme beweisen wir die Gültigkeit für $n+1$;

also die Richtigkeit der Gleichung $\displaystyle\sum_{k=0}^{n+1} 2^k = 2^{(n+1)+1} - 1$.

Beweis:

$$\sum_{k=0}^{n+1} 2^k = \sum_{k=0}^{n} 2^k + 2^{n+1} = 2^{n+1} - 1 + 2^{n+1} \quad \left[\begin{array}{l}\text{aufgrund der} \\ \text{Induktions-} \\ \text{annahme}\end{array}\right]$$

$$= 2 \cdot 2^{n+1} - 1 = 2^{(n+1)+1} - 1, \quad \text{q.e.d.}$$

1.44 Zu zeigen ist: $\sin^{(2n+1)}(x) = (-1)^n \cos(x)$

1. *Induktionsanfang:* $n = 0$: Wir haben zu zeigen: $\sin' x = (-1)^0 \cos x$.
Beide Seiten der Gleichung ergeben $\cos x$; sie sind also gleich, q.e.d.

2. *Induktionsannahme:* die Behauptung gilt für n:
$\sin^{(2n+1)} x = (-1)^n \cos x$

3. *Schluss von n auf $n + 1$:*
Wir zeigen unter dieser Induktionsannahme die Gültigkeit für $n + 1$,
also die Richtigkeit der Gleichung $\sin^{(2(n+1)+1)} x = (-1)^{n+1} \cos x$.

Beweis: Es ist $\sin^{(2(n+1)+1)} x = \sin^{(2n+3)} x = \dfrac{d^2}{dx^2} \sin^{(2n+1)} x$.

Und nach Induktionsannahme ist $\sin^{(2n+1)} x = (-1)^n \cos x$.
Davon ist noch die zweite Ableitung zu berechnen:
$$\frac{d^2}{dx^2}(-1)^n \cos x = (-1)^n \frac{d}{dx}(-\sin x) = (-1)^n(-\cos x) = (-1)^{n+1} \cos x.$$
Also haben wir gezeigt, dass $\sin^{(2(n+1)+1)} x = (-1)^{n+1} \cos x$ ist, q.e.d.

Komplexe Zahlen

1.45 a) $z_1 + z_2 = 3 - \mathrm{i}$, $z_1 \cdot z_2 = -4 + 8\mathrm{i} + 3\mathrm{i} + 6 = 2 + 11\mathrm{i}$

b) $|z_1| = |\bar{z}_1| = \sqrt{4^2 + 3^2} = 5$, $|\bar{z}_1 \cdot z_1| = |z_1| \cdot |\bar{z}_1| = 5 \cdot 5 = 25$

c) $\dfrac{z_1}{z_2} = \dfrac{4 - 3\mathrm{i}}{-1 + 2\mathrm{i}} = \dfrac{(4 - 3\mathrm{i})(-1 - 2\mathrm{i})}{(-1)^2 + 2^2} = \dfrac{-10 - 5\mathrm{i}}{5} = -2 - \mathrm{i}$

1.46 a) $\dfrac{1}{\mathrm{i}\sqrt{2}} = \dfrac{\mathrm{i}}{\mathrm{i}^2\sqrt{2}} = -\dfrac{\mathrm{i}}{\sqrt{2}}$

b) $\dfrac{3 + 2\mathrm{i}}{3 - 2\mathrm{i}} = \dfrac{(3 + 2\mathrm{i})(3 + 2\mathrm{i})}{(3 - 2\mathrm{i})(3 + 2\mathrm{i})} = \dfrac{9 + 12\mathrm{i} - 4}{9 + 4} = \dfrac{5 + 12\mathrm{i}}{13}$

c) $\dfrac{1}{(\mathrm{i} + 1)(3 - 2\mathrm{i})} = \dfrac{1}{3\mathrm{i} + 2 + 3 - 2\mathrm{i}} = \dfrac{1}{5 + \mathrm{i}} = \dfrac{5 - \mathrm{i}}{25 + 1} = \dfrac{5 - \mathrm{i}}{26}$

1.47 a) $\left.\begin{array}{l} |z_1| = \sqrt{3^2 + 3} = \sqrt{12} \\[4pt] \varphi = \arctan \frac{\sqrt{3}}{3} = \frac{\pi}{6} \end{array}\right\}$ $z_1 = \sqrt{12} \cdot [\cos\frac{\pi}{6} + \mathrm{i}\sin\frac{\pi}{6}] = \sqrt{12} \cdot \mathrm{e}^{\mathrm{i}\pi/6}$

b) $\left.\begin{array}{l} x = 12 \cdot \cos(\frac{5}{6}\pi) = 12 \cdot (-\frac{1}{2}\sqrt{3}) = -6\sqrt{3} \\[4pt] y = 12 \cdot \sin(\frac{5}{6}\pi) = 12 \cdot \frac{1}{2} = 6 \end{array}\right\}$ $z_2 = x + \mathrm{i}y = -6\sqrt{3} + 6\mathrm{i}$

c) $z_1 \cdot z_2 = (3 + \sqrt{3}\mathrm{i})(-6\sqrt{3} + 6\mathrm{i}) = -3 \cdot 6\sqrt{3} + \sqrt{3} \cdot 6\mathrm{i}^2 = -24\sqrt{3}$
$z_1 \cdot z_2 = \sqrt{12} \cdot \mathrm{e}^{\mathrm{i}\pi/6} \cdot 12 \cdot \mathrm{e}^{5\mathrm{i}\pi/6} = 2\sqrt{3} \cdot 12 \cdot \mathrm{e}^{\mathrm{i}\pi} = -24\sqrt{3}$

Mengenlehre

1.48 Veranschaulichung mit dem Venn-Diagramm:

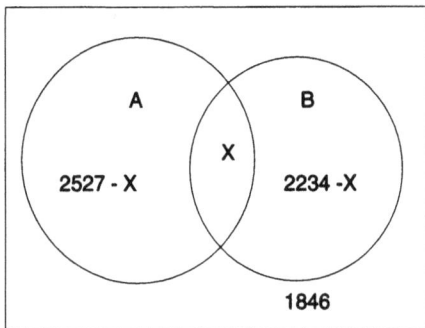

Gemäß dem Venn-Diagramm addieren sich die untersuchten 6 000 Personen wie folgt:

$$2527 - X + X + 2234 - X + 1846 = 6000.$$

Daraus ergibt sich die Zahl X der Personen mit beiden Antigenen zu $X = 607$.

1.49 Veranschaulichung mit dem Venn-Diagramm:

a)

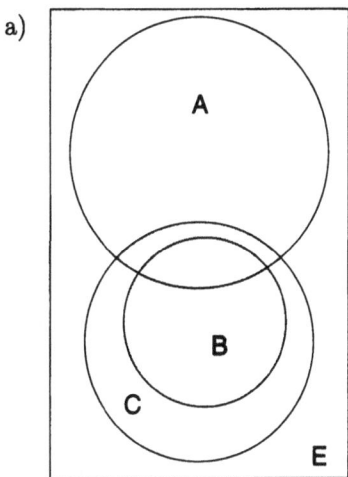

b)

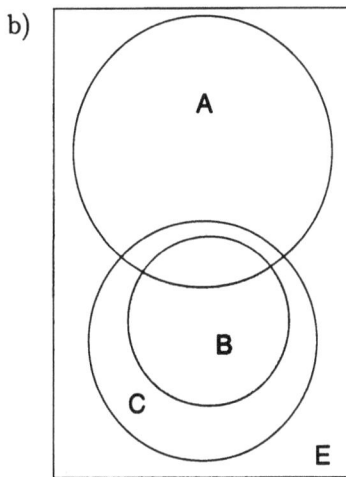

a) $(A \cap C) \cup (B \cap C) = A \cap C \cup B$ \qquad wegen $B \subset C$

b) $(\overline{A} \cup \overline{C}) \setminus (\overline{A} \cup \overline{B}) = (\overline{A \cap C}) \setminus (\overline{A \cap B}) = \emptyset$

Alle Elemente, die in B sind, gehören auch zu C. Wegen $B \subset C$, ist $\overline{A \cap C}$ in $\overline{A \cap B}$ enthalten. Es kann also keine Elemente aus $\overline{A \cap C}$ geben, die nicht zugleich Elemente von $\overline{A \cap B}$ sind.

c) $\overline{A \cup \overline{B}} = \overline{A} \cap \overline{\overline{B}} = \overline{A} \cap B$ \qquad (De Morgan!)

1.50 a) $\overline{A \cup B} = R_4$

b) $\overline{A} \cup \overline{B} = (R_3 \cup R_4) \cup (R_2 \cup R_4) = R_2 \cup R_3 \cup R_4$

c) $A \cup \overline{B} = (R_1 \cup R_2) \cup (R_2 \cup R_4) = R_1 \cup R_2 \cup R_4$

d) $(\overline{A} \cap \overline{B}) \cup B = R_1 \cup R_3 \cup R_4$

e) $(A \cap \overline{B}) \cup (B \cap \overline{A}) = R_2 \cup R_3$

1.51 Es gilt: $I_1 = [-1, 2]$; $I_2 =]0, 1[$; $I_3 =]1, 5]$;

a) $I_1 \cap I_2 =]0, 1[$

b) $I_1 \cup I_3 = [-1, 5]$

c) $(I_2 \cap I_3) \cup I_1 = [-1, 2]$

d) $I_3 \setminus \{5\} =]1, 5[$

e) $(I_1 \cap I_2) \cup \{1, 2\} =]0, 1] \cup \{2\}$

1.52 $A = \{1, 2, 3\}$ $B = \{2, 4, 6, 8\}$ $C = \{1, 2, 3, 4\}$

$D = \{1, 2, 3, 4\} = C$ $E = \{6, 7, 8, 9\}$

1.53 $E = \{1, 2, 3, \ldots, 30\}$

a) $A = \{2, 4, 6, 8, 10, 12, 14, 16, 18, 20, 22, 24, 26, 28, 30\}$

$B = \{3, 6, 9, 12, 15, 18, 21, 24, 27, 30\}$

$C = \{5, 10, 15, 20, 25, 30\}$

b) $A \cap B = \{6, 12, 18, 24, 30\}$

$B \cup C = \{3, 5, 6, 9, 10, 12, 15, 18, 20, 21, 24, 25, 27, 30\}$

$C \setminus B = \{5, 10, 20, 25\}$

$(A \cap B)(B \cup C) = \{6, 12, 18, 24, 30\}$

$\overline{A \cup B \cup C} = \{1, 7, 11, 13, 17, 19, 23, 29\} = \overline{A \cup B} \cap \overline{C}$

$A \cap B \cap C = \{30\}$

$A \cap B \cup C = \{5, 6, 10, 12, 15, 18, 20, 24, 25, 30\}$

1.54 $E = \left\{ 0, \dfrac{1}{2}, \dfrac{2}{3}, \dfrac{3}{4}, \dfrac{4}{5}, \ldots, \dfrac{18}{19}, \dfrac{19}{20} \right\}$ $\begin{bmatrix} \text{„} \ldots \text{“ heißt hier immer,} \\ \text{dass Zähler und Nenner in} \\ \text{Einser-Schritten verlaufen.} \end{bmatrix}$

a) $A = \left\{ \dfrac{1}{2}, \dfrac{3}{4}, \dfrac{7}{8}, \dfrac{15}{16} \right\}$ $B = \left\{ \dfrac{1}{2}, \dfrac{2}{3}, \dfrac{3}{4}, \dfrac{5}{6}, \dfrac{11}{12} \right\}$ $C = \left\{ \dfrac{2}{3}, \dfrac{4}{5}, \dfrac{14}{15} \right\}$

b) $\overline{A} = \left\{ 0, \dfrac{2}{3}, \dfrac{4}{5}, \dfrac{5}{6}, \dfrac{6}{7}, \dfrac{8}{9}, \ldots, \dfrac{14}{15}, \dfrac{16}{17}, \ldots, \dfrac{19}{20} \right\}$

$A \cap B = \left\{ \dfrac{1}{2}, \dfrac{3}{4} \right\}$

$B \cup C = \left\{ \dfrac{1}{2}, \dfrac{2}{3}, \dfrac{3}{4}, \dfrac{4}{5}, \dfrac{5}{6}, \dfrac{11}{12}, \dfrac{14}{15} \right\}$

$A \setminus B = \left\{ \dfrac{7}{8}, \dfrac{15}{16} \right\}$

$(A \cap C) \cup B = \left\{ \dfrac{1}{2}, \dfrac{2}{3}, \dfrac{3}{4}, \dfrac{5}{6}, \dfrac{11}{12} \right\}$

$(A \cup C) \cap (B \cup C) = \left\{ \dfrac{1}{2}, \dfrac{2}{3}, \dfrac{3}{4}, \dfrac{4}{5}, \dfrac{14}{15} \right\}$

$\overline{A \cup B \cup C} = \overline{A} \cup \overline{B} \cap \overline{C} = \left\{ 0, \dfrac{6}{7}, \dfrac{8}{9}, \dfrac{9}{10}, \dfrac{10}{11}, \dfrac{12}{13}, \dfrac{13}{14}, \dfrac{16}{17}, \ldots, \dfrac{19}{20} \right\}$

$A \cap B \cap C = \emptyset$

$\overline{A} \cap (A \cup B) = \overline{A} \cap B = \left\{ \dfrac{2}{3}, \dfrac{5}{6}, \dfrac{11}{12} \right\}$

1.55   a) Die Elemente von E bestehen aus Tripeln, deren Komponenten die Ergebnisse der Ein-Cent, der Zwei-Cent- und der Fünf-Cent-Münze angeben. Diese Ergebnisse sind jeweils W (Wappen) oder Z (Zahl). Wir lassen bei der Tripel-Schreibweise die runden Klammern weg, verdeutlichen aber durch Indizes, um welche Münze es sich handelt:

$E = \left\{ \begin{array}{l} W_1 W_2 W_5, W_1 W_2 Z_5, W_1 Z_2 W_5, W_1 Z_2 Z_5, \\ Z_1 W_2 W_5, Z_1 W_2 Z_5, Z_1 Z_2 W_5, Z_1 Z_2 Z_5 \end{array} \right\}$

b) $A = \left\{ W_1 W_2 W_5, W_1 W_2 Z_5, W_1 Z_2 W_5, W_1 Z_2 Z_5 \right\}$

$B = \left\{ W_1 W_2 W_5, Z_1 Z_2 Z_5 \right\}$

$C = \left\{ W_1 W_2 W_5, W_1 W_2 Z_5, W_1 Z_2 W_5, Z_1 W_2 W_5 \right\}$

c) $\overline{A} = \left\{ Z_1 W_2 W_5, Z_1 W_2 Z_5, Z_1 Z_2 W_5, Z_1 Z_2 Z_5 \right\}$

$\overline{B} = \left\{ W_1 W_2 Z_5, W_1 Z_2 W_5, W_1 Z_2 Z_5, Z_1 W_2 W_5, Z_1 W_2 Z_5, Z_1 Z_2 W_5 \right\}$

$A \cup B = \left\{ W_1 W_2 W_5, W_1 W_2 Z_5, W_1 Z_2 W_5, W_1 Z_2 Z_5, Z_1 Z_2 Z_5 \right\}$

$A \cup C = \left\{ W_1 W_2 W_5, W_1 W_2 Z_5, W_1 Z_2 W_5, W_1 Z_2 Z_5, Z_1 W_2 W_5 \right\}$

$B \cup C = \left\{ W_1 W_2 W_5, W_1 W_2 Z_5, W_1 Z_2 W_5, Z_1 W_2 W_5, Z_1 Z_2 Z_5 \right\}$

$$A \cap B = \{W_1 W_2 W_5\}$$
$$A \cap C = \{W_1 W_2 W_5, \ W_1 W_2 Z_5, \ W_1 Z_2 W_5\}$$
$$B \cap C = \{W_1 W_2 W_5\}$$
$$\overline{A} \cap C = \{Z_1 W_2 W_5\}$$
$$(A \cap B) \cap C = \{W_1 W_2 W_5\}$$
$$(A \cap \overline{B}) \cap C = \{W_1 W_2 Z_5, \ W_1 Z_2 W_5\}$$

1.56 100 Salatköpfe; davon $|G| = 40$ im Glashaus und $|F| = 60$ im Freien.

1. $|K| = 20 \ \Rightarrow \ |\overline{K}| = 80$

2. $|U| = 27 \ \Rightarrow \ |\overline{U}| = 73$

3. $|U \cap \overline{K}| = 20 \ \Rightarrow \ |U \cap K| = 7$

4. $|G \cap (K \cup U)| = 10$

5. $|G \cap K \cap \overline{U}| = 3$

6. $|G \cap \overline{K} \cap U| = 5$

7. Aus 4., 5. und 6. folgt: $|G \cap K \cap U| = 10 - (3 + 5) = 2$

8. Aus 3. und 7. folgt: $|F \cap K \cap U| = |\overline{G} \cap K \cap U| = 7 - 2 = 5$

Also haben fünf der im Freien gezogenen Salatköpfe sowohl Eigenschaft K als auch Eigenschaft U.

1.57 Mächtigkeit der Gruppe: $|E| = 200$ Studenten

Venn-Diagramm:

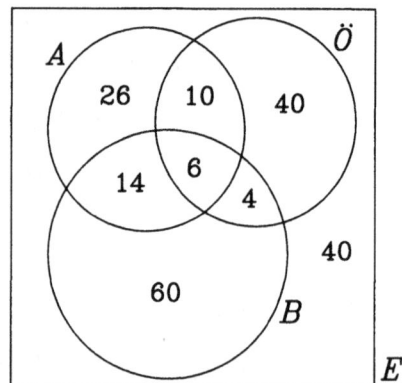

$|A| = 56 \ \Rightarrow \ |\overline{A}| = 144$

$|\ddot{O}| = 60 \ \Rightarrow \ |\overline{\ddot{O}}| = 140$

$|B| = 84 \ \Rightarrow \ |\overline{B}| = 116$

$|A \cap \ddot{O}| = 16$

$|A \cap B| = 20$

$|B \cap \ddot{O}| = 10$

$|A \cap B \cap \ddot{O}| = 6$

a) $|\overline{A} \cap \overline{B} \cap \overline{\ddot{O}}| = 40$ b) $|\overline{\ddot{O}} \cap \overline{A} \cap B| = 60$ c) $|A \cap B \cap \overline{\ddot{O}}| = 14$

1.58   Für die Grundmenge aller Mäuse gilt: $|E| = 50$

     1.   männliche Mäuse: $|M| = 25 \;\; \Rightarrow \;\; |\overline{M}| = 25$

     2.   abgerichtete Mäuse: $|A| = 25$

     3.   links laufende Mäuse: $|L| = 20$

     4.   abgerichtete männliche Mäuse: $|M \cap A| = 10$

     5.   männliche, links laufende Mäuse: $|M \cap L| = 4$

     6.   abgerichtete, links laufende Mäuse: $|A \cap L| = 15$

     7.   abgerichtete, links laufende männliche Mäuse: $|M \cap A \cap L| = 3$

     8.   Aus 4. und 7. folgt: $M \cap A \cap \overline{L}| = 7$

     9.   Aus 5. und 7. folgt: $|M \cap \overline{A} \cap L| = 1$

     10.   Aus 6. und 7. folgt: $|\overline{M} \cap A \cap L| = 12$

     11.   Mittels der folgenden Beziehungen, deren Richtigkeit man am Venn-Diagramm nachvollziehen kann, und der bereits erhaltenen Ergebnisse gelangen wir zu den restlichen Zahlen des Venn-Diagramms:

$$
\begin{aligned}
|\overline{M} \cap \overline{A} \cap L| &= |L \setminus (M \cap A \cap L \cup \overline{M} \cap A \cap L \cup M \cap \overline{A} \cap L)| \\
&= 20 - (3 + 12 + 1) = 20 - 16 = 4 \\[4pt]
|\overline{M} \cap A \cap \overline{L}| &= |A \setminus (M \cap A \cap L \cup M \cap A \cap \overline{L} \cup \overline{M} \cap A \cap L| \\
&= 25 - (3 + 7 + 12) = 25 - 22 = 3 \\[4pt]
|M \cap \overline{A} \cap \overline{L}| &= |M \setminus (M \cap A \cap L \cup M \cap A \cap \overline{L} \cup M \cap \overline{A} \cap L| \\
&= 25 - (3 + 7 + 1) = 25 - 11 = 14 \\[4pt]
|\overline{M} \cap \overline{A} \cap \overline{L}| &= |\overline{M} \setminus (\overline{M} \cap A \cap L \cup \overline{M} \cap \overline{A} \cap L \cup \overline{M} \cap A \cap \overline{L})| \\
&= 25 - (12 + 4 + 3) = 25 - 19 = 6
\end{aligned}
$$

Die Anzahl der weiblichen Mäuse, die weder vorher abgerichtet waren noch nach links liefen, ist also sechs.

Venn-Diagramm:

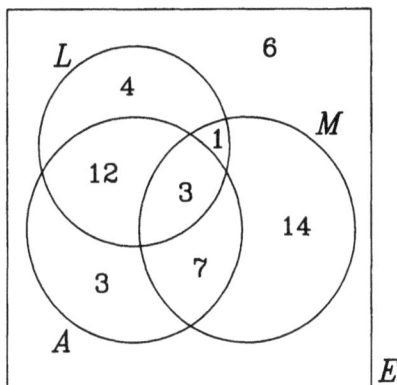

2 Funktionen einer reellen Veränderlichen

Geraden

2.1 Für die Steigung a einer Gerade $y = ax + b$ durch den Punkt (x_0, y_0)

gilt: $a = \dfrac{y - y_0}{x - x_0}$. Daraus folgt: $y = y_0 + a(x - x_0)$. Das ergibt für die

Gerade durch $(2, -3)$ mit Steigung $a = 4$ die Gleichung $y = 4x - 11$.

2.2 Sind die Schnitte x_0 und y_0 mit den Achsen gegeben, so kann man ihre Gleichung sofort in der folgenden impliziten Form anschreiben:

$\dfrac{x}{x_0} + \dfrac{y}{y_0} = 1$. Für $x_0 = -2$ und $y_0 = -3$ ergibt das $\dfrac{x}{-2} + \dfrac{y}{-3} = 1$.

Eine explizite Form erhalten wir durch Auflösen nach y: $y = -1.5x - 3$.

2.3 a) Gesucht ist die Gerade $y = a \cdot x + b$ durch $P(0, -6)$ und $Q(1, 0)$.

   Die Steigung ist $a = \dfrac{y_2 - y_1}{x_2 - x_1} = \dfrac{0 + 6}{1 - 0} = 6$.

   Das Einsetzen von z.B. P in die Geradengleichung ergibt dann:

   $-6 = 6 \cdot 0 + b \Rightarrow b = -6$

   Also erhalten wir die Geradengleichung $y = 6x - 6$.

   b) Eine andere Methode zur Ermittlung der Geradengleichung durch zwei Punkte nimmt nur auf Steigungen Bezug:

   Für eine Gerade durch $P(0, 1)$ und $Q(2, 3)$ funktioniert sie so:

   $\dfrac{y - y_2}{x - x_2} = \dfrac{y_2 - y_1}{x_2 - x_1} \Rightarrow \dfrac{y - 3}{x - 2} = \dfrac{3 - 1}{2 - 0} = \dfrac{2}{2} = 1 \Rightarrow y - 3 = x - 2$.

   Das ergibt die Geradengleichung: $y = x + 1$.

   c) Für eine Gerade durch $P(-3, 4)$ und $Q(-4, -1)$ ergibt sich mittels Bezugnahme auf die Steigungen:

   $\dfrac{y - y_2}{x - x_2} = \dfrac{y_2 - y_1}{x_2 - x_1} \Rightarrow \dfrac{y + 1}{x + 4} = \dfrac{-1 - 4}{-4 + 3} = \dfrac{5}{1} = 5 \Rightarrow y + 1 = 5x + 20$.

   Das ergibt die Geradengleichung: $y = 5x + 19$.

2.4 Gefrierpunkt: $P(0°C, 32°F)$, Siedepunkt: $Q(100°C, 212°F)$

$\dfrac{T_F - 32°F}{T_C - 0°C} = \dfrac{212°F - 32°F}{100°C - 0°C} = \dfrac{180°F}{100°C} = 1.8\,\dfrac{°F}{°C}$

$\Rightarrow T_F = 32°F + 1.8\,\dfrac{°F}{°C} \cdot T_C$

Als Umkehrfunktion dazu ergibt sich: $T_C = \dfrac{5}{9}(T_F - 32°F)\,\dfrac{°C}{°F}$

2.5 Ermittlung des Geradenschnittpunktes:

I: $\qquad\qquad 2x - 5y = \;\; 9$

II: $\qquad\qquad 4x + 3y = 12$

$-2 \cdot \text{I} + \text{II}: \qquad 13y = -6 \;\Rightarrow\; y = -\dfrac{6}{13}$

in I: $\qquad\qquad 2x + \dfrac{30}{13} = \; 9 \;\Rightarrow\; x = \dfrac{87}{26}$

Gleichung der Geraden durch $P = (3, \; -6)$ und den Schnittpunkt:
allgemeine Geradengleichung $y = ax + b$
Einsetzen der beiden Punkte:

I: $\qquad\qquad\qquad -6 = 3a + b$

II: $\qquad\qquad -\dfrac{6}{13} = \dfrac{87}{26}\, a + b$

I $-$ II: $\quad -\dfrac{78}{13} + \dfrac{6}{13} = \dfrac{78}{26}\, a - \dfrac{87}{26}\, a \;\Rightarrow\; a = 16$

in I: $\quad b = -6 - 3a = -6 - 3 \cdot 16 = -54$

Geradengleichung: $y = 16x - 54$

2.6 a) Die Fahrkosten ergeben sich aus dem verbrauchtem Kraftstoff k mal dessen Preis p, der verbrauchte Kraftstoff k wiederum aus der gefahrenen Strecke x mal dem Kraftstoffverbrauch v. Insgesamt berechnen sich die variablen Fahrkosten zu $x \cdot v \cdot p$. Das ergibt bei

Typ B variable Kosten von $\; x \cdot 8\, \dfrac{\mathrm{l}}{100\,\mathrm{km}} \cdot 1.25\, \dfrac{\text{€}}{\mathrm{l}} \;=\; x \cdot 0.1\, \dfrac{\text{€}}{\mathrm{km}} \;$ und

bei Typ D variable Kosten von $x \cdot 6\, \dfrac{\mathrm{l}}{100\,\mathrm{km}} \cdot 1.10\, \dfrac{\text{€}}{\mathrm{l}} = x \cdot 0.066\, \dfrac{\text{€}}{\mathrm{km}}$.

Die jährlichen Gesamtkosten für die beiden Typen sind dann:

$$c_\mathrm{B}(x) = 2\,000\,\text{€} + 0.1\,\dfrac{\text{€}}{\mathrm{km}} \cdot x, \quad c_\mathrm{D}(x) = 2\,500\,\text{€} + 0.066\,\dfrac{\text{€}}{\mathrm{km}} \cdot x.$$

Es handelt sich jeweils um eine Gerade.

b) $c_\mathrm{B}(20\,000\,\mathrm{km}) = 4\,000\,\text{€}, \quad c_\mathrm{D}(20\,000\,\mathrm{km}) = 3\,820\,\text{€}.$

c) $c_\mathrm{B}(x) \;=\; c_\mathrm{D}(x) \;\Longrightarrow\; 0.1\,\dfrac{\text{€}}{\mathrm{km}} \cdot x \;=\; 500\,\text{€} + 0.066\,\dfrac{\text{€}}{\mathrm{km}} \cdot x \;\Longrightarrow\;$

gleiche Leistung bei $\; x \;=\; \dfrac{500\,\text{€}}{0.1\,\text{€}/\mathrm{km} - 0.066\,\text{€}/\mathrm{km}} \;=\; 14\,706\,\mathrm{km}.$

d) Bei $10\,000$ Jahreskilometern ist der Benziner der günstigere, da die Grenze, ab der der Diesel aufgrund seiner geringeren variablen Kosten günstiger fährt, erst bei $14\,706\,\mathrm{km}$ liegt.

2.7 a) Für $q_N(p) = a \cdot p + b = y$

ergibt sich die Steigung zu $a = \dfrac{q_N(p_2) - q_N(p_1)}{p_2 - p_1} = \dfrac{40 - 48}{16 - 12} = -2$

und der Achsenabschnitt zu $b = q_N(p_1) - a \cdot p_1 = 48 - (-2) \cdot 12 = 72$.

Somit erhalten wir folgende Nachfragefunktion: $q_N(p) = -2p + 72$.

b) $q_A(p^*) = q_N(p^*) \iff 3p^* - 3 = -2p^* + 72 \iff p^* = 15$.

Diesen Gleichgewichtspreis p^* setzen wir entweder in q_A oder in q_N ein und erhalten auf beide Arten: $q^* = 42$.

2.8 a)

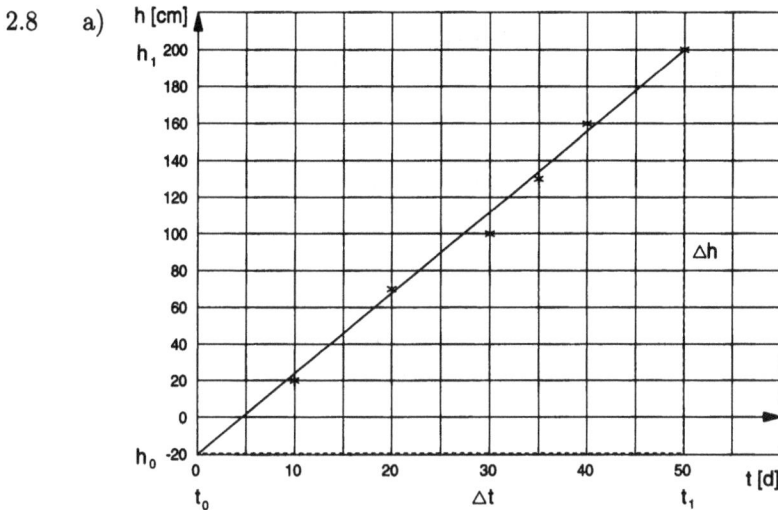

b) Mathematisches Modell: eine Gerade $h(t) = h_0 + m \cdot t$

Die Parameter der Ausgleichsgerade sind $h_0 = -20\,\text{cm}$ und

$$m = \frac{\Delta h}{\Delta t} = \frac{h_1 - h_0}{t_1 - t_0} = \frac{200\,\text{cm} - (-20\,\text{cm})}{50\,\text{d} - 0\,\text{d}} = \frac{220\,\text{cm}}{50\,\text{d}} = 4.4\,\text{cm/d}$$

Das ergibt die Gerade $h = -20\,\text{cm} + 4.4\,\dfrac{\text{cm}}{\text{d}} \cdot t$.

c) $h(39\,\text{d}) = -20\,\text{cm} + 4.4\,\dfrac{\text{cm}}{\text{d}} \cdot 39\,\text{d} = 152\,\text{cm}$ (wie im Diagramm)

d) $h(0\,\text{d}) = -20\,\text{cm}$, $h(70\,\text{d}) = 288\,\text{cm}$; beides ist nicht realistisch.

Ein lineares Wachstum gilt in etwa für die Wachstums-Phase der Pflanzen, nicht aber zur Zeit der Saat oder wenn sie nahezu ausgewachsen ist.

e) Die mittlere Wachstumsgeschwindigkeit beträgt $4.4\,\text{cm/d}$. Das ist die Ableitung der Gerade nach der Zeit, also die Steigung m.

f) Dem Diagramm nach sind sie ungefähr vier bis fünf Tage nach der Saat aufgegangen. Die Berechnung ergibt:

$$h(t) = -20 \text{ cm} + 4.4 \text{ cm/d} \cdot t \stackrel{!}{=} 0 \implies t = \frac{20 \text{ cm}}{4.4 \text{ cm/d}} = 4.5 \text{ d}$$

2.9 Die Gerade f hat die Steigung $a = \dfrac{12 - (-6)}{3 - 0} = 6$ und schneidet die y-Achse bei $b = -6$. Das ergibt die Gleichung $y = f(x) = 6x - 6$.

Parabeln

2.10 g ist eine Parabel. Am einfachsten bestimmt man ihre Gleichung in der Scheitelform $y = y_S + a(x - x_S)^2$, wobei (x_S, y_S) den Scheitel angibt. Mit $(x_S, y_S) = (-2, 2)$ ergibt sich: $g(x) = 2 + a \cdot (x+2)^2$; der Scheitel ist von $(0,0)$ aus gesehen um 2 nach links und um 2 nach oben verschoben.

a ergibt sich durch Einsetzen eines Punktes: $g(0) = 6 \Rightarrow 6 = 4a + 2$

$\implies a = 1$. Das ergibt die Parabelgleichung: $g(x) = (x + 2)^2 + 2$.

2.11 a) Der Scheitel liegt bei $S(t_S, h_S) = S(67 \text{ d}, 204 \text{ cm})$.

b) Wenn der Scheitel aus der Graphik ersichtlich ist, ist es am geschicktesten, die quadratische Funktionsgleichung mit Hilfe der Scheitelform der Parabel

$$h(t) = \alpha \cdot (t - t_S)^2 + h_S$$

zu berechnen. Es genügt dann ein einziger Punkt, um den fehlenden Parameter α zu bestimmen. Aus der Graphik sieht man, dass etwa $h(10 \text{ d}) = 8 \text{ cm}$ ist. Dieser Punkt $(10 \text{ d}, 8 \text{ cm})$ wird wie der Scheitel $t_S, h_S) = (67 \text{ d}, 204 \text{ cm})$ in die Scheitelform eingesetzt:

$$8 \text{ cm} = \alpha \cdot (10 \text{ d} - 67 \text{ d})^2 + 204 \text{ cm}$$

$$\implies \alpha = \frac{-196 \text{ cm}}{(-57 \text{ d})^2} = -0.06 \frac{\text{cm}}{\text{d}^2}$$

Somit ergibt sich folgende Scheitelform:

$$h = -0.06 \frac{\text{cm}}{\text{d}^2} \cdot (t - 67 \text{ d})^2 + 204 \text{ cm}$$

c) Aus dem Diagramm lesen wir ab: 175 cm

Berechnung: $h(45 \text{ d}) = -0.06 \dfrac{\text{cm}}{\text{d}^2} \cdot (45 \text{ d} - 67 \text{ d})^2 + 204 \text{ cm} = 175 \text{ cm}$

d) $h(0 \text{ d}) = -65 \text{ cm}$. Das ist Unsinn; denn zur Zeit der Saat ist die Höhe der Sonnenblumen noch nicht durch eine Parabel modellierbar.

e) $h'(t) = -0.12 \frac{\text{cm}}{\text{d}^2} \cdot (t - 67\,\text{d})$

$h'(30\,\text{d}) = -0.12 \frac{\text{cm}}{\text{d}^2} \cdot (30\,\text{d} - 67\,\text{d}) = 4.4 \frac{\text{cm}}{\text{d}}$

Die Wachstumsgeschwindigkeit könnte man aber auch am Diagramm bestimmen, indem man bei $t = 67\,\text{d}$ die Tangente an der Kurve anlegt und deren Steigung berechnet.

f) Aus dem Diagramm schließt man, dass die Sonnenblumen etwa am achten oder neunten Tag aufgegangen sind. Die Berechnung ergibt:

$0 \overset{!}{=} h(t) = -0.06 \frac{\text{cm}}{\text{d}^2} \cdot (t - 67\,\text{d})^2 + 204\,\text{cm}$

$\Longrightarrow t = \pm \sqrt{\dfrac{204\,\text{cm}}{0.06 \frac{\text{cm}}{\text{d}^2}}} + 67\,\text{d} \ \Rightarrow \ t_1 = 125\,\text{d}, \ t_2 = 8.69\,\text{d} \approx 9\,\text{d}$

Demnach sind die Sonnenblumen etwa am neunten Tag nach der Saat aufgegangen. Der Zeitpunkt $t_1 = 125\,\text{d}$ gäbe an, wann die Sonnenblumen wieder auf die Höhe 0 eingegangen sind. Aber hier trifft das quadratische Modell sicherlich nicht mehr zu.

2.12 a) $f(x) = x^2 - x + 3$
$= (x - 0.5)^2 + 2.75$
Scheitel der Parabel: $S(0.5, 2.75)$
Die Parabel ist nach oben offen.

b) $f(x) = -0.5x^2 + 3$
Scheitel der Parabel: $S(0, 3)$
Die Parabel ist nach unten offen.

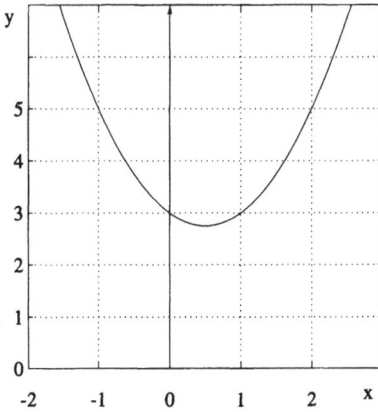

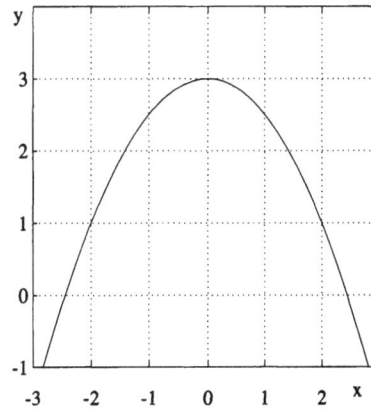

2.13 $P_1(-4, 6)$, $P_2(-2, 2)$, $P_3(0, 6)$; $\quad y = a \cdot x^2 + b \cdot x + c$

Wir erhalten durch Einsetzen der Punkte drei Gleichungen:

I: $6 = 16a - 4b + c$

II: $2 = 4a - 2b + c$

III: $6 = c$; $c = 6$ eingesetzt in I und II ergibt:

I': $\qquad 0 = 16a - 4b$

II': $\qquad -4 = 4a - 2b$

I' $- 2 \cdot$ II': $\quad 8 = 8a \Rightarrow a = 1$ eingesetzt, z.B. in I', ergibt $b = 4$

Die Gleichung der Parabel ist also $y = x^2 + 4x + 6$.

2.14 a) Polynomform mit Koeffizienten a, b, c: $\qquad v = a \cdot d^2 + b \cdot d + c$

Scheitelpunktform um Scheitel (d_S, v_S): $\quad v = \alpha \cdot (d - d_S)^2 + v_S$

b) Für den Scheitel (d_S, v_S) gilt: $\quad d_S = 4 \, \text{cm}, \quad v_S = 0.5 \, \text{m/s}$.

An der Rohrwand $(d = 0)$ ist $v = 0$; in Scheitelpunktform eingesetzt:

$$0 = \alpha \cdot (0 - 4\,\text{cm})^2 + 0.5\,\text{m/s} \implies \alpha = -\frac{0.5\,\text{m/s}}{16\,\text{cm}^2} = -\frac{1}{32}\frac{\text{m/s}}{\text{cm}^2}$$

Scheitelpunktform: $v = -\dfrac{1}{32}\dfrac{\text{m/s}}{\text{cm}^2} \cdot (d - 4\,\text{cm})^2 + \dfrac{1}{2}\dfrac{\text{m}}{\text{s}}$

c) Wir setzen folgende Punkte ohne Einheiten in die Polynomform ein:

$P_1(0, 0)$ eingesetzt: I: $\qquad 0 + \qquad 0 + c = 0 \quad \Rightarrow \ c = 0$

$P_2(4, \frac{1}{2})$ eingesetzt: II: $\quad 16 \cdot a + \quad 4 \cdot b + c = 0.5$

$P_3(8, 0)$ eingesetzt: III: $\quad 64 \cdot a + \quad 8 \cdot b + c = 0$

$$\text{III} - 4 \cdot \text{II:} \qquad\qquad -8 \cdot b \qquad = -2 \Rightarrow b = \tfrac{1}{4}$$

$b = \tfrac{1}{4}$ und $c = 0$ in II: $\quad 16 \cdot a + \qquad 1 \quad = 0.5 \Rightarrow a = -\tfrac{1}{32}$

$\implies$ Polynom-Darstellung ohne Einheiten: $v = -\dfrac{1}{32} \cdot d^2 + \dfrac{1}{4} \cdot d$

Zur Erlangung der Polynom-Darstellung mit Einheiten ersetzen wir jede Variable durch $\dfrac{\text{Variable}}{\text{ihre Einheit}}$, also d durch $\dfrac{d}{\text{cm}}$ und v durch $\dfrac{v}{\text{m/s}}$:

$$\frac{v}{\text{m/s}} = -\frac{1}{32}\cdot\left(\frac{d}{\text{cm}}\right)^2 + \frac{1}{4}\cdot\frac{d}{\text{cm}} \Rightarrow v = -\frac{1}{32}\frac{\text{m}}{\text{s}}\cdot\left(\frac{d}{\text{cm}}\right)^2 + \frac{1}{4}\frac{\text{m}}{\text{s}}\cdot\frac{d}{\text{cm}}$$

d) $v(2\,\text{cm}) = -\tfrac{1}{32}\,\text{m/s} \cdot 2^2 + \tfrac{1}{2}\,\text{m/s} = \tfrac{3}{8}\,\text{m/s} = 0.375\,\text{m/s}$

e) Es empfiehlt sich der Ansatz mit der Scheitelpunktform:

$$v(d) = -\frac{1}{32}\frac{\text{m/s}}{\text{cm}^2} \cdot (d - 4\,\text{cm})^2 + \frac{1}{2}\frac{\text{m}}{\text{s}} \overset{!}{=} \frac{1}{2}\cdot 0.5\frac{\text{m}}{\text{s}}$$

$$\implies \frac{1}{32}\frac{\text{m/s}}{\text{cm}^2}\cdot(d-4\,\text{cm})^2 = \frac{1}{4}\frac{\text{m}}{\text{s}} \implies (d-4\,\text{cm})^2 = 8\,\text{cm}^2$$

$$\implies d-4\,\text{cm} = \pm\sqrt{8\,\text{cm}^2} \overset{d<4\,\text{cm}}{\implies} d = (4-\sqrt{8})\,\text{cm} = 1.1716\,\text{cm}$$

Der Abstand von der Rohrwand muss also $d/R = 1.1716\,\text{cm}/4\,\text{cm} = 0.2929 \approx 29\,\%$ des Rohrradius betragen.

2.15 $P(x) = -\dfrac{1}{2}x^2 + 3x - 4$

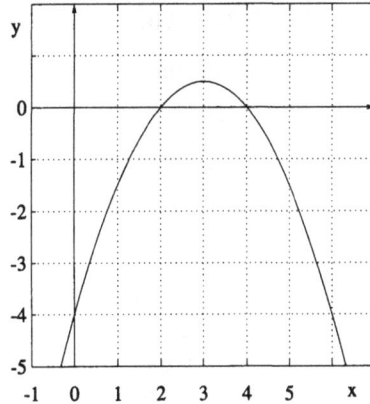

Nullstellen:

$$x_{1,2} = \frac{-3 \pm \sqrt{9 - 8}}{-1}$$

$$\Rightarrow \ x_1 = 2 \quad x_2 = 4$$

Der quadratische Koeffizient $a = -\frac{1}{2}$ wird bei der Faktorzerlegung beibehalten.

$$P(x) = -\frac{1}{2}(x - 2)(x - 4)$$

2.16 Mittels der Nullstellen $x_1 = 2$ und $x_2 = 4$ ergibt sich die Faktorzerlegung bis auf den Parameter a:

$$P(x) = a \cdot (x - x_1) \cdot (x - x_2) \quad \Rightarrow \quad P(x) = a \cdot (x - 2) \cdot (x - 4)$$

a erhält man durch Einsetzen des zusätzlich bekannten Punktes $P(1, 2)$, durch den die Parabel geht:

$$2 = a \cdot (1 - 2) \cdot (1 - 4) \ \Rightarrow \ a = \frac{2}{3}$$

Somit ergibt sich: $P(x) = \dfrac{2}{3} \cdot (x - 2) \cdot (x - 4) = \dfrac{2}{3}x^2 - 4x + \dfrac{16}{3}$

2.17 $y = -10^{-5}x^2 + 10x - 500\,000$

Die Gewinnfunktion stellt eine nach unten geöffnete Parabel dar. Ihr Scheitelpunkt liefert somit das Maximum der Gewinnfunktion. Dessen x-Koordinate liegt für $y = ax^2 + bx + c$ bei $x = -b/(2a)$. Das gibt für obige Gewinnfunktion eine gewinnmaximierende Produktion von $x_{max} = -10/(-2 \cdot 10^{-5}) = 5 \cdot 10^5$. Diese Produktion in obige Gleichung eingesetzt liefert den maximalen Gewinn, der sich zu $y_{max} = 2 \cdot 10^6$ errechnet.

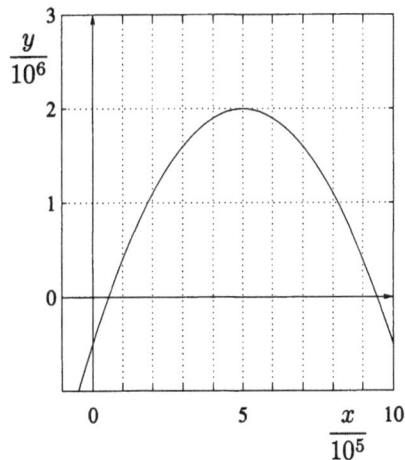

Die Bestimmung des Maximums wäre selbstverständlich auch mittels Differentialrechnung möglich.

2.18 $y = 10^{-12} \cdot (x - 1\,000\,000)^2 + 1.50$

Die Durchschnittskostenfunktion ist eine nach oben geöffnete Parabel $y = a \cdot (x - x_S)^2 + y_S$. Diese Scheitelpunktform verrät sofort den Scheitel $(x_S, y_S) = (1\,000\,000,\ 1.5)$. Ihre x-Koordinate $x_S = 1\,000\,000$ gibt den Produktionsumfang an, bei dem obige Durchschnittskostenfunktion minimiert wird, die y-Koordinate $y_S = 1.5$ liefert das Minimum dieser Durchschnittskostenfunktion.

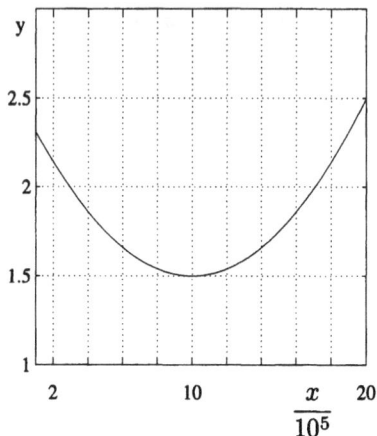

Kubische Funktionen und weitere Polynome

2.19 Kosten pro Einheit:

$y = 10^{-12}(x - 10^6)^2 + 1.5$

Gesamtkosten $k(x)$ bei x Einheiten:

$k(x) = y \cdot x$
$= 10^{-12}x^3 - 2 \cdot 10^{-6}x^2 + 2.5x$

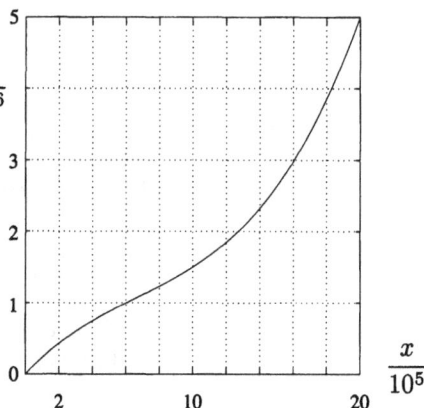

2.20 a) $\dot{V} : r \mapsto k \cdot r^4$ mit $k = (\pi \Delta p)/(8\eta l)$ ist eine spezielle Potenzfunktion; denn der Exponent 4 stammt aus der Menge der natürlichen Zahlen, was für eine Potenzfunktion nicht notwendig wäre. Gerade weil aber der Exponent 4 natürlichzahlig ist, ist $\dot{V}$ auch ein Polynom, und zwar ein spezielles mit nur einem einzigen Summanden.

b) Eine Verengung einer Kapillare um 10 % bedeutet, dass der Radius der Kapillare von r auf $0.90 \cdot r$ fällt. Das muss durch eine Erhöhung der Druckdifferenz von Δp auf $q \cdot \Delta p$ ausgeglichen werden:

$$\dot{V} = \frac{\pi r^4 \Delta p}{8\eta l} = \frac{\pi \cdot (0.9\,r)^4 \cdot q\Delta p}{8\eta l} \implies 0.9^4 \cdot q = 1 \implies q = \frac{1}{0.9^4} = 1.524$$

Die Druckdifferenz, d.h. der Blutdruck, muss um 52.4 %, also um über 50 % ansteigen, um die Nährstoffversorgung zu gewährleisten.

2.21 $P(x) = x^3 - 2x^2 - x + 2$

Erste Nullstelle durch Probieren: $x_1 = 1$

Polynomdivision: $(x^3 - 2x^2 - x + 2) : (x - 1) = x^2 - x - 2$

$$
\begin{array}{l}
\underline{x^3 - x^2} \\
\quad - x^2 - x \\
\quad \underline{- x^2 + x} \\
\qquad\quad -2x + 2 \\
\qquad\quad \underline{-2x + 2} \\
\qquad\qquad\quad - \quad -
\end{array}
$$

$P(x) = (x^2 - x - 2) \cdot (x - 1)$

Weitere Nullstellen:

$$x_{2,3} = \frac{1 \pm \sqrt{1 + 8}}{2}$$

$\Rightarrow x_2 = 2, \quad x_3 = -1$

Da der Koeffizient von x^3 gleich 1 ist, erhalten wir die folgende Zerlegung in Linearfaktoren:

$P(x) = (x - 1) \cdot (x - 2) \cdot (x + 1)$

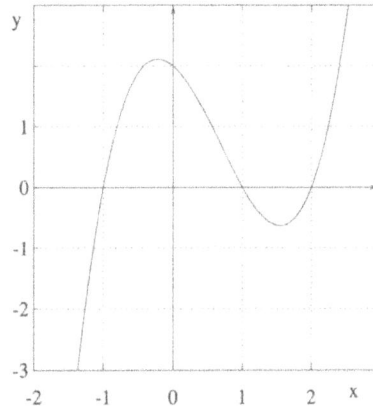

2.22 $P(x) = a \cdot x^3 + b \cdot x^2 + c \cdot x + d$

a) Das Einsetzen der Punkte $(-1, -10)$, $(0, -4)$, $(1, -2)$ und $(2, 14)$ führt zu folgendem Gleichungssystem:

I: $\quad -10 = -a + b - c + d$
II: $\quad -4 = \qquad\qquad\quad d \implies d = -4$
III: $\quad -2 = \quad a + b + c + d$
IV: $\quad 14 = 8a + 4b + 2c + d$

$d = -4$ in I: I': $\quad -6 = -a + b - c$
$d = -4$ in III: III': $\quad 2 = a + b + c$

$\qquad$ I' + III': $-4 = \qquad 2b \implies b = -2$

$b = -2$ und $d = -4$ in IV: $14 = 8a - 8 + 2c - 4$
$\qquad \frac{1}{2} \cdot$ IV: IV': $13 = 4a \quad + c$
$\qquad b = -2$ in I': $-6 = -a - 2 - c$
$\qquad\qquad$ I'': $4 = a \quad + c$
$\qquad$ IV' - I'': $9 = 3a \implies a = 3$

$a = 3$ in I'' $\implies c = 1$. Zuvor hatten wir schon $d = -4$ und $b = -2$.

Also ist $P(x) = 3x^3 - 2x^2 + x - 4$.

b) Das Einsetzen der Punkte $(-1, 2), (0, 2), (1, 6)$ und $(2, 14)$ führt zu folgendem Gleichungssystem:

$$\begin{array}{llrl} \text{I:} & 2 = -a + & b - & c + d \\ \text{II:} & 2 = & & d \\ \text{III:} & 6 = & a + b + & c + d \\ \text{IV:} & 14 = 8a + 4b + 2c + d \end{array}$$

$$\begin{array}{lllrl} \text{I} - \text{II:} & \text{I':} & 0 = -a + & b - & c \\ \text{III} - \text{II:} & \text{III':} & 4 = & a + b + & c \\ \text{IV} - \text{II:} & \text{VI':} & 12 = 8a + 4b + 2c \end{array}$$

$$\begin{array}{lll} \text{I'} + \text{III':} & \text{I'':} & 4 = \quad 2b \\ \text{IV'} - 2 \cdot \text{III':} & \text{VI'':} & 4 = 6a + 2b \end{array}$$

$$\begin{array}{lll} \text{IV''} - \text{I'':} & \text{IV''':} & 0 = 6a \end{array}$$

$$\begin{array}{llll} \text{aus II:} & d = 2 & \text{aus I'':} & b = 2 \\ \text{aus IV''':} & a = 0 & a, b \text{ in III':} & c = 2 \end{array}$$

Da der Koeffizient von x^3, nämlich a, gleich 0 ist, ergibt sich keine kubische Funktion, sondern, weil der Koeffizient von x^2, nämlich $b \neq 0$ ist, eine quadratische, also eine Parabel: $P(x) = 2x^2 + 2x + 2$.

2.23 $f(x) = (x - 3)^3 + 4$

f ist eine um 3 nach rechts und um 4 nach oben verschobene kubische Funktion $k: x \mapsto x^3$. Da k um den Ursprung punktsymmetrisch ist, ist f um den Punkt $(3, 4)$ symmetrisch.

2.24 $(x^5 - x^4 - 2x^3 + 2x^2 + x - 1) : (x - 1) = x^4 - 2x^2 + 1$

$$\begin{array}{l} \underline{x^5 - x^4} \\ \quad - \quad - \quad -2x^3 + 2x^2 \\ \quad\quad\quad \underline{-2x^3 + 2x^2} \\ \quad\quad\quad\quad - \quad - \quad x - 1 \\ \quad\quad\quad\quad\quad\quad \underline{x - 1} \\ \quad\quad\quad\quad\quad\quad - \quad - \end{array}$$

$(x^4 - 2x^2 + 1) = (x^2 - 1)^2 = \left((x - 1) \cdot (x + 1) \right)^2 = (x - 1)^2 \cdot (x + 1)^2$

Also ist $P(x) = x^5 - x^4 - 2x^3 + 2x^2 + x - 1 = (x - 1)^3 \cdot (x + 1)^2$;

P hat eine dreifache Nullstelle bei $x = 1$ und eine doppelte bei $x = -1$.

Exponentialfunktionen

2.25 a) $y_1(x) = 0.2 \cdot e^{-0.3x}$

  b) $y_2(x) = \dfrac{1}{\sqrt{2}} \cdot 10^{0.2x}$

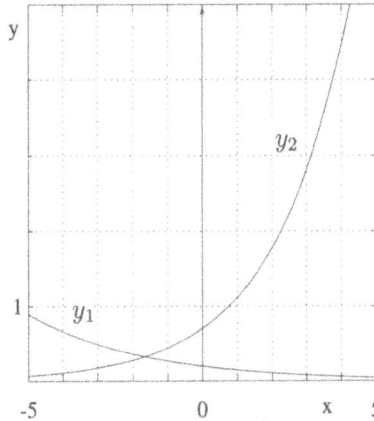

2.26 $e^{-x} - 3 \cdot e^{-3x} = 0 \iff e^{-x} = 3e^{-3x} \iff e^{-x+3x} = 3 \iff e^{2x} = 3 \iff$
  $2x = \ln 3 \iff x = \frac{1}{2} \ln 3 = 0.5493$

2.27 $m(t) = m_0 \cdot 10^{-0.30\,\mathrm{h}^{-1}t}$ und $m(t_H) = \frac{1}{2}m_0 \implies 10^{-0.30\,\mathrm{h}^{-1}t_H} = \frac{1}{2}$

  $\implies -0.30\,\mathrm{h}^{-1} \cdot t_H = \lg \frac{1}{2} \implies t_H = \dfrac{-\lg 2}{-0.30\,\mathrm{h}^{-1}} = 1.0\,\mathrm{h}.$

Die Halbwertszeit ist eine Stunde.

Merke: Die oft bekannte Formel $t_H = \dfrac{\ln 2}{\lambda}$ gilt nur, wenn die Exponentialfunktion zur Basis e geschrieben ist. Bei anderer Basis b muss der natürliche Logarithmus ln durch den Logarithmus $^b\log$ zu dieser Basis b ersetzt werden.

Merke: Von der Basis a zur Basis b kommt man immer, indem man den neuen Exponenten mit $\log a / \log b$ multipliziert, also hier am einfachsten mit $\lg 10 / \lg e = 1 / \lg e$ oder mit $\ln 10 / \ln e = \ln 10$. Letzteres ergibt:

  $m(t) = m_0 \cdot 10^{-0.30\,\mathrm{h}^{-1}t} = m_0 \cdot e^{-0.30\,\mathrm{h}^{-1}t \cdot \ln 10} = m_0 \cdot e^{-0.69\,\mathrm{h}^{-1}t}.$

2.28 a) $\dfrac{N_0}{2} = N_0 \cdot e^{-\lambda \cdot 28\,\mathrm{a}} \implies \dfrac{1}{2} = e^{-\lambda \cdot 28\,\mathrm{a}} \implies \ln \dfrac{1}{2} = -\lambda \cdot 28\,\mathrm{a}$

  $\implies \lambda = \dfrac{-\ln 2}{-28\,\mathrm{a}} = 0.0247\,\mathrm{a}^{-1}$

  b) Natürlich in der Halbwertszeit, also in 28 Jahren.

  c) $\dfrac{N_0}{100} = N_0 \cdot e^{-0.0247\,\mathrm{a}^{-1} \cdot t} \implies \ln \dfrac{1}{100} = -0.0247\,\mathrm{a}^{-1} \cdot t$

  $\implies t = \dfrac{-\ln 100}{-0.0247\,\mathrm{a}^{-1}} = 186\,\mathrm{a};$ also nach 186 Jahren.

2.29 $D(t) = 0.15 \cdot 2^{0.8\,a^{-1}t} \stackrel{!}{=} 0.15 \cdot 2 \implies 0.8\,a^{-1}t = 1 \implies t = 1.25\,a$.

Die Verdopplungszeit beträgt ein Jahr und drei Monate.

$2^{0.8\,a^{-1}t} \stackrel{!}{=} 10 \implies 0.8\,a^{-1}t \cdot \lg 2 = 1 \implies t = \dfrac{1}{0.8\,a^{-1}\cdot\lg 2} = 4.15\,a$.

Die Verzehnfachungszeit beträgt vier Jahre und zwei Monate.

2.30   a) $T(30\,\mathrm{min}) = 20^\circ\mathrm{C} + 60^\circ\mathrm{C} \cdot e^{-\lambda\cdot 30\,\mathrm{min}} \stackrel{!}{=} 50^\circ\mathrm{C} \implies e^{-\lambda\cdot 30\,\mathrm{min}} = \frac{1}{2}$

           $\implies -\lambda \cdot 30\,\mathrm{min} = \ln\frac{1}{2} \implies \lambda = \dfrac{-\ln 2}{-30\,\mathrm{min}} = 0.0231\ \mathrm{min}^{-1}$

    b) $35^\circ\mathrm{C} = 20^\circ\mathrm{C} + 60^\circ\mathrm{C} \cdot e^{-0.0231\,\mathrm{min}^{-1}t} \implies e^{-0.0231\,\mathrm{min}^{-1}t} = \frac{1}{4}$

           $\implies -0.0231\ \mathrm{min}^{-1}t = \ln\frac{1}{4} \implies t = 60\,\mathrm{min}$

           Oder: Nach 30 Minuten hat sich das Gefäß von 80°C auf 50°C abgekühlt, also auf die halbe Differenz zur Umwelttemperatur 20°C. Es dauert also weitere 30, insgesamt also 60 Minuten, bis das Gefäß um die nächste halbe Differenz, 15°C, auf 35°C abgekühlt ist.

    c)   Gemäß a) hat der Faktor $e^{-\lambda t}$ mit $\lambda = 0.0231\ \mathrm{min}^{-1}$ nach $t = 30\,\mathrm{min}$ den Wert $\frac{1}{2}$. Das erreicht man ebenso mit dem Faktor $(\frac{1}{2})^{kt}$, wenn man $k = \frac{1}{30}\ \mathrm{min}^{-1}$ setzt. Es ist also $e^{-0.0231\,\mathrm{min}^{-1}t} = (\frac{1}{2})^{(1/30)\,\mathrm{min}^{-1}\,t}$.

    d) $T(30\,\mathrm{min}) = 50^\circ\mathrm{C} + (80^\circ\mathrm{C} - 50^\circ\mathrm{C}) \cdot (\frac{1}{2})^{(1/30)\,\mathrm{min}^{-1}\cdot 30\,\mathrm{min}}$

                    $50^\circ\mathrm{C} + 30^\circ\mathrm{C} \cdot \frac{1}{2} = 65^\circ\mathrm{C}$.

    e)

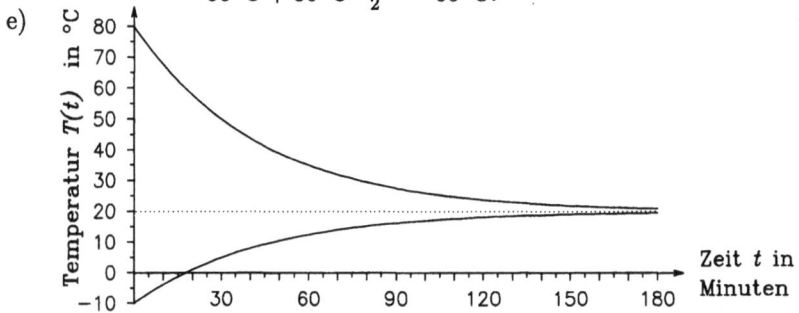

                                                      Zeit t in Minuten

2.31   a) $(\frac{1}{2})^{4.0\,\mathrm{h}^{-1}t_H} \stackrel{!}{=} \frac{1}{2} \implies 4.0\,\mathrm{h}^{-1}t_H = 1 \implies t_H = \frac{1}{4}\,\mathrm{h} = 15\,\mathrm{min}$

    b)   Innerhalb von 45 Minuten ($= 3 \cdot t_H$) halbiert sich die Katalasekonzentration dreimal, sinkt also auf ein Achtel, d.h. auf 12.5 % ab. Sie sinkt also alle 45 Minuten um 87.5 %.

    c) $(\frac{1}{2})^{4.0\,\mathrm{h}^{-1}t} \stackrel{!}{=} \frac{10}{100} \implies 4.0\,\mathrm{h}^{-1}t \cdot \lg\frac{1}{2} = -1 \implies t = \frac{1\,\mathrm{h}}{4\lg 2} = 0.83\,\mathrm{h}$

           Nach 0.83 Stunden ($= 50$ Minuten) sind nur noch 10 % vorhanden.

    d) $c(t) = 10\,\frac{\mu\mathrm{g}}{\mathrm{ml}} \cdot (\frac{1}{2})^{4.0\,\mathrm{h}^{-1}t} = 10\,\frac{\mu\mathrm{g}}{\mathrm{ml}} \cdot e^{4.0\,\mathrm{h}^{-1}t\cdot\ln(1/2)} = 10\,\frac{\mu\mathrm{g}}{\mathrm{ml}} \cdot e^{-2.77\,\mathrm{h}^{-1}t}$

           $c(t) = 10\,\frac{\mu\mathrm{g}}{\mathrm{ml}} \cdot (\frac{1}{2})^{4.0\,\mathrm{h}^{-1}t} = 10\,\frac{\mu\mathrm{g}}{\mathrm{ml}} \cdot 10^{4.0\,\mathrm{h}^{-1}t\cdot\lg(1/2)} = 10\,\frac{\mu\mathrm{g}}{\mathrm{ml}} \cdot 10^{-1.204\,\mathrm{h}^{-1}t}$

2.32 a) Die Bakterien vermehren sich in der Stunde um den Faktor $q = 1 + \frac{10}{100} = 1.1$, in 24 Stunden also um den Faktor $q^{24} = 1.1^{24} = 9.85$, also nahezu um den Faktor 10. In einem Tag sind sie also auf die Masse $m(24\,\text{h}) = m_0 \cdot q^{24} = 9.85\,\text{mg} \approx 10\,\text{mg}$ angewachsen.

b) Gemäß a) haben sich die Bakterien nach ca. einem Tag verzehnfacht.
Genauer: $q^n = 10 \implies n = \dfrac{\lg 10}{\lg q} = \dfrac{1}{\lg q} = 24.16$.
Etwas genauer sind es 24.16 Stunden (24 Stunden und 10 Minuten).

c) Nun schreiben wir den Vermehrungsfaktor q^n mit Einheiten: Nach n Stunden ist die Zeit $t = n\,\text{h}$ vergangen, also ist $n = \text{h}^{-1}t$ und damit
$m(t) = m_0 \cdot q^n = m_0 \cdot 1.1^{\text{h}^{-1}t} = m_0 \cdot \text{e}^{\text{h}^{-1}t \cdot \ln 1.1} = m_0 \cdot \text{e}^{0.0953\,\text{h}^{-1}t}$.
Es ist also $k = 0.0953\,\text{h}^{-1}$.

d) $\tilde{m}(0) = \dfrac{\tilde{m}_{\max}}{1 + c \cdot \text{e}^{-k \cdot 0}} = \dfrac{\tilde{m}_{\max}}{1 + c} \stackrel{!}{=} m_0 \iff c = \dfrac{\tilde{m}_{\max} - m_0}{m_0}$
Für $m_0 = 1\,\text{mg}$ und $\tilde{m}_{\max} = 1\,\text{kg} = 10^6\,\text{mg}$ ergibt sich:
$c = 999\,999 \approx 10^6$.

e)

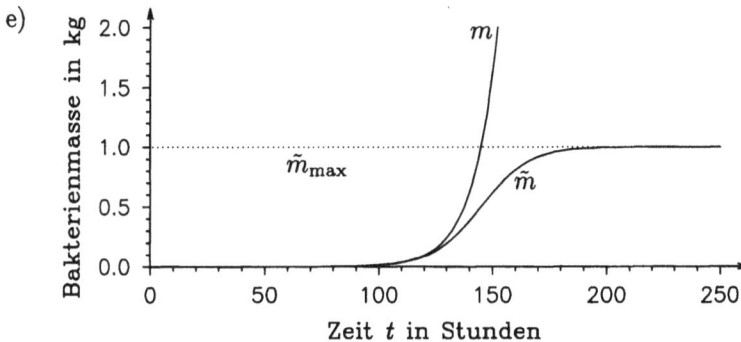

f) $\tilde{m}(24\,\text{h}) = \dfrac{1\,\text{kg}}{1 + 10^6 \cdot \text{e}^{-0.0953\,\text{h}^{-1} \cdot 24\,\text{h}}} = 9.85 \cdot 10^{-6}\,\text{kg} = 9.85\,\text{mg}$.

Es ist praktisch noch kein Unterschied zum Ergebnis beim rein exponentiellen Wachstum in Aufgabe a) festzustellen; die Bakterienmasse ist eben noch viel zu weit von ihrem Sättigungswert 1 kg entfernt.

g) $\tilde{m}(7 \cdot 24\,\text{h}) = \dfrac{1\,\text{kg}}{1 + 10^6 \cdot \text{e}^{-0.0953\,\text{h}^{-1} \cdot 7 \cdot 24\,\text{h}}} = 0.900\,\text{kg} = 900\,\text{g}$.

h) $m(7 \cdot 24\,\text{h}) = 1\,\text{mg} \cdot \text{e}^{0.0953\,\text{h}^{-1} \cdot 7 \cdot 24\,\text{h}} = 8.98 \cdot 10^6\,\text{mg} = 8.98\,\text{kg}$

Ohne Beschränkung durch das Fassungsvermögen des Bioreaktors wären die Bakterien schon auf 9 kg angewachsen. So aber wurden sie eingebremst; sie sind aber immerhin schon auf 90 % des Fassungsvermögens angestiegen.

Exponentialfunktionen in einfachlogarithmischem Maßstab

2.33 $y = 5 \cdot 7^x \Longrightarrow \lg y = \lg 5 + x \lg 7$. Wir setzen einfach $Y := \lg y$, während x nicht transformiert zu werden braucht, d.h., $X := x$. Dann entsteht mit $Y = \lg 7 \cdot X + \lg 5 = 0.845X + 0.699$ eine Gerade in X und Y.

2.34 a)

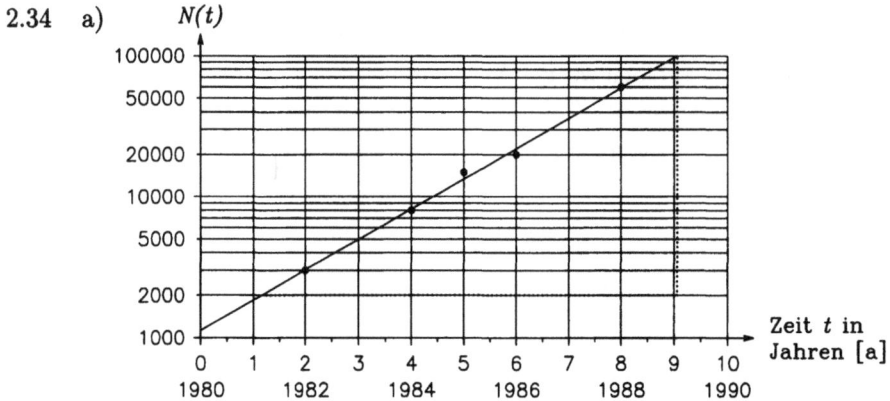

b) Die Daten liegen in etwa auf einer Geraden. Somit hängt diejenige Variable, die in lagarithmischem Maßstab aufgetragen ist – das ist hier $N(t)$ – exponentiell von der linear angetragenen Variablen ab.

c) $N_0 \approx 1\,125$

d) $k = \dfrac{\Delta \lg N}{\Delta t} = \dfrac{\lg N_2 - \lg N_1}{t_2 - t_1} = \dfrac{\lg 100\,000 - \lg 2\,000}{9.05\,\text{a} - 1.15\,\text{a}} = 0.215\,\text{a}^{-1}$

Somit ergibt sich der Zusammenhang $N(t) = 1\,125 \cdot 10^{0.215\,\text{a}^{-1} \cdot t}$.

e) Jahr 2020: $N(40\text{a}) = 1\,125 \cdot 10^{0.215\,\text{a}^{-1} \cdot 40\text{a}} \approx 4.5 \cdot 10^{11} = 450$ Milliarden

Kritikpunkte:

1. Schon zur Abschätzung der Neumeldungen in naher Zukunft müssten unbedingt die aktuellsten Zahlen miteinbezogen werden.
2. Extrapolationen in die ferne Zukunft sind überhaupt nicht zulässig.
3. In der Praxis ist das Wachstum meist durch eine Obergrenze beschränkt. Ein exponentielles Modell ist nur dann sinnvoll, solange man weit von dieser Obergrenze entfernt ist (vgl. Aufgabe 2.32). Hier aber überschreitet die Zahl der Neumeldungen sogar die Zahl der im Jahr 2020 in Amerika zu erwartenden Menschen, sodass das exponentielle Wachstum schon viel früher abgebremst wird.

f) $2N_0 = N_0 \cdot 10^{0.22\,\text{a}^{-1} \cdot t_V} \Longrightarrow \lg 2 = 0.22\,\text{a}^{-1} \cdot t_V \Longrightarrow t_V = 1.37\,\text{a}$.

Die Verdopplungszeit betrug damals ein Jahr und $4\frac{1}{2}$ Monate.

2.35   a) $\lg \frac{c(t)}{\mu g/kg}$

c(t) in $\mu g/kg$

Das Gift wird exponentiell abgebaut; denn wenn man die Giftkonzentrationswerte in logarithmischem Maßstab und die Zeitpunkte im üblichen linearen Maßstab aufträgt, entsteht in etwa eine Gerade.

b)   Aus dem $(t, \lg c)$-Diagramm: $\lg \dfrac{c_0}{\mu g/kg} \approx 2.9 \implies c_0 \approx 800\,\mu g/kg$

   Aus dem Logarithmus-Papier: $c_0 \approx 800\,\mu g/kg$

c) $k = \dfrac{\Delta \lg c}{\Delta t} = \dfrac{\lg c_0 - \lg c_1}{t_0 - t_1} = \dfrac{\lg 800 - \lg 2}{0\,d - 100\,d} = -0.026\ d^{-1}.$

Somit erhalten wir den Zusammenhang: $c(t) = 800\ \frac{\mu g}{kg} \cdot 10^{-0.026\ d^{-1}t}.$

d) $\dfrac{c(365\,d)}{c_0} = 10^{-0.026\ d^{-1} \cdot 365\ d} = 3.2 \cdot 10^{-10};$ das macht $3.2 \cdot 10^{-8}\,\%.$

e)   Aus dem Diagramm: Bis $c(t)$ von 20 auf $10\,\mu g/kg$ fällt,
vergehen etwa $t_H \approx 12$ d.

   Berechnung: $\dfrac{c_0}{2} = c_0 \cdot 10^{-k \cdot t_H} \implies -\lg 2 = k \cdot t_H$

   $\implies t_H = \dfrac{-\lg 2}{k} = \dfrac{-\lg 2}{-0.026\ d^{-1}} = 11.6\ d$

2.36 a)

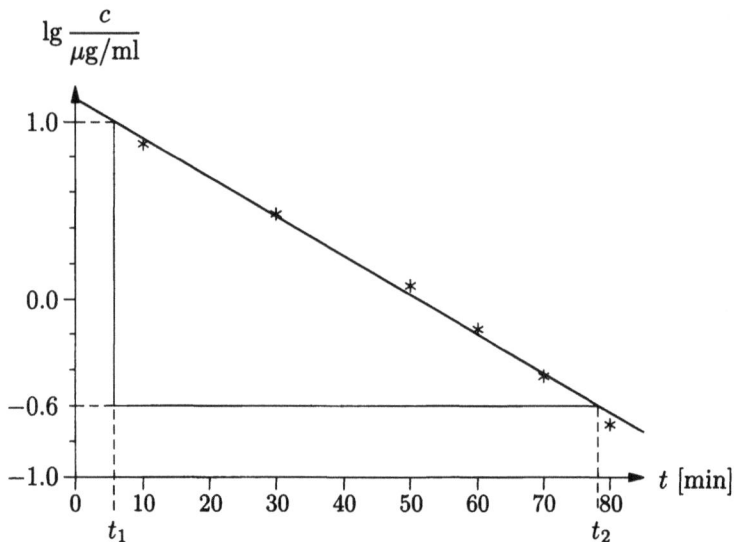

b) Die Division durch $\mu g/ml$ dient nur der Entfernung der Einheit, um den Logarithmus bilden zu können. Der Zusammenhang lautet dann:

$$\lg \frac{c}{\mu g/ml} = \lg \frac{c_0}{\mu g/ml} + k \cdot t.$$

Nimmt man beide Seiten der Gleichung „10 hoch", dann entsteht folgende Exponentialschreibweise:

$$\frac{c}{\mu g/ml} = \frac{c_0}{\mu g/ml} \cdot 10^{k \cdot t} \implies c(t) = c_0 \cdot 10^{k \cdot t}$$

c) $k = \dfrac{\Delta \lg c}{\Delta t} = \dfrac{\lg c_1 - \lg c_2}{t_1 - t_2} = \dfrac{1.0 - (-0.6)}{6 \text{ min} - 78 \text{ min}} = -0.022 \text{ min}^{-1}$

Aus der Graphik: $\lg c_0 \approx 1.13 \implies c_0 = 10^{1.13} = 13.5 \ [\mu g/ml]$

Also $c = 13.5 \,\mu g/ml \cdot 10^{-0.022 \text{ min}^{-1} \cdot t} = 13.5 \,\mu g/ml \cdot e^{-0.051 \text{ min}^{-1} \cdot t}$

d) $c_0 = 13.5 \,\mu g/ml$

e) $c(2\,h) = 13.5 \,\mu g/ml \cdot 10^{-0.022 \text{ min}^{-1} \cdot 120 \text{ min}} = 0.03 \,\mu g/ml$

f) $\dfrac{c_0}{2} = c_0 \cdot 10^{-0.022 \text{ min}^{-1} \cdot t_H} \implies \dfrac{1}{2} = 10^{-0.022 \text{ min}^{-1} \cdot t_H}$

$\implies -\lg 2 = -0.022 \text{ min}^{-1} \cdot t_H \implies t_H = \dfrac{\lg 2}{0.022} \text{ min} = 13.7 \text{ min}$

g) Minütlicher Zerfallsfaktor: $q = 10^{-0.022 \text{ min}^{-1} \cdot 1 \text{ min}} = 0.95.$
$q = 1 + r \implies r = -0.05.$ Die minütliche Zerfallsrate ist also $5\,\%$.

h) $b = q = 0.95.$ Also: $c(t) = 13.5 \,\mu g/ml \cdot 0.95^{\text{ min}^{-1} t}.$

2.37 a)

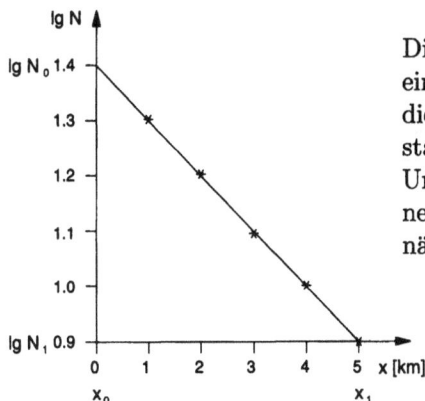

Die Werte liegen in etwa auf einer Geraden. Somit nimmt die in logarithmischem Maßstab aufgetragene Zahl N der Umläufe exponentiell in der linear angetragenen Variablen, nämlich der Zeit t, ab.

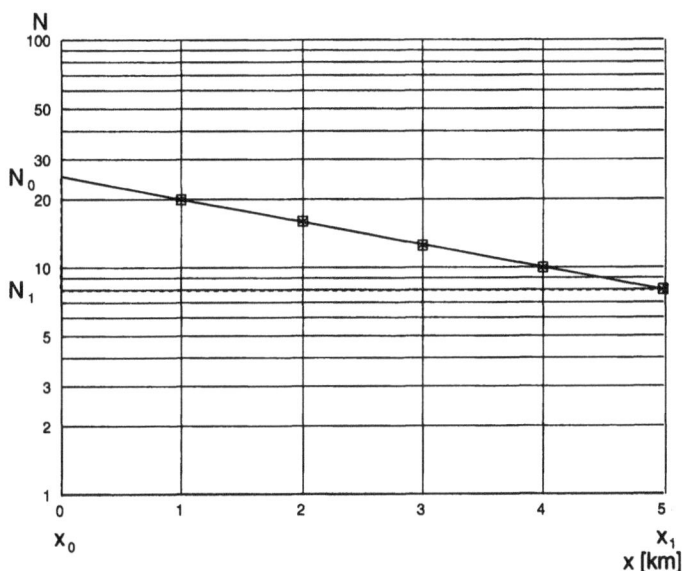

b) $N_0 = 25$ bzw. $\lg N_0 = 1.4 \Rightarrow N_0 = 25$

c) $k = \dfrac{\Delta \lg N}{\Delta x} = \dfrac{\lg N_0 - \lg N_1}{x_0 - x_1} = \dfrac{\lg 25 - \lg 8}{0\,\text{km} - 5\,\text{km}} = -0.1\,\text{km}^{-1}$,

   also $N = 25 \cdot 10^{-0.1\,\text{km}^{-1} \cdot x}$

d) Von der Geraden in der Graphik ablesen: bei $x = 0.6\,\text{km}$ sind $N \approx 22$ Umläufe. Oder berechnen: $N = 25 \cdot 10^{-0.1\,\text{km}^{-1} \cdot 0.6\,\text{km}} = 21.8 \approx 22$

e) Die Ausgleichsgerade zeigt 20 Umläufe bei $x = 1\,\text{km}$ und halb so viele, nämlich 10, bei $x = 4\,\text{km}$; also ist $x_H = 4\,\text{km} - 1\,\text{km} = 3\,\text{km}$.

   Oder berechnen: $10^{-0.1\,\text{km}^{-1} \cdot x_H} = \dfrac{1}{2} \Longrightarrow x_H = \dfrac{-\lg 2}{-0.1\,\text{km}^{-1}} = 3\,\text{km}$.

f) $N = 25 \cdot 10^{-0.1\,\text{km}^{-1} \cdot x} = 25 \cdot e^{-0.1\,\text{km}^{-1} \cdot x \cdot \ln 10} = 25 \cdot e^{-0.23\,\text{km}^{-1} \cdot x}$

Potenzfunktionen in doppeltlogarithmischem Maßstab

2.38 a)

x	$\frac{1}{4}$	1	$\frac{9}{4}$	4	9	16
y	$\frac{1}{320}$	$\frac{1}{10}$	$\frac{243}{320}$	$\frac{32}{10}$	$\frac{243}{10}$	$\frac{1024}{10}$

e)

X	-0.60	0	0.35	0.60	0.95	1.20
Y	-2.51	-1	-0.12	0.51	1.39	2.01

c) $y = \frac{1}{10}x^{5/2} \Rightarrow$

$\lg y = -1 + 2.5\lg x$

$Y := \lg y, \; X := \lg x$

d) $Y = -1 + 2.5X$

b)

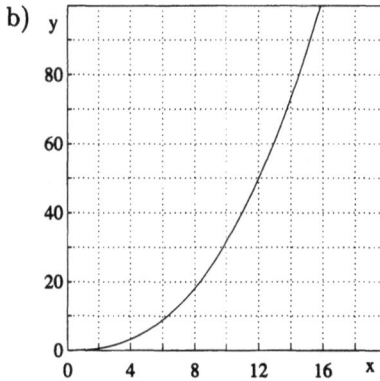

f)

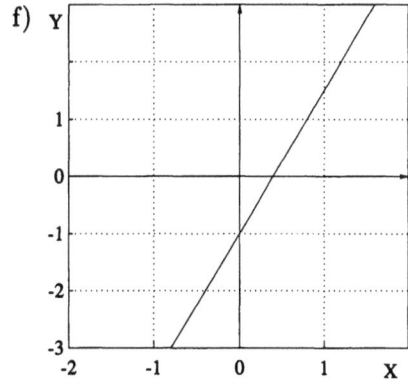

2.39 a)

x	1	8	27	64	125	216
y	2	1	2/3	0.5	0.4	1/3
$X = \lg x$	0	0.903	1.43	1.806	2.097	2.33
$Y = \lg y$	0.301	0	-0.176	-0.301	-0.398	-0.477

b)

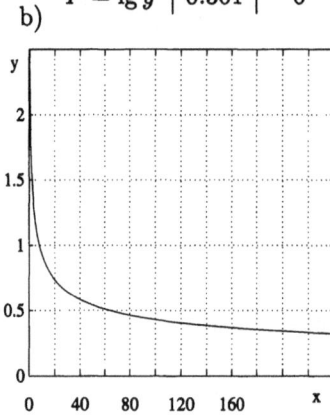

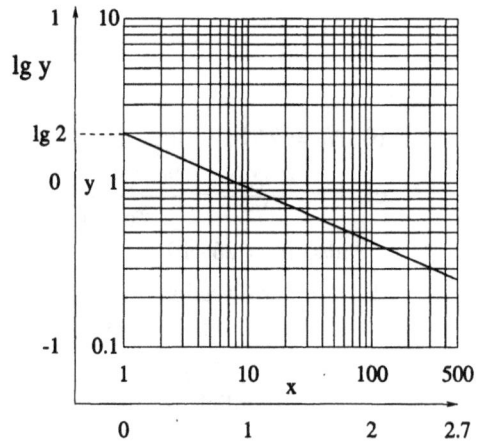

$$y = 2/\sqrt[3]{x} = 2\cdot x^{-1/3} \implies \underbrace{\lg y}_{Y} = \lg 2 - \frac{1}{3}\underbrace{\lg x}_{X}$$

2.40   a)

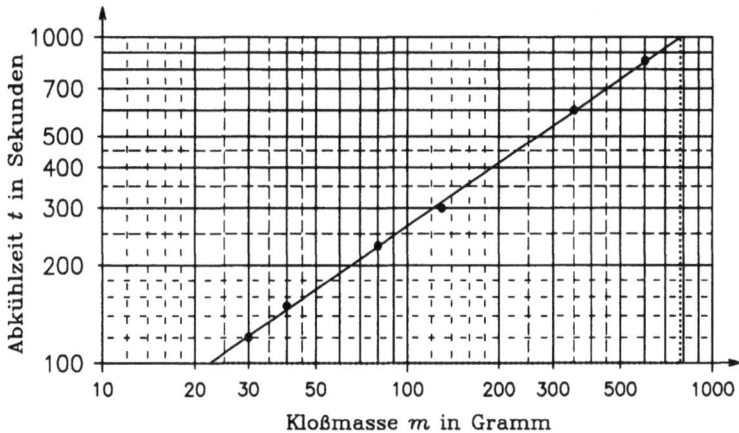

b) Im doppeltlogarithmischen Papier wird eine Potenzfunktion zur Geraden. Also lautet der Zusammenhang: $t = t_0 \cdot m^k$ (ohne Einheiten).

c) Durch das Logarithmieren wird $t = t_0 \cdot m^k$ zu $\lg t = \lg t_0 + k \lg m$. Also ist k die Steigung im doppeltlogarithmischen Maßstab:

$$k = \frac{\Delta \lg t}{\Delta \lg m} = \frac{\lg t_2 - \lg t_1}{\lg m_2 - \lg m_1} = \frac{\lg 1000 - \lg 100}{\lg 780 - \lg 22} = 0.645$$

t_0 könnte man bei $m = 1$ [g] ablesen, wäre es in der Graphik; so aber erhalten wir t_0 durch Einsetzen eines Punktes, z.B.(1000, 780):

$$t = t_0 \cdot m^k \implies t_0 = \frac{t}{m^k} = \frac{1000}{780^{0.645}} = 13.6$$

Daraus ergibt sich die Gleichung ohne Einheiten zu $t = 13.6 \cdot m^{0.645}$.

Die Gleichung mit Einheiten erhalten wir, indem wir in der Gleichung ohne Einheiten jede Variable, sowohl t als auch m, durch ihre Einheit dividieren, sodass wir t durch t/s und m durch m/g ersetzen:

$$\frac{t}{s} = 13.6 \cdot \left(\frac{m}{g}\right)^{0.645} \implies t = 13.6\,\text{s} \cdot \left(\frac{m}{g}\right)^{0.645}$$

d) $10\,\text{h} = 36\,000\,\text{s} = 13.6\,\text{s} \cdot \left(\frac{m}{g}\right)^{0.645} \implies \frac{m}{g} = \left(\frac{36\,000\,\text{s}}{13.6\,\text{s}}\right)^{\frac{1}{0.645}} = 2.0 \cdot 10^5$

$\implies m = 2.0 \cdot 10^5$ g. Der Kloß musste etwa 200 kg gewogen haben.

e) $V = \frac{4}{3}\pi r^3$, $d = 2r$, also $V = \frac{1}{6}\pi d^3 \implies d = \sqrt[3]{\dfrac{6V}{\pi}}$. Wegen $\rho = \dfrac{m}{V}$

ist $V = \dfrac{m}{\rho}$ und somit $d = \sqrt[3]{\dfrac{6m}{\pi\rho}} = \sqrt[3]{\dfrac{6 \cdot 2.0 \cdot 10^5\,\text{g}}{\pi \cdot 1\,\text{g/cm}^3}} \approx 73\,\text{cm}$.

Trigonometrische Funktionen und Schwingungen

2.41 a) $f(-x) = \sin(-x) = -\sin x = -f(x) \quad \Rightarrow \quad f$ ungerade

   b) $f(-x) = \cos(-x) = \cos x = f(x) \qquad \Rightarrow \quad f$ gerade

   c) $f(-x) = \tan(-x) = -\tan x = -f(x) \quad \Rightarrow \quad f$ ungerade

   d) $f(-x) = (-x) \cdot \sin(-x)$

$\qquad\quad = x \cdot \sin x = f(x) \qquad\qquad\qquad \Rightarrow \quad f$ gerade

   e) $f(-x) = \dfrac{(-x)^2}{\sin(-x)} = \dfrac{x^2}{-\sin x} = -f(x) \quad \Rightarrow \quad f$ ungerade

   f) $f(-x) = \dfrac{\cos(-x)}{-x} = \dfrac{\cos x}{-x} = -f(x) \quad \Rightarrow \quad f$ ungerade

   g) $f(-x) = -x + \sin(-x) = -x - \sin x$

$\qquad\quad = -(x + \sin x) = -f(x) \qquad\qquad \Rightarrow \quad f$ ungerade

   h) $f(-x) = \sin(-x) \cdot \cos(-x)$

$\qquad\quad = -\sin x \cdot \cos x = -f(x) \qquad\qquad \Rightarrow \quad f$ ungerade

   i) $f(-x) = -x + \cos(-x) = -x + \cos x \quad \Rightarrow \quad f$ weder gerade
$\qquad\qquad\qquad\qquad\qquad\qquad\qquad\qquad\qquad\qquad\qquad\quad$ noch ungerade

2.42 a) $t_S = 1\,\text{a} = 1$ Jahr $= 12$ Monate

   b) $f = \dfrac{1}{t_S} = \dfrac{1}{1\,\text{a}} = 1\,\text{a}^{-1}, \qquad \omega = 2\pi f = \dfrac{2\pi}{12 \text{ Monate}} = 0.52\,\dfrac{1}{\text{Monate}}$

   c) $t_0 = +3$ Monate

   d) $T_V = 12.5\,°\text{C}$

   e) $T_A = 12.5\,°\text{C}$

   f) $T(t) = T_A \cdot \sin(\omega\,(t - t_0)) + T_V$

$\qquad \Longrightarrow \quad T(t) = 12.5\,°\text{C} \cdot \sin\left(0.52\,\dfrac{1}{\text{Monate}} \cdot (t - 3 \text{ Monate})\right) + 12.5\,°\text{C}$

   g) $T(4 \text{ Monate} + 3 \cdot 12 \text{ Monate}) = T(4 \text{ Monate}) = 18.75\,°\text{C}$

2.43 a) $U_A = 300$ V

   b) $T_U = 2 \cdot 10^{-2}$ s

   c) $\omega_U = \dfrac{2\pi}{2 \cdot 10^{-2} \text{ s}} = 100\pi\,\text{s}^{-1}$

   d) 50 Schwingungen

e) $t_U = -0.25 \cdot 10^{-2}$ s

f) $\begin{aligned} U(t) &= U_0 \cdot \sin\left(\omega_U(t - t_U)\right) \\ &= 300 \text{ V} \cdot \sin\left(100\pi\,\text{s}^{-1}(t + 0.25 \cdot 10^{-2}\text{ s})\right) \\ &= 300 \text{ V} \cdot \sin\left(100\pi\,\text{s}^{-1} \cdot t + 0.25\pi\right) \end{aligned}$

g) $U(3 \text{ min}) = U(180 \text{ s}) = 212.2\text{V}$

h) $\omega := \omega_U = \omega_I = 100\pi\,\text{s}^{-1}$

$$\varphi_{UI} = \varphi_U - \varphi_I = -\omega \cdot (t_U - t_I) = -100\pi\,\text{s}^{-1} \cdot (-0.25 - 0.1) \cdot 10^{-2}\text{ s}$$

$$= 0.35\pi = 1.10 \text{ ist positiv, d.h., } U \text{ eilt } I \text{ um } 0.35\pi \text{ voraus.}$$

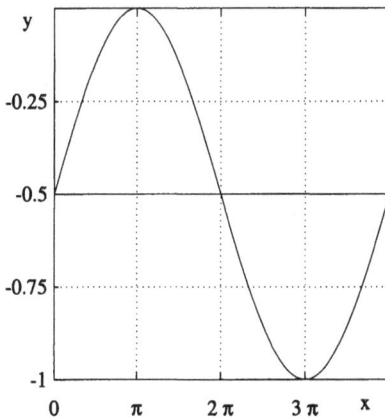

2.44 a) $y = \frac{1}{2}\sin\left(\frac{x}{2}\right) - \frac{1}{2}$ b) $y = -\frac{1}{2}\cos\left(x - \frac{\pi}{3}\right)$

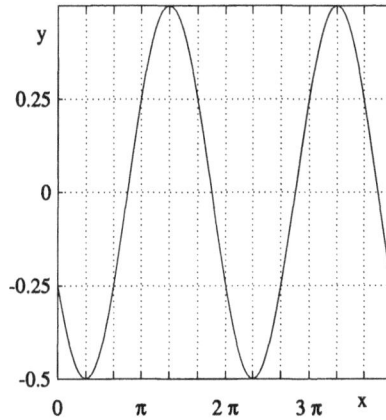

2.45 a) Wir verwenden die Beziehung: $\cos x = \sin(x + \frac{\pi}{2})$

sowie die Summenformel $\sin a + \sin b = 2 \cdot \sin\frac{a+b}{2} \cdot \cos\frac{a-b}{2}$

Dann gilt: $\begin{aligned} y &= \sin x + \cos x = \sin x + \sin\left(x + \frac{\pi}{2}\right) \\ &= 2 \cdot \sin\frac{x + \left(x + \frac{\pi}{2}\right)}{2} \cdot \cos\frac{x - \left(x + \frac{\pi}{2}\right)}{2} \\ &= 2 \cdot \sin\left(x + \frac{\pi}{4}\right) \cdot \cos\left(-\frac{\pi}{4}\right) \\ &= 2 \cdot \sin\left(x + \frac{\pi}{4}\right) \cdot \frac{1}{2}\sqrt{2} \\ &= \sqrt{2} \cdot \sin\left(x + \frac{\pi}{4}\right) \end{aligned}$

$\sin\left(x + \frac{\pi}{4}\right)$ hat seine Maxima bei $x + \frac{\pi}{4} = \frac{\pi}{2} + n \cdot 2\pi$ und seine Minima bei $x + \frac{\pi}{4} = -\frac{\pi}{2} + n \cdot 2\pi$, wobei $n \in \mathbb{Z}$ (die Menge aller ganzen Zahlen, auch der negativen) ist. Somit ergibt sich:

$\text{Max}\left(\frac{1}{4}\pi + 2\pi n, \sqrt{2}\right)$ und $\text{Min}\left(-\frac{3}{4}\pi + 2\pi n, -\sqrt{2}\right)$ für alle $n \in \mathbb{Z}$

b) Aufgrund des Additionstheorems $\sin(a+b) = \sin a \cos b + \cos a \sin b$ ergibt sich die gewünschte Form $y = a \cdot \sin(x+b)$ zu

$$y = a \cdot \sin(x+b) = a \cdot \sin x \cdot \cos b + a \cdot \cos x \cdot \sin b \overset{!}{=} 3\sin x - 4\cos x.$$

Der Koeffizientenvergleich ergibt dann:

$$\left.\begin{array}{l} \text{I:} \quad 3 = a \cdot \cos b \\ \text{II:} -4 = a \cdot \sin b \end{array}\right\} \Rightarrow \tan b = -\frac{4}{3} \Rightarrow b = -\arctan\frac{4}{3} + n \cdot \pi \ (n \in \mathbb{Z});$$

$b = -\arctan\frac{4}{3}$ in I: $\quad 3 = a \cdot \cos(-\arctan\frac{4}{3}) \Rightarrow a = 5$ (exakt!)

Eine Darstellungsform: $\quad y = 5\sin(x - \arctan\frac{4}{3}) = 5\sin(x - 0.9273)$

$\text{Max}(2.4981 + 2\pi n, \ 5)$ und $\text{Min}(-0.6435 + 2\pi n, \ -5)$ für alle $n \in \mathbb{Z}$

c) Analog zu Aufgabe b) setzen wir an:

$$y = a \cdot \sin(x+b) = a \cdot \sin x \cdot \cos b + a \cdot \cos x \cdot \sin b \overset{!}{=} -\sqrt{3}\sin x + \cos x.$$

Der Koeffizientenvergleich ergibt dieses Mal:

$$\left.\begin{array}{l} \text{I:} \quad a \cdot \sin b = 1 \\ \text{II:} \quad a \cdot \cos b = -\sqrt{3} \end{array}\right\} \Rightarrow \tan b = -\frac{1}{\sqrt{3}} \Rightarrow b = -\frac{\pi}{6} + n \cdot \pi \ (n \in \mathbb{Z})$$

$b = -\frac{\pi}{6}$ in I: $\quad a \cdot \sin(-\frac{\pi}{6}) = 1 \Rightarrow -0.5a = 1 \Rightarrow a = -2$

Mögliche Darstellungsformen: $\quad y = -2\sin(x - \frac{\pi}{6}) = 2\sin(x + \frac{5}{6}\pi)$

$\text{Max}(-\frac{1}{3}\pi + 2\pi n, \ 2)$ und $\text{Min}(\frac{2}{3}\pi + 2\pi n, \ -2)$ für alle $n \in \mathbb{Z}$

2.46 $\quad y = 2 \cdot (\sin t + \sin(1.25\,t))$

Periode: $T = 8\pi \qquad$ Symmetriezentren: $S_n(n \cdot 8\pi, \ 0)$ für alle $n \in \mathbb{Z}$

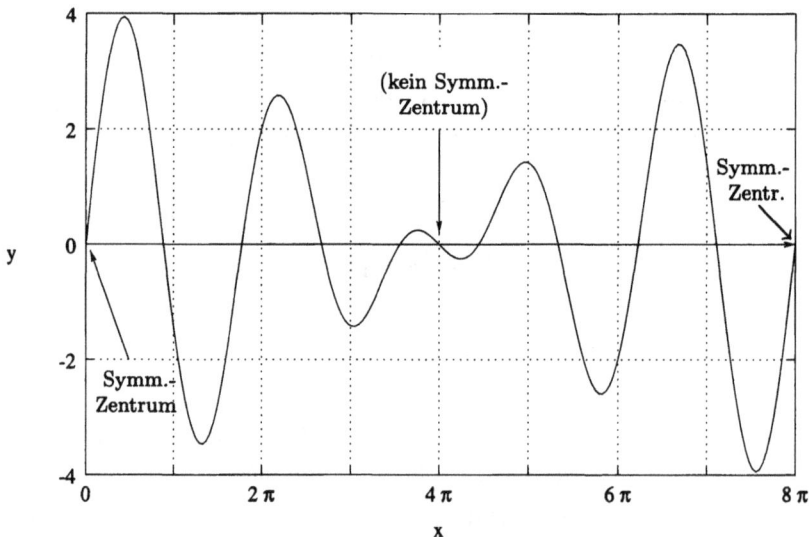

2.47 a) $\varphi_0 = 0$

b) $T = 2\,\text{s} \Rightarrow \omega = \dfrac{2\pi}{T} = \dfrac{2\pi}{2\,\text{s}} = 3.14\,\text{s}^{-1}$

c) $\hat{x}_0 = 10$ cm

d) Nach zwei Sekunden ist die Amplitude von 10 cm auf die Hälfte, nämlich auf 5 cm gesunken; die Halbwertszeit beträgt also $t_H = 2$ s.

$$\dfrac{\hat{x}_0}{2} = \hat{x}_0 \cdot e^{-k \cdot t_H} \Rightarrow \ln\tfrac{1}{2} = -k \cdot t_H \Rightarrow k = \dfrac{-\ln 2}{-t_H} = \dfrac{\ln 2}{2\,\text{s}} = 0.347\,\text{s}^{-1}$$

e) $x(t) = \hat{x}_0 \cdot e^{-kt} \cdot \cos(\omega t + \varphi_0) = 10\,\text{cm} \cdot e^{-0.347\ \text{s}^{-1}t} \cdot \cos(3.14\,\text{s}^{-1}t)$

f) $v(t) = \dfrac{dx(t)}{dt} = \hat{x}_0 \cdot \left[-ke^{-kt} \cdot \cos(\omega t + \varphi_0) - e^{-kt} \cdot \omega \cdot \sin(\omega t + \varphi_0) \right]$

$$= -\hat{x}_0 \cdot e^{-kt} \cdot \left[k \cdot \cos(\omega t + \varphi_0) + \omega \cdot \sin(\omega t + \varphi_0) \right]$$

$$= -10\,\text{cm} \cdot e^{-0.347\,\text{s}^{-1}t} \cdot \Big[0.347\,\text{s}^{-1} \cdot \cos(3.14\,\text{s}^{-1}t)$$

$$+ 3.14\,\text{s}^{-1} \cdot \sin(3.14\,\text{s}^{-1}t) \Big]$$

g) $v(0.5\,\text{s}) = -10\,\text{cm} \cdot 0.841 \cdot \left[0.347\,\text{s}^{-1} \cdot 0 + 3.14\,\text{s}^{-1} \cdot 1 \right]$

$$= -26.4\,\text{cm}\,\text{s}^{-1} = -26.4\,\text{cm/s} \quad \text{(Bewegung nach unten)}$$

$v(1\,\text{s}) = -10\,\text{cm} \cdot 0.707 \cdot \left[0.347\,\text{s}^{-1} \cdot (-1) + 3.14\,\text{s}^{-1} \cdot 0 \right]$

$$= +2.45\,\text{cm}\,\text{s}^{-1} = +2.45\,\text{cm/s} \quad \text{(Bewegung nach oben!)}$$

2.48 $y = e^{-0.26t} \cdot \sin 2t$ (Gleichung der gedämpften Schwingung)

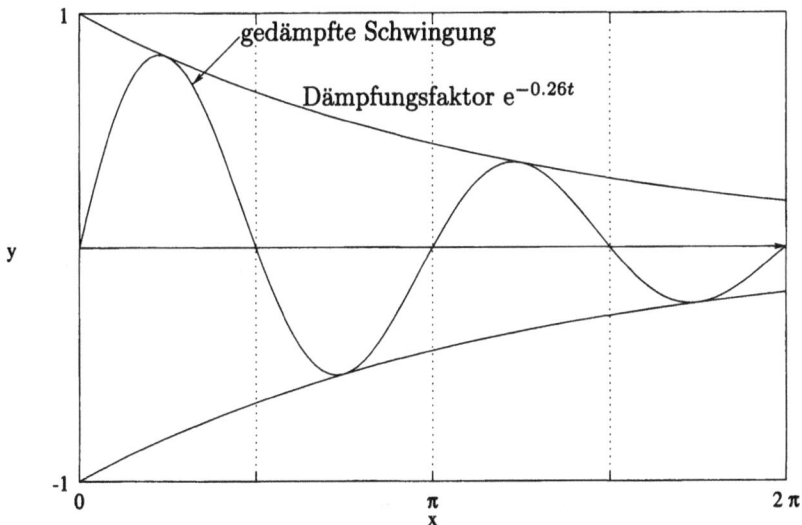

2.49   a) $x(0) = 20\text{cm} \cdot \sin\dfrac{\pi}{3} = 20\text{cm} \cdot \dfrac{1}{2}\sqrt{3} = 17.3\,\text{cm}$

     b) $x(3.25\,\text{s}) = 20\,\text{cm} \cdot \sin\left(2.1\,\text{s}^{-1} \cdot 3.25\,\text{s} + \dfrac{\pi}{3}\right) = 20\,\text{cm} \cdot \sin 7.87$

        $= 20\,\text{cm} \cdot 0.9998 \approx 20\,\text{cm}$ (d.h., bei ca. $3.25\,\text{s}$ ein oberer Totpunkt)

     c) $T = \dfrac{2\pi}{\omega} = \dfrac{2\pi}{2.1\,\text{s}^{-1}} \approx 3\,\text{s}$

     d) $v(t) = \dot{x}(t) = x_0\omega \cos(\omega t + \varphi_0) = 42\,\dfrac{\text{cm}}{\text{s}} \cdot \cos\left(2.1\,\text{s}^{-1} \cdot t + \dfrac{\pi}{3}\right)$

     e) Bei $3.25\,\text{s}$ hat die Kugel ziemlich genau den oberen Totpunkt erreicht, das heißt, dass hier ihre Auslenkung nach oben nahezu maximal ist. An den Totpunkten ist die Geschwindigkeit der Kugel 0. Also: $v(3.25\,\text{s}) \approx 0$.

     Mittels Berechnung ergibt sich:

$$v(3.25\,\text{s}) = 42\,\frac{\text{cm}}{\text{s}} \cdot \cos\left(2.1\,\text{s}^{-1} \cdot 3.25\,\text{s} + \frac{\pi}{3}\right)$$

$$= 42\,\frac{\text{cm}}{\text{s}} \cdot \cos 7.87 = 42\,\frac{\text{cm}}{\text{s}} \cdot (-0.0182) = -0.8\,\frac{\text{cm}}{\text{s}}$$

     Nach dieser Rechnung bewegt sich die Kugel schon wieder ganz langsam nach unten. Für eine solche Behauptung in der Praxis sind aber die Angaben (z. B. $\omega = 2.1\,\text{s}^{-1}$) zu ungenau.

     f) Die Kraft F der Feder ist proportional zu ihrer Auslenkung x. Da die Kraft der Auslenkung entgegenwirkt, ist $F = -D \cdot x$, wobei D eine positive Proportionalitätskonstante (die Federkonstante) ist. Weil sich Kraft aus Masse mal Beschleunigung errechnet ($F = m \cdot a$) und die Beschleunigung a die zweite Ableitung der Auslenkung nach der Zeit ist ($a = \ddot{x}$), gilt weiter:

     $m \cdot \ddot{x} = -D \cdot x$ (Hook'sches Gesetz).

     Diese Differentialgleichung wird erfüllt, wenn x eine Sinusfunktion der Zeit ist, weswegen man Schwingungen als Sinusfunktionen schreibt. Aus der in d) berechneten ersten Ableitung $\dot{x}(t)$ der angegebenen Schwingungsgleichung ergibt sich nämlich die zweite zu

     $\ddot{x}(t) = -x_0\omega^2 \sin(\omega t + \varphi_0) = -\omega^2 x(t)$ für alle Zeitpunkte t.

     Also gilt: $\ddot{x} = -\omega^2 x$.

     Diese Beziehung setzen wir ins Hook'sche Gesetze ein:

     $m \cdot \left[-\omega^2 x\right] = -D \cdot x \iff D = m\omega^2$.

     Für $\omega = 2.1\,\text{s}^{-1}$ und die Kugelmasse $m = 100\,\text{g} = 0.1\,\text{kg}$ ergibt sich:

$$D = 0.1\,\text{kg} \cdot (2.1\,\text{s}^{-1})^2 = 0.44\,\frac{\text{kg}}{\text{s}^2} = 0.44\,\frac{\text{kg}\,\text{m}}{\text{s}^2\,\text{m}} = 0.44\,\frac{\text{N}}{\text{m}}$$

2.50 Überlagerungen:

a)

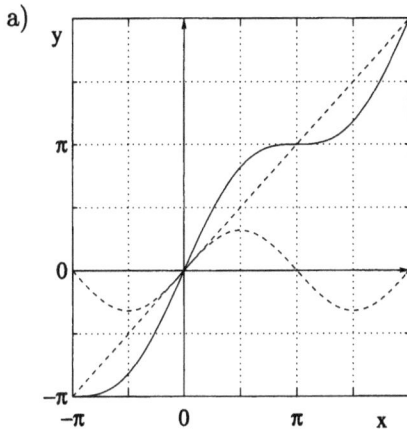

b)

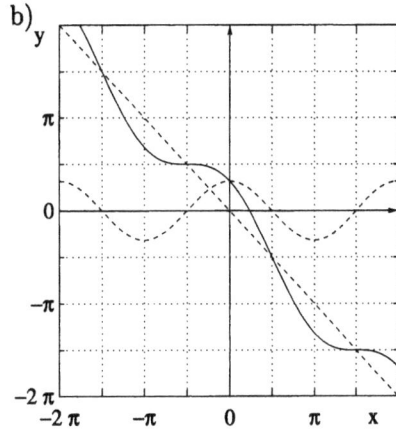

c)

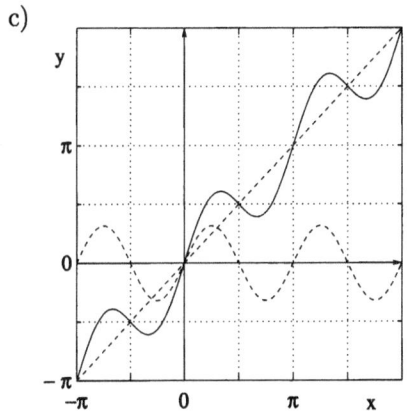

d)

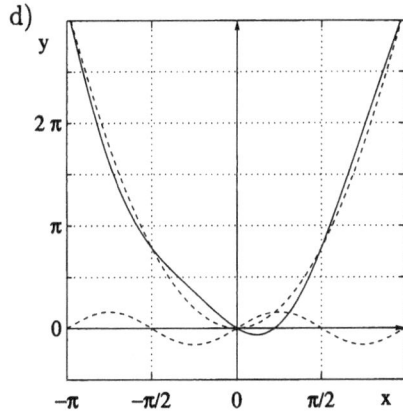

e)

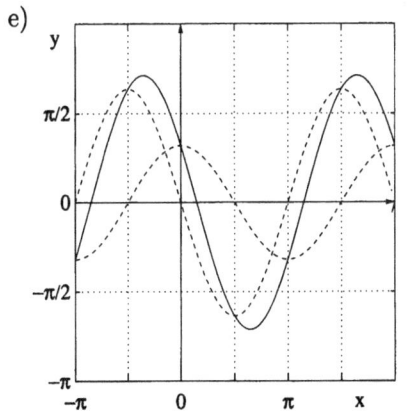

f)

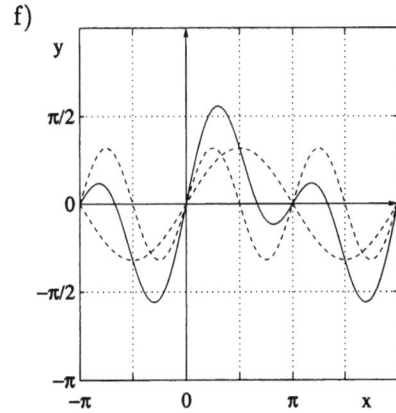

2.51 a) $\tilde{y} = \tilde{f}(\tilde{x}) = 2\cos(\tilde{x} - 1)$ b) $\tilde{y} = \tilde{f}(\tilde{x}) = 2\cos(\tilde{x}/2)$

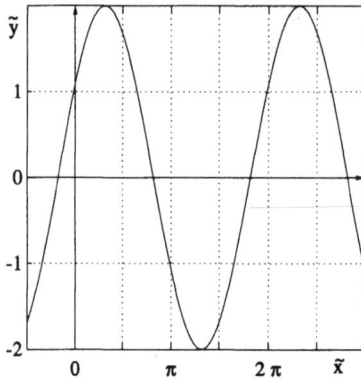

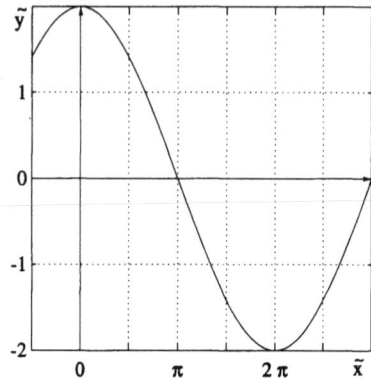

Jede Funktion f wird um 1 nach rechts verschoben und in y-Richtung um den Faktor 2 gestreckt.

Jede Funktion f wird von $(0, 0)$ aus in alle Richtungen verdoppelt (zentrische Streckung).

c) $\tilde{y} = \tilde{f}(\tilde{x}) = \cos(-\tilde{x}) = \cos\tilde{x}$

Hier wird jede Funktion f um die y-Achse gespiegelt. Da der Kosinus als gerade Funktion bereits um die y-Achse symmetrisch ist, wird er unverändert gelassen (siehe die durchgezogene Linie in nebenstehender Graphik).

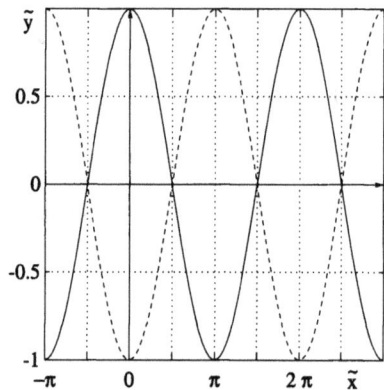

d) $\tilde{y} = \tilde{f}(\tilde{x}) = -\cos(-\tilde{x}) = -\cos(\tilde{x})$

Diese Transformation spiegelt jede Funktion um den Ursprung.

Bei der geraden Kosinus-Funktion gleicht diese Spiegelung einer Spiegelung um die x-Achse (siehe die gestrichelte Linie in obiger Graphik).

2.52 a) $60°$ b) $60° = \frac{\pi}{3} = 1.047$ c) $T_{\text{MinZ}} = 1\,\text{h}$, $T_{\text{StdZ}} = 12\,\text{h}$

d) $\omega_{\text{MinZ}} = 360°/\text{h} = 6.28\,\text{h}^{-1}$, $\omega_{\text{StdZ}} = \omega_{\text{MinZ}}/12 = 30°/\text{h} = 0.523\,\text{h}^{-1}$

e) $\varphi = \omega_{\text{StdZ}} \cdot 190\,\text{min} - \omega_{\text{MinZ}} \cdot 10\,\text{min}$

$\quad = 30°/(60\,\text{min}) \cdot 190\,\text{min} - 360°/(60\,\text{min}) \cdot 10\,\text{min}$

$\quad = 95° - 60° = 35° = 0.611$

f) $v_{\text{MinZ}} = \dfrac{2\pi \cdot 20\,\text{cm}}{1\,\text{h}} = 1.26\,\dfrac{\text{m}}{\text{h}} = 2.1\,\dfrac{\text{cm}}{\text{min}} = 0.35\,\dfrac{\text{mm}}{\text{s}}$

2.53 a) $\tan\alpha = \dfrac{5\,\text{m}}{9\,\text{m}} = \dfrac{5}{9} \implies \alpha = \arctan\dfrac{5}{9} = 0.507 = 29°$

b) $20° = 20° \cdot \dfrac{\pi}{180°} = 0.349$

c) Es sei g die Körpergröße und l die Schattenlänge. Dann gilt:

$$\tan 20° = \frac{g}{l} \implies l = \frac{g}{\tan 20°} = \frac{g}{0.364}; \quad g = 1.82\,\text{m} \implies l = 5.00\,\text{m}.$$

d) $\tan\alpha = \dfrac{10\,\text{m}}{100\,\text{m}} = 0.1 \implies \alpha = \arctan 0.1 = 0.0997 = 5.71°.$

e) Der Schatten ist unendlich lang.

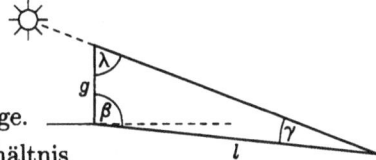

f) Im Bild ist $\lambda = 90° - 20° = 70°$,
$\beta = 90° + 5.71° = 95.71°$ und
$\gamma = 180° - 70° - 95.71° = 14.29°;$
$g = $ Körpergröße; $l = $ Schattenlänge.
Gemäß dem Sinussatz ist das Verhältnis
des Sinus zweier Winkel genauso groß wie das Verhältnis der diesen
Winkeln gegenüberliegenden Seiten. Es gilt also:

$$\frac{\sin\lambda}{\sin\gamma} = \frac{l}{g} \implies l = \frac{\sin\lambda}{\sin\gamma}\cdot g = 3.807\cdot g; \quad g = 1.82\,\text{m} \implies l = 6.93\,\text{m}.$$

2.54 Nach dem Kosinussatz gilt:

$$a^2 = b^2 + c^2 - 2bc\cos\alpha \implies \cos\alpha = \frac{b^2 + c^2 - a^2}{2bc}$$

Es sei c eine Grundlinie des Dreiecks
und h die Höhe über c. Dann gilt:

$$\sin\alpha = \frac{h}{b} \implies h = b\cdot\sin\alpha = b\cdot\sqrt{1 - \cos^2\alpha}.$$

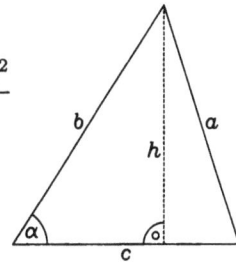

Mit dem oben errechneten $\cos\alpha$ folgt: $h = b\cdot\sqrt{1 - \left(\dfrac{b^2 + c^2 - a^2}{2bc}\right)^2}$

Somit gilt für die Fläche A:

$$A = \frac{c\cdot h}{2} = \frac{cb}{2}\cdot\sqrt{1 - \frac{(b^2 + c^2 - a^2)^2}{(2bc)^2}} = \frac{bc}{2}\cdot\sqrt{\frac{(2bc)^2 - (b^2 + c^2 - a^2)^2}{(2bc)^2}}$$

$$= \frac{bc}{2\cdot 2bc}\cdot\sqrt{4b^2c^2 - (b^4 + c^4 + a^4 + 2b^2c^2 - 2a^2b^2 - 2a^2c^2)}$$

$$= \frac{1}{4}\sqrt{2a^2b^2 + 2a^2c^2 + 2b^2c^2 - (a^4 + b^4 + c^4)}$$

$$= \frac{1}{4}\sqrt{(a^2 + b^2 + c^2)^2 - 2(a^4 + b^4 + c^4)}$$

Verschiedene Funktionen und ihre Eigenschaften

2.55 a) $f(x) = \dfrac{x}{x^2 - 1} = \dfrac{x}{(x-1)\cdot(x+1)}$ $D = I\!R \setminus \{-1,\, 1\}$

Bei $x = \pm 1$ sind Nenner-, aber keine Zählernullstellen, also Pole.

b) $f(x) = \dfrac{1 + \cos x}{3 + \sin x}$ $D = I\!R$

Die Funktion ist auf ganz $I\!R$ definiert, da der Nenner immer ungleich 0 ist, denn der Sinus kann nicht kleiner als -1 werden.

c) $f(x) = \dfrac{1}{\sqrt[4]{10 + x}}$ $D = \{x \mid x > -10\} = \,]-10,\, \infty[$

d) $f(x) = 10^{-1/(x-3)}$ $D = I\!R \setminus \{3\}$

2.56 a) $y = x^{-3};$ $D = I\!R \setminus \{0\}$

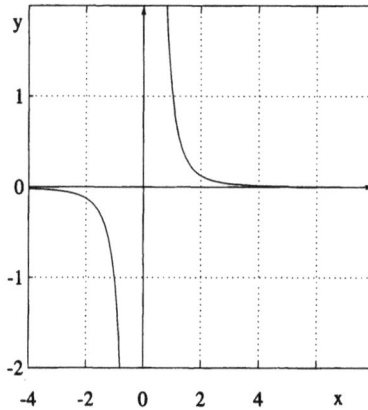

b) $y = \dfrac{x^2}{1 + x^2};$ $D = I\!R$

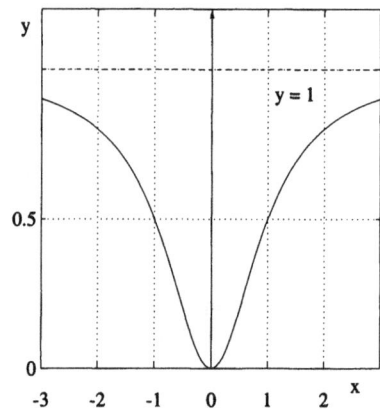

c) $y = \ln(3x + 4);$ $D = \,]-\tfrac{4}{3},\, \infty[$

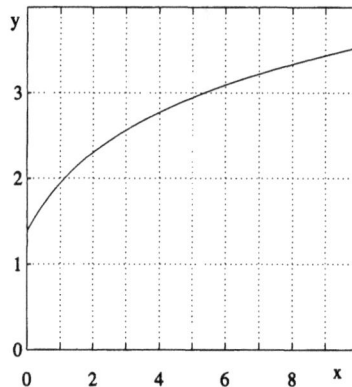

d) $y = \tfrac{1}{3}(2^x + 2^{-x});$ $D = I\!R$

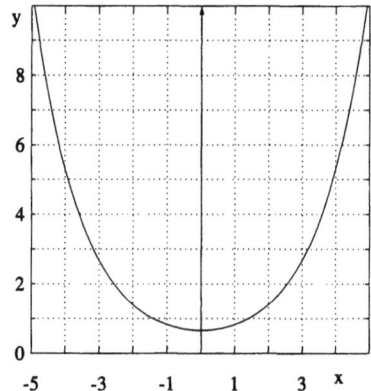

2.57 a) $f(x) = \dfrac{1}{3x-1}$

$\mathbb{D} = \mathbb{R} \setminus \left\{\frac{1}{3}\right\}$

b) $f(x) = \dfrac{1}{(x-1)^2}$

$\mathbb{D} = \mathbb{R} \setminus \{1\}$

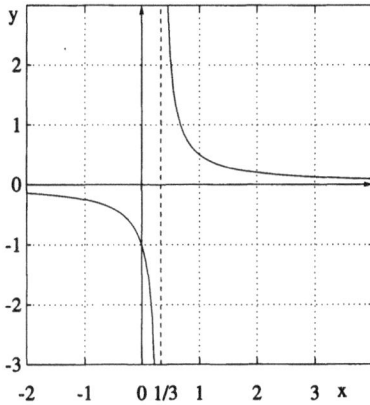

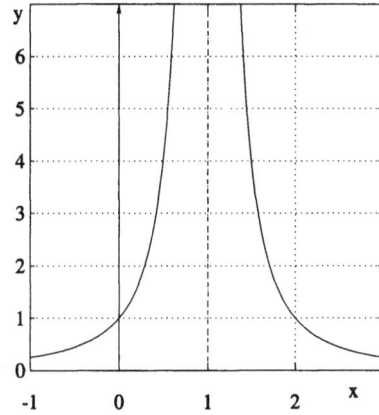

c) $f(x) = \dfrac{1}{1+x^2}$

$\mathbb{D} = \mathbb{R}$

d) $f(x) = \sqrt{x-2}$

$\mathbb{D} = [2, \infty[$

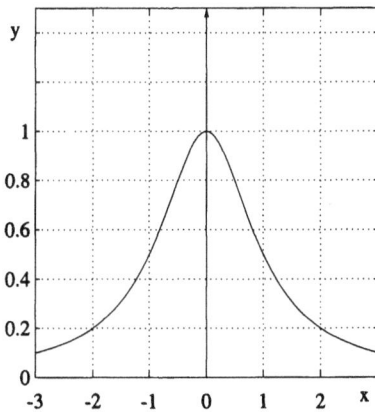

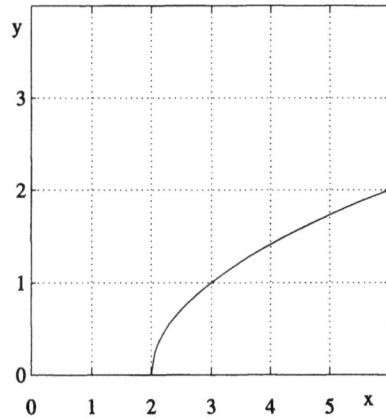

e) $f(x) = x + \frac{1}{2} \cdot 2^x$
$\mathbb{D} = \mathbb{R}.$

Es gilt:
$2^x \to 0$ für $x \to -\infty$;
$2^x \not\to 0$ für $x \to +\infty$;

also hat f mit $y = x$
eine Asymptote für $x \to -\infty$,
aber nicht für $x \to +\infty$.

f) $f(x) = \left|1 - |x|\right|$

$\mathbb{D} = \mathbb{R}.$

$$f(x) = \begin{cases} -1 - x & \text{für} & x \le -1 \\ 1 + x & \text{für} & -1 \le x \le 0 \\ 1 - x & \text{für} & 0 \le x \le 1 \\ -1 + x & \text{für} & 1 \le x \end{cases}$$

Zu e) $f(x) = x + \frac{1}{2} \cdot 2^x$ Zu f) $f(x) = \left|1 - |x|\right|$

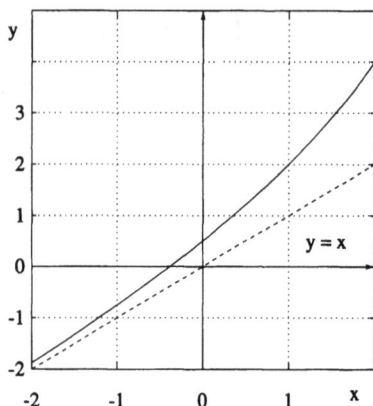

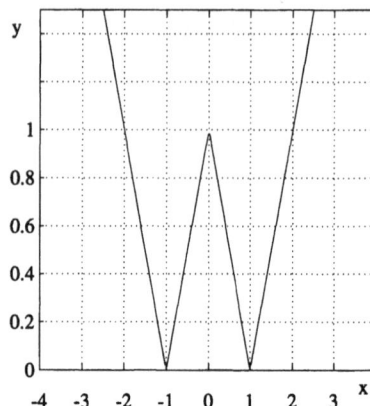

2.58 Alle hier dargestellten Funktionen sind stetig, da sie keine Sprungstellen haben. Pole erwecken den Eindruck der Unstetigkeit: sie sind aber keine Sprungstellen der Funktion, da die Funktion dort gar nicht definiert ist.

a) f ist im Bereich $x < \frac{1}{3}$ und ebenso im Bereich $x > \frac{1}{3}$ streng monoton fallend, nicht jedoch im ganzen Definitionsbereich; denn $f(x_2) > f(x_1)$ für $x_1 < \frac{1}{3}$ und $x_2 > \frac{1}{3}$. Als Ganzes ist f also nicht monoton.
   f ist weder gerade noch ungerade, jedoch punktsymmetrisch um $(x_0, y_0) = (\frac{1}{3}, 0)$; denn für das Symmetriezentrum $(x_0, y_0) = (\frac{1}{3}, 0)$ gilt: $y_0 - f(x_0 - x) = f(x_0 + x) - y_0$ für alle x; es ist nämlich

$$-f\left(\tfrac{1}{3} - x\right) = -\frac{1}{3(\tfrac{1}{3} - x) - 1} = \frac{1}{3x} = \frac{1}{3(\tfrac{1}{3} + x) - 1} = f\left(\tfrac{1}{3} + x\right).$$

b) f ist streng monoton steigend für $x < 1$ und streng monoton fallend für $x > 1$, insgesamt also nicht monoton.
   f ist weder gerade noch ungerade, jedoch achsensymmetrisch um die Vertikale $x = 1$; denn für $x_0 = 1$ gilt: $f(x_0 - x) = f(x_0 + x)$.

c) f ist streng monoton steigend für $x \leq 0$ und streng monoton fallend für $x \geq 0$, insgesamt also nicht monoton.
   f ist gerade, d.h., achsensymmetrisch um die y-Achse.

d) f ist streng monoton steigend.
   f ist weder gerade noch ungerade; f zeigt keinerlei Symmetrie.

e) f ist streng monoton steigend.
   f ist weder gerade noch ungerade; f zeigt keinerlei Symmetrie.

f) f ist streng monoton fallend in den Bereichen $x \leq -1$ und $0 \leq x \leq 1$ und streng monoton steigend in den Bereichen $-1 \leq x \leq 0$ und $x \geq 1$, insgesamt also nicht monoton.
   f ist gerade, d.h., achsensymmetrisch um die y-Achse.

2.59 a) $y = f(x) = \dfrac{2x^2}{x^4 - 2}$

$\mathbb{D} = \mathbb{R} \setminus \{-\sqrt[4]{2}, +\sqrt[4]{2}\}$

doppelte Nullstelle bei $x = 0$

Pole bei $x = \pm\sqrt[4]{2}$

Asymptote für $x \to \pm\infty$: $y = 0$

f ist achsensymmetrisch bezüglich der y-Achse.

$x = -\sqrt[4]{2}$ $x = \sqrt[4]{2}$

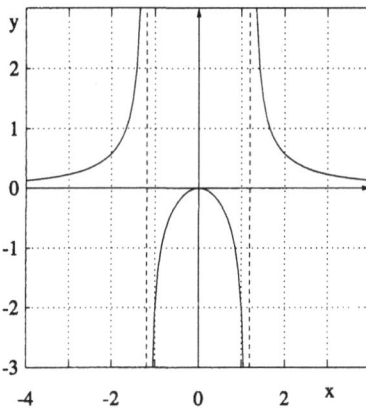

b) $y = f(x) = \dfrac{1}{2}x^3 - \dfrac{1}{x}$

$\mathbb{D} = \mathbb{R} \setminus \{0\}$

Nullstellen: $x_{1,2} = \pm\sqrt[4]{2}$

Pol bei $x = 0$

Weitere Asymptoten:

für $x \to \pm\infty$: $\quad y = \dfrac{1}{2}x^3$

für $x \to 0$: $\ y = -\dfrac{1}{x}$

f ist punktsymmetrisch um den Ursprung.

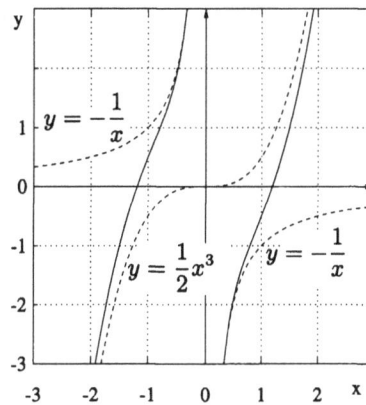

2.60 Symmetrie:

$$\varphi(-x) = \frac{1}{\sqrt{2\pi}} \cdot e^{-(-x)^2/2} = \varphi(x)$$

$\Longrightarrow$ φ ist achsensymmetrisch bezüglich der y-Achse.

Absolute Extremwerte:

Das einzige Extremum, und zwar ein absolutes Maximum, liegt bei $x = 0$; denn $1/\sqrt{2\pi} > 0$ und die e-Funktion ist streng monoton steigend, hat also ihr Maximum dort, wo ihr Argument $-x^2/2$ am größten ist, d.h., wo x^2 am kleinsten ist.

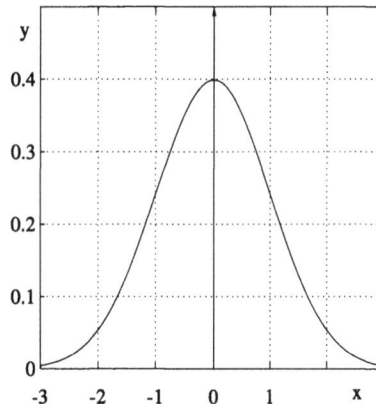

Und das gilt für $x = 0$. Hierfür ist $\varphi(0) = 1/\sqrt{2\pi} \cdot e^0 = 1/\sqrt{2\pi} \approx 0.399$.

Das absolute Extremum kann man auch durch Ableiten erhalten:

$$\varphi'(x) = \frac{1}{\sqrt{2\pi}} \cdot e^{-x^2/2} \cdot (-x) \overset{!}{=} 0 \implies x = 0.$$

Die einzige Stelle mit Steigung 0 liegt also bei $x = 0$. Links von 0 ist die Ableitung stets positiv und rechts davon stets negativ. Da dies jeweils lückenlos gilt, muss bei $x = 0$ das absolute Maximum sein.

2.61 a) $D_f = [0, \infty[$; d.h., $x \geq 0 \implies y = \sqrt{x} - 4 \geq -4$; also $D_{f^{-1}} = [-4, \infty[$

$$y = f(x) = \sqrt{x} - 4 \implies \sqrt{x} = y + 4 \implies x = f^{-1}(y) = (y + 4)^2.$$

Wichtige Anmerkung: Die Potenzierung von Funktionen wird auf zweierlei Weise gebraucht, einmal im Sinne der Multiplikation von Funktionen und zum anderen im Sinne der Komposition (Hintereinanderschaltung). Bei $\sin^2$ z.B. meint man die Multiplikation: es ist $\sin^2 x = \sin x \cdot \sin x = (\sin x)^2$ und *nicht* etwa $\sin^2(x) = [\sin \circ \sin](x)$ $= \sin(\sin x)$, was der Komposition entspräche. Dagegen bezieht man sich bei der Umkehrfunktion f^{-1} nicht auf die Potenzierung im Sinne der Multiplikation, sondern im Sinne der Komposition, sodass $f \circ f^{-1}$ der Identitätsfunktion Id: $x \mapsto x$ gleicht, d.h., dass $[f \circ f^{-1}](x) = f(f^{-1}(x)) = x$ ist. Bezöge man sich auf die Multiplikation, würde dies bedeuten, dass $f^{-1}(x) = [f(x)]^{-1} = 1/f(x)$ *wäre* und damit $f(x) \cdot f^{-1}(x) = 1$ *gälte.*

b) $y = f(x) = -x^3 + 1 \implies x = f^{-1}(y) = \sqrt[3]{1 - y}; \qquad D_{f^{-1}} = \mathbb{R}.$

c) $c = f(t) = 10 \frac{\mu g}{ml} \cdot \left(\frac{1}{2}\right)^{4\,h^{-1}t} \implies \ln\left(\frac{c}{10\,\mu g/ml}\right) = 4\,h^{-1}t \cdot (-\ln 2)$

$$\implies t = f^{-1}(c) = \frac{-h}{4\ln 2} \cdot \ln\left(\frac{c}{10\,\mu g/ml}\right) = -\,^2\!\log\left(\frac{c}{10\,\mu g/ml}\right) \cdot \frac{1}{4}\,h$$

Anmerkung: In praktischen Anwendungen wäre es grober Unfug, bei der Darstellung der Umkehrfunktion die Variablennamen zu vertauschen. t ist nun mal für die Zeit und c für eine Konzentration geeignet.

$D_f = [0\,h, \infty\,h[\implies D_{f^{-1}} =\,]0\,\mu g/ml, 10\,\mu g/ml[.$

d) $d = f(v) = 50\,m - \dfrac{v^2}{17\,m/s^2} \implies v = f^{-1}(d) = 17\dfrac{m}{s^2} \cdot (50\,m - d)$

$D_f = [0\,m/s, \infty\,m/s[\implies D_{f^{-1}} =\,] - \infty\,m, 50\,m].$

Anmerkung: Wenn man mit der Geschwindigkeit v auf ein Hindernis zufährt und 50 m vor diesem auf die Bremse tritt, dann ist d der noch verbleibende Abstand, sobald das Auto zum Stillstand gekommen ist. Ein negativer Abstand gibt an, um wie viel das Auto das Hindernis hinter sich gelassen hat. Dabei wird von einer Bremsbeschleunigung von $\frac{1}{2} \cdot 17\,m/s^2 = 8.5\,m/s^2$ ausgegangen.

2.62 a) $\lim\limits_{x\to\pm\infty}\dfrac{x+1}{x-1}=1$;

also waagrechte Asymptote: $y=1$.

Bei $x=1$ ist eine Nenner-, aber keine Zählernullstelle; also ist die Polstelle $x_0=1$.

$\overbrace{\rightarrow 2>0}$

$\lim\limits_{x\to 1^-}\dfrac{x+1}{x-1}=-\infty$

$\underbrace{\rightarrow 0^-,<0}$

$\overbrace{\rightarrow 2>0}$

$\lim\limits_{x\to 1^+}\dfrac{x+1}{x-1}=+\infty$

$\underbrace{\rightarrow 0^+,>0}$

b)

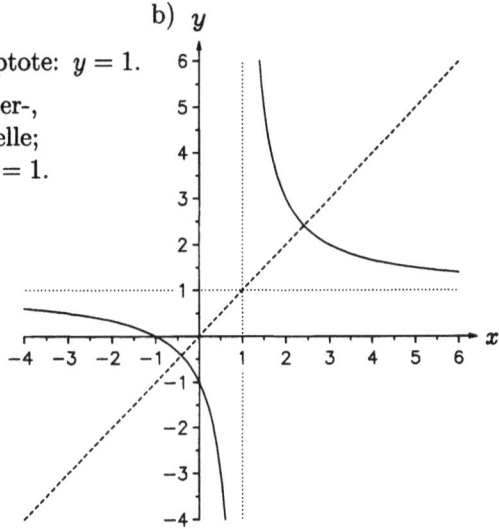

c) f ist genau dann um den Punkt (x_0,y_0) symmetrisch, wenn gilt: $y_0-f(x_0-x)=f(x_0+x)-y_0$. Um die Punktsymmetrie um $(1,1)$ zu beweisen, müssen wir zeigen, dass $1-f(1-x)=f(1+x)-1$ ist.

$$1-f(1-x)=1-\frac{1-x+1}{1-x-1}=1-\frac{2-x}{-x}=\frac{-x-(2-x)}{-x}=\frac{2}{x}$$

$$f(1+x)-1=\frac{1+x+1}{1+x-1}-1=\frac{2+x}{x}-1=\frac{2+x-x}{x}=\frac{2}{x}$$

Also ist $1-f(1-x)=f(1+x)-1$, q.e.d.

Oder man zeigt, dass nach den Transformationen $x^*:=x-x_0$ und $y^*=y-y_0$ um das Symmetriezentrum $(x_0,y_0)=(1,1)$ die Funktion $f^*:x^*\mapsto y^*$ ungerade, also punktsymmetrisch um den Ursprung ist. Aus $x^*=x-1$ folgt: $x=x^*+1$, und aus $y^*=y-1$ folgt: $y=y^*+1$.

Somit wird die Gleichung $y=\dfrac{x+1}{x-1}$ zu $y^*+1=\dfrac{x^*+1+1}{x^*+1-1}$ $\Longrightarrow$

$y^*=\dfrac{x^*+2}{x^*}-1=\dfrac{2}{x^*}=2\cdot(x^*)^{-1}$; d.h., f^* ist ungerade, q.e.d.

d) $y=f(x)=\dfrac{x+1}{x-1}\ \Longrightarrow\ xy-y=x+1\ \Longrightarrow\ x(y-1)=y+1\ \Longrightarrow$

$x=f^{-1}(y)=\dfrac{y+1}{y-1}$, also ist $f^{-1}(x)=\dfrac{x+1}{x-1}=f(x)$ für alle x, d.h.,

dass die Funktion f mit ihrer Umkehrfunktion f^{-1} identisch ist.

e) Graphisch erhält man die Umkehrfunktion durch Spiegelung an der Haupdiagonale (die gestrichelte Linie in der Graphik), vorausgesetzt, beide Achsen sind gleich skaliert (was in der Praxis meist nicht zutrifft). Da hier f um diese Diagonale symmetrisch ist, ist $f=f^{-1}$.

3 Folgen, Grenzwerte, Reihen, Zinsrechnung

Folgen, Grenzwerte

3.1   a) Die Folge $(0.9, 0.99, 0.999, \dots)$ konvergiert offensichtlich gegen 1; denn zu jedem $\epsilon > 0$ kann man ein $n_0 \in I\!N$ wählen, sodass sie ab diesem n_0 weniger als ϵ von 1 entfernt ist. Für etwa $\epsilon = 10^{-7}$ reicht $n_0 = 8$, um sich ab dem Folgenglied 0.99999999 von 1 um höchstens 10^{-8} zu unterscheiden, und das ist weniger als $\epsilon = 10^{-7}$. Allgemein können diese Folgenglieder, wenn wir sie, von $n = 1$ beginnend, a_n nennen, durch $a_n = 1 - 0.1^n$ beschrieben werden. Wegen $0.1^n \to 0$ konvergieren diese a_n gegen 1.

    b) Die Folge $(0.75, 0.775, 0.7775, \dots)$ konvergiert offensichtlich gegen $0.7777777\overline{7}$, und das ist $\frac{7}{9}$; denn analog zu a) lässt sich zu jedem Abstand $\epsilon > 0$ ein $n_0 \in I\!N$ finden, sodass die Folgenglieder ab $n \geq n_0$ weniger als ϵ von 0.7777777 entfernt sind.

Die Konvergenz dieser Folge gegen $0.7777777\overline{7} = \frac{7}{9}$ erhält man auch, indem wir bereits auf die wichtige geometrische Reihe vorgreifen:

Wir bezeichnen die Folge $(0.75, 0.775, 0.7775, \dots)$ mit $(b_1, b_2, b_3, \dots)$ $= (b_n)_{n \in N}$, wobei dann die Folgenglieder b_n durch

$$b_n = 7 \cdot \sum_{i=1}^{n} \left(\frac{1}{10}\right)^i + 5 \cdot \left(\frac{1}{10}\right)^{n+1} = 0.7 \cdot \sum_{i=0}^{n-1} \left(\frac{1}{10}\right)^i + 0.5 \cdot \left(\frac{1}{10}\right)^n$$

darstellbar sind. Dabei ist $5 \cdot \left(\frac{1}{10}\right)^{n+1}$ bzw. $0.5 \cdot \left(\frac{1}{10}\right)^n$ nicht mehr vom Summenzeichen betroffen. Wir summieren nun die vom Summenzeichen betroffenen Summanden mittels der Summenformel für die endliche geometrische Reihe. Diese bezieht sich gewöhnlich auf Summen, die mit dem Index $i = 0$ beginnen, weswegen wir uns an die zweite Darstellung der Summe halten:

$$\sum_{i=0}^{n-1} \left(\frac{1}{10}\right)^i = \frac{1 - \left(\frac{1}{10}\right)^{(n-1)+1}}{1 - \frac{1}{10}} = \frac{10}{9} \cdot \left(1 - \left(\frac{1}{10}\right)^n\right)$$

Also ist $b_n = 0.7 \cdot \dfrac{10}{9} \cdot \left(1 - \left(\dfrac{1}{10}\right)^n\right) + 0.5 \cdot \left(\dfrac{1}{10}\right)^n$

Somit gilt für den Grenzwert der Folge:

$$\lim_{n \to \infty} b_n = \lim_{n \to \infty} \left[\frac{7}{9} \cdot \left(1 - \left(\frac{1}{10}\right)^n\right) + 0.5 \cdot \left(\frac{1}{10}\right)^n\right] = \frac{7}{9}$$

3.2 a) $(1/\sqrt{n})_{n\in I\!N} = (1, 0.707, 0.577, 0.5, \ldots)$ konvergiert gegen 0.

   Beweis (wird von Nichtmathematikern gewöhnlich nicht gefordert):
   Zu zeigen wäre, dass es zu jedem $\epsilon > 0$ ein $n_0 \in I\!N$ gibt, sodass für
   alle $n \geq n_0$ gilt: $|1/\sqrt{n} - 0| < \epsilon$. Sei also $\epsilon > 0$ beliebig. Dann wählen
   wir irgendein n_0, das nur größer als $1/\epsilon^2$ ist, und sehen, dass dann
   für alle $n \geq n_0$ gilt: $|1/\sqrt{n} - 0| < |1/\sqrt{1/\epsilon^2}| = \epsilon$, q.e.d.

   b) $(\sqrt{n})_{n\in I\!N} = (1, 1.414, 1.732, 2, \ldots)$ geht gegen ∞, divergiert also.

   Beweis für $(\sqrt{n})_{n\in I\!N} \to \infty$:
   Zu zeigen ist, dass es zu jeder Schranke C ein n_0 gibt, sodass $\sqrt{n}$ für
   alle $n \geq n_0$ diese Schranke überschreitet. Zu gegebebem C wählen
   wir ein $n_0 > C^2$; dann ist $\sqrt{n} > \sqrt{C^2} = C$ für alle $n \geq n_0$, q.e.d.

3.3 a) $\displaystyle\lim_{n\to\infty} \left(\frac{1}{3}\right)^n = 0$

   b) $\displaystyle\lim_{n\to\infty} \frac{10^{-6} \cdot 10^{-3n}}{10^{-7n}} = \lim_{n\to\infty} 10^{-6} \cdot 10^{-3n+7n} = \lim_{n\to\infty} 10^{-6} \cdot 10^{4n} = \infty$

   c) $\displaystyle\lim_{n\to\infty} \frac{3}{n-2} = 0$

   d) $\displaystyle\lim_{n\to\infty} \frac{n^2+5}{n} = \lim_{n\to\infty} \left(n + \frac{5}{n}\right) = \infty$

   e) $\displaystyle\lim_{n\to\infty} \frac{7n - 20n^2 + 3}{4n^2 - 11n + 2} = \lim_{n\to\infty} \frac{7/n - 20 + 3/n^2}{4 - 11/n + 2/n^2} = \frac{-20}{4} = -5$

   f) $\displaystyle\lim_{n\to\infty} \frac{1 - n^3}{10n^2 - n} = \lim_{n\to\infty} \frac{-n^3}{10n^2} = \lim_{n\to\infty} \frac{-n}{10} = -\infty$

   > Bei einer rationalen Funktion genügt es, zur Berechnung ihres
   > Grenzwertes für $n \to \infty$ im Zähler und Nenner jeweils nur den
   > Summanden mit der höchsten Potenz samt Koeffizienten zu be-
   > achten, wie aus den vorausgehenden Lösungswegen ersichtlich ist.

   g) $\displaystyle\lim_{n\to\infty} \frac{1 - 4n^2}{100 + n} = \lim_{n\to\infty} \frac{-4n^2}{n} = \lim_{n\to\infty} (-4n) = -\infty$

   h) $\displaystyle\lim_{n\to\infty} \frac{1 - 10^{50}n^2}{n^3 + 1} = \lim_{n\to\infty} \frac{-10^{50}n^2}{n^3} = \lim_{n\to\infty} \frac{-10^{50}}{n} = 0$

   i) $\displaystyle\lim_{n\to\infty} \frac{10^n}{-10^{30} \cdot 3^{2n}} = \lim_{n\to\infty} \frac{-10^n}{10^{30} \cdot 9^n} = \lim_{n\to\infty} \left[-10^{-30} \cdot \left(\frac{10}{9}\right)^n\right] = -\infty$

3.4 a) $\lim\limits_{x\to\pm\infty} \dfrac{2x^4}{(1-x)^3} = \lim\limits_{x\to\pm\infty} \dfrac{2x^4}{(-x)^3} = \lim\limits_{x\to\pm\infty} \dfrac{2x^4}{-x^3} = \lim\limits_{x\to\pm\infty} (-2x) = \mp\infty$

$\left[\begin{array}{l} \text{Wir beachten im Zähler und Nenner bei jedem Faktor jeweils nur} \\ \text{den Summanden mit der höchsten Potenz samt Koeffizienten.} \end{array}\right]$

b) $\lim\limits_{x\to\pm\infty} \dfrac{2(1+x^2)}{(7-x)(9+x)} = \lim\limits_{x\to\pm\infty} \dfrac{2x^2}{(-x)\cdot(+x)} = \lim\limits_{x\to\pm\infty} \dfrac{2x^2}{-x^2} = -2$

c) $\lim\limits_{x\to\infty} \dfrac{1.01^x}{x^{100}} = \infty$ $\left[\begin{array}{l} \text{Jede Exponentialfunktion } x \mapsto a^x \text{ mit Basis} \\ a > 1 \text{ wächst stärker als jede Potenzfunktion.} \end{array}\right]$

d) $\lim\limits_{x\to\infty} \dfrac{\ln x}{\sqrt[100]{x}} = \lim\limits_{x\to\infty} \dfrac{\ln x}{x^{0.01}} = 0$ $\left[\begin{array}{l} \text{Jede Potenzfunktion } x \mapsto x^r \\ \text{mit Exponenten } r > 0 \text{ wächst} \\ \text{stärker als jeder Logarithmus.} \end{array}\right]$

e) $\lim\limits_{x\to\infty} \left(\dfrac{1}{2}\right)^x \cdot \ln x^{100} = \lim\limits_{x\to\infty} \dfrac{100\ln x}{2^x} = 0$

f) $\lim\limits_{x\to-\infty} \dfrac{x^{-100}}{e^{3x}} = \lim\limits_{z\to+\infty} \dfrac{(-z)^{-100}}{e^{-3z}} = \lim\limits_{z\to+\infty} \dfrac{e^{3z}}{(-z)^{100}} = \lim\limits_{z\to+\infty} \dfrac{e^{3z}}{z^{100}} = \infty$

3.5 Alle Aufgaben bis auf c) sind mit der Regel von de l'Hospital meist einfacher zu lösen; wir zeigen hier aber die Lösungen durch Kürzung:

a) $\lim\limits_{x\to0} \dfrac{(x+2)^2 - 4}{x} = \lim\limits_{x\to0} \dfrac{(x^2+4x)}{x} = \lim\limits_{x\to0} (x+4) = 4$

b) $\lim\limits_{x\to\frac{1}{2}} \dfrac{2x^2+x-1}{4x^2-1} = \lim\limits_{x\to\frac{1}{2}} \dfrac{(2x+2)(x-\frac{1}{2})}{(4x+2)(x-\frac{1}{2})} = \lim\limits_{x\to\frac{1}{2}} \dfrac{2x+2}{4x+2} = \dfrac{3}{4}$

c) $\lim\limits_{x\to-3} \dfrac{6x^2-54}{12-3x^2} = 0$ $\left[\begin{array}{l} \text{Einfach } x = -3 \text{ einsetzen;} \\ \text{der Nenner wird hier nicht 0.} \end{array}\right]$

d) $\lim\limits_{x\to1} \dfrac{1-x}{1-\sqrt{x}} = \lim\limits_{x\to1} \dfrac{(1+\sqrt{x})(1-\sqrt{x})}{1-\sqrt{x}} = \lim\limits_{x\to1} (1+\sqrt{x}) = 2$

e) $\lim\limits_{x\to-2} \dfrac{x^3+8}{x+2} = \lim\limits_{x\to-2} \dfrac{(x^2-2x+4)(x+2)}{x+2} = 12$

f) $\lim\limits_{x \to a} \dfrac{x^n - a^n}{x - a} = \lim\limits_{x \to a} \dfrac{(x-a)(x^{n-1} + ax^{n-2} + \ldots + a^{n-2}x + a^{n-1})}{x - a}$

$$= a^{n-1} + a\,a^{n-2} + \ldots + a^{n-2}a + a^{n-1} = n \cdot a^{n-1}$$

Das wäre mit der Regel von de l'Hospital, die hier angewandt werden darf, weil Zähler und Nenner gegen 0 gehen, wesentlich einfacher:

$$\lim\limits_{x \to a} \dfrac{x^n - a^n}{x - a} = \lim\limits_{x \to a} \dfrac{n \cdot x^{n-1}}{1} = n \cdot a^{n-1}$$

3.6   a) $\lim\limits_{x \to 0} \dfrac{\sin x}{x} = \lim\limits_{x \to 0} \dfrac{\cos x}{1} = 1$ $\begin{bmatrix} \text{Regel von de l'Hospital, denn} \\ \text{Zähler und Nenner des Original-} \\ \text{Bruches gehen gegen 0.} \end{bmatrix}$

b) $\lim\limits_{x \to 0} \dfrac{\sin x \cdot \cos x}{x} = \lim\limits_{x \to 0} \dfrac{\sin x}{x} \cdot \lim\limits_{x \to 0} \cos x = 1 \cdot 1 = 1$ [wegen a)]

c) $\lim\limits_{x \to 0^+} \dfrac{\sin^2 \sqrt{x}}{1 - \cos x} = \lim\limits_{x \to 0^+} \dfrac{2 \sin \sqrt{x} \cdot \frac{1}{2\sqrt{x}}}{\sin x} = \lim\limits_{x \to 0^+} \dfrac{\frac{1}{\sqrt{x}} \cdot \sin \sqrt{x}}{\sin x} = \infty$

Zunächst gehen Zähler und Nenner gegen 0, weswegen wir die Regel von de l'Hospital anwenden. Der abgeleitete Zähler, der im nächsten Schritt noch durch 2 gekürzt wird, geht gegen 1, während der abgeleitete Nenner von rechts gegen 0 geht (da $x \to 0^+$). Somit geht der Bruch gegen $+\infty$. Dass der abgeleitete Zähler gegen 1 geht, muss erst noch gezeigt werden. Dazu verwenden wir die Substitution $z := \sqrt{x}$:

$$\lim\limits_{x \to 0^+} \tfrac{1}{\sqrt{x}} \cdot \sin \sqrt{x} = \lim\limits_{z \to 0^+} \dfrac{\sin z}{z} = 1 \qquad [\text{ wegen a) }]$$

d) $\lim\limits_{x \to 0} \dfrac{x^2 + \sin x}{x} = \lim\limits_{x \to 0} x + \lim\limits_{x \to 0} \dfrac{\sin x}{x} = 0 + 1 = 1$ [wegen a)]

e) $\lim\limits_{x \to 0} \dfrac{\tan x}{\sin x} = \lim\limits_{x \to 0} \dfrac{1}{\cos x} = 1$ $\left[\text{denn } \tan x = \dfrac{\sin x}{\cos x}, \text{ dann einsetzen.} \right]$

f) $\lim\limits_{x \to 0} \dfrac{1 - \cos(2x)}{x^2} = \lim\limits_{x \to 0} \dfrac{1 - (1 - 2\sin^2 x)}{x^2}$ $\begin{bmatrix} \text{Additionstheorem:} \\ \cos(2x) = 1 - 2\sin^2 x \end{bmatrix}$

$$= \lim\limits_{x \to 0} \left(2 \cdot \dfrac{\sin x}{x} \cdot \dfrac{\sin x}{x} \right) = 2 \cdot 1 \cdot 1 = 2 \qquad [\text{ wegen a) }]$$

Oder mittels zweifacher Anwendung der Regel von de l'Hospital:

$$\lim\limits_{x \to 0} \dfrac{1 - \cos(2x)}{x^2} = \lim\limits_{x \to 0} \dfrac{[\sin(2x)] \cdot 2}{2x} = \lim\limits_{x \to 0} \dfrac{[\cos(2x)] \cdot 4}{2} = 2$$

3.7 a) $f(x) = \dfrac{1}{2-x}$ ist nicht definiert für $x = x_0 = 2$.

Annäherung
von rechts: $\displaystyle\lim_{x\to 2^+} f(x) = \lim_{h\to 0^+} \frac{1}{2-(2+h)} = \lim_{h\to 0^+} \frac{1}{-h} = -\infty.$

Annäherung
von links: $\displaystyle\lim_{x\to 2^-} f(x) = \lim_{h\to 0^+} \frac{1}{2-(2-h)} = \lim_{h\to 0^+} \frac{1}{h} = +\infty.$

b) $f(x) = \dfrac{1}{4-x^2}$ ist nicht definiert für $x = x_0 = \pm 2$.

1. Lücke: $x_0 = +2$: Nähert sich x von rechts an $+2$, d.h., $x \to (+2)^+$, dann ist $x > +2$ und damit der gegen 0 strebende Nenner $4-x^2$ von f negativ. Bei einer Annäherung von links an $+2$, d.h., $x \to (+2)^-$, ist $x < +2$ und folglich der Nenner $4-x^2$ positiv. Somit gilt:

$$\lim_{x\to(+2)^+} \frac{1}{4-x^2} = -\infty, \qquad \lim_{x\to(+2)^-} \frac{1}{4-x^2} = +\infty.$$

2. Lücke: $x_0 = -2$: Nähert sich x von rechts an -2, d.h., $x \to (-2)^+$, dann ist $x > -2$, also $|x| < 2$, sodass der Nenner $4-x^2$ von f positiv ist. Bei einer Annäherung von links, d.h., $x \to (-2)^-$, ist $x < -2$ und damit $|x| > 2$, sodass der Nenner $4-x^2$ negativ ist. Somit gilt:

$$\lim_{x\to(-2)^+} \frac{1}{4-x^2} = +\infty, \qquad \lim_{x\to(-2)^-} \frac{1}{4-x^2} = -\infty.$$

c) $f(x) = \dfrac{\ln(\frac{1}{4}x)}{8-x^3}$ ist nicht definiert für $x = x_0 = 2$ und für alle $x \leq 0$.

Zur Lücke $x_0 = 2$: Nähert sich x von rechts an 2, d.h., $x \to 2^+$, dann ist $x > 2$ und damit der gegen 0 strebende Nenner $8-x^3$ von f negativ. Bei einer Annäherung von links, d.h., $x \to 2^-$, ist dagegen $x < 2$ und folglich der Nenner $8-x^3$ positiv. Der Zähler geht aber in jedem Fall gegen $\ln(\frac{1}{2}) = -\ln 2$ und ist somit negativ, weshalb er das Vorzeichen des ganzen Bruches wieder umdreht. Es gilt deshalb:

$$\lim_{x\to 2^+} \frac{\ln(\frac{1}{4}x)}{8-x^3} = +\infty, \qquad \lim_{x\to 2^-} \frac{\ln(\frac{1}{4}x)}{8-x^3} = -\infty.$$

Zum Rand $x_0 = 0$ des Definitionsbereichs von f: Da f für negative x nicht definiert ist, kann sich x nur von rechts an $x_0 = 0$ annähern. Der Logarithmus von x und damit auch der Logarithmus von $\frac{1}{4}x$ geht für $x \to 0$ (d.h., hier $x \to 0^+$) gegen $-\infty$, während der Nenner gegen den positiven Wert 8 konvergiert. Also:

$$\lim_{x\to 0} \frac{\ln(\frac{1}{4}x)}{8-x^3} = \lim_{x\to 0^+} \frac{\ln(\frac{1}{4}x)}{8-x^3} = -\infty$$

3.8 a)

a_0	a_1	a_2	a_3	a_4	a_5	a_6	a_7	a_8	a_9	a_{10}
-1	0.000	1.000	1.414	1.554	1.598	1.612	1.616	1.617	1.618	1.618
1000	31.64	5.713	2.591	1.895	1.701	1.644	1.626	1.620	1.619	1.618

b) Es ist $a_1 = \sqrt{1 + a_0}$, $a_2 = \sqrt{1 + a_1} = \sqrt{1 + \sqrt{1 + a_0}}$,

$$a_3 = \sqrt{1 + a_2} = \sqrt{1 + \sqrt{1 + \sqrt{1 + a_0}}} \quad \text{usw.}$$

Also: $a_7 = \sqrt{1 + \sqrt{1 + \sqrt{1 + \sqrt{1 + \sqrt{1 + \sqrt{1 + a_0}}}}}}$

c) Die strenge Monotonie für Folgen bedeutet, dass $a_{n+1} > a_n$ bzw. $a_{n+1} < a_n$ für alle $n \in I\!N_0$ ist, die Konstanz, dass $a_{n+1} = a_n$ für alle $n \in I\!N_0$ gilt.

$a_1 > a_0$: Die Induktion beginnt mit dem Induktionsanfang $n = 0$. Auf $n = 0$ bezogen bedeutet das zu zeigende streng monotone Wachsen der Folge, dass $a_1 > a_0$ sein muss. Das ist wahr, denn genau davon gehen wir in diesem Fall aus. Zum Induktionsschritt von n auf $n+1$: Unter der Induktionsannahme, dass $a_{n+1} > a_n$ wahr ist, ist zu zeigen, dass auch $a_{n+2} > a_{n+1}$ ist. Gemäß der rekursiven Definition ist $a_{n+2} = \sqrt{1 + a_{n+1}}$, und das ist aufgrund der Induktionsannahme ($a_{n+1} > a_n$) und des streng monotonen Steigens der Wurzel größer als $\sqrt{1 + a_n}$, was wiederum nach der Folgendefinition a_{n+1} ist. Also ist $a_{n+2} > a_{n+1}$, q.e.d.

$a_1 < a_0$: analog.

$a_1 = a_0$ Der Induktionsanfang ist wiederum trivial. Unter der Induktionsannahme $a_{n+1} = a_n$ (Behauptung für n) und der auf $n + 1$ bezogenen rekursiven Folgendefinition $a_{n+2} = \sqrt{1 + a_{n+1}}$ folgt $a_{n+2} = \sqrt{1 + a_n}$; diese Wurzel definiert exakt das Folgenglied a_{n+1}. Also ist $a_{n+2} = a_{n+1}$; das ist die Behauptung für $n + 1$, q.e.d.

d) Wenn $a_1 > a_0$ ist, ist $(a_n)_{n \in I\!N_0}$ streng monoton steigend. Das heißt: $a_1 > a_0 \iff \sqrt{1 + a_0} > a_0 \iff -1 \le a_0 \le 0 \lor 1 + a_0 > a_0^2$. Die letzte Ungleichung nach dem „$\lor$" ist äquivalent zu $a_0^2 - a_0 - 1 < 0$. Da $y := a_0^2 - a_0 - 1$ die Gleichung einer nach oben geöffneten Parabel ist, ist diese im Bereich zwischen ihren Nullstellen negativ. Die Nullstellen ergeben sich zu $a_{0;1} = \frac{1}{2}(1 + \sqrt{5}) \approx 1.618$ und zu $a_{0;2} = \frac{1}{2}(1 - \sqrt{5}) \approx -0.618$. Da die Ungleichung $a_1 > a_0$, welche das streng monotone Steigen impliziert, aber auch für jedes a_0 mit $-1 \le a_0 \le 0$ erfüllt ist, ist sie insgesamt für jeden zulässigen (d.h., $a_0 \ge -1$) Startwert $a_0 < \frac{1}{2}(1+\sqrt{5})$ erfüllt. Man nennt diese Schranke

$$\Phi := \frac{1 + \sqrt{5}}{2} \approx 1.618$$

auch die „nobelste aller Zahlen". Das Verhältnis $\Phi : 1$ entspricht dem Verhältnis des goldenen Schnitts. Die Nullstelle $a_{0;1} = \frac{1}{2}(1 + \sqrt{5}) \approx$ 1.618 erfüllt die Gleichung $a_1 = a_0$, während die andere Nullstelle $a_{0;2} = \frac{1}{2}(1 - \sqrt{5}) \approx -0.618$ dieser Gleichung nicht genügt; sie hat ja bereits die Ungleichung $a_1 > a_0$ erfüllt. Also gilt die Konstanz von $(a_n)_{n \in \mathbb{N}_0}$ nur für den Startwert $a_0 = \Phi$. Für alle anderen zulässigen Startwerte muss demnach $a_1 < a_0$ sein, was das streng monotone Fallen impliziert. Es gilt also insgesamt:

$$(a_n)_{n \in \mathbb{N}_0} \text{ ist } \begin{cases} \text{streng monoton steigend} & \Longleftrightarrow & -1 \le a_0 < \Phi \\ \text{konstant} & \Longleftrightarrow & a_0 = \Phi \\ \text{streng monoton fallend} & \Longleftrightarrow & a_0 > \Phi \end{cases}$$

e) Ist $a_0 < \Phi$, so steigt die Folge streng monoton. Überschritte $(a_n)_{n \in \mathbb{N}_0}$ irgendwann für ein gewisses $n_0 \in \mathbb{N}$ die Zahl Φ, dann wäre $a_{n_0} > \Phi$. Aufgrund der rekursiven Definition der Folge geht a_{n_0+1} aus a_{n_0} genauso hervor wie a_1 aus a_0; und für $a_0 > \Phi$ war ja $a_1 < a_0$ und damit die ganze Folge streng monoton fallend, wie soeben gezeigt wurde. Also wäre, sobald bei unserer Folge ein $a_{n_0} > \Phi$ ist, a_{n_0+1} wieder kleiner als a_{n_0}, d.h., sie würde plötzlich wieder fallen; das ist ein Widerspruch zum bereits bewiesenen streng monotonen Steigen der gesamten Folge für $a_0 < \Phi$. Also muss eine solche Folge durch Φ nach oben beschränkt sein. Durch ihren Startwert a_0, von dem an sie dauernd steigt, ist sie auch nach unten beschränkt.

Zusatzbemerkung: Die Folge erreicht die Zahl Φ nie, denn erreichte sie sie, so würde die Folge ab da konstant bleiben, was ebenfalls zur strengen Monotonie widersprüchlich wäre.

Für $a_0 > \Phi$ zeigt man analog, dass die Folge $(a_n)_{n \in \mathbb{N}}$ durch a_0 nach oben und durch Φ nach unten beschränkt ist.

Zusatzbemerkung: Die Zahl Φ würde wiederum nie erreicht werden.

Für $a_0 = \Phi$ bleibt die Folge konstant und damit trivialerweise auch beschränkt.

f) Jede dieser Folgen $(a_n)_{n \in \mathbb{N}_0}$ konvergiert, denn es gilt der Satz, dass jede monotone und beschränkte Folge konvergiert.

g) Wenn der Grenzwert $a = \lim_{n \to \infty} a_n$ existiert – und das haben wir gezeigt –, geht der Differenzbetrag $|a_{n+1} - a_n|$ gegen 0; es muss also aufgrund der rekursiven Definition von a_{n+1} gelten: $|\sqrt{1 + a_n} - a_n| \to$ 0 für $n \to \infty$. Das ist erfüllt, wenn a_n gegen ein a konvergiert, für das $\sqrt{1 + a} = a$ ist, sodass dann $\sqrt{1 + a_n}$ ebenfalls gegen $\sqrt{1 + a} = a$ konvergiert. Da eine konvergente Folge nur einen Grenzwert haben

kann, ist dieses a mit $a = \sqrt{1+a}$, das sozusagen die Rekursions-
formel in sich erfüllt, der Grenzwert jeder Folge $(a_n)_{n\in\mathbb{N}}$. Und wie
bereits gezeigt, ist die Gleichung $a = \sqrt{1+a}$ genau für die Zahl Φ
erfüllt, die somit nicht nur derjenige Startwert ist, für die die Folge
konstant bleibt, sondern auch der Grenzwert jeder Folge mit zulässi-
gem Startwert $a \geq -1$. Der Grenzwert hängt also nicht vom Startwert ab.

Anmerkung: Die Zahl Φ ist die irrationalste Zahl im Sinne schlechter
Approximierung durch Brüche mit kleinen Nennern. Sie ist nämlich
auch der Grenzwert der rekursiv definierten Folge $a_{n+1} := 1 + 1/a_n$
mit beliebigem Startwert $a_0 > 0$. Auch konvergiert der Quotient zweier aufeinanderfolgender Fibonacci-Zahlen a_{n+1}/a_n gegen die Zahl Φ.
Dabei entsteht die Fibonacci-Folge ebenfalls rekursiv, und zwar durch
$a_{n+2} := a_{n+1} + a_n$ mit Startwerten $a_0 = 0$ und $a_1 = 1$ (oder auch
$a_0 = a_1 = 1$). Zwei Seitenlängen stehen im goldenen Schnitt, wenn ihre
Summe sich zur größeren wie $\Phi : 1$ verhält. Dann verhält sich auch die
größere zur kleineren wie $\Phi : 1$. Stutzt man ein Rechteck mit derartigen
Seitenlängen (d.h., ein goldenes Rechteck) um ein Quadrat, so entsteht
wieder ein goldenes Rechteck. Diesen Vorgang kann man beliebig oft
wiederholen (stetige Teilung). Das Verhältnis $\Phi : 1$ wurde früher als
natürlichste und ästhetischste Proportion empfunden. Offenbar empfin-
det man eine Stiege weder als zu steil noch als zu flach, wenn sie im
goldenen Schnitt gebaut ist, d.h., wenn sich Eintrittstiefe und Höhe ihrer Stufen wie $\Phi : 1$ verhalten. Der goldene Winkel $\Psi \approx 137.5°$ teilt den
Vollwinkel $360°$ im Verhältnis $1 : \Phi$. Er wird von manchen Pflanzen be-
nutzt, die sicherstellen wollen, dass sich ihre spiralförmig um den Stengel
gewundenen Blätter so wenig wie möglich überdecken, wozu der Winkel
möglichst irrational sein muss. Weitere und detailliertere Informationen
sind in *http://de.wikipedia.org/wiki/Goldener_Schnitt* zu finden.

3.9   Anfangsanteil des Kochsalzes: $c_0 = 6\% = 0.06$.

Nach der ersten Verdünnung: $c_1 = 0.06 \cdot \dfrac{1\text{ Liter}}{1.5\text{ Liter}} = \dfrac{2}{3} \cdot 0.06$

Nach n Verdünnungen: $c_n = \left(\dfrac{2}{3}\right)^n \cdot 0.06$

n soll nun so groß sein, dass der Salzgehalt c_n kleiner als 0.005% ist;
das entspricht einem Anteil von 0.00005:

$$c_n = \left(\frac{2}{3}\right)^n \cdot 0.06 < 0.00005 \implies n > \frac{\ln\left(\frac{0.00005}{0.06}\right)}{\ln\left(\frac{2}{3}\right)} = 17.49.$$

Man muss also den Mischvorgang mindestens 18 mal wiederholen.

3.10 $\quad 6 \cdot 10^{23} \cdot \left(\dfrac{1}{20}\right)^n = 1 \implies \left(\dfrac{1}{20}\right)^n = \dfrac{1}{6} \cdot 10^{-23}$

$$\implies n = \frac{\lg\left(\dfrac{1}{6} \cdot 10^{-23}\right)}{\lg\left(\dfrac{1}{20}\right)} = \frac{-\lg 6 - 23}{-\lg 20} = 18.28; \quad \text{also ca. 18 mal.}$$

3.11 Nach den ersten fünf Jahren erhalten wir mit $q = 1.015$ eine Anzahl von

$A_5 = A_0 \cdot q^5 = 100\,000 \cdot 1.015^5 = 107\,728$ Algen.

Ab dem sechsten Jahr, also ab $n \geq 6$ nimmt die Algenpopulation jährlich um 1.5 %, also mit $q = 0.985$ ab. Somit gilt:

$A_n = 107\,728 \cdot 0.985^{n-5}$ für $n \geq 6$.

Die Zahl A_n ist natürlich für alle $n \geq 6$ positiv. Die Population gilt aber als ausgestorben, wenn sie kleiner als eine „halbe Alge" ist; also:

$$A_n = 107\,728 \cdot 0.985^{n-5} \overset{!}{<} 0.5 \implies 0.985^{n-5} < \frac{0.5}{107\,728}$$

$$\implies n - 5 > \frac{\ln 0.5 - \ln 107\,728}{\lg 0.985} = 812.5 \implies n > 817.5.$$

Die Algenpopulation ist also nach etwa 800 Jahren ausgestorben.

3.12 a) $N_i = 4^i$ $\qquad$ b) $L_i = \left(\dfrac{4}{3}\right)^i$

c) $L_\infty = \lim\limits_{i \to \infty} L_i = \infty$ $\qquad$ d) $N = s^{D_H} \implies D_H = \dfrac{\ln N}{\ln s} = \dfrac{\ln 4}{\ln 3} = 1.262$

Reihen

3.13 a) $9 + 90 + 900 + 9\,000 + 90\,000 = 9 \cdot \sum\limits_{i=0}^{4} 10^i = 9 \cdot \dfrac{1 - 10^{4+1}}{1 - 10} = 99\,999$

b) $1 - 1 + 1 - 1 + 1 - 1 + 1 = \sum\limits_{i=0}^{6} (-1)^i = \dfrac{1 - (-1)^{6+1}}{1 - (-1)} = \dfrac{1 - (-1)}{2} = 1$

c) $-50 + 250 - 1\,250 + 6\,250 - 31\,250 = -50 \cdot (1 - 5 + 25 - 125 + 625)$

$\qquad = -50 \cdot \sum\limits_{i=0}^{4} (-5)^i = -50 \cdot \dfrac{1 - (-5)^{4+1}}{1 - (-5)} = -26\,050$

d) $\displaystyle\sum_{i=1}^{10}\left(\frac{4}{5}\right)^i = \sum_{i=0}^{10} 0.8^i - 0.8^0 = \frac{1-0.8^{10+1}}{1-0.8} - 1 \approx 3.57$

Die Summenformel für die geometrische Reihe, sei es die endliche oder die unendliche, ist gewöhnlich auf Summen, die mit dem Index $i = 0$ beginnen, bezogen. Das ist deswegen sinnvoll, da man oft, wie auch in a) und c), den ersten Summanden auszuklammern hat, sodass die Summe in der Klammer dann mit 1, das dem q^0 entspricht, beginnt. Beginnt die Summe nicht mit $i = 0$, müssen entweder, wie gezeigt, Summanden abgespalten werden, oder wir klammern auch hier den ersten Summanden aus. Das führt zum selben Ergebnis:

$$\sum_{i=1}^{10}\left(\frac{4}{5}\right)^i = \sum_{i=1}^{10} 0.8^i = 0.8^1 + 0.8^2 + 0.8^3 + \ldots + 0.8^{10}$$
$$= 0.8 \cdot (1 + 0.8 + 0.8^2 + \ldots + 0.8^9)$$
$$= 0.8 \cdot \sum_{i=0}^{9} 0.8^i = 0.8 \cdot \frac{1-0.8^{9+1}}{1-0.8} \approx 3.57$$

3.14 a) $\displaystyle\sum_{i=1}^{\infty}\left(\frac{4}{5}\right)^i$ konvergiert, da $|q| = |0.8| < 1$ ist.

Da die Reihe nicht bei $i = 0$ beginnt, muss der Summand für $i = 0$ abgespalten werden oder 0.8 ausgeklammert werden. Ersteres ergibt:

$$\sum_{i=1}^{\infty}\left(\frac{4}{5}\right)^i = \sum_{i=0}^{\infty} 0.8^i - 0.8^0 = \frac{1}{1-0.8} - 1 = 5 - 1 = 4.$$

Und die zweite Methode ergibt:

$$\sum_{i=1}^{\infty}\left(\frac{4}{5}\right)^i = \sum_{i=1}^{\infty} 0.8^i = 0.8^1 + 0.8^2 + 0.8^3 + 0.8^4 + \ldots$$
$$= 0.8 \cdot (1 + 0.8 + 0.8^2 + 0.8^3 + \ldots)$$
$$= 0.8 \cdot \sum_{i=0}^{\infty} 0.8^i = 0.8 \cdot \frac{1}{1-0.8} = 4$$

b) Es gilt: $q = \dfrac{4x-1}{1-4x} = -1$ für alle $x \neq \dfrac{1}{4}$

Da $|q| = |-1| \not< 1$ ist, konvergiert diese geometrische Reihe nicht:

$$\sum_{i=0}^{\infty}\left(\frac{4x-1}{1-4x}\right)^i = \sum_{i=0}^{\infty} (-1)^i = 1-1+1-1+1-1\pm\ldots \quad \text{ist divergent.}$$

Die Folge ihrer Partialsummen, $(1, 0, 1, 0, 1, 0, \ldots)$, alterniert mit den Werten 0 und 1, konvergiert also gegen keine feste Zahl.

3.15 Die Reihe konvergiert, falls $|q| < 1$, d.h., falls $\left|\dfrac{3x-1}{2}\right| < 1$ ist.

Das gilt, wenn $|3x - 1| < 2$ ist, wenn also $3x$ weniger als 2 von 1 entfernt ist. Also muss $3x$ zwischen -1 und 3 liegen, x also zwischen $-\frac{1}{3}$ und 1.

Für $-\dfrac{1}{3} < x < 1$ erhalten wir: $\displaystyle\sum_{i=0}^{\infty} \left(\dfrac{3x-1}{2}\right)^i = \dfrac{1}{1 - \frac{3x-1}{2}} = \dfrac{2}{3(1-x)}$

3.16 $S(q) = \displaystyle\sum_{i=0}^{\infty} q^i$ ist konvergent für $|q| < 1$. Es gilt dann: $S(q) = \dfrac{1}{1-q}$

Für ihre Teilsumme bis n gilt: $S_n(q) = \displaystyle\sum_{i=0}^{n} q^i = \dfrac{1 - q^{n+1}}{1-q}$

Also gilt für den relativen Fehler:

$$\frac{S(q) - S_n(q)}{S(q)} = \frac{\dfrac{1}{1-q} - \dfrac{1-q^{n+1}}{1-q}}{\dfrac{1}{1-q}} = q^{n+1}.$$

Bestimmung von n:

$$q^{n+1} = 0.1^{n+1} \overset{!}{<} 10^{-4} \Rightarrow \left(\tfrac{1}{10}\right)^{n+1} < \left(\tfrac{1}{10}\right)^4 \Rightarrow 10^{n+1} > 10^4 \Rightarrow n > 3.$$

n muss also mindestens 4 sein.

3.17 Mit unendlich vielen Sprüngen erreicht der Frosch folgende Strecke:

$$S_\infty = 1 + \frac{1}{2} + \left(\frac{1}{2}\right)^2 + \left(\frac{1}{2}\right)^3 + \ldots = \sum_{i=0}^{\infty} \left(\frac{1}{2}\right)^i = \frac{1}{1 - \frac{1}{2}} = 2 \, [\text{m}].$$

Da die Straße aber 3 m breit ist, erreicht er die andere Straßenseite nicht!

3.18 $Z_1 = 100\,\text{g}, \quad Z_n = \dfrac{3}{5} \cdot Z_{n-1}$

a) $Z_{14} = \left(\dfrac{3}{5}\right)^{13} \cdot Z_1 = 0.6^{13} \cdot 100\,\text{g} = 0.13\,\text{g}$

b) $Z_{\text{Ges}(14)} = Z_1 \cdot \displaystyle\sum_{i=0}^{13} 0.6^i = 100\,\text{g} \cdot \dfrac{1 - 0.6^{14}}{1 - 0.6} = 249.80\,\text{g} \approx 250\,\text{g}.$

c) Nach unendlich vielen Tagen ergäbe sich ein Gesamtzuwachs von

$$Z_{\text{Ges}(\infty)} = Z_1 \cdot \sum_{i=0}^{\infty} 0.6^i = 100\,\text{g} \cdot \frac{1}{1 - 0.6} = 250\,\text{g}.$$

Der Gesamtzuwachs hat also bei 250 g seine obere Schranke. Diese wurde nach zwei Wochen so gut wie erreicht.

3.19 $\quad N_n = N_0 + \dfrac{N_0}{2} + \dfrac{N_0}{2^2} + \dfrac{N_0}{2^3} + \cdots + \dfrac{N_0}{2^n} = \displaystyle\sum_{i=0}^{n} N_0 \cdot \left(\dfrac{1}{2}\right)^i = \dfrac{1 - \left(\frac{1}{2}\right)^{n+1}}{1 - \frac{1}{2}}$

a) $\quad N_{10} = N_0 \displaystyle\sum_{i=0}^{10} \left(\dfrac{1}{2}\right)^i = 10^6 \cdot \dfrac{1 - 0.5^{11}}{0.5} = 1.999 \cdot 10^6$

b) $\quad 3N_0 = N_0 \dfrac{1 - 0.5^{n+1}}{0.5} \quad \Rightarrow \quad 0.5^{n+1} = -0.5 \quad$ nicht lösbar.

Die Anzahl verdreifacht sich also nie. Nach unendlich vielen Tagen verdoppelt sie sich nur, wie man aus der eingangs erwähnten allgemeinen Gleichung für $n \to \infty$ ersehen kann.

3.20 $\quad$ Da die Differenzen $d_i = a_{i+1} - a_i = 3$ zwischen zwei aufeinanderfolgenden Summanden a_i und a_{i+1} konstant ist, handelt es sich hier um eine arithmetische Reihe. Diese berechnet man am einfachsten durch

Summe $S = $ [Zahl an Summanden] $\cdot$ [mittelste Zahl], $\qquad$ wobei

[Zahl an Summanden] $= 1 + $ [Zahl an Einzelabständen]

$$= 1 + \left| \dfrac{\text{[letzter Summand]} - \text{[erster Summand]}}{\text{[Einzelabstand]}} \right|$$

Der Einzelabstand entspricht hier dem Betrag der konstanten Differenzen $|d_i| = 3$ zwischen jeweils zwei aufeinanderfolgenden Summanden.

Die mittelste Zahl (oder der Mittelwert) ergibt sich einfach durch

$$\text{[mittelste Zahl]} = \dfrac{\text{[erster Summand]} + \text{[letzter Summand]}}{2}$$

Für unsere arithmetische Reihe S gilt also:

$S = $ [Zahl an Summanden] $\cdot$ [mittelste Zahl]

$$= \left[1 + \left| \dfrac{1030 - 7}{3} \right| \right] \cdot \dfrac{7 + 1030}{2} = 342 \cdot 518.5 = 177\,327$$

Selbst wenn man diese arithmetische Reihe mittels deren Summenformel $\displaystyle\sum_{i=1}^{n} i = \dfrac{n(n+1)}{2}$ berechnete, bräuchte man die Zahl 342 an Summanden sowie die um 1 kleinere Zahl 341 der Einzelabstände:

$S = 342 \cdot 7 + (7 - 7) + (10 - 7) + (13 - 7) + \ldots + (1030 - 7)$

$$= 342 \cdot 7 + \displaystyle\sum_{i=0}^{341} 3i = 342 \cdot 7 + 3 \cdot \displaystyle\sum_{i=1}^{341} i = 342 \cdot 7 + 3 \cdot \dfrac{341 \cdot 342}{2}$$

$$= 2\,394 + 174\,933 = 177\,327$$

3.21 a) 15 Karten   b) 26 Karten

c) Das i-te Stockwerk von oben besteht aus $i \cdot 2$ schrägen Karten und $i-1$ Deckelkarten, insgesamt also aus $N_i = 2i+i-1 = 3i-1$ Karten. Die Zahl der Karten K_n eines Kartenhauses mit n Stockwerken ist:

$$K_n = \sum_{i=1}^{n} N_i = \sum_{i=1}^{n}(3i-1) = 3\sum_{i=1}^{n} i - n = 3\cdot\frac{n(n+1)}{2} - n = \frac{3}{2}n^2 + \frac{1}{2}n$$

d) $K_{20} = 1.5 \cdot 20^2 + 0.5 \cdot 20 = 610$

e) $K_n \stackrel{!}{=} 7\cdot 55 \;\Rightarrow\; \dfrac{3}{2}n^2 + \dfrac{1}{2}n - 385 = 0 \;\Rightarrow\; n_{1,2} = \dfrac{-\frac{1}{2} \pm \sqrt{\frac{1}{4} + 2310}}{3}$

$\Rightarrow n_1 = 15.9$, $(n_2 = -16.2)$. Man kann es 15 Stockwerke hoch bauen.

3.22 Die folgenden Strecken d_n, s_n und $s_{[n]}$ sind in Meter gemessene, horizontale Abstände vom rechten Ende des obersten Steines.

d_n = Abstand des rechten Endes des n-ten Steines von oben
   = mit n Steinen erreichter Überhang (Zielgröße)

s_n = Abstand des Schwerpunktes des n-ten Steines, von oben gezählt

$s_{[n]}$ = Abstand des gemeinsamen Schwerpunktes der obersten n Steine

a) Man erreicht höchstens einen halben Meter Überhang $(d_2 = \frac{1}{2})$.

b) $s_{[2]} = \frac{1}{2} \cdot (s_1 + s_2) = \frac{1}{2} \cdot (\frac{1}{2} + 1) = \frac{1}{4} + \frac{1}{2} = \frac{3}{4}$. Der gemeinsame Schwerpunkt liegt also 75 cm vom Ende des oberen Steines entfernt.

c) Man setzt die beiden Steine so auf den unteren, dass ihr gemeinsamer Schwerpunkt an dessen Ende ist. Die Entfernung dieses Schwerpunktes, $s_{[2]}$, gibt also den Überhang an, den man mit insgesamt drei Steinen erreichen kann, nämlich 75 cm. Es gilt also: $d_3 = s_{[2]}$.

d) $s_{[3]} = \frac{1}{3} \cdot (s_1 + s_2 + s_3) = \frac{2}{3} \cdot s_{[2]} + \frac{1}{3} \cdot s_3$. Dabei ist $s_3 = \frac{1}{2} + d_3$; denn der Schwerpunkt des dritten Steines von oben liegt genau einen halben Meter weiter weg als der mit diesen Steinen erreichbare Überhang d_3. Wegen $d_3 = s_{[2]}$ ergibt sich: $s_{[3]} = \frac{2}{3} \cdot d_3 + \frac{1}{3} \cdot (\frac{1}{2} + d_3) = d_3 + \frac{1}{6} = \frac{1}{2} + \frac{1}{4} + \frac{1}{6} = \frac{11}{12}$. Der gemeinsame Schwerpunkt der oberen drei Steine liegt vom rechten Ende des oberen Steines $\frac{11}{12}$ Meter entfernt.

e) $d_4 = s_{[3]} = \frac{11}{12}$. Mit vier Steinen kommt man $\frac{11}{12}$ m über den ersten.

f) Nachdem wir bereits n Steine optimal verbaut haben, setzen wir diese n Steine auf einen weiteren, den $(n+1)$-ten, und zwar so, dass der gemeinsame Schwerpunkt $s_{[n]}$ dieser n Steine an dessen rechtem Ende liegt. $s_{[n]}$ ergibt sich aus dem vorherigen Schwerpunkt $s_{[n-1]}$ der obersten $n-1$ Steine und dem des n-ten Steines s_n als das folgende gewichtete Mittel: $s_{[n]} = \frac{n-1}{n} s_{[n-1]} + \frac{1}{n} s_n$.

Dann erreicht man mit den nunmehr $n+1$ Steinen den Überhang $d_{n+1} = s_{[n]}$, der sich wegen $s_{[n-1]} = d_n$ und $s_n = d_n + \frac{1}{2}$ zu

$$d_{n+1} = s_{[n]} = \frac{n-1}{n} d_n + \frac{1}{n}\left(d_n + \frac{1}{2}\right) = d_n + \frac{1}{2n}$$

errechnet. Wenn man also schon n Steine optimal verbaut hat, erreicht man mit einem zusätzlichen eine weitere Strecke von $\frac{1}{2n}$. Wir haben mit $d_1 = 0$ (der erste Stein dient als Sockel, bringt also noch keinen Überhang) und $d_{n+1} = d_n + \frac{1}{2n}$ eine rekursive Formel für die mit $n+1$ Steinen erreichbare Strecke gefunden. Sie sagt uns, dass $d_2 = \frac{1}{2}$, $d_3 = \frac{1}{2} + \frac{1}{4}$, $d_4 = \frac{1}{2} + \frac{1}{4} + \frac{1}{6}$, $d_5 = \frac{1}{2} + \frac{1}{4} + \frac{1}{6} + \frac{1}{8}$ usw. ist. Der mit n Steinen erreichbare Überhang ist also:

$$d_n = \frac{1}{2} + \frac{1}{4} + \frac{1}{6} + \ldots + \frac{1}{2(n-1)} = \sum_{i=1}^{n-1} \frac{1}{2i} \qquad \left[\begin{array}{l} d_1 = \sum_{i=1}^{0} \frac{1}{2i} = 0 \\ \text{leere Summe} = 0 \end{array}\right]$$

g) Die Folge $(d_n)_{n \geq 2}$ ist eine harmonische Reihe, und zwar die Hälfte der harmonischen Standardreihe $1 + \frac{1}{2} + \frac{1}{3} + \frac{1}{4} + \frac{1}{5} + \ldots$ Sie geht gegen ∞, divergiert also. Das zeigt man durch Abschätzung nach unten:

$$\sum_{i=1}^{\infty} \frac{1}{2i} = \frac{1}{2} + \frac{1}{4} + \frac{1}{6} + \frac{1}{8} + \frac{1}{10} + \frac{1}{12} + \frac{1}{14} + \frac{1}{16}$$
$$+ \frac{1}{18} + \frac{1}{20} + \frac{1}{22} + \frac{1}{24} + \frac{1}{26} + \frac{1}{28} + \frac{1}{30} + \frac{1}{32} + \ldots$$
$$\geq \frac{1}{2} + \frac{1}{4} + \left[\frac{1}{8} + \frac{1}{8}\right] + \left[\frac{1}{16} + \frac{1}{16} + \frac{1}{16} + \frac{1}{16}\right]$$
$$+ \left[\frac{1}{32} + \frac{1}{32} + \frac{1}{32} + \frac{1}{32} + \frac{1}{32} + \frac{1}{32} + \frac{1}{32} + \frac{1}{32}\right] + \ldots$$
$$= \frac{1}{2} + \frac{1}{4} + \left[\frac{1}{4}\right] + \left[\frac{1}{4}\right] + \left[\frac{1}{4}\right] + \ldots = \infty$$

In diesem Beweis wird also die Zahl der Summanden, d.h., die Zahl der Steine, immer verdoppelt, um wieder einen weiteren viertelten Meter Überhang herauszuschinden. Auf diese Weise kann man beliebig weit bauen, mit unendlich vielen Steinen sogar unendlich weit.

Anmerkung: Man kommt ebenfalls so weit wie man will, wenn man die Treppe so stabil anlegt, dass man noch darüber gehen und am Ende des obersten Steines einen Panzer platzieren kann. Natürlich hat dann der oberste Stein einen wesentlich kleineren Überhang als einen halben Meter, damit der Bau für den Panzer stabil genug wird. Die harmonische Reihe wird nämlich auch unendlich groß, wenn man von vorne beliebig viele Summanden weglässt, d.h., wenn man beliebig viele Steine von oben wegnimmt.

h) Eine gute Abschätzung der Reihensumme $\frac{1}{2} + \frac{1}{4} + \frac{1}{6} + \ldots + \frac{1}{2(n-1)}$ erreicht man, wenn man sich diese Summanden als ebenso hohe Stäbe der Breite 1 an den Stellen $1, 2, 3, \ldots, n-1$ der x-Achse vorstellt, und deren Fläche, die die Reihensumme ergibt, durch das Integral über die stetige Ausgleichsfunktion $F\colon x \mapsto \frac{1}{2x}$ vom Beginn 0.5 des ersten bis zum Ende $n-1+0.5$ des letzten Intervalls der Breite 1 ermittelt. Da so aber die Fläche der ersten Intervalle, insbesondere des allerersten Intervalls von 0.5 bis 1.5, nur sehr schlecht angenähert würde, ist es besser, sich wenigstens die ersten 10 Summanden auszurechnen – das gibt $\frac{1}{2}+\frac{1}{4}+\frac{1}{6}+\ldots+\frac{1}{20} \approx 1.4645$ – und die restlichen Summanden, die dann noch 998.5355 ergeben müssen, durch Integration von 10.5 bis $n - 0.5$ abzuschätzen:

$$998.5355 \overset{!}{=} \frac{1}{22} + \frac{1}{24} + \frac{1}{26} + \ldots + \frac{1}{2(n-1)} \approx \int\limits_{x=10.5}^{n-0.5} \frac{1}{2x}\,dx$$

$$= \frac{1}{2} \cdot \Big[\ln|x|\Big]_{10.5}^{n-0.5} = \frac{1}{2} \cdot \Big[\ln(n-0.5) - \ln 10.5\Big]$$

$$\Longrightarrow \quad 1997.071 + \ln 10.5 \approx \ln(n-0.5)$$

$$\Longrightarrow \quad n \approx 0.5 + e^{1997.071 + \ln 10.5} \approx e^{1999.422} = 10^{1999.422/\ln 10}$$

$$= 10^{868.338} = 10^{0.338} \cdot 10^{868} = 2.18 \cdot 10^{868}$$

Man benötigt $2.18 \cdot 10^{868}$ Steine, um einen Kilometer weit zu überbauen. Dieses Ergebnis ist auf die angegebenen drei Stellen genau.

Eine genauere Abschätzung erreicht man mit der Näherungsformel

$$\sum_{i=1}^{n} \frac{1}{i} \approx \gamma + \ln n \quad \text{für große } n \in I\!N.$$

Dabei ist $\gamma = 0.5772156649\ldots$ die Euler-Mascheroni-Konstante (siehe *http://de.wikipedia.org/wiki/Harmonische_Reihe*).

Mit f) gilt dann: $\quad d_n = \displaystyle\sum_{i=1}^{n-1} \frac{1}{2i} = \frac{1}{2} \sum_{i=1}^{n-1} \frac{1}{i} \approx \frac{1}{2} \cdot (\gamma + \ln(n-1))$

Aus $d_n \overset{!}{=} 1000$ folgt: $\ln(n-1) \approx 2000 - \gamma$ und letztlich:

$$n \approx 1 + e^{2000 - \gamma} = 1 + 10^{(2000-\gamma)/\ln 10} = 1 + 10^{868.3382822}$$

$$= 1 + 10^{0.3382822} \cdot 10^{868} = 2.179125 \cdot 10^{868} \quad (\approx 2.18 \cdot 10^{868})$$

Anmerkung: Rechnet man nur mit 10 cm hohen Steinen, dann ergibt das eine Höhe von $2.18 \cdot 10^{867}$ m oder $2.18 \cdot 10^{864}$ km. Selbst wenn man von heutigen Annahmen über den Radius des Weltalls von etwa 12 bis 18 Milliarden Lichtjahren (1 Lichtjahr $= 9.5 \cdot 10^{15}$ m) ausginge, müsste man noch einen mindestens 10^{841} Weltallradien hohen Bau erstellen, um den gewüschten Kilometer Überhang zu schaffen.

Zinsrechnung

3.23 a) $K_{11} = K_0 \cdot q^{11} \overset{!}{=} 2 \cdot K_0 \implies q^{11} = 2$

$\implies q = \sqrt[11]{2} = 1.06504 \implies r = q - 1 = 0.06504$; also etwa 6.5 %.

b) $q^{15} = 3 \implies q = \sqrt[15]{3} = 1.075990$. also etwa 7.6 %.

3.24 $2K_0 = K_0 \cdot q^n \implies q^n = 2 \implies n = \dfrac{\ln 2}{\ln q}$

a) $r = 0.09 \implies q = 1.09 \implies n = \dfrac{\ln 2}{\ln 1.09} = 8.04$.

Das Kapital verdoppelt sich in etwa acht Jahren.

b) $r = 0.02 \implies q = 1.02 \implies n = \dfrac{\ln 2}{\ln 1.09} = 35.0028$.

Das Kapital verdoppelt sich in ziemlich genau 35 Jahren.

3.25 $K_0 = 100\,000\,€$; Laufzeit in Jahren: $n = 10$; Zinssatz: $r = 0.04$;

$m =$ Anzahl der Verzinsungen während eines Jahres;

dann ist $K_n = K_0 \cdot \left(1 + \dfrac{r}{m}\right)^{m \cdot n}$ das Kapital nach n Jahren.

Der effektive Zinsfaktor ist $q_R = \left(1 + \dfrac{r}{m}\right)^m$, woraus sich mit $100(q_R - 1)$ der effektive Zinssatz (Rendite) in Prozent ergibt. Er hängt also nicht von der Laufzeit des Sparguthabens ab.

Bei stetiger Verzinsung errechnen sich der effektive Zinsfaktor q_R und das Kapital K_n nach n Jahren zu

$$q_R = \lim_{m \to \infty} \left(1 + \frac{r}{m}\right)^m = e^r, \quad K_n = \lim_{m \to \infty} K_0 \cdot \left(1 + \frac{r}{m}\right)^{m \cdot n} = K_0 \cdot e^{r \cdot n}.$$

Das Kapital nach n Jahren lässt sich stets auch mit Hilfe des effektiven Zinsfaktors q_R und der ensprechenden Formel $K_n = K_0 \cdot q_R^n$ berechnen.

	Verzinsung	m	Summe K_{10}	eff. Zinsfaktor q_R	Rendite
a)	jährlich	1	148 024 €	1.040000	4.0000 %
b)	halbjährlich	2	148 595 €	1.040400	4.0400 %
c)	vierteljährlich	4	148 886 €	1.040604	4.0604 %
d)	monatlich	12	149 083 €	1.040742	4.0742 %
e)	täglich	360	149 179 €	1.040808	4.0808 %
f)	stetig	∞	149 182 €	1.040811	4.0811 %

3.26　a)　$A = K_0 \cdot \dfrac{q^n(q-1)}{q^n - 1} = 100\,000\,€ \cdot \dfrac{1.04^{12} \cdot 0.04}{1.04^{12} - 1} = 10\,655.22\,€$

　　　b)　$A = K_0 \cdot \dfrac{q^n(q-1)}{q^n - 1} = 95\,000\,€ \cdot \dfrac{1.049^{12} \cdot 0.049}{1.049^{12} - 1} = 10\,658.05\,€$

　　　c)　$A = K_0 \cdot \dfrac{q^n(q-1)}{q^n - 1} = 100\,000\,€ \cdot \dfrac{1.0489^{12} \cdot 0.0489}{1.0489^{12} - 1} = 10\,652.02\,€$

d) Der effektive Zinssatz bei Bank A liegt zwischen 4.89 % und 4.90 %. Das sind die Zinssätze bei Bank C und B, die zugleich deren effektive Zinssätze sind, da sie den Kredit zu 100 % auszahlen und die Annuitäten jährlich fordern. Die tatsächlich ausgezahlte Summe von Bank A ist genauso groß wie bei Bank B und C, nämlich 95 000€, die jährliche Rückzahlung A liegt zwischen denen von Bank B und C; also liegt der effektive Zinssatz auch zwischen denen von Bank B und C. (Der effektive Zinssatz hängt übrigens immer dann, wenn die Auszahlung nicht 100 % beträgt, von der Laufzeit des Kredits ab.)

3.27　Die günstigere Kondition ist die, deren Annuitätenfaktor dividiert durch den Auszahlungsanteil am kleinsten ist. Das ergibt bei einer Laufzeit von $n = 15$ Jahren für die beiden Konditionen:

Kondition A:　$q_A = 1.075$;　$\alpha_A = 0.95$

$$\frac{q_A^n \cdot (q_A - 1)}{(q_A^n - 1) \cdot \alpha_A} = \frac{1.075^{15} \cdot 0.075}{(1.075^{15} - 1) \cdot 0.95} = 0.1192$$

Kondition B:　$q_B = 1.08$;　$\alpha_B = 0.97$

$$\frac{q_B^n \cdot (q_B - 1)}{(q_B^n - 1) \cdot \alpha_B} = \frac{1.08^{15} \cdot 0.08}{(1.08^{15} - 1) \cdot 0.97} = 0.1204$$

Da $0.1192 < 0.1204$ ist, ist Kondition A die günstigere.

3.28　Für die Schuld nach m Jahren gilt:　$K_m = K_0 \cdot q^m - A \cdot \dfrac{q^m - 1}{q - 1}$

Es ist $A = 0.10 \cdot K_0$ und $r = 8\% = 0.08$, also $q = 1.08$. Weiter soll K_m halbiert werden. Somit gilt:

$$K_m = K_0 \cdot 1.08^m - 0.10 K_0 \cdot \frac{1.08^m - 1}{0.08} \overset{!}{=} \frac{K_0}{2} \quad \Bigg| \quad \cdot \frac{2 \cdot 0.8}{K_0}$$

$$\implies 0.16 \cdot 1.08^m - 0.2 \cdot (1.08^m - 1) = 0.08 \implies -0.04 \cdot 1.08^m = -0.12$$

$$\implies 1.08^m = 3 \implies m = \frac{\lg 3}{\lg 1.08} = 14.275$$

Nach 14 Jahren ist die Schuld fast, nach 15 Jahren mehr als halbiert.

3.29   Zu den einzelnen Teilaufgaben gibt es oft mehrere Lösungsansätze. Hier
       wird jeweils die mit dem niedrigsten Rechenaufwand vorgestellt.

a) $Z_1 = r \cdot K_0 = 0.02 \cdot 50\,000 \,€ = 1\,000 \,€$ (2 % von 50 000 €)

b) $A = K_0 \cdot \dfrac{q^n(q-1)}{q^n - 1} = 50\,000 \,€ \cdot \dfrac{1.02^{10} \cdot 0.02}{1.02^{10} - 1} = 5\,566.33 \,€$

c) $T_1 = A - Z_1 = 5\,566.33 \,€ - 1\,000 \,€ = 4\,566.33 \,€$

d) $K_5 = K_0 - T_1 \cdot \dfrac{q^5 - 1}{q - 1} = 50\,000 \,€ - 4\,566.33 \,€ \cdot \dfrac{1.02^5 - 1}{0.02} = 26\,236.65 \,€$

e) $Z_6 = r \cdot K_5 = 0.02 \cdot 26\,236.65 \,€ = 524.73 \,€$

f) $T_6 = A - Z_6 = 5\,566.33 \,€ - 524.73 \,€ = 5\,041.60 \,€$

g) $K_6 = K_5 - T_6 = 26\,236.65 \,€ - 5\,041.60 \,€ = 21\,195.05 \,€$

h) $T_7 = T_1 \cdot q^6 = T_6 \cdot q = 5\,041.60 \,€ \cdot 1.02 = 5\,142.43 \,€$

i) Das neunte Jahr ist das vorletzte. Dessen Restschuld plus Zins wird
    im letzten Jahr durch die Annuität A vollständig zurückgezahlt.

    Also: $K_9 \cdot 1.02 = A \;\Rightarrow\; K_9 = \dfrac{A}{1.02} = \dfrac{5\,566.33 \,€}{1.02} = 5\,457.19 \,€.$

3.30   Die Ende 2006 eingezahlte Summe von 500 € verzinst sich neunmal mit
       4%, vervielfacht sich also um den Faktor q^9, wobei $q = 1.04$ ist. Das
       Ende 2007 eingezahlte Geld (ebenfalls 500 €) verzinst sich achtmal mit
       4%, wird also q^8 mal so viel, usw. Das Ende 2014 eingezahlte Geld
       verzinst sich noch einmal um den Faktor q, während sich das Ende 2015
       (d.h., am Ende der Laufzeit) eingezahlte Geld überhaupt nicht mehr
       verzinst. Bis Ende des Jahres 2015 hat sich dann die folgende Summe
       K_{10} angesammelt:

$$K_{10} = 500 \,€ \cdot q^9 + 500 \,€ \cdot q^8 + \cdots + 500 \,€ \cdot q^2 + 500 \,€ \cdot q + 500 \,€$$

$$= 500 \,€ \cdot \sum_{i=0}^{9} q^i = 500 \,€ \cdot \frac{1 - q^{10}}{1 - q} \qquad \text{(endliche geometrische Reihe)}$$

$$= 500 \,€ \cdot \frac{1 - 1.04^{10}}{1 - 1.04} = 6\,003.05 \,€.$$

Mit den Formeln der Zinsrechnung erhält man das Ergebnis wie folgt:

$$K_0 = 0 \,€; \quad A = -500 \,€ \;\text{(Zunahme = negative Abnahme)}; \quad q = 1.04$$

$$K_{10} = K_0 \cdot q^{10} - A \cdot \frac{q^{10} - 1}{q - 1} = 0 + 500 \,€ \cdot \frac{1.04^{10} - 1}{1.04 - 1} = 6\,003.05 \,€.$$

3.31   a) Am Ende jeden Jahres werden $1\,000\,€ \cdot 0.08 = 80\,€$ auf das Sparkonto überschrieben und dort mit $5\,\%$ verzinst, d.h., mit $q = 1.05$.
Man hat dann am Ende des vierten Jahres

$$K_4 = 80\,€ \cdot q^3 + 80\,€ \cdot q^2 + 80\,€ \cdot q + 80\,€$$

$$= 80\,€ \cdot \sum_{i=0}^{3} q^i = 80\,€ \cdot \frac{1-q^4}{1-q} = 80\,€ \cdot \frac{1-1.05^4}{1-1.05} = 344.81\,€$$

auf dem Sparkonto. Dieses Ergebnis kann man auch mit den Formeln der Zinsrechnung erhalten: Eine konstante Zunahme um $80\,€$
bedeutet eine konstante negative Abnahme um diesen Betrag. Somit
gilt für das Sparkonto: $A = -80\,€$ und $K_0 = 0\,€$ und damit:

$$K_4 = K_0 \cdot q^4 - A \cdot \frac{q^4 - 1}{q - 1} = 0 + 80\,€ \cdot \frac{1.05^4 - 1}{1.05 - 1} = 344.81\,€.$$

Das Endkapital auf dem Sparkassenbrief bleibt bei $S_0 = 1\,000\,€$.

Insgesamt sind die $1\,000\,€$ nach vier Jahren auf $S_0 + K_4 = 1\,344.81\,€$
angewachsen.

Für den Renditen-Zinsfaktor q_R gilt also:

$$1\,000\,€ \cdot q_R^4 = 1\,344.81\,€ \implies q_R = \sqrt[4]{\frac{1\,344.81}{1\,000}} = 1.0769;$$

die Rendite liegt bei fast $7.7\,\%$.

b) Startkapital: $S_0 = 1\,000\,€$;   nach 4 Jahren: $S_4 = 1\,350\,€$

$$1\,000\,€ \cdot q_R^4 = 1\,350\,€ \implies q_R = \sqrt[4]{\frac{1\,350}{1\,000}} = 1.0779;$$

die Rendite liegt bei nahezu $7.8\,\%$.

3.32 $K_0 = 10\,000\,€$; $A = 2\,500\,€$; $K_2 = 6\,000\,€$

$$K_2 = K_0 \cdot q^2 - A \cdot \frac{q^2 - 1}{q - 1} \quad \left[K_m = K_0 \cdot q^m - A \cdot \frac{q^m - 1}{q - 1} \right]$$

$$\implies 6\,000\,€ = 10\,000\,€ \cdot q^2 - 2\,500\,€ \cdot \frac{(q+1)(q-1)}{q-1}$$

$$\implies 6\,000 = 10\,000 \cdot q^2 - 2\,500 \cdot (q+1)$$

$$\implies 0 = 10\,000 \cdot q^2 - 2\,500 \cdot q - 8\,500$$

$$\implies q_{1,2} = \frac{2\,500 \pm \sqrt{2\,500^2 + 4 \cdot 8\,500 \cdot 10\,000}}{20\,000}$$

$$\implies q_1 = 1.05539; \quad (q_2 = -0.805 \text{ ist unbrauchbar})$$

Er muss einen jährlichen Zinssatz von $5.539\,\%$, also ca. $5\frac{1}{2}\,\%$ fordern.

3.33 Kredit $K_0 = 100\,000\,€$, Zinssatz $r = 5\,\% = 0.05$, Laufzeit $n = 25$ Jahre; konstante Tilgungen $T_1 = T_2 = \ldots = T_{25} =: T = 4\,000\,€$; man kann also nicht alle üblichen Formeln für Zins- und Tilgungsrechnung verwenden!

a) Stets vermindert die Tilgung am Ende des m-ten Jahres die Restschuld des Vorjahres $m-1$; also gilt $K_m = K_{m-1} - T_m$. Diese Tilgungen $T_m = T$ sind konstant, also gilt: $K_m = K_{m-1} - T$, d.h., die Restschuld nimmt, ausgehend von K_0, jedes weitere Jahr um die Summe T ab; sie fällt also linear. Es gilt dann für $1 \leq m \leq n$:

$$K_m = K_0 - m \cdot T; \qquad \text{speziell hier: } K_m = 100\,000\,€ - m \cdot 4\,000\,€$$

Der am Ende des m-ten Jahres zu entrichtende Zins bezieht sich immer auf die Restschuld des Vorjahres. Es gilt dann für $1 \leq m \leq n$:

$$Z_m = r \cdot K_{m-1} = r \cdot [K_0 - (m-1) \cdot T] = r \cdot K_0 - (m-1) \cdot r \cdot T$$

speziell hier: $Z_m = 5\,000\,€ - (m-1) \cdot 200\,€$.

Die jeweils am Ende des m-ten Jahres zu zahlenden Annuitäten A_m sind hier nicht konstant:

$$A_m = Z_m + T_m = Z_m + T = r \cdot K_0 + T - (m-1) \cdot r \cdot T$$

speziell hier: $A_m = 9\,000\,€ - (m-1) \cdot 200\,€$

Folgendes Schema zeigt das lineare Verhalten von Z_m, A_m und K_m:

Jahr m	Zins Z_m	Tilgung T	Annuität A_m	Schuld K_m
1	5000 €	4000 €	9000 €	96 000 €
2	4800 €	4000 €	8800 €	92 000 €
3	4600 €	4000 €	8600 €	88 000 €
⋮	⋮	⋮	⋮	⋮
24	400 €	4000 €	4400 €	4 000 €
25	200 €	4000 €	4200 €	0 €

b) Die Gesamtzinslast Z_{Ges} in den 25 Jahren beläuft sich auf

$$
\begin{aligned}
Z_{\text{Ges}} &= 5\,\% \text{ von } K_0 + 5\,\% \text{ von } K_1 + \cdots + 5\,\% \text{ von } K_{24} \\
&= 0.05 \cdot (K_0 + K_1 + K_2 + \cdots + K_{24}) \\
&= 0.05 \cdot (100\,000\,€ + 96\,000\,€ + 92\,000\,€ + \cdots + 4\,000\,€) \\
&= 5\,000\,€ + 4\,800\,€ + 4\,600\,€ + \cdots + 400\,€ + 200\,€ \\
&= 200\,€ \cdot (25 + 24 + 23 + \cdots + 2 + 1) \\
&= 200\,€ \cdot \sum_{i=1}^{25} i \; = \; 200\,€ \cdot \frac{25 \cdot 26}{2} \; = \; 65\,000\,€.
\end{aligned}
$$

3.34 $K_0 = 120\,000\,€;\quad r = 8.5\,\% = 0.085 \implies q = 1.085.$

a) $n = 30;$

$$A = K_0 \cdot \frac{q^n(q-1)}{q^n - 1} = 11\,166.07\,€.$$

Die Annuität beträgt etwa $11\,166\,€$.

b) Bei Rückzahlung erst ab Ende des sechsten Jahres wächst innnerhalb der ersten fünf Jahre die Schuld auf

$$K_5 = K_0 \cdot q^5 = 120\,000\,€ \cdot 1.085^5 = 180\,438.80\,€ =: K_{0,\text{neu}}$$

Die neue Schuld wird in den verbleibenden $30 - 5 = 25$ Jahren in folgenden konstanten Annuitäten zurückgezahlt:

$$A = K_{0,\text{neu}} \cdot \frac{q^{25}(q-1)}{q^{25} - 1} = 180\,438.80\,€ \cdot \frac{1.085^{25} \cdot 0.085}{1.085^{25} - 1} = 17\,630.98\,€.$$

c) $K_0 = 120\,000\,€;\quad A = 0.10 \cdot K_0 = 12\,000\,€.$

Mit n bezeichnen wir die Tilgungsdauer des Kredits in Jahren.

Dieses n ergibt sich aus $K_n = K_0 \cdot q^n - A \cdot \dfrac{q^n - 1}{q - 1} \stackrel{!}{=} 0.$

$$\implies K_0 \cdot q^n = A \cdot \frac{q^n - 1}{q - 1} \implies q^n \cdot K_0 \cdot (q-1) = A \cdot q^n - A$$

$$\implies q^n \cdot [K_0 \cdot (q-1) - A] = -A \implies q^n = \frac{A}{A - K_0 \cdot (q-1)}$$

$$\implies n = \frac{\ln\left(\dfrac{A}{A - K_0 \cdot (q-1)}\right)}{\ln q} = 23.2547$$

Die Tilgung des Kredits dauert etwas mehr als 23 Jahre, sogar volle 24 Jahre, wenn die Abschlusszahlung, die nun weniger als die Annuität beträgt, ebenfalls erst am Jahresende vorgenommen wird.

d) Nach den 23 vollen Jahren bleibt noch eine Restschuld von

$$K_{23} = K_0 \cdot q^{23} - A \cdot \frac{q^{23} - 1}{q - 1}$$

$$= 120\,000\,€ \cdot 1.085^{23} - 12\,000\,€ \cdot \frac{1.085^{23} - 1}{0.085} = 2\,903.42\,€.$$

Bis zum Ende des 24. Jahres, wenn sie zurückgezahlt wird, verzinst sie sich aber noch einmal um $8.5\,\%$. Also beträgt die Abschlusszahlung am Ende des 24. Jahres $2\,903.42\,€ \cdot 1.085 = 3\,150.21\,€$.

3.35 Wie schon in Aufgabe 3.33 haben wir hier keine konstanten Annuitäten, sondern konstante Tilgungen $T = 50\,000\,$€. Deswegen gilt für die Restschuld am Ende des m-ten Jahres:

$$K_m = K_0 - m \cdot T = 1\,000\,000\,€ - m \cdot 50\,000\,€$$

Der Zins bezieht sich stets auf die Restschuld des Vorjahres:

$$Z_m = r \cdot K_{m-1} = 0.07 \cdot [1\,000\,000\,€ - (m-1) \cdot 50\,000\,€]$$

a) Im Jahr m wären die Annuität $A_m = T + Z_m$ und die Betriebskosten $B = 2\,500\,€$ zu entrichten. Ab dem gesuchten Jahr m sollten diese die Entschädigungssumme $E = 75\,000\,€$ unterschreiten; das heißt:

$T + Z_m + B < E$, also

$50\,000\,€ + 0.07 \cdot [1\,000\,000\,€ - (m-1) \cdot 50\,000\,€] + 2\,500\,€ \ < \ 75\,000\,€$

$\implies \quad m > 14.57,$ d.h., $m \geq 15$.

Der jährliche Gesamtaufwand für die Kläranlage würde ab dem 15. Jahr die jährliche Entschädigungssumme unterschreiten.

b) $(1\,000\,000\,€)/(50\,000\,€) = 20$.

Bei jährlich $50\,000\,€$ Tilgung wäre eine Million € in genau 20 Jahren getilgt, sodass ab dem 21. Jahr nur noch die Betriebskosten anfielen.

3.36 Kredit $K_0 = 500\,000\,€$; Laufzeit: $n = 20$ Jahre; $4\,\%$ Zins $\Rightarrow q = 1.04$;

dann hat der Unternehmer jährlich eine Annuität von

$$A \ = \ K_0 \cdot \frac{q^n(q-1)}{q^n - 1} \ = \ 500\,000\,€ \cdot \frac{1.04^{20} \cdot 0.04}{1.04^{20} - 1} \ = \ 36\,790.88\,€$$

an die Bank zu zahlen. Während der 20 Jahre Laufzeit des Kredits zahlt er insgesamt eine Summe von $20 \cdot A = 735\,818\,€$ an die Bank zurück.

Sein Betriebsgewinn in diesen 20 Jahren beläuft sich auf

$$100\,000\,€ + 95\,000\,€ + 90\,000\,€ + 85\,000\,€ + \ldots + 10\,000\,€ + 5\,000\,€$$

$$= \ 5\,000\,€ \cdot \sum_{i=1}^{20} i \ = \ 5\,000\,€ \cdot \frac{20 \cdot 21}{2} \ = \ 1\,050\,000\,€.$$

Aus seinen $200\,000\,€$ Eigenkapital sind also nur $1\,050\,000\,€ - 735\,818\,€ = 314\,182\,€$ geworden.

Hätte er sein Eigenkapital in Höhe von $200\,000\,€$ auf die Bank gebracht, so wären diese bei $2.5\,\%$ Zinsen ($q = 1.025$) in den $n = 20$ Jahren auf $K_{20} = 200\,000\,€ \cdot 1.025^{20} = 327\,723\,€$ angewachsen. Das ist mehr als $314\,182\,€$, hätte sich also besser rentiert.

Anwendung der Zinsrechnungsformeln auf Bereiche außerhalb des Bankwesens

3.37 a) $2K_0 = K_0 \cdot q^{15} \implies q = \sqrt[15]{2} = 1.0473.$
Die Wachstumsrate beträgt dann $r = q - 1 = 0.0473 = 4.73\%.$

b) $0.5K_0 = K_0 \cdot q^{15} \implies q = \sqrt[15]{0.5} = 0.9548 \quad (= 1/\sqrt[15]{2})$
Die Sterberate beträgt dann $r = 1 - q = 0.0452 = 4.52\%.$

Wenn die Verdopplung des Bestands durch die Halbierung ersetzt wird, schlägt nicht etwa die Wachstumsrate in eine Sterberate derselben Größe um, sondern der Wachstumsfaktor wird zu dessen Kehrwert.

c) $K_m = K_0 \cdot (1 - 0.08)^m \overset{!}{=} \dfrac{K_0}{10} \implies 0.92^m = \dfrac{1}{10}$

$\implies m \cdot \lg 0.92 = \lg \dfrac{1}{10} = -1 \implies m = \dfrac{-1}{\lg 0.92} = 27.6;$

also nach etwa 27–28 Jahren.

d) $K_m = K_0 \cdot (1 + 0.08)^m \overset{!}{=} 10K_0 \implies 1.08^m = 10$

$\implies m \cdot \lg 1.08 = \lg 10 = 1 \implies m = \dfrac{1}{\lg 1.08} = 29.9;$

also nach etwa 30 Jahren.

Das gleiche Ergebnis wie in c) hätte man erhalten, wenn der Faktor $q = 0.92$ durch dessen Kehrwert $1/0.92 \approx 1.087$ ersetzt worden wäre, wenn man also eine Wachstumsrate von 8.7% unterstellt hätte.

3.38 $K_0 = 100\,000\,\text{m}^3;$ 4% jährliche Zuwachs $\implies q = 1.04.$

a) $A = 1\,500\,\text{m}^3;$ $K_{20} = K_0 \cdot q^{20} - A \cdot \dfrac{q^{20} - 1}{q - 1} = 174\,445\,\text{m}^3.$
Nach 20 Jahren sind noch $174\,445\,\text{m}^3$ vorhanden.

b) Der Zuwachs im ersten Jahr ist 4% von $100\,000\,\text{m}^3$, also $4\,000\,\text{m}^3$. Holzt man genauso viel ab, bleibt der Bestand im ersten Jahr konstant. Das gilt dann für die weitern Jahre ebenso. Man muss also jedes Jahr $4\,000\,\text{m}^3$ abholzen, um den Bestand konstant zu halten.

c) $A = 6\,000\,\text{m}^3,$ $K_m = K_0 \cdot q^m - A \cdot \dfrac{q^m - 1}{q - 1} \overset{!}{=} 0$

$\implies 100\,000\,\text{m}^3 \cdot 1.04^m = 6\,000\,\text{m}^3 \cdot \dfrac{1.04^m - 1}{0.04}$

$\implies (4\,000\,\text{m}^3 - 6\,000\,\text{m}^3) \cdot 1.04^m = -6\,000\,\text{m}^3 \implies 1.04^m = 3$

$\implies m = \dfrac{\ln 3}{\ln 1.04} = 28.0;$ in 28 Jahren ist der Wald vernichtet.

3.39 , $K_0 = 90$, $K_2 = 170$.

a) $170 = 90 \cdot q^2 \implies q = \sqrt{\dfrac{170}{90}} = 1.374$ ist der Vermehrungsfaktor.

Die jährliche Vermehrungsrate beträgt $37.4\,\%$.

b) $A = 10$, $170 \overset{!}{=} K_2 = K_0 \cdot q^2 - A \cdot \dfrac{q^2 - 1}{q - 1}$

$$170 = 90 \cdot q^2 - 10 \cdot \frac{q^2 - 1}{q - 1} = 90 \cdot q^2 - 10 \cdot \frac{(q+1)(q-1)}{q-1}$$

$$\implies \quad 0 = 90 \cdot q^2 - 10 \cdot q - 180$$

$$\implies q_{1,2} = \frac{10 \pm \sqrt{100 + 4 \cdot 90 \cdot 180}}{180} = \frac{1 \pm 648}{18}$$

$$\implies \quad q_1 = 1.470 \qquad (q_2 < 0 \text{ unbrauchbar})$$

Die jährliche Vermehrungsrate beträgt $47.0\,\%$.

3.40 a) $K_0 = 20\,\text{Mg}$, $A = 2\,\text{Mg}$, $q = 0.95$;

$$K_m = K_0 \cdot q^m - A \cdot \frac{q^m - 1}{q - 1} \overset{!}{=} 0$$

$$\implies 20\,\text{Mg} \cdot 0.95^m = 2\,\text{Mg} \cdot \frac{0.95^m - 1}{-0.05} \implies -0.5 \cdot 0.95^m = 0.95^m - 1$$

$$\implies 0.95^m = \frac{2}{3} \implies m \cdot \ln 0.95 = \ln 2 - \ln 3 \implies m = 7.90.$$

Der Weiher ist nach acht Jahren leer.

b) $K_0 = 20\,\text{Mg}$, $A = 2\,\text{Mg}$; $q = 1.10 \cdot 0.95 = 1.045$;

$$K_m = 20\,\text{Mg} \cdot 1.045^m - 2\,\text{Mg} \cdot \frac{1.045^m - 1}{0.045} \overset{!}{=} 0$$

$$\implies 10 \cdot 1.045^m = \frac{1.045^m - 1}{0.045} \implies 0.45 \cdot 1.045^m = 1.045^m - 1$$

$$\implies 1 = 0.55 \cdot 1.045^m \implies m = \frac{-\ln 0.55}{\ln 1.045} = 13.58.$$

Der Weiher ist nach 14 Jahren leer.

3.41 a) Die $11\,\%$, die jährlich absterben; das sind $0.11 \cdot 10^6 = 110\,000$ Bäume.

b) $K_0 = 10^6$, $q = 0.89$, $A = -40\,000$ (Zunahme = negative Abnahme);

dann ist $K_{10} = K_0 \cdot q^{10} - A \cdot \dfrac{q^{10} - 1}{q - 1} = 562\,065$ (Bäume).

Das sind $\dfrac{K_{10}}{K_0} = \dfrac{562\,065}{1\,000\,000} = 56.2\,\%$ des ursprünglichen Bestandes.

4 Differential- und Integralrechnung für Funktionen einer Veränderlichen

Begriff der Ableitung, Differentiationsregeln

4.1 a) y' ist die Steigung bei $x = 20$. Da es sich um eine Gerade handelt, ist diese Steigung y' für alle x, also auch für $x = 40$, gleich groß.

Das Steigungsdreieck liefert: $m = y' = \dfrac{\Delta y}{\Delta x} = \dfrac{40 - 0}{0 - 50} = -0.8.$

b) Man legt bei $x = 1.5$ eine Tangente an die Kurve an und bestimmt dann am Bildrand die Steigung des Steigungsdreiecks:

$$m = y' = \frac{\Delta y}{\Delta x} \approx \frac{6.7 - 0}{2 - 0.5} \approx 4.5.$$

Diese Steigung ist die Ableitung y' für $x = 1.5$. Die Steigung wird umso größer, je größer x ist. Die Ableitungsfunktion ist somit streng monoton wachsend.

4.2

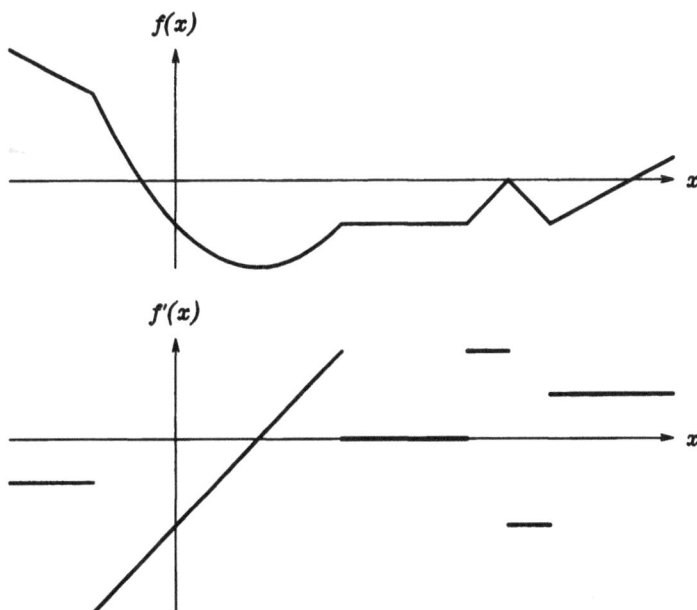

4.3 a) $f(x) = \dfrac{x^2 + 4x + 1}{\frac{1}{x}} = x^3 + 4x^2 + x \implies f'(x) = 3x^2 + 8x + 1$

b) $f(x) = \dfrac{e^{-x} + 2e^{-x}}{e^{-2x}} = 3e^{-x} \cdot e^{+2x} = 3e^{x} \implies f'(x) = 3e^{x}$

c) $f(x) = \ln(\frac{1}{4}|x|) = \ln\frac{1}{4} + \ln|x| \implies f'(x) = 0 + \frac{1}{x} = \frac{1}{x}$

d) $f(x) = \ln|x^3| = \ln|x|^3 = 3\ln|x| \implies f'(x) = 3 \cdot \frac{1}{x} = \frac{3}{x}$

e) $f(x) = \ln(4 \cdot e^{x^2}) = \ln 4 + \ln e^{x^2} = \ln 4 + x^2 \implies f'(x) = 2x$

f) $f(x) = (9x^2)^3 = 9^3 x^{2 \cdot 3} = 729 x^6 \implies f'(x) = 4374 x^5$

g) $f(x) = \sqrt{x^3} = x^{3/2} \implies f'(x) = \frac{3}{2} \cdot x^{1/2} = \frac{3}{2} \cdot \sqrt{x}$

h) $f(x) = \arcsin x + \arccos x = \frac{\pi}{2} \implies f'(x) = 0$

4.4   a) $y = 3x^7 - \dfrac{4}{x^7} = 3x^7 - 4x^{-7} \implies y' = 21x^6 + 28x^{-8} = 21x^6 + \dfrac{28}{x^8}$

b) $y = \dfrac{1}{1-x} \implies y' = -\dfrac{1}{(1-x)^2} \cdot (-1) = \dfrac{1}{(1-x)^2}$ (Kettenregel)

c) $y = \dfrac{2x}{x^2-2} \implies y' = \dfrac{2(x^2-2) - 2x \cdot 2x}{(x^2-2)^2} = \dfrac{-2x^2 - 4}{(x^2-2)^2}$ (Quotienten-regel)

d) $y = \sqrt{2x+1} \implies y' = \dfrac{1}{2 \cdot \sqrt{2x+1}} \cdot 2 = \dfrac{1}{\sqrt{2x+1}}$ (Kettenregel)

e) $y = e^{-x} \cdot \sin x \implies$ (mit der Produktregel)

$\quad y' = e^{-x} \cdot (-1) \cdot \sin x + e^{-x} \cdot \cos x = e^{-x}(\cos x - \sin x)$

f) $y = e^{4x^2} \implies y' = e^{4x^2} \cdot 8x$ (Kettenregel)

g) $y = \ln|\cos x|$ Kettenregel: $y' = \dfrac{1}{\cos x} \cdot \sin x = \tan x$

h) $y = \dfrac{1}{1 + (\cos x)^2} \implies$ (mit der Kettenregel)

$\quad y' = \dfrac{-1}{(1 + (\cos x)^2)^2} \cdot 2\cos x(-\sin x) = \dfrac{2 \cdot \sin x \cdot \cos x}{(1 + \cos^2 x)^2}$

i) Zunächst die Ableitung von $\tan x = \dfrac{\sin x}{\cos x}$ mit der Quotientenregel:

$\quad \dfrac{d \tan x}{dx} = \dfrac{\cos x \cdot \cos x - \sin x \cdot (-\sin x)}{\cos^2 x} = \dfrac{\sin^2 x + \cos^2 x}{\cos^2 x} = \dfrac{1}{\cos^2 x}$

Dann liefert die Kettenregel die Ableitung von $y = (\tan x)^2$ wie folgt:

$\quad \dfrac{dy}{dx} = y' = 2\tan x \cdot \dfrac{1}{\cos^2 x} = \dfrac{2 \cdot \tan x}{\cos^2 x}$

4.5   a) $f(x) = \dfrac{2}{5x-3} + \ln 200 \implies f'(x) = -\dfrac{2}{(5x-3)^2} \cdot 5 = \dfrac{-10}{(5x-3)^2}$

b) $f(x) = \dfrac{1}{e^x + 1} \implies f'(x) = \dfrac{-e^x}{(e^x+1)^2}$

c) $f(x) = e^{-3x(x+2)} \implies f'(x) = -6(x+1) \cdot e^{-3x(x+2)}$

d) $f(x) = (\ln x)^2 \implies f'(x) = 2 \cdot \ln x \cdot \dfrac{1}{x} = \dfrac{2}{x} \cdot \ln x$

4.6   a) $y = (2x-1)^5;$ Kettenregel: $\dfrac{dy}{dx} = 5(2x-1)^4 \cdot 2 = 10(2x-1)^4$

b) $y = \sqrt[3]{x^2 - 2x - 1} = (x^2 - 2x - 1)^{1/3}$

   Kettenregel: $\dfrac{dy}{dx} = \dfrac{1}{3} \cdot \dfrac{2x-2}{\sqrt[3]{(x^2-2x-1)^2}}$

c) $y = \left(x^3 + 3\sqrt{x} - \dfrac{2}{x\sqrt{x}} \right) \cos x = (x^3 + 3x^{1/2} - 2x^{-3/2}) \cos x$

   Produktregel:

   $\dfrac{dy}{dx} = \left(3x^2 + \dfrac{3}{2}x^{-1/2} + 3x^{-5/2} \right) \cdot \cos x - (x^3 + 3\sqrt{x} - 2x^{-3/2}) \cdot \sin x$

d) $y = \dfrac{x^2 + 1}{x^2 - 1}$

   Quotientenregel: $\dfrac{dy}{dx} = \dfrac{2x \cdot (x^2-1) - (x^2+1) \cdot 2x}{(x^2-1)^2} = \dfrac{-4x}{(x^2-1)^2}$

e) $y = \left(\dfrac{1+x}{1-x} \right)^4$

   Kettenregel und Quotientenregel:

   $\dfrac{dy}{dx} = 4 \cdot \left(\dfrac{1+x}{1-x} \right)^3 \cdot \dfrac{1 \cdot (1-x) - (1+x) \cdot (-1)}{(1-x)^2} = \dfrac{8(1+x)^3}{(1-x)^5}$

f) $y = \ln \sqrt{\dfrac{1-x^2}{1+x^2}} = \ln \left(\dfrac{1-x^2}{1+x^2} \right)^{1/2} = \dfrac{1}{2} \ln \left(\dfrac{1-x^2}{1+x^2} \right)$

   Kettenregel und Quotientenregel:

   $\dfrac{dy}{dx} = \dfrac{1}{2} \cdot \dfrac{1+x^2}{1-x^2} \cdot \dfrac{(-2x) \cdot (1+x^2) - (1-x^2) \cdot 2x}{(1+x^2)^2}$

   $= \dfrac{1}{2} \cdot \dfrac{-4x}{(1-x^2)(1+x^2)} = -\dfrac{2x}{1-x^4}$

4.7   a) $f(x) = \sqrt{1 + \sin^2(x^4)}$

Kettenregel:

$$f'(x) = \frac{1 \cdot (2\sin x^4) \cdot (\cos x^4) \cdot 4x^3}{2 \cdot \sqrt{1 + \sin^2(x^4)}} = \frac{4x^3}{\sqrt{1 + \sin^2(x^4)}} \cdot \sin x^4 \cdot \cos x^4$$

Jetzt wird $x = \sqrt[4]{\frac{\pi}{4}}$ eingesetzt, und wir erhalten:

$$f'\left(\sqrt[4]{\frac{\pi}{4}}\right) = \frac{4 \cdot \sqrt[4]{(\pi/4)^3}}{\sqrt{1 + \sin^2(\pi/4)}} \cdot \left(\sin\left(\frac{\pi}{4}\right)\right) \cdot \left(\cos\left(\frac{\pi}{4}\right)\right)$$

$$= \frac{4 \cdot \sqrt[4]{(\pi/4)^3}}{\sqrt{1 + \sqrt{1/2}^2}} \cdot \sqrt{\frac{1}{2}} \cdot \sqrt{\frac{1}{2}} = 2 \cdot \frac{(\pi/4)^{3/4}}{\sqrt{3/2}} \approx 1.362$$

b) $f(x) = \ln(\ln x + 1) \implies f'(x) = \frac{1}{(\ln x + 1)} \cdot \frac{1}{x}$ (Kettenregel)

$x = 1$ eingesetzt ergibt dann: $f'(1) = \frac{1}{(\ln 1 + 1)} \cdot \frac{1}{1} = 1$

4.8   a) $f(x) = e^{-\alpha x} \sin(\beta x)$

Erst Produktregel, dann Kettenregel:

$$f'(x) = [e^{-\alpha x} \cdot (-\alpha)] \cdot \sin(\beta x) + e^{-\alpha x} \cdot [\cos(\beta x) \cdot \beta]$$
$$= e^{-\alpha x}[\beta \cdot \cos(\beta x) - \alpha \cdot \sin(\beta x)]$$

b) $f(x) = \left(\frac{1}{2}\right)^{k \cdot x} = e^{k \cdot x \cdot \ln(1/2)}$

$$f'(x) = e^{k \cdot x \cdot \ln(1/2)} \cdot k \cdot \ln\frac{1}{2} = -k \cdot \ln 2 \cdot \left(\frac{1}{2}\right)^{k \cdot x} \approx -0.693\, k \cdot \left(\frac{1}{2}\right)^{k \cdot x}$$

c) $f(x) = \frac{e^{2ax}}{10^x} = \frac{e^{2ax}}{e^{x \ln 10}} = e^{2ax - x \ln 10} = e^{(2a - \ln 10) \cdot x}$

$$f'(x) = e^{(2a - \ln 10) \cdot x} \cdot (2a - \ln 10) = \frac{e^{2ax}}{10^x} \cdot (2a - \ln 10) \approx (2a - 2.30) \cdot \frac{e^{2ax}}{10^x}$$

d) $f(x) = e^{-\frac{1}{2}\left(\frac{x-\mu}{\sigma}\right)^2}$

$$f'(x) = e^{-\frac{1}{2}\left(\frac{x-\mu}{\sigma}\right)^2} \cdot \left(-\frac{x-\mu}{\sigma}\right) \cdot \frac{1}{\sigma} = -\frac{x-\mu}{\sigma^2} \cdot e^{-\frac{1}{2}\left(\frac{x-\mu}{\sigma}\right)^2}$$

4.9 $f(x) = b^{u(x)} = e^{u(x) \cdot \ln b} \Rightarrow f'(x) = e^{u(x) \cdot \ln b} \cdot u'(x) \cdot \ln b = b^{u(x)} \cdot u'(x) \cdot \ln b$

4.10 a) $y = x^{2/3} \implies y' = \dfrac{2}{3} \cdot x^{-1/3}$

b) $y = {}^2\log(2-x) = \dfrac{\ln(2-x)}{\ln 2} \implies y' = \dfrac{1}{\ln 2} \dfrac{1}{2-x} \cdot (-1) = \dfrac{1}{(x-2)\ln 2}$

c) $y = \arcsin\sqrt{1-x^2} \implies$

$$y' = \dfrac{1}{\sqrt{1-\sqrt{1-x^2}^2}} \cdot \dfrac{1}{2 \cdot \sqrt{1-x^2}} \cdot (-2x) = \dfrac{1}{\sqrt{x^2}} \cdot \dfrac{-x}{\sqrt{1-x^2}}$$

$$= -\dfrac{x}{|x|} \cdot \dfrac{1}{\sqrt{1-x^2}} = \dfrac{-\operatorname{sgn}(x)}{\sqrt{1-x^2}} = \begin{cases} \dfrac{+1}{\sqrt{1-x^2}} & \text{für } -1 < x < 0 \\[2mm] \dfrac{-1}{\sqrt{1-x^2}} & \text{für } 0 < x < 1 \end{cases}$$

d) $y = 3^{0.2x} = e^{0.2x \cdot \ln 3} = e^{(0.2 \cdot \ln 3) \cdot x} \implies$

$$y' = e^{(0.2 \cdot \ln 3)x} \cdot 0.2 \ln 3 = 3^{0.2x} \cdot 0.2 \ln 3 \approx 0.2197 \cdot 3^{0.2x}$$

e) $y = \sqrt{\dfrac{1+x}{1-x}} \implies$

$$y' = \dfrac{1}{2\sqrt{\frac{1+x}{1-x}}} \cdot \dfrac{1 \cdot (1-x) - (1+x) \cdot (-1)}{(1-x)^2} = \dfrac{1}{(1-x)^2} \cdot \sqrt{\dfrac{1-x}{1+x}}$$

f) $y = x\sin x + \dfrac{\sin x}{x} = \left(x + \dfrac{1}{x}\right) \cdot \sin x \implies$

$$y' = \left(1 + \dfrac{-1}{x^2}\right) \cdot \sin x + \left(x + \dfrac{1}{x}\right) \cdot \cos x$$

g) $y = 2^{\sqrt{x}} = e^{\sqrt{x}\ln 2} \implies y' = e^{\sqrt{x}\ln 2} \cdot \ln 2 \cdot \dfrac{1}{2\sqrt{x}} = \dfrac{\ln 2}{2\sqrt{x}} \cdot 2^{\sqrt{x}}$

h) $y = \lg\dfrac{1}{x} = \lg x^{-1} = -\lg x = -\dfrac{1}{\ln 10} \cdot \ln x \implies y' = -\dfrac{1}{x\ln 10}$

i) $y = \tan^2 x \cdot \cos^2 x = \dfrac{\sin^2 x}{\cos^2 x} \cdot \cos^2 x = \sin^2 x \implies y' = 2\,\sin x\,\cos x$

j) $y = 10^{2x} = e^{2x\ln 10} \implies y' = 2\ln 10 \cdot e^{(\ln 10)\cdot 2x} = 2\,\ln 10 \cdot 10^{2x}$

k) $y = \arccos\left(\dfrac{x}{\pi}\right) \implies y' = \dfrac{-1}{\sqrt{1-\left(\frac{x}{\pi}\right)^2}} \cdot \dfrac{1}{\pi} = \dfrac{-1}{\sqrt{\pi^2 - x^2}}$

l) $y = \arctan\left(\dfrac{4}{\cos x}\right) \implies$

$$y' = \dfrac{1}{1 + \left(\frac{4}{\cos x}\right)^2} \cdot \dfrac{-4}{\cos^2 x} \cdot (-\sin x) = \dfrac{4\sin x}{16 + \cos^2 x}$$

4.11 a) $y = 3\cos(4x^3)$ $y' = -3\sin(4x^3) \cdot 12x^2 = -36x^2 \sin(4x^3)$

f ist für alle $x \in I\!R$ differenzierbar.

b) $y = \tan(3x-4)^2$ $\left(\tan = \dfrac{\sin}{\cos} \implies \tan' = \dfrac{\cos^2 + \sin^2}{\cos^2} = \dfrac{1}{\cos^2} \right)$

$y' = \dfrac{1}{\cos^2(3x-4)^2} \cdot 2(3x-4) \cdot 3 = \dfrac{6 \cdot (3x-4)}{\cos^2(3x-4)^2}$

f ist auf dem ganzen Definitionsbereich $I\!D$ differenzierbar, wobei

$I\!D = \{x \in I\!R : (3x-4)^2 \neq \dfrac{\pi}{2} + k \cdot \pi, \quad k \in \mathbb{Z} \}$

$= \{x \in I\!R : (3x-4)^2 \neq \dfrac{\pi}{2} + k \cdot \pi, \quad k \in I\!N_0 \}$

$= \{x \in I\!R : x \neq \dfrac{1}{3}\left(4 \pm \sqrt{\dfrac{\pi}{2} + k\pi}\right), \quad k \in I\!N_0 \}$

c) $y = \cot(3x^2)$ $\left(\cot = \dfrac{\cos}{\sin} \implies \cot' = \dfrac{-\sin^2 - \cos^2}{\sin^2} = \dfrac{-1}{\sin^2} \right)$

$y' = -\dfrac{1}{\sin^2(3x^2)} \cdot 6x = -\dfrac{6x}{\sin^2(3x^2)}$

f ist auf dem ganzen Definitionsbereich $I\!D$ differenzierbar, wobei

$I\!D = \{x \in I\!R : 3x^2 \neq k \cdot \pi, \quad k \in \mathbb{Z} \}$

$= \{x \in I\!R : 3x^2 \neq k \cdot \pi, \quad k \in I\!N_0 \}$

$= \{x \in I\!R : x \neq \pm\sqrt{\dfrac{k\pi}{3}}, \quad k \in I\!N_0 \}$

4.12 a) $f(x) = \displaystyle\sum_{i=1}^{3} [(i+1)x^i + 2]$

$f'(x) = \displaystyle\sum_{i=1}^{3} i(i+1)x^{i-1} = 1 \cdot 2 \cdot x^0 + 2 \cdot 3 \cdot x^1 + 3 \cdot 4 \cdot x^2 = 2 + 6x + 12x^2$

b) $f(x) = \displaystyle\sum_{i=1}^{2}\sum_{k=1}^{2} i x^k = \sum_{i=1}^{2} i \sum_{k=1}^{2} x^k = (1+2)\sum_{k=1}^{2} x^k = 3\sum_{k=1}^{2} x^k$

$f'(x) = 3\displaystyle\sum_{k=1}^{2} k x^{k-1} = 3 \cdot (1x^0 + 2x^1) = 3 \cdot (1 + 2x) = 3 + 6x$

4.13 a) $f(t) = x_0 \cdot \cos(2\omega t); \quad f'(t) = x_0 \cdot [-\sin(2\omega t)] \cdot 2\omega = -2\omega x_0 \cdot \sin(2\omega t)$

b) $f(y) = \sin^2 y \cdot \cos y$

$f'(y) = 2\sin y \cos y \cdot \cos y + \sin^2 y \cdot (-\sin y) = (2\cos^2 y - \sin^2 y) \cdot \sin y$

c) $f(z) = \dfrac{\lg z}{10^z} = \dfrac{\ln z}{\ln 10} \cdot e^{-z \cdot \ln 10}$

$f'(z) = \dfrac{1}{z \ln 10} \cdot e^{-z \cdot \ln 10} + \dfrac{\ln z}{\ln 10} \cdot e^{-z \cdot \ln 10} \cdot (-\ln 10)$

$= 10^{-z} \cdot \left(\dfrac{1}{z \ln 10} - \ln z \right)$

d) $f(t) = \dfrac{2^{\ln x}}{\arctan(5x)} + t \implies f'(t) = 1$ $\left[\begin{array}{l} f \text{ wird nach } t \text{ abge-} \\ \text{leitet, nicht nach } x. \end{array} \right]$

Höhere Ableitungen

4.14 Um die zweite Ableitung zu erhalten, bedarf es zuvor der ersten:

$f(t) = x_A \cdot \sin\left(\sqrt{\tfrac{g}{L}} \cdot t + \varphi_0 \right) \implies f'(t) = x_A \cdot \sqrt{\tfrac{g}{L}} \cos\left(\sqrt{\tfrac{g}{L}} \cdot t + \varphi_0 \right)$

$\implies f''(t) = -x_A \cdot \tfrac{g}{L} \cdot \sin\left(\sqrt{\tfrac{g}{L}} \cdot t + \varphi_0 \right)$

4.15 a) $y = \ln\sqrt{\sin^2 x} = \ln|\sin x| \implies y' = \dfrac{1}{\sin x} \cdot \cos x = \dfrac{\cos x}{\sin x} = \cot x$

$y'' = \dfrac{\sin x \cdot (-\sin x) - \cos x \cdot \cos x}{\sin^2 x} = \dfrac{-(\sin^2 x + \cos^2 x)}{\sin^2 x} = \dfrac{-1}{\sin^2 x}$

b) $y = \dfrac{x}{\sqrt{b^2 - x^2}} = x \cdot (b^2 - x^2)^{-1/2}$

$y' = 1 \cdot (b^2 - x^2)^{-1/2} + x \cdot \left(-\tfrac{1}{2}\right)(b^2 - x^2)^{-3/2} \cdot (-2x)$

$= x^2 \cdot (b^2 - x^2)^{-3/2} + (b^2 - x^2)^{-1/2}$

$y'' = 2x \cdot (b^2 - x^2)^{-3/2} + x^2 \cdot \left(-\tfrac{3}{2}\right)(b^2 - x^2)^{-5/2} \cdot (-2x)$

$\quad - \tfrac{1}{2}(b^2 - x^2)^{-3/2} \cdot (-2x)$

$= 3x \cdot (b^2 - x^2)^{-3/2} + 3x^3(b^2 - x^2)^{-5/2}$

$= 3x \cdot (b^2 - x^2)^{-3/2} \cdot (1 + x^2(b^2 - x^2)^{-1})$

c) $y = \arctan\sqrt{x^2 - 1}$ ist für $x \in \mathbb{R}\setminus[-1, 1]$ differenzierbar. Mit $\operatorname{sgn} x = +1$ für $x > 0$ und -1 für $x < 0$ vermeiden wir die Fallunterscheidung:

$y' = \dfrac{1}{1 + \left(\sqrt{x^2 - 1}\right)^2} \cdot \dfrac{1}{2\sqrt{x^2 - 1}} \cdot 2x = \dfrac{1}{x \cdot \sqrt{x^2 - 1}} = \dfrac{\operatorname{sgn} x}{\sqrt{x^4 - x^2}}$

$y'' = \dfrac{-\operatorname{sgn} x}{2\left(\sqrt{x^4 - x^2}\right)^3}(4x^3 - 2x) = \dfrac{x \cdot \operatorname{sgn} x \cdot (1 - 2x^2)}{\left(\sqrt{x^4 - x^2}\right)^3} = \dfrac{|x|(1 - 2x^2)}{(x^4 - x^2)^{3/2}}$

4.16 $\varphi(x) \;=\; \dfrac{1}{\sqrt{2\pi}}\mathrm{e}^{-x^2/2}$ $\qquad\qquad\qquad$ $\varphi'(x) \;=\; \dfrac{-x}{\sqrt{2\pi}}\cdot\mathrm{e}^{-x^2/2}$

$$\varphi''(x) \;=\; \frac{1}{\sqrt{2\pi}}\left[(-1)\cdot\mathrm{e}^{-x^2/2} + (-x)\cdot\mathrm{e}^{-x^2/2}\cdot(-x)\right] = \frac{x^2-1}{\sqrt{2\pi}}\cdot\mathrm{e}^{-x^2/2}$$

$$\varphi'''(x) \;=\; \frac{1}{\sqrt{2\pi}}\left[2x\cdot\mathrm{e}^{-x^2/2} + (x^2-1)\cdot\mathrm{e}^{-x^2/2}\cdot(-x)\right] = \frac{3x-x^3}{\sqrt{2\pi}}\cdot\mathrm{e}^{-x^2/2}$$

$\varphi'(x) = 0$ gilt für $x = 0$; hier hat die Dichte φ der Standardnormalverteilung ihr Maximum. $\varphi''(x) = 0$ gilt für $x = \pm 1$, wo φ die Wendepunkte hat. φ''' hat drei Nullstellen, und zwar bei $x = 0$ und $x = \pm\sqrt{3}$.

4.17 a) $f(x) = \mathrm{e}^{-x} \implies f'(x) = -\mathrm{e}^{-x} \implies f''(x) = \mathrm{e}^{-x} = f(x) \implies$
$f'''(x) = -\mathrm{e}^{-x} = -f(x)$. Das Vorzeichen wechselt nach jeder Ableitung. Also gilt allgemein für die n-te Ableitung: $f^{(n)}(x) = (-1)^n\mathrm{e}^{-x}$.

b) $f(x) = a^x = \mathrm{e}^{x\cdot\ln a} \implies f'(x) = \mathrm{e}^{x\cdot\ln a}\cdot\ln a$
$\implies f''(x) = \mathrm{e}^{x\cdot\ln a}\cdot(\ln a)^2 \implies f'''(x) = \mathrm{e}^{x\cdot\ln a}\cdot(\ln a)^3 \implies \dots$
Also gilt für die n-te Ableitung: $f^{(n)}(x) = \mathrm{e}^{x\cdot\ln a}\cdot(\ln a)^n = a^x\cdot(\ln a)^n$.

c) $f(x) = x^a \implies f'(x) = ax^{a-1} \implies f''(x) = a(a-1)x^{a-2} \implies$
$f'''(x) = a(a-1)(a-2)x^{a-3} \implies f^{(4)}(x) = a(a-1)(a-2)(a-3)x^{a-4}$
usw. Für die n-te Ableitung $f^{(n)}(x)$ gilt somit:
$$f^{(n)}(x) = a(a-1)(a-2)\cdot\ldots\cdot(a-n+1)x^{a-n} = x^{a-n}\cdot\prod_{i=0}^{n-1}(a-i).$$

d) $f(x) = \ln|x| \implies f'(x) = \dfrac{1}{x} = x^{-1} \implies f''(x) = -1\cdot x^{-2} \implies$
$f'''(x) = (-1)\cdot(-2)x^{-3} \implies f^{(4)}(x) = (-1)(-2)(-3)x^{-4}$ usw.
Für die n-te Ableitung $f^{(n)}(x)$ gilt somit:
$$f^{(n)}(x) = (-1)(-2)(-3)\cdot\ldots\cdot(-n+1)x^{-n} = \frac{(-1)^{n-1}\cdot(n-1)!}{x^n}$$

e) $f(x) = {}^a\!\log|x| = \dfrac{\ln|x|}{\ln a} \implies f^{(n)}(x) = \dfrac{(-1)^{n-1}\cdot(n-1)!}{x^n\cdot\ln a}$ $\quad$ (vgl. d))

f) $f(x) = \sin(ax+b) \implies f'(x) = \cos(ax+b)\cdot a \implies f''(x) =$
$-\sin(ax+b)\cdot a^2 \implies f'''(x) = -\cos(ax+b)\cdot a^3 \implies f^{(4)}(x) =$
$\sin(ax+b)\cdot a^4 = f(x)\cdot a^4 \implies f^{(5)}(x) = \cos(ax+b)\cdot a^5 = f'(x)\cdot a^4$
usw. Für die n-te Ableitung $f^{(n)}(x)$ gilt also:
$$f^{(n)}(x) = \begin{cases} (-1)^{n/2}\cdot a^n\cdot\sin(ax+b) & \text{für } n \text{ gerade} \\[2mm] (-1)^{(n-1)/2}\cdot a^n\cdot\cos(ax+b) & \text{für } n \text{ ungerade} \end{cases}$$

Man kann $f^{(n)}(x)$ auch ohne Fallunterscheidung angeben, und zwar unter Ausnutzung der Beziehung: $\cos(x) = \sin\left(x + \frac{\pi}{2}\right)$. Es resultiert:
$$f^{(n)}(x) = a^n\cdot\sin\left(ax+b+n\cdot\tfrac{\pi}{2}\right)$$

Kurvendiskussion

4.18 a) f ist als eine Summe gerader Potenzen (d.h., alle Hochzahlen 4, 2 und 0 sind gerade) gerade und damit achsensymmetrisch zur y-Achse.

b) Um die Nullstellen zu erhalten setzen wir zunächst $z := x^2$:

$$x^4 - 3x^2 - 4 = 0 \implies z^2 - 3z - 4 = 0$$

$$z_{1,2} = \frac{3 \pm \sqrt{9+16}}{2} = \frac{3 \pm 5}{2} \Rightarrow z_1 = 4, \ z_2 = -1$$

Zu $z_2 = -1$ gehören keine Nullstellen, da $z = x^2 > 0$;

zu $z_1 = 4$ gehören jedoch die Nullstellen $x_{1,2} = \pm 2$.

Als ganzrationale Funktion hat f weder Pole noch Asymptoten.

c) Relative Extrema:

$$f'(x) = 4x^3 - 6x = x \cdot (4x^2 - 6); \quad f'(x) = 0 \Rightarrow x = 0 \vee 4x^2 - 6 = 0;$$

das gibt die Lösungen $x_1 = 0$ und $x_{2/3} = \pm\sqrt{1.5} \approx \pm 1.22$.

$$f''(x) = 12x^2 - 6; \quad f''(0) = -6 < 0, \ \text{also max}\left(0, -4\right);$$

$$f''(\pm\sqrt{1.5}) = 18 - 6 = 12 > 0, \ \text{also min}\left(\pm\sqrt{1.5}, -6.25\right).$$

Wendepunkte:

$$f''(x) = 12x^2 - 6 = 0 \Rightarrow x^2 = 0.5 \Rightarrow x_{1,2} = \pm\sqrt{0.5} \approx \pm 0.71$$

$$f'''(x) = 24x, \ f'''(\pm\sqrt{0.5}) \neq 0, \ \text{also Wendepunkte} : \left(\pm\sqrt{0.5}, -5.25\right)$$

d) Skizze:

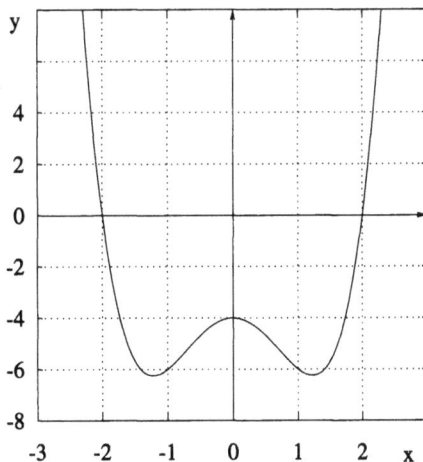

e) Wertebereich: $[-6.25, +\infty[$

4.19 a) $f(x) = \frac{1}{4}x^4 - \frac{4}{3}x^3 + 2x^2 = x^2 \cdot \left(\frac{1}{4}x^2 - \frac{4}{3}x + 2\right) \overset{!}{=} 0$

$\Longrightarrow$ Die einzige Nullstelle von f liegt bei $x = 0$ (eine sog. doppelte),
denn der Faktor $\left(\frac{1}{4}x^2 - \frac{4}{3}x + 2\right)$ hat keine Nullstelle, da die Diskri-
minante $\left(-\frac{4}{3}\right)^2 - 4 \cdot \frac{1}{4} \cdot 2 = -\frac{2}{9}$ negativ ist.

b) Es existieren keine Pole, da f eine ganzrationale Funktion ist, d.h.,
kein Nennerpolynom besitzt.

c) $\lim\limits_{x \to \pm\infty} f(x) = \lim\limits_{x \to \pm\infty} \left(\frac{1}{4}x^4 - \frac{4}{3}x^3 + 2x^2\right) = \lim\limits_{x \to \pm\infty} \frac{1}{4}x^4 = +\infty$

Bei $\lim\limits_{x \to \pm\infty}$ genügt die Betrachtung des Summanden samt Koeffizienten (einschließlich des Vorzeichens) mit der höchsten Potenz.

d) $f'(x) = x^3 - 4x^2 + 4x = x \cdot (x^2 - 4x + 4)$

$f'(x) = 0 \;\Rightarrow\; x_1 = 0,\; x_{2/3} = \dfrac{4 \pm \sqrt{16 - 16}}{2} = 2$

$f''(x) = 3x^2 - 8x + 4$

$f''(0) = 4 > 0$, also liegt bei $(0, 0)$ ein relatives Minimum.

$f''(2) = 0$, also noch keine Entscheidung über relatives Extremum;

$f'''(x) = 6x - 8$; daraus erhalten wir $f'''(2) = 4 \neq 0$.

Nach der ersten Ableitung wurde zuerst die dritte Ableitung an der
Stelle 2 ungleich 0. Da die dritte Ableitung eine ungeradzahlige ist,
folgt, dass an der Stelle 2 kein relatives Extremum ist.

e) $f''(x) = 0 \Rightarrow$ f) Skizze:

$x_{1,2} = \dfrac{8 \pm \sqrt{64 - 48}}{6}$

$= \dfrac{8 \pm 4}{6}$,

d.h., $x_1 = 2$, $x_2 = \frac{2}{3}$;

$f'''(2) = 4 \neq 0$;

also WP$\left(2, \frac{4}{3}\right)$.

$f'''\left(\frac{2}{3}\right) = -4 \neq 0$,

weiterer Wendepunkt:

WP$\left(\frac{2}{3}, \frac{44}{81}\right)$.

g) Wertebereich: $\mathbb{R}_0^+$

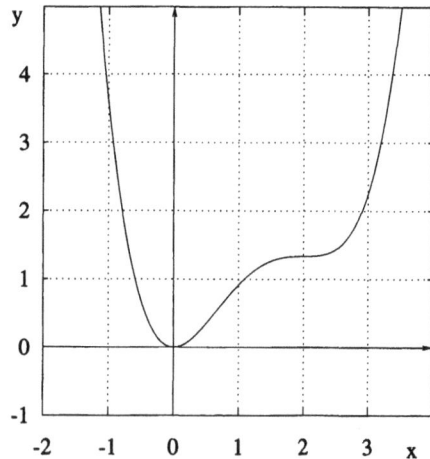

4.20   a)   Die Funktion f ist punktymmetrisch um den Ursprung, da sie eine Summe zweier ungerader Potenzen ist, denn $f(x) = x^3 + 3 \cdot x^{-1}$.

      b)   Definitionsbereich: $\mathbb{R} \setminus \{0\}$

      c) $x^3 + \dfrac{3}{x} = 0 \implies x^4 = -3 \implies$ keine (reellen) Nullstellen.

      d) $\displaystyle\lim_{x \to 0^\pm} \Big(\underbrace{x^3}_{\to 0} + \underbrace{\dfrac{3}{x}}_{\to \pm\infty} \Big) = \pm\infty.$ Polstelle bei $x = 0$, d.h. Asymptote $x = 0$.

      e) $\displaystyle\lim_{x \to \pm\infty} \Big(\underbrace{x^3}_{\to \pm\infty} + \underbrace{\dfrac{3}{x}}_{\to 0} \Big) = \pm\infty.$ Asymptote: $y = x^3$.

      f) $f'(x) = 3x^2 - \dfrac{3}{x^2} = 0 \implies x^4 = 1 \implies x = \pm 1$

         $f''(x) = 6x + \dfrac{6}{x^3}$

         $f''(+1) = 12 > 0$ also $\min(1,\,4)$ (relatives Minimum)

         $f''(-1) = -12 < 0$ also $\max(-1,\,-4)$ (relatives Maximum)

      g)   Skizze:

      h)   Wertebereich: $\mathbb{R} \setminus\,] - 4,\, 4[$

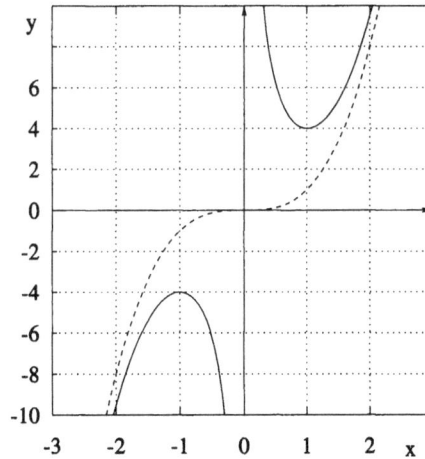

4.21   a)   Da der Zähler nur eine ungerade Potenz x^1 und der Nenner nur gerade Potenzen hat, nämlich x^2 und $1 = x^0$, ist die Funktion ungerade, also punktsymmetrisch um den Ursprung.

      b) $f(x) \to 0$ für $x \to \pm\infty$, da der Grad des Nenners höher ist als der Grad des Zählers.

      c)   Die Funktion hat keine Polstelle, da der Nenner stets $\neq 0$ ist.

d) Nullstellen : $y = 0$
   $2x = 0 \Rightarrow x = 0$

f)

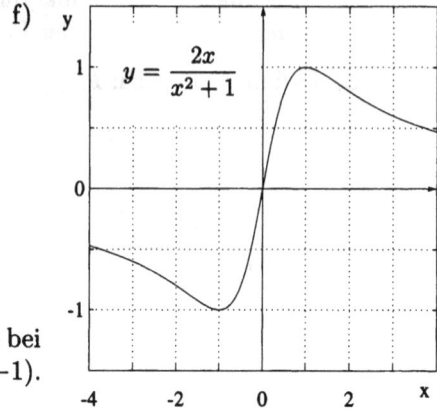

e) Extrema : $y' = 0$

$$y' = \frac{2(x^2 + 1) - 4x^2}{(x^2 + 1)^2}$$

$$= \frac{2 \cdot (1 - x^2)}{(x^2 + 1)^2}$$

$y' = 0 \Rightarrow x = \pm 1$

$y' < 0$ für $x < -1$ und
$y' > 0$ für $-1 < x < 0$, also bei
$x = -1$ Minimum min$(-1, -1)$.
Dual dazu folgt max$(1, 1)$.

4.22 a) Der Nenner $x^2 - x - 2 = (x + 1) \cdot (x - 2)$ hat die Nullstellen -1
      und 2. Somit gilt für den Definitionsbereich: $D = \mathbb{R} \setminus \{-1, 2\}$.

   b) Der Zähler $x^2 + x = x(x + 1)$ hat die Nullstellen 0 und -1. Da aber
      die Zählernullstelle -1 nicht im Definitionsbereich von f liegt, bleibt
      nur die Zählernullstelle $x = 0$ als einzige Nullstelle von f.

   c) Da -1 sowohl Zähler- als auch Nennernullstelle ist, kürzen wir den
      Bruch f zunächst durch $(x - (-1)) = (x + 1)$:

      $$f(x) = \frac{x^2 + x}{x^2 - x - 2} = \frac{x(x + 1)}{(x + 1)(x - 2)} = \frac{x}{x - 2} \quad \text{für } x \neq -1, 2$$

      Nach dem Kürzen ist bei $x = -1$ keine Nennernullstelle mehr, also
      auch kein Pol. Hier ist f stetig ergänzbar, und zwar mit Hilfe der
      durchgekürzten Funktionsdarstellung.

      Es ist $f(x) = \dfrac{x}{x - 2}$.   Also setzen wir: $f(-1) := \dfrac{-1}{-1 - 2} = \dfrac{1}{3}$

      f ist dann auch im ergänzten Punkt $x = -1$ stetig, denn

      $$\lim_{x \to -1} f(x) = \lim_{x \to -1} \frac{x}{x - 2} = \frac{-1}{-1 - 2} = \frac{1}{3} = f(-1) = f(\lim_{x \to -1} x)$$

   d) Für die Nennernullstelle 2 gilt: $\lim\limits_{x \to 2^\pm} f(x) = \lim\limits_{x \to 2^\pm} \dfrac{x}{x - 2} = \pm\infty$

      Bei $x = 2$ ist also ein Pol (vertikale Asymptote).

   e) Da f eine rationale Funktion ist, erhält man die Grenzwerte für $x \to$
      $\pm\infty$ einfach dadurch, dass man vom Zähler und Nenner nur jeweils
      den Summanden (samt Koeffizienten einschließlich Vorzeichen) mit
      der höchsten Potenz betrachtet:

      $$\lim_{x \to \pm\infty} f(x) = \lim_{x \to \pm\infty} \frac{x}{x - 2} = \lim_{x \to \pm\infty} \frac{x}{x} = 1.$$

      Also ist $y = 1$ eine waagrechte Asymptote.

f) $f'(x) = \dfrac{-2}{(x-2)^2} \neq 0.$ Also hat f keine relativen Extrema.

g) Skizze:

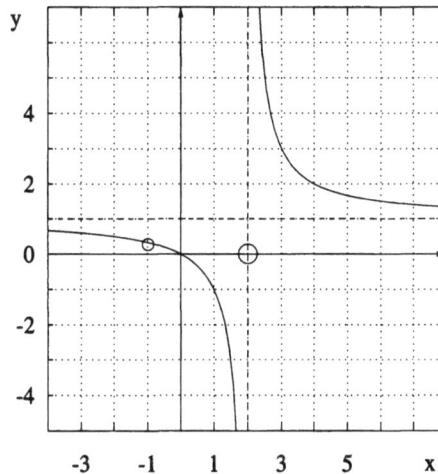

h) Wertebereich:

$$\mathbb{R} \setminus \left\{ \frac{1}{3}, 1 \right\}$$

i) $f \colon x \mapsto y$ ist genau dann um $(x_0, y_0) = (2, 1)$ punktsymmetrisch, wenn mittels der Transformationen $x^* := x - x_0 = x - 2$ und $y^* := y - y_0 = y - 1$ eine um den Ursprung punktsymmetrische, d.h., ungerade Funktion $f^* \colon x^* \mapsto y^*$ entsteht. Diese Transformationen ergeben umgekehrt $x = x^* + 2$ und $y = y^* + 1$. Wir erhalten:

$$y = \frac{x}{x-2} \;\Rightarrow\; y^* + 1 = \frac{x^* + 2}{x^*} = 1 + \frac{2}{x^*} \;\Rightarrow\; y^* = \frac{2}{x^*} = 2(x^*)^{-1}$$

Da die Hochzahl -1 von x^* ungerade ist, ist $f^* \colon x^* \mapsto y^*$ punktsymmetrisch um $(0, 0)$ und damit $f \colon x \to y$ punktsymmetrisch um $(2, 1)$.

4.23   a) Die Funktionen f_i sind nicht ungerade, da im Zähler sowohl ungerade als auch gerade Potenzen auftreten ($-1 = -x^0$ ist gerade, da die Hochzahl 0 gerade ist); der Nenner spielt dann keine Rolle mehr.

b) $ix^3 - 1 = 0 \;\Rightarrow\; x = \sqrt[3]{\dfrac{1}{i}}$ $\forall\, i \in \mathbb{N} \setminus \{0\}$. Jedes f_i hat also eine Nullstelle.

c) $\displaystyle\lim_{x \to 0^\pm} \left(\frac{ix^3 - 1}{x} \right) = \lim_{x \to 0^\pm} \left(\underbrace{ix^2}_{\to\, 0} - \underbrace{\frac{1}{x}}_{\to\, \mp\infty} \right) = \mp\infty$, also Pol bei $x = 0$.

d) $\displaystyle\lim_{x \to \pm\infty} \left(\frac{ix^3 - 1}{x} \right) = \lim_{x \to \pm\infty} \left(\underbrace{ix^2}_{\to\, +\infty} - \underbrace{\frac{1}{x}}_{\to\, 0} \right) = +\infty$

Asymptote: $y = ix^2$

e) $f_1(x) = \dfrac{x^3 - 1}{x} = x^2 - \dfrac{1}{x}$ f) Skizze:

$f_1'(x) = 2x + \dfrac{1}{x^2}$

$f_1'(x) = 0 \Rightarrow 2x^3 + 1 = 0$

$\Rightarrow x = -\sqrt[3]{\dfrac{1}{2}}$

$f_1''(x) = 2 - \dfrac{2}{x^3}$

$f_1''\left(-\sqrt[3]{\dfrac{1}{2}}\right) = 2 - \dfrac{2}{-\frac{1}{2}} = 6 > 0,$

also relatives Minimum bei

$\min\left(-\sqrt[3]{\dfrac{1}{2}},\ \dfrac{3}{2}\cdot\sqrt[3]{2}\right)$

$\approx \min(-0.7937, 1.8899).$

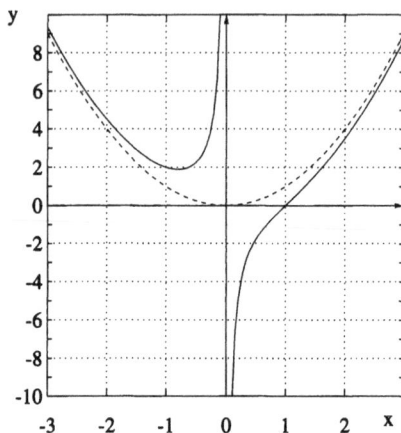

4.24 a) $y = \dfrac{x}{x^2 + b}$ mit $b > 0$

$y' = \dfrac{1\cdot(x^2 + b) - x\cdot 2x}{(x^2 + b)^2} = \dfrac{b - x^2}{(x^2 + b)^2}$

$y' = 0 \Rightarrow x^2 = b \Rightarrow x = \pm\sqrt{b}$

Wegen $y' > 0$ für $0 < x < \sqrt{b}$ und $y' < 0$ für $x > \sqrt{b}$ ist bei $\sqrt{b}$ ein

relatives Maximum $H\left(\sqrt{b}, \dfrac{1}{2\sqrt{b}}\right)$.

Analog dazu oder wegen der Punktsymmetrie der Kurve folgt, dass

$\left(-\sqrt{b}, -\dfrac{1}{2\sqrt{b}}\right)$ ein relatives Minimum ist.

b) Der Abstand des Punktes H zum Ursprung berechnet sich zu:

$A = \sqrt{\sqrt{b}^2 + \left(\dfrac{1}{2\sqrt{b}}\right)^2} = \sqrt{b + \dfrac{1}{4b}}$

$A' = \dfrac{dA}{db} = \dfrac{1}{2}\cdot\left(b + \dfrac{1}{4b}\right)^{-1/2}\cdot\left(1 - \dfrac{1}{4b^2}\right)$

$A' = 0 \Rightarrow 1 - \dfrac{1}{4b^2} = 0 \Rightarrow b^2 = \dfrac{1}{4} \Rightarrow b = \dfrac{1}{2}$, da $b > 0$ ist.

Da $A' < 0$ für $b < \dfrac{1}{2}$ und $A' > 0$ für $b > \dfrac{1}{2}$, ist für $b = \dfrac{1}{2}$ der Abstand

A minimal. Er beträgt $A = \sqrt{b + \dfrac{1}{4b}} = \sqrt{\dfrac{1}{2} + \dfrac{1}{4\cdot\frac{1}{2}}} = 1.$

4.25 a) $\dfrac{4-x}{x} \geq 0$

Fallunterscheidung:

$\alpha)$ $x > 0$ und

$4 - x \geq 0$, d.h.$x \leq 4$,

also $\mathbb{L}_\alpha = \{x | 0 < x \leq 4\}$.

$\beta)$ $x < 0$ und

$4 - x \leq 0$, d.h.$x \geq 4$,

also $\mathbb{L}_\beta = \{\ \}$.

b)

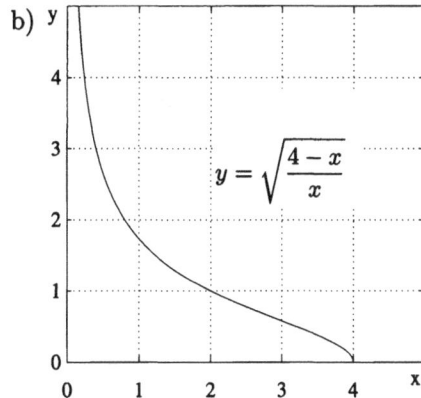

$$y = \sqrt{\frac{4-x}{x}}$$

$\mathbb{D} = \mathbb{L}_\alpha \cup \mathbb{L}_\beta = \{x \in \mathbb{R} \mid 0 < x \leq 4\} =\ ]0, 4]$

c) $f'(x) = \dfrac{1}{2\sqrt{\dfrac{4-x}{x}}} \cdot \dfrac{-x - (4-x)}{x^2} = -\dfrac{2}{x^2} \cdot \sqrt{\dfrac{x}{4-x}}$

I: $\displaystyle\lim_{x \to 4^-} f'(x) = \lim_{x \to 4^-} -\frac{2}{x^2} \cdot \sqrt{\frac{x}{4-x}} \to -\infty < 0$

II: $\displaystyle\lim_{x \to 0^+} f'(x) = \lim_{x \to 0^+} -\frac{2}{x^2} \cdot \sqrt{\frac{x}{4-x}}$

$\displaystyle = \lim_{x \to 0^+} -2 \cdot \frac{1}{\sqrt{x^3 \cdot (4-x)}} \to -\infty < 0$

III: $\mathbb{D}_{f'} = \{x | 0 < x < 4\} = \ ]0, 4[$

f' ist in $\mathbb{D}_{f'}$ stetig und differenzierbar.

Außerdem gilt für alle $x \in \mathbb{D}_{f'}$, dass $f'(x) < 0$ ist.

IV: Für alle $x \in \mathbb{D}_{f'}$ existiert der Funktionswert $f'(x)$, d.h., dass er zwischen $-\infty$ und $+\infty$ liegt. Jeder Funktionswert von f' ist also größer als der Grenzwert $-\infty$, der sich ergibt, wenn x gegen die Ränder des Definitionsbereichs strebt ($x \to 0^+$, $x \to 4^-$). Durchläuft man also $\mathbb{D}_{f'}$ von 0 bis 4, so muss f' zunächst ansteigen, ist ja schließlich jedes $f'(x) > -\infty$. Nähert sich x an 4 an, muss $f'(x)$ wieder gegen $-\infty$ abfallen. Da f' in $\mathbb{D}_{f'}$ keine Lücken hat, muss f' mindestens einmal zwischen 0 und 4 ein Maximum erreichen. Ein solches Maximum von f' ist aber ein Wendepunkt von f, genauer: eine Wende von der Linkskrümmung zur Rechtskrümmung.

d) f ist eine monoton fallende Funktion und nur für $x \in]0, 4]$ definiert. Tangenten an f schneiden deshalb nur den positiven Teil der x-Achse.

I: Tangentengleichung bei x_0: $g_{x_0}(x) = f(x_0) + f'(x_0) \cdot (x - x_0)$

$$g_{x_0}(x) = \sqrt{\frac{4 - x_0}{x_0}} - \frac{2}{x_0^2} \cdot \sqrt{\frac{x_0}{4 - x_0}} \cdot (x - x_0)$$

II: Schnittpunkt von g_{x_0} mit der x-Achse:

$$g_{x_0}(x) = 0 \implies \frac{2}{x_0^2} \cdot \sqrt{\frac{x_0}{4 - x_0}} \cdot (x - x_0) = \sqrt{\frac{4 - x_0}{x_0}}$$

$$\implies \frac{2}{x_0^2}(x - x_0) = \frac{4 - x_0}{x_0}$$

$$\implies 2x - 2x_0 = 4x_0 - x_0^2$$

$$\implies x = -\frac{1}{2}x_0^2 + 3x_0$$

III: Nun wird derjenige Tangentenparameter x_0 gesucht, der den x-Wert des Tangentenschnittpunktes mit der x-Achse maximiert:

Die letzte Gleichung zeigt x als eine nach unten geöffnete Parabel in x_0. Deren Maximum liegt bei der x_0-Koordinate des Scheitels. Diese erhält man folgendermaßen:

$$\frac{dx}{dx_0} = -x_0 + 3 \overset{!}{=} 0 \implies x_0 = 3$$

Somit ist für $x_0 = 3$ der x-Wert des Tangentenschnittpunktes mit der x-Achse maximal. Er liegt bei

$$x = -\frac{1}{2}3^2 + 3 \cdot 3 = 4.5.$$

Der Schnittpunkt der Tangente mit der Kurve liegt bei

$$(x_0, g_{x_0}(x_0)) = (x_0, f(x_0)) = (3, f(3)) = \left(3, \frac{1}{\sqrt{3}}\right).$$

IV: Die gesuchte Tangente g ist also $g = g_{x_0} = g_3$. Ihre Gleichung lautet:

$$g(x) = g_3(x) = -\frac{2}{9}\sqrt{3}(x - 3) + \frac{1}{\sqrt{3}}$$

$$= -\frac{2}{9}\sqrt{3} \cdot x + \frac{2}{3}\sqrt{3} + \frac{\sqrt{3}}{3}$$

$$= -\frac{2}{9}\sqrt{3} \cdot x + \sqrt{3}$$

4.26 a) $x^2 + kx - 1 = 0 \Rightarrow x_{1,2} = \dfrac{-k \pm \sqrt{k^2 + 4}}{2}$

Da $k^2 + 4$ für alle k größer als 0 ist, existieren stets zwei Zählernull-stellen. Damit diese Zählernullstellen auch Nullstellen von f sind, müssen sie im Definitionsbereich $I\!D$ liegen, dürfen also nicht mit der Nennernullstelle 1 identisch sein. Wenn $x = 1$ eine Zählernullstelle ist, folgt aber wegen $1^2 + k \cdot 1 - 1 = 0$, dass $k = 0$ ist. Für $k = 0$ ergibt sich aber eine weitere Zählernullstelle, nämlich $x = -1$. Diese liegt in $I\!D$ und ist damit die einzige Nullstelle von f_0. Alle anderen f_k haben genau zwei Nullstellen, nämlich die oben angegebenen Nullstellen x_1 und x_2. Somit hat jedes f_k mindestens eine Nullstelle.

b) Die Nennernullstelle $x = 1$ ist für jedes f_k mit Ausnahme von f_0 eine Polstelle, denn wenn $k \neq 0$ ist, ist die Nennernullstelle $x = 1$ nicht zugleich eine Zählernullstelle.

c) Die Nennernullstelle $x = 1$ von f_k ist nur für $k = 0$ auch eine Zähler-nullstelle. Also können wir nur f_0 durch $(x - 1)$ kürzen:

$$f_0(x) = \frac{x^2 - 1}{x - 1} = \frac{(x+1)(x-1)}{x-1} = x + 1, \quad (x \neq 1)$$

Man kann also f_0 aufgrund letzterer Darstellung an der Definiti-onslücke $x = 1$ stetig ergänzen, und zwar mit Hilfe der durchgekürz-ten Funktionsdarstellung $f_0(x) = x + 1$. Wir setzen also: $f_0(1) := 1 + 1 = 2$. Dadurch ist f_0 auch im ergänzten Punkt $x = 1$ stetig, denn der Grenwert von $f_0(x) = x + 1$ für $x \to 1$ ist 2, also genauso groß, wie wir $f_0(1)$ definiert haben. f ist dann auf ganz $I\!R$ definiert und stetig.

d) f_0 ist eine Gerade ($f_0(x) = x + 1$), die nur für $x = 1$ nicht definiert ist. Eine Gerade mit Defini-tionslücke hat keine Extrema und keine Wendepunkte.

e) Eine Gerade ist im-mer monoton. Wei-ter ist $f'(x) = 1 > 0$ für alle x, und so-mit ist f streng mo-noton steigend.

f)

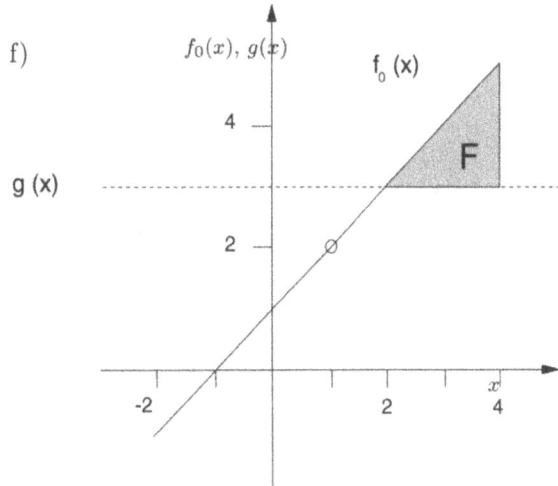

g) Eine Dreiecksfläche. Ihr Inhalt ist $A = \dfrac{1}{2} \cdot 2 \cdot 2 = 2$.

4.27 a) $f(x) = \dfrac{x^2 + bx + c}{x + k}$

α) Polstelle bei $x = -1 \Rightarrow -1 + k = 0 \Rightarrow k = 1$

β) Nullstelle: $x^2 + bx + c = 0 \Rightarrow x_{1,2} = \dfrac{-b \pm \sqrt{b^2 - 4c}}{2}$

f hat genau eine Nullstelle $\Rightarrow b^2 - 4c = 0 \Rightarrow b^2 = 4c \Rightarrow b = \pm 2\sqrt{c}$.

γ) $f'(x) = \dfrac{(2x + b)(x + k) - (x^2 + bx + c)}{(x + k)^2} = \dfrac{x^2 + 2kx + kb - c}{(x + k)^2}$

$f'(-3) = 0 \Rightarrow 9 - 6k + kb - c = 0$

Zusammen mit α), $k = 1$, folgt daraus: $b = c - 3$.

Wegen β), $b^2 = 4c$, folgt weiter: $(c-3)^2 = 4c \Rightarrow c^2 - 10c + 9 = 0$

$\Rightarrow c_{1,2} = \dfrac{10 \pm \sqrt{100 - 4 \cdot 9}}{2} = \dfrac{10 \pm 8}{2} \Rightarrow c_1 = 9$ und $c_2 = 1$

Mit β) folgt weiter: $c_1 = 9 \Rightarrow b = \pm 2\sqrt{c_1} = \pm 6$;

jedoch gilt $b = c_1 - 3$ nur für $b = +6$

$c_2 = 1 \Rightarrow b = \pm 2\sqrt{c_2} = \pm 2$;

jedoch gilt $b = c_2 - 3$ nur für $b = -2$

Es gibt also zwei Lösungsfunktionen f_1 und f_2:

$f_1(x) = \dfrac{x^2 + 6x + 9}{x + 1} = \dfrac{(x + 3)^2}{x + 1}$ $\qquad (k = 1, \ b = 6, \ c = 9)$

$f_2(x) = \dfrac{x^2 - 2x + 1}{x + 1} = \dfrac{(x - 1)^2}{x + 1}$ $\qquad (k = 1, \ b = -2, \ c = 1)$

b) $f(x) = \dfrac{x^2 + 6x + 9}{x + 1} = \dfrac{(x + 3)^2}{x + 1} = f_1(x)$ $\quad \left[\begin{array}{l} f \text{ gleicht also der Lö-} \\ \text{sungsfunktion } f_1 \text{ aus a).} \end{array}\right]$

α) $f'(x) = \dfrac{2(x + 3)(x + 1) - (x + 3)^2}{(x + 1)^2} = \dfrac{x^2 + 2x - 3}{(x + 1)^2} = \dfrac{(x - 1)(x + 3)}{(x + 1)^2}$

$f'(x) = 0$ hat die Lösungen $x_1 = 1$ und $x_2 = -3$.

$f''(x) = \dfrac{(2x + 2)(x + 1)^2 - (x - 1)(x + 3) \cdot 2(x + 1)}{(x + 1)^4} = \dfrac{8}{(x + 1)^3}$

$f''(1) = 1 > 0 \Rightarrow$ relatives Minimum $\min(1, 8)$;

$f''(-3) = -1 < 0 \Rightarrow$ relatives Maximum $\max(-3, 0)$.

β) $f''(x)$ ist stets $\neq 0$; also hat f keine Wendepunkte.

γ) $x + 1 = 0 \Rightarrow x = -1$; bei $x = -1$ ist eine Nennernullstelle, die keine Zählernullstelle ist; somit ist diese Definitionslücke eine Polstelle.

$$\lim_{x \to (-1)^-} \overbrace{\frac{(x+3)^2}{\underbrace{x+1}_{\to 0^-, < 0}}}^{\to 2^2 > 0} = -\infty \qquad \lim_{x \to (-1)^+} \overbrace{\frac{(x+3)^2}{\underbrace{x+1}_{\to 0^+, > 0}}}^{\to 2^2 > 0} = +\infty$$

δ) Die schiefe Asymptote erhält man durch Polynomdivision:

Polynomdivision: $(x^2 + 6x + 9) : (x + 1) = \underbrace{x + 5}_{\text{Asym-ptote}} + \underbrace{\frac{4}{x+1}}_{\substack{\to 0 \\ \text{für } x \to \pm\infty}}$

$\underline{x^2 + \ x}$

$\quad 5x + 9$

$\quad \underline{5x + 5}$

$\qquad 4$

Zur Erlangung der Asymptote $y = x+5$ dürfte man die Polynomdivision bereits nach $x+5$ abbrechen, da dann nur noch Summanden mit x im Nenner folgen. Man kann schreiben: $(x^2+6x+9) : (x+1) = x + 5 + $ Restsumme, wobei Restsumme $\to 0$ für $x \to \pm\infty$.

ϵ)

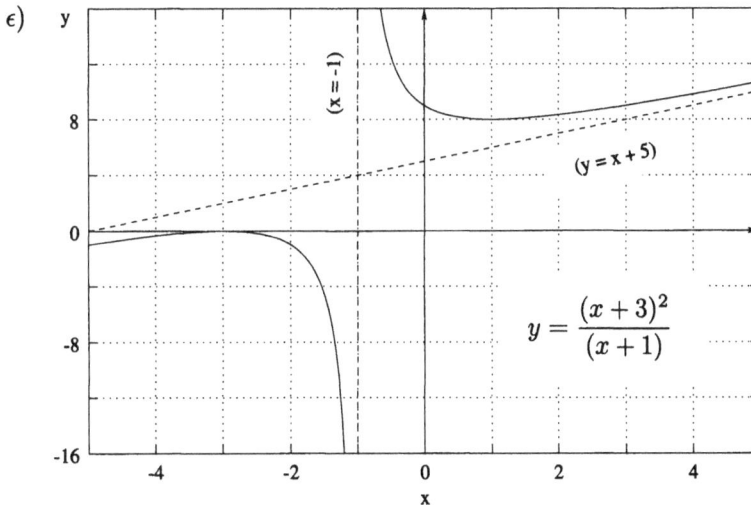

$$y = \frac{(x+3)^2}{(x+1)}$$

4.28 a) $x + c = 0 \Rightarrow x = -c$; bei $x = -c$ ist eine Nennernullstelle, die keine Zählernullstelle ist; somit ist diese Definitionslücke eine Polstelle.

$$\lim_{x \to (-c)^-} \overbrace{\frac{x^2}{\underbrace{x+c}_{\to 0^-, < 0}}}^{\to (-c)^2 > 0} = -\infty \qquad \lim_{x \to (-c)^+} \overbrace{\frac{x^2}{\underbrace{x+c}_{\to 0^+, > 0}}}^{\to (-c)^2 > 0} = +\infty$$

b) Die schiefe Asymptote erhält man durch Polynomdivision:

Polynomdivision: $(x^2 + 0x + 0) : (x + c) = \underbrace{x - c}_{\substack{\text{Asym-}\\\text{ptote}}} + \underbrace{\dfrac{c^2}{x + c}}_{\substack{\to 0 \\ \text{für } x \to \pm\infty}}$

$\qquad\qquad\quad \underline{x^2 + cx}$
$\qquad\qquad\qquad\; - cx$
$\qquad\qquad\qquad\; \underline{- cx - c^2}$
$\qquad\qquad\qquad\qquad\; c^2$

Um nur die Asymptote $y = x - c$ zu erhalten, könnte man die Polynomdivision sofort nach dem Summanden ohne x, also der Konstante c, abbrechen, indem man schreibt $x^2 : (x + c) = x - c + \text{Restsumme}$, wobei die Restsumme für $x \to \pm\infty$ gegen 0 geht.

c) $f(x) = \dfrac{x^2}{x + c} \;\Rightarrow\; f'(x) = \dfrac{2x(x + c) - x^2}{(x + c)^2} = \dfrac{x^2 + 2cx}{(x + c)^2}$

$f'(x) = 0 \;\Rightarrow\; x^2 + 2cx = 0$; wird gelöst von $x_1 = 0$ und $x_2 = -2c$.

$f''(x) = \dfrac{(2x + 2c)(x + c)^2 - (x^2 + 2cx) \cdot 2(x + c)}{(x + c)^4} = \dfrac{2c^2}{(x + c)^3}$

Für $c > 0$ ist $f''(0) > 0, f''(-2c) < 0$, also: $\min(0, 0), \max(-2c, -4c)$;

Für $c < 0$ ist $f''(0) < 0, f''(-2c) > 0$, also: $\max(0, 0), \min(-2c, -4c)$.

d) Wendepunkte: $f''(x)$ stets $\neq 0$, da $c \neq 0$, also keine Wendepunkte.

e)

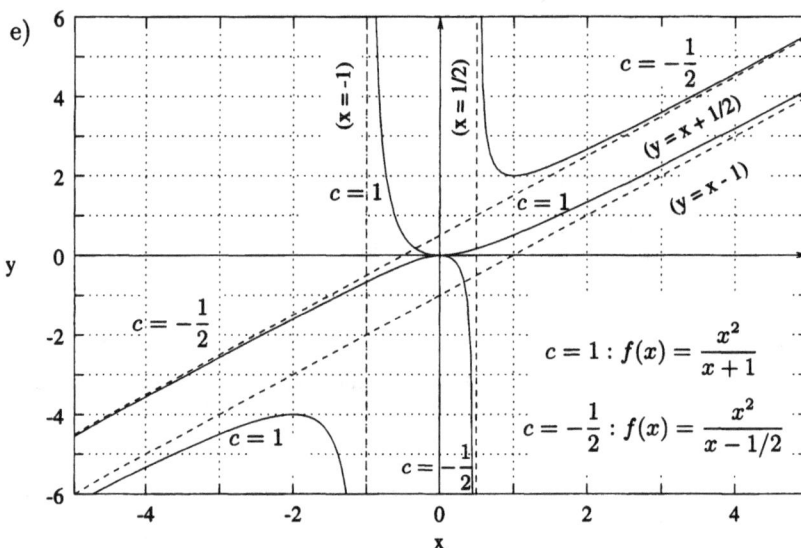

4.29 a) $D = \mathbb{R}^+$

b) $y' = 2 \cdot \ln \dfrac{3}{x} + 2x \cdot \dfrac{x}{3} \cdot \dfrac{-3}{x^2}$

$$= 2 \cdot \ln \dfrac{3}{x} - 2$$

$y' = 0 \Rightarrow$

$\ln \dfrac{3}{x} = 1 \Rightarrow \dfrac{3}{x} = e \Rightarrow x = \dfrac{e}{3}$

$y'' = 2 \cdot \dfrac{x}{3} \cdot \dfrac{-3}{x^2}$

$$= -\dfrac{2}{x} < 0 \text{ in ganz } D = \mathbb{R}^+$$

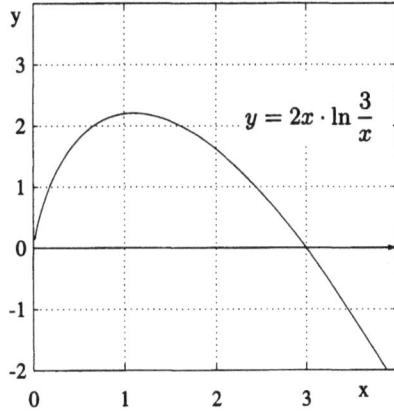

$y = 2x \cdot \ln \dfrac{3}{x}$

also relatives (auch absolutes) Maximum $\left(\dfrac{3}{e}, \dfrac{2 \cdot 3}{e} \right) \approx (1.1,\ 2.2)$

4.30 a) f hat keine Nullstellen, denn die Exponentialfunktion ist für alle $x \in \mathbb{R}$ positiv.

b) f ist achsensymmetrisch zur y-Achse, denn es gilt für alle $x \in \mathbb{R}$:

$f(-x) = e^{-(-x)^4} = e^{-x^4} = f(x)$.

c) $\lim\limits_{x \to \pm\infty} f(x) = 0$

d) $f(x) = e^{-x^4} \Rightarrow f'(x) = -4x^3 \cdot e^{-x^4}, \qquad f'(x) = 0 \Rightarrow x = 0$.

Da $f(0) = 1$ und da wegen $x^4 \geq 0$ gilt: $f(x) = e^{-x^4} \leq 1 \ \forall \ x \in \mathbb{R}$, ist $(0, 1)$ ein absolutes und damit auch ein relatives Maximum.

e) Skizze:

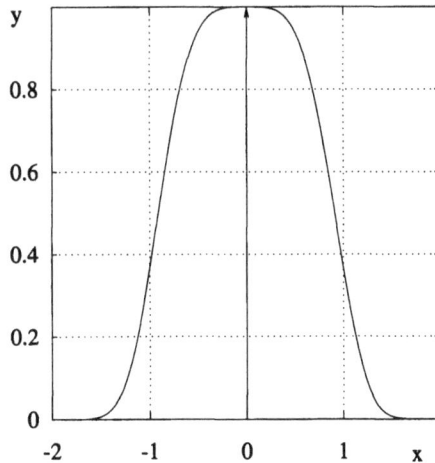

f) Wertebereich: $]0, 1]$

4.31 $f(t) = \dfrac{A}{1 + e^{a+bt}}$ mit $b < 0$

a) A gibt den Sättigungswert an, denn $f(t) < A$ für alle $t \geq 0$ und $\lim\limits_{t\to\infty} f(t) = A$. Die Funktion f nähert sich von unten an A an.

b) $f'(t) = \dfrac{-A}{\left(1 + e^{a+bt}\right)^2} \cdot e^{a+bt} \cdot b = \dfrac{-A \cdot b \cdot e^{a+bt}}{\left(1 + e^{a+bt}\right)^2}$ (ist > 0, da $b < 0$)

$f''(t) =$

$\dfrac{\left(-Abe^{a+bt} \cdot b\right) \cdot \left(1 + e^{a+bt}\right)^2 - \left(-Abe^{a+bt}\right) \cdot 2 \cdot \left(1 + e^{a+bt}\right) \cdot e^{a+bt} \cdot b}{\left(1 + e^{a+bt}\right)^4}$

$= \dfrac{-Ab^2 e^{a+bt} \left(1 + e^{a+bt}\right) + 2Ab^2 \cdot \left(e^{a+bt}\right)^2}{\left(1 + e^{a+bt}\right)^3}$

$= \dfrac{Ab^2 e^{a+bt} \cdot \left(-1 - e^{a+bt} + 2e^{a+bt}\right)}{\left(1 + e^{a+bt}\right)^3}$

$= \dfrac{Ab^2 \cdot e^{a+bt} \cdot \left(e^{a+bt} - 1\right)}{\left(1 + e^{a+bt}\right)^3}$

Wendepunkt: $f''(t) = 0 \Rightarrow e^{a+bt} = 1 \Rightarrow a + bt = 0 \Rightarrow t = -\dfrac{a}{b}$

Weiter ist $f''(t) > 0$ für $t < -\frac{a}{b}$ und $f''(t) < 0$ für $t > -\frac{a}{b}$. Das sieht man am Term $(e^{a+bt} - 1)$ in $f''(t)$; die restlichen Faktoren von $f''(t)$ sind nämlich alle positiv. Links von $t = -\frac{a}{b}$ ist f also linksgekrümmt ($f''(t) > 0$) und rechts von $t = -\frac{a}{b}$ rechtsgekrümmt ($f''(t) < 0$). Somit ist $\mathrm{WP}\left(-\frac{a}{b}, f\left(-\frac{a}{b}\right)\right) = \mathrm{WP}\left(-\frac{a}{b}, \frac{A}{2}\right)$ ein Wendepunkt.

c) Steigung im Wendepunkt: $f'\left(-\frac{a}{b}\right) = -\dfrac{Ab}{4}$ (> 0, da $b > 0$)

d) Eine Funktion $f\colon x \mapsto y = f(x)$ ist genau dann um (x_0, y_0) punktsymmetrisch, wenn für alle x gilt: $y_0 - f(x_0 - x) = f(x_0 + x) - y_0$.

Die logistische Funktion $f\colon t \mapsto f(t)$ ist also genau dann um $\left(-\frac{a}{b}, \frac{A}{2}\right)$ symmetrisch, wenn für alle t gilt: $\frac{A}{2} - f(-\frac{a}{b} - t) = f(-\frac{a}{b} + t) - \frac{A}{2}$.

Zu zeigen ist: $\dfrac{A}{1 + e^{a+b(-a/b+t)}} + \dfrac{A}{1 + e^{a+b(-a/b-t)}} = A$ für alle t.

Multiplikation mit dem Hauptnenner und Division durch A führt zu

$1 + e^{a+b(-a/b-t)} + 1 + e^{a+b(-a/b+t)} = 1 + e^{a+b(-a/b-t)} + e^{a+b(-a/b+t)}$

$+ e^{a+b(-a/b+t)} \cdot e^{a+b(-a/b-t)}.$

Das vereinfacht sich zu $1 + e^{-bt} + 1 + e^{+bt} = 1 + e^{-bt} + e^{+bt} + e^{+bt-bt}$, was wegen $e^0 = 1$ trivialerweise wahr ist; q.e.d.

4.32 $K'(x) = b - 2cx + 3dx^2$

$$K'(x) = 0 \implies x_{1,2} = \frac{2c \pm \sqrt{4c^2 - 12bd}}{6d} = \frac{c}{3d} \pm \frac{c}{3d} \cdot \sqrt{1 - \frac{3bd}{c^2}}$$

1. Fall: $c^2 < 3bd \implies$ keine waagrechte Tangente

2. Fall: $c^2 = 3bd \implies$ eine waagrechte Tangente bei $x = \dfrac{c}{3d}$

3. Fall: $c^2 > 3bd \implies$ zwei waagrechte Tangenten bei obigen $x_{1,2}$

Da der Koeffizient d der kubischen Funktion positiv ist, gilt:

$$\lim_{x \to \infty} K(x) = \infty \quad \text{und} \quad \lim_{x \to -\infty} K(x) = -\infty.$$

Somit existieren entweder keine relativen Extrema oder aber zwei verschiedenartige. Mehr können nicht existieren, da K höchstens zwei waagrechte Tangenten hat. Zwei relative Extrema existieren natürlich nur im 3. Fall: $c^2 > 3bd$, wenn K zwei waagrechte Tangenten hat. Dann aber muss das relative Maximum links vom relativen Minimum liegen:

relatives Minimum bei $x_1 = \dfrac{c}{3d} + \dfrac{c}{3d} \cdot \sqrt{1 - \dfrac{3bd}{c^2}}$ für $c^2 > 3bd$,

relatives Maximum bei $x_2 = \dfrac{c}{3d} - \dfrac{c}{3d} \cdot \sqrt{1 - \dfrac{3bd}{c^2}}$ für $c^2 > 3bd$.

Das Nullsetzen von $K''(x) = -2c + 6dx$ liefert immer einen

Wendepunkt bei $x = \dfrac{c}{3d}$ (für alle $a, b, c, d > 0$).

Den Beweis erbringt $K'''(x) = 6d$, das wegen $d > 0$ stets ungleich 0 ist. Für $c^2 = 3bd$ (2. Fall) ist dieser Wendepunkt sogar ein Terassenpunkt. In diesem Falle existieren dann wie im 1. Fall keine relativen Extrema.

Optimierungsprobleme und Extremwertaufgaben aus der Praxis

4.33   Das Volumen V eines Quaders mit Höhe b und quadratischer Grundfläche, deren Seitenlänge a ist, errechnet sich zu

$V = a^2 \cdot b.$

Gesucht sind zunächst Seitenlänge a und Höhe b so, dass die Oberfläche

$A = 2a^2 + 4ab$

bei vorgegebenem Volumen V minimal wird.

Aus $V = a^2 \cdot b$ folgt: $b = \dfrac{V}{a^2}$

Dieses b eingesetzt in A ergibt: $A = 2a^2 + 4\dfrac{V}{a}$

$A' := \dfrac{\partial A}{\partial a} = 4a + 4V \cdot \dfrac{-1}{a^2}$

Die Extremumsbedingung $A' = 0$ ergibt: $4a + 4V\dfrac{-1}{a^2} = 0 \;\Rightarrow\; a = \sqrt[3]{V}$

$A'' = 4 + 4V \cdot \dfrac{2}{a^3}$, also $A''\left(\sqrt[3]{V}\right) = 4 + 4V \cdot \dfrac{2}{V} = 12 > 0$

Das heißt, für $a = \sqrt[3]{V}$ hat die Oberfläche ihr einziges relatives Minimum. Da A als Funktion von a auf ganz $\mathbb{R}^+$ lückenlos stetig differenzierbar ist und dabei keine weitere Stelle mit Steigung 0 aufweist, ist dieses relative Minumum auch ein absolutes.

Man kann auch ohne Bezug auf die relative Minimierungseigenschaft (und damit auch ohne Berechnung der zweiten Ableitung) argumentieren: Da die Oberfläche A für $a \to 0^+$ und für $a \to \infty$ gegen ∞ strebt und da A als Funktion von a auf ganz $\mathbb{R}^+$ lückenlos stetig differenzierbar ist und dabei genau eine Stelle mit Steigung 0 aufweist, muss diese eine Stelle $a = \sqrt[3]{V}$ ein absolutes Minimum von der Oberfläche A sein.

Aus der Volumengleichung $V = a^2 b$ folgern wir:

$$V = a^2 \cdot b \;\Longrightarrow\; b = \dfrac{V}{a^2} = \dfrac{V}{(\sqrt[3]{V})^2} = \dfrac{(\sqrt[3]{V})^3}{(\sqrt[3]{V})^2} = \sqrt[3]{V} = a$$

Alle drei Seiten des Quaders müssen also gleich lang sein; das heißt: der Quader muss ein Würfel sein.

4.34 a) $S = [H^+] + [OH^-] = [H^+] + \dfrac{10^{-14}}{[H^+]} \;\Longrightarrow\; S' = \dfrac{dS}{d[H^+]} = 1 - \dfrac{10^{-14}}{[H^+]^2}$

$S' = 0 \;\Longrightarrow\; 1 = \dfrac{10^{-14}}{[H^+]^2} \;\Rightarrow\; [H^+]^2 = 10^{-14} \;\Rightarrow\; [H^+] = 10^{-7}\,[\text{mol/l}]$

Da aufgrund der Konstanz von $[H^+] \cdot [OH^-] = 10^{-14}$ die Summe S für $[H^+] \to 0^+$ und für $[H^+] \to \infty$ gegen ∞ strebt und da S als Funktion von $[H^+]$ auf ganz $\mathbb{R}^+$ lückenlos stetig differenzierbar ist und genau eine Stelle mit Steigung 0 hat, muss bei dieser einen Stelle $[H^+] = 10^{-7}\,[\text{mol/l}]$ ein absolutes Minimum von S sein.

b) $[OH^-] = \dfrac{10^{-14}}{[H^+]} = 10^{-7}\,[\text{mol/l}] = [H^+]$

c) Es handelt sich um Wasser (H_2O).

4.35   a) Die Kosten des Behälters setzen sich wie folgt zusammen:

$$K = p_D \cdot \text{Deckelfläche} + p_B \cdot \text{Bodenfläche} + p_M \cdot \text{Mantelfläche}$$

$$= p_D \cdot d^2 \cdot \frac{\pi}{4} + p_B \cdot d^2 \cdot \frac{\pi}{4} + p_M \cdot \pi \cdot d \cdot h$$

$$= \frac{1}{4}\pi d^2 (p_D + p_B) + \pi \cdot d \cdot h \cdot p_M$$

Mit Hilfe des gegebenen Volumens V erhalten wir die Höhe h in Abhängigkeit vom Volumen und vom Durchmesser:

$$V = \pi \cdot \frac{d^2}{4} \cdot h \implies h = \frac{4V}{d^2 \pi}$$

Damit erhalten wir die Herstellungskosten in Abhängigkeit von h allein:

$$K = \frac{1}{4}\pi d^2 (p_D + p_B) + \frac{4V p_M}{d}$$

$$K' = \frac{\partial K}{\partial d} = \frac{1}{2}\pi d (p_D + p_B) - \frac{4V p_M}{d^2}$$

$$K' = 0 \implies \frac{1}{2}\pi d^3 (p_D + p_B) = 4V p_M \implies d = 2 \cdot \sqrt[3]{\frac{V}{\pi} \cdot \frac{p_M}{p_D + p_B}}$$

Das heißt, für $d = 2 \cdot \sqrt[3]{(V/\pi) \cdot p_M/(p_D + p_B)}$ hat die Kostenfunktion ihre einzige Stelle mit Steigung 0. Da sie bei gegebenem, gleichbleibendem Volumen V für $d \to 0^+$ und für $d \to \infty$ gegen ∞ strebt und da K als Funktion von d auf ganz $\mathbb{R}^+$ stetig differenzierbar ist, ist diese einzige Stelle mit Steigung 0 das absolute Kostenminimum.

Um auch die Höhe h zu erhalten, setzen wir diesen Durchmesser d in die Gleichung für die Höhe ein:

$$h = \frac{4V}{d^2 \pi} = \frac{4V}{4 \cdot \left(\dfrac{V}{\pi} \cdot \dfrac{p_M}{p_D + p_B}\right)^{2/3} \cdot \pi} = \sqrt[3]{\frac{V}{\pi} \cdot \left(\frac{p_D + p_B}{p_M}\right)^2}$$

b) $p_D = p_B = p_M =: p \implies d = 2 \cdot \sqrt[3]{\dfrac{V}{\pi} \cdot \dfrac{p}{2p}} = \sqrt[3]{\dfrac{4V}{\pi}}$

$$h = \sqrt[3]{\frac{V}{\pi} \cdot \left(\frac{2p}{p}\right)^2} = \sqrt[3]{\frac{4V}{\pi}} = d$$

Bei identischen Preisen wären Durchmesser und Höhe gleich groß.

c) $\dfrac{h}{d} = \dfrac{\sqrt[3]{\dfrac{V}{\pi} \cdot \left(\dfrac{p_D + p_B}{p_M}\right)^2}}{2 \cdot \sqrt[3]{\dfrac{V}{\pi} \cdot \dfrac{p_M}{p_D + p_B}}} = \dfrac{p_D + p_B}{2 p_M}$

Dieses Verhältnis muss bei den Preisen $p_M = p_B =: p$ dem Verhältnis

$v = \dfrac{h}{d} = \dfrac{29\,\text{cm}}{34.5\,\text{cm}} = 0.84$ der gegebenen Maße entsprechen:

$\dfrac{p_D + p}{2p} = v \implies p_D = (2v - 1) \cdot p = (2 \cdot 0.84 - 1) \cdot p = 0.68 \cdot p.$

Der Plastikpreis hätte 68 % des Stahlpreises betragen müssen.

4.36 $x(t) = C_0 \cdot t \cdot e^{-kt}$

a) $x'(t) = C_0 \cdot \left(e^{-kt} + t \cdot (-k) \cdot e^{-kt}\right);$ $x'(t) = 0 \implies t = \dfrac{1}{k}$

Für dieses t ist $x(t) > 0$. Für $t = 0$ gilt: $x(t) = 0 < x(1/k)$; und für $t \to \infty$ gilt: $x(t) \to 0 < x(1/k)$. Weiter liegt bei $t = 1/k$ die einzige Stelle mit Steigung 0, und x hat auf dem interessierenden Kontinuum $\mathbb{R}^+$ eine stetige Ableitung nach t. Also muss an dieser Stelle $t = 1/k$ mit Steigung 0 die Auslenkung $x(t)$ maximal sein.

b) $x_{\max} = x\left(\dfrac{1}{k}\right) = \dfrac{C_0}{e \cdot k}$

c) Einheit von C_0: $\dfrac{\text{cm}}{\text{s}}$ Einheit von k: $\dfrac{1}{\text{s}} = \text{s}^{-1}$

4.37 $K(x) = \alpha + \beta x,$ $x = \gamma \cdot p^\delta$ $(\delta < 0),$ $G(x) = px - K(x).$
Also ist $G(p) = \gamma \cdot p^{\delta+1} - \beta \cdot \gamma \cdot p^\delta - \alpha.$

Sei zunächst $\delta = -1$. Dann ist $G(p) = \gamma - \dfrac{\beta \cdot \gamma}{p} - \alpha$ und damit

$G'(p) = \dfrac{\beta \cdot \gamma}{p^2} \neq 0.$ Für $\delta = -1$ gibt es also kein relatives Extremum.

Nun sei $\delta \neq -1$. Dann ist $G'(p) = (\delta + 1) \cdot \gamma \cdot p^\delta - \delta \cdot \beta \cdot \gamma \cdot p^{\delta-1}.$

Aus $G'(p) \stackrel{!}{=} 0$ folgt $p = \beta \cdot \dfrac{\delta}{\delta + 1}$, was wegen $\beta > 0$ und $\delta < 0$ nur für $\delta < -1$, nicht aber für $\delta > -1$, zu einem positiven Preis $p > 0$ als relative Extremumsstelle führt. Es bleibt also nur noch der Fall $\delta < -1$:

$G''(p) = (\delta + 1) \cdot \gamma \cdot \delta \cdot p^{\delta-1} - \delta \cdot \beta \cdot \gamma \cdot (\delta - 1) p^{\delta-2}$

$\qquad = \gamma \cdot \delta \cdot p^{\delta-2} \cdot \left[(\delta + 1) \cdot p - (\delta - 1) \cdot \beta\right]$

Wegen $p > 0$, $\gamma > 0$, aber $\delta \overset{!}{<} 0$, ist die Maximumsbedingung $G''(p) < 0$ genau dann erfüllt, wenn $(\delta+1)\cdot p > (\delta-1)\cdot\beta$ ist. Für $p = \beta\cdot\frac{\delta}{\delta+1}$, wo die Maximumsbedingung $G'(p) = 0$ erfüllt ist, trifft das zu, wie man sofort durch Einsetzen und wegen $\beta > 0$ erkennt. Also hat G genau dann ein relatives Maximum, und zwar bei $p = \beta\cdot\frac{\delta}{\delta+1}$, wenn $\delta < -1$ ist.

Da G auf einem Kontinuum (d.h., ohne Definitionslücken) definiert und eine stetige Ableitung nach p hat und da es keine weiteren Stellen mit Steigung 0 gibt, ist dieses einzige relative Maximum auch das absolute.

4.38 Nach Angabe und mit den Bezeichnungen der folgenden Skizze ist

$$\left.\begin{array}{ll} \text{I:} & A = 3\text{ dm}^2 \\ \text{II:} & A = a\cdot 2r + \dfrac{1}{2}r^2\pi \end{array}\right\} \Rightarrow a = \left(3\text{ dm}^2 - \dfrac{1}{2}r^2\pi\right)\cdot\dfrac{1}{2r}$$

Für den Umfang U der Dachrinne erhält man: $U = 2a + r\pi$.

a in U eingesetzt ergibt: $U = \dfrac{3}{r}\text{ dm}^2 + \dfrac{1}{2}r\pi$. Dieses U ist zu minimieren:

$$U' = \frac{dU}{dr} = -\frac{3}{r^2}\text{ dm}^2 + \frac{1}{2}\pi$$

$$U' = 0 \Rightarrow r = \sqrt{\frac{6}{\pi}}\text{ dm, da } r > 0$$

$$U'' = \frac{6}{r^3}\text{ dm}^2 > 0 \text{ stets (da } r > 0\text{).}$$

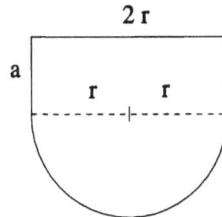

Also liegt bei $r = \sqrt{6/\pi}\,\text{dm} = 19.1\text{ cm}$ ein relatives Minimum. Da dieses relative Minimum die einzige Stelle mit Steigung 0 ist und da U als Funktion von r auf dem ganzen interessierenden Kontinuum $\mathbb{R}^+$ stetig differenzierbar ist, ist dieses relative Minimum auch ein absolutes.

Dieses $r = \sqrt{6/\pi}\,\text{dm}$ in a eingesetzt ergibt $a = 0$.

Die Dachrinne hat also die Form eines Halbkreises.

4.39
$$\frac{d\,\text{SQ}}{d\hat{y}} = \sum_{i=1}^{n} 2\cdot(y_i - \hat{y})\cdot(-1) = -2\sum_{i=1}^{n}(y_i - \hat{y})$$

$$\frac{d\,\text{SQ}}{d\hat{y}} = 0 \Rightarrow \sum_{i=1}^{n}(y_i - \hat{y}) = 0$$

$$\Rightarrow \sum_{i=1}^{n} y_i - \sum_{i=1}^{n}\hat{y} = 0 \Rightarrow \sum_{i=1}^{n} y_i = n\hat{y}$$

$$\Rightarrow \hat{y} = \frac{1}{n}\sum_{i=1}^{n} y_i = \bar{y} \quad \text{(Mittelwert)}$$

$$\frac{d^2\,SQ}{d\hat{y}^2} = -2 \cdot \sum_{i=1}^{n}(-1) = 2n > 0 \text{ für alle } \hat{y}, \text{ also auch für } \hat{y} = \bar{y}.$$

Also liegt liegt bei $\bar{y}$ ein relatives Minimum von SQ. Das ist auch das absolute Minimum, denn bei $\hat{y} = \bar{y}$ ist die einzige Stelle mit Steigung 0, und SQ ist stetig differenzierbar auf ganz $\mathbb{R}$.

4.40   a) f_1 ist ein Polynom dritten Grades, d.h. $f_1(x) = ax^3 + bx^2 + cx + d$.

Für die erste Ableitung gilt: $f_1'(x) = 3ax^2 + 2bx + c$.

Zur Steigung 0 bei $x = 0$: $f_1'(0) = 0 \Rightarrow c = 0$.

Zum Max.: $f_1'(100) = 0 \Longrightarrow 30\,000\,a + 200\,b = 0 \Longrightarrow b = -150\,a$.

Zu den Funktionswerten von Minimum und Maximum:

Aus $f_1(0) = 1$ folgt $d = 1$.

Aus $f_1(100) = 50$ folgt mit $c = 0$ und $d = 1$:

$1\,000\,000\,a + 10\,000\,b + 1 = 50$.

In diese Gleichung $b = -150a$ eingesetzt ergibt: $-500\,000\,a = 49$
$\Longrightarrow a = -0.000098$ und somit $b = -150a = 0.0147$.

Daraus resultiert: $f_1(x) = -0.000098\,x^3 + 0.0147\,x^2 + 1$.

b)

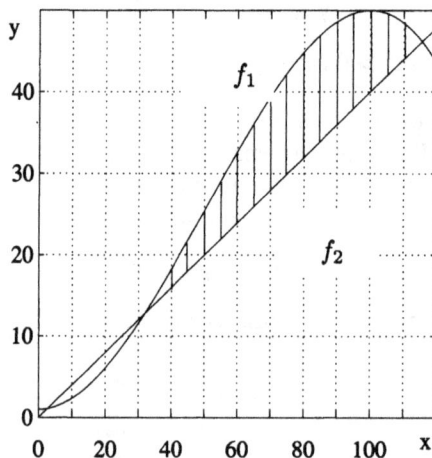

c)   Beim Gewinnmaximum gilt: $G'(x) = f_1'(x) - f_2'(x) = 0$,

d.h., $f_1'(x) = 0.4$, also $-0.000294\,x^2 + 0.0294\,x - 0.4 = 0$

$$\Longrightarrow x_{1,2} = \frac{-0.0294 \pm \sqrt{0.0294^2 - 4 \cdot (-0.000294) \cdot (-0.4)}}{2 \cdot (-0.000294)}$$

$x_1 = 16.244$ (relatives Verlustmaximum),

$x_2 = 83,756$. Der Gewinn wird also für $x \approx 84$ maximiert.

Weitere Anwendungen der Ableitung in der Praxis

4.41 a) $K = 0$ kg/ha $\implies E(0\,\text{kg/ha}) = 20$ Mg/ha

b) $K = 50$ kg/ha $\implies E(50\,\text{kg/ha}) = 43.31$ Mg/ha

c) $\displaystyle\lim_{K \to \infty\,\text{kg/ha}} E(K) = 30\text{ Mg/ha} \cdot (1 - 0) + 20\text{ Mg/ha} = 50\text{ Mg/ha}$

d) $\dfrac{dE(K)}{dK} = E'(K) = -30\text{ Mg/ha} \cdot e^{-0.03(\text{kg/ha})^{-1}K} \cdot \left[-0.03\,(\text{kg/ha})^{-1}\right]$

$\qquad = 0.9\,\dfrac{\text{Mg/ha}}{\text{kg/ha}} \cdot e^{-0.03(\text{kg/ha})^{-1}K}$

Der Grenzertrag ist, anschaulich formuliert, der zusätzliche Ertrag pro zusätzlich eingesetztem K-Dünger, vorausgesetzt, man bezieht sich auf kleine Zusatzmengen an K-Dünger wie z.B. 1 kg/ha. Dieser zusätzliche Ertrag hängt hier von der bereits gedüngten Menge ab. Je mehr Kalium bereits gedüngt ist, umso geringer (exponentielle Abnahme) wirkt sich ein zusätzlich gedüngtes kg/ha Kalium auf den zusätzlich erzielten Kartoffel-Ertrag (in Mg/ha) aus.

e) $0.9\,\dfrac{\text{Mg/ha}}{\text{kg/ha}} \cdot e^{-0.03(\text{kg/ha})^{-1}K} = 0.27\,\dfrac{\text{Mg/ha}}{\text{kg/ha}}$

$\implies -0.03(\text{kg/ha})^{-1}K = \ln\left(\dfrac{0.27}{0.9}\right) \implies K = 40\text{ kg/ha}$

4.42 a) $E(0) = 3$ Mg/ha

b) $E(40\,\text{kg/ha}) = \dfrac{9\text{ Mg/ha}}{1 + 2 \cdot e^{-0.08\,(\text{kg/ha})^{-1} \cdot 40\,\text{kg/ha}}} = 8.3$ Mg/ha

c) $E(\infty\,\text{kg/ha}) = 9$ Mg/ha

d) $E'(P) = \dfrac{dE}{dP} = \dfrac{-9\text{ Mg/ha} \cdot 2 \cdot e^{-0.08\,(\text{kg/ha})^{-1}P} \cdot \left[-0.08\,(\text{kg/ha})^{-1}\right]}{\left[1 + 2 \cdot e^{-0.08\,(\text{kg/ha})^{-1}P}\right]^2}$

$\qquad = \dfrac{1.44\,\frac{\text{Mg/ha}}{\text{kg/ha}} \cdot e^{-0.08\,(\text{kg/ha})^{-1}P}}{\left[1 + 2 \cdot e^{-0.08\,(\text{kg/ha})^{-1}P}\right]^2}$

e) $E'(20\,\text{kg/ha}) = 0.15\,\dfrac{\text{Mg/ha}}{\text{kg/ha}}$.

Wenn bereits 20 kg/ha Phosphor gedüngt sind, erwartet man bei einer zusätzlichen Düngung von 1 kg/ha einen Mehrertrag von etwa 0.15 Mg/ha. (Diese Interpretation gilt aber nur, weil 1 kg/ha eine verhältnismäßig kleine Düngungseinheit ist.)

4.43　a)　$c(t) = 10\,\frac{\mu g}{ml} \cdot \left(\frac{1}{2}\right)^{4.0\,h^{-1}t} = 10\,\frac{\mu g}{ml} \cdot e^{4.0\,h^{-1}t\cdot\ln(1/2)} = 10\,\frac{\mu g}{ml} \cdot e^{-2.77\,h^{-1}t}$

$\implies c'(t) = 10\,\frac{\mu g}{ml} \cdot e^{-2.77\,h^{-1}t} \cdot (-2.77\,h^{-1}) = -27.7\,\frac{\mu g/ml}{h} \cdot \left(\frac{1}{2}\right)^{4.0\,h^{-1}t}$

b)　Die erste Ableitung der Katalasekonzentration nach der Zeit gibt die Geschwindigkeit an, mit der die Katalasekonzentration zunimmt. Da sie negativ ist, ist ihr Absolutbetrag die Abbaugeschwindigkeit.

c)　$c'(1\,h) = -27.7\,\frac{\mu g/ml}{h} \cdot \left(\frac{1}{2}\right)^{4.0\,h^{-1}\cdot 1\,h} = -\frac{27.7}{16}\,\frac{\mu g/ml}{h} = -1.73\,\frac{\mu g/ml}{h}$

$c'(2\,h) = -27.7\,\frac{\mu g/ml}{h} \cdot \left(\frac{1}{2}\right)^{4.0\,h^{-1}\cdot 2\,h} = -\frac{27.7}{256}\,\frac{\mu g/ml}{h} = -0.1083\,\frac{\mu g/ml}{h}$

d)　Nach einer Stunde beträgt die Abbaugeschwindigkeit der Katalase 1.73 $\frac{\mu g/ml}{h}$, nach zwei Stunden nur noch 0.1083 $\frac{\mu g/ml}{h}$. Das negative Vorzeichen der Ergebnisse ist bereits durch das Wort „Abbau" interpretiert. Um auch noch die Geschwindigkeit in die Interpretation miteinzubeziehen, muss man auf kleinere Zeiteinheiten wie die Sekunde zurückgreifen. Es ist 1.73 $\frac{\mu g/ml}{h} = 6.2 \cdot 10^3\,\frac{\mu g/ml}{s}$ und 0.1083 $\frac{\mu g/ml}{h} = 390\,\frac{\mu g/ml}{s}$. Nach einer Stunde werden also $6.2 \cdot 10^3$ Mikrogramm pro Milliliter in der Sekunde abgebaut, nach zwei Stunden nur noch 390 Mikrogramm pro Milliliter in der Sekunde.

e)　$c'(t) = -27.7\,\frac{\mu g/ml}{h} \cdot \left(\frac{1}{2}\right)^{4.0\,h^{-1}t} = -27.7\,\frac{\mu g/ml}{h} \cdot 10^{4.0\,h^{-1}t\cdot\lg(1/2)}$

$= -27.7\,\frac{\mu g/ml}{h} \cdot 10^{-1.20\,h^{-1}t}$

f)　Man müsste die Katalasekonzentration $c(t)$ in logarithmischem Maßstab und die Zeitachse im gewöhnlichen linearen Maßstab antragen. Dazu eignet sich ein einfachlogarithmisches Papier.

4.44　a)　$W(t) = W_0 \cdot e^{k\cdot t}$

b)　$W'(t) = \dfrac{dW(t)}{dt} = kW_0 \cdot e^{k\cdot t}$ = Wachstumsgeschwindigkeit zur Zeit t

c)　$W(12\,a) = W_0 \cdot e^{k\cdot 12\,a} = 69\,000\,fm$

$W'(12\,a) = kW_0 \cdot e^{k\cdot 12\,a} = 2350\,\dfrac{fm}{a}$

Die Division der zweiten durch die erste Gleichung ergibt:

$k = \dfrac{2350\,\frac{fm}{a}}{69\,000\,fm} = 0.034\,a^{-1}.$

Daraus errechnet sich der Bestand vor 12 Jahren zu

$W_0 = \dfrac{W(12\,a)}{e^{k\cdot 12\,a}} = 69\,000\,fm \cdot e^{-0.034\,a^{-1}\cdot 12\,a} \approx 46\,000\,fm.$

d)　$2W_0 = W_0 \cdot e^{k\cdot t_V} \implies \ln 2 = k\cdot t_V \implies t_V = \dfrac{\ln 2}{k} = \dfrac{\ln 2}{0.034\,a^{-1}} \approx 20\,a.$

e) Die Wachstumsgeschwindigkeit verdoppelt sich in derselben Zeit wie der Waldbestand, also ebenfalls in etwa 20 Jahren, denn die Wachstumsgeschwindigkeit ist hier die Ableitung einer Exponentialfunktion, welche proportional zur Exponentialfunktion selbst ist; und durch Letztere wird der Waldbestand beschrieben, dessen Verdopplungszeit bereits in der vorangegangenen Teilaufgabe berechnet wurde.

4.45 Mit dem Newton-Verfahren findet man jeweils die nächste Nullstellen-Annäherung x_{n+1} aus der vorausgehenden Annäherung x_n, indem man am Punkt $(x_n, f(x_n))$ eine Tangente anlegt und deren Schnittpunkt mit der x-Achse berechnet. Da infolgedessen diese Tangente die Steigung

$$f'(x_n) = \frac{f(x_n) - 0}{x_n - x_{n+1}}$$

haben muss, ergibt sich die nächste Nullstellen-Annäherung x_{n+1} zu

$$x_{n+1} = x_n - \frac{f(x_n)}{f'(x_n)}$$

Das ergibt für $f(x) = x^3 - 4x + 1$:

$$x_{n+1} = x_n - \frac{x_n^3 - 4x_n + 1}{3x_n^2 - 4} = \frac{(3x_n^3 - 4x_n) - (x_n^3 - 4x_n + 1)}{3x_n^2 - 4} = \frac{2x_n^3 - 1}{3x_n^2 - 4}$$

I: $\quad x_0 = 0$ $\qquad\qquad x_1 = 0.25$ $\qquad\qquad f(x_1) = 0.015625$

II: $\quad x_1 = 0.25$ $\qquad\qquad x_2 = 0.2540983607$ $\quad f(x_2) = 0.0000126663$

III: $\quad x_2 = 0.2540983607$ $\quad x_3 = 0.2541016884$ $\quad f(x_3) \approx 0$

Integralrechnung

4.46 a) $\displaystyle\int \left(1 - \frac{2}{x} - \frac{1}{x^2} - \frac{1}{x^3}\right) dx = x - 2\ln|x| + x^{-1} + \frac{1}{2}x^{-2} + C$

b) $\displaystyle\int \frac{(2x-5)^2}{4x} dx = \int \frac{4x^2 - 20x + 25}{4x} dx = \int \left(x - 5 + \frac{25}{4} \cdot \frac{1}{x}\right) dx$

$$= \frac{x^2}{2} - 5x + \frac{25}{4}\ln|x| + C$$

c) $\displaystyle\int \frac{4-x}{x} dx = \int \left(\frac{4}{x} - 1\right) dx = 4 \cdot \ln|x| - x + C$

d) $\displaystyle\int 5^{x-4} dx = \int e^{(x-4)\ln 5} dx = \frac{e^{(x-4)\ln 5}}{\ln 5} + C = \frac{5^{x-4}}{\ln 5} + C$

4.47 a) $\int e^{8x}\,dx = \frac{1}{8}\cdot e^{8x} + C$

b) $\int \frac{18x^2 - 4}{3x^3 - 2x}\,dx = 2\cdot\int \frac{9x^2 - 2}{3x^3 - 2x}\,dx = 2\ln|3x^3 - 2x| + C,$

denn der Zähler ist die Ableitung des Nenners.

c) $\int \frac{dx}{(2x+4)^3} = \frac{1}{2}\frac{(2x+4)^{-2}}{-2} + C = \frac{-1}{4(2x+4)^2} + C$

4.48 a) $\int_{-2}^{3} (9x^2 - 14x + 2)\,dx = \left[9\frac{x^3}{3} - 14\frac{x^2}{2} + 2x\right]_{-2}^{3}$

$= [81 - 63 + 6] - [-24 - 28 - 4] = 80$

b) $\int_{-3}^{3} 2x^2\,dx = \left[\frac{2}{3}x^3\right]_{-3}^{3} = \frac{2}{3}\cdot 3^3 - \frac{2}{3}\cdot(-3)^3 = 36$

c) $\int_{-4}^{-2} \frac{4\,dx}{x^3} = \left[-\frac{2}{x^2}\right]_{-4}^{-2} = \left[-\frac{2}{(-2)^2}\right] - \left[-\frac{2}{(-4)^2}\right] = -\frac{1}{2} + \frac{1}{8} = -\frac{3}{8}$

4.49 a) $\int (ax+b)^n\,dx = \frac{1}{a}\frac{(ax+b)^{n+1}}{n+1} + C$

b) $\int \frac{dx}{(5x-4)^3} = \frac{1}{5}\frac{(5x-4)^{-2}}{-2} + C = -\frac{1}{10(5x-4)^2} + C$

c) $\int \frac{1-p}{(m-nx)^p}\,dx = (1-p)\cdot\frac{1}{-n}\frac{(m-nx)^{-p+1}}{-p+1} + C$

$= -\frac{1}{n}(m-nx)^{1-p} + C$

d) $u = 4a - 5x \implies \frac{du}{dx} = -5 \implies dx = -\frac{1}{5}du$

Damit ergibt sich:

$\int \frac{3\,dx}{\sqrt[5]{(4a-5x)^2}} = \int 3u^{-2/5}\cdot\left(-\frac{1}{5}\,du\right) = -\frac{3}{5}\frac{u^{3/5}}{3/5} + C$

$= -u^{3/5} + C = -(4a-5x)^{3/5} + C$

4.50 a) $\int (3x^2 + 2x)\,dx = x^3 + x^2 + C$

b) $\int (8x^4 - 3x^3 + x)\,dx = \frac{8}{5}x^5 - \frac{3}{4}x^4 + \frac{x^2}{2} + C$

c) $\displaystyle\int \frac{2x}{4x^2-1}\,dx \;=\; \frac{1}{4}\int \frac{8x}{4x^2-1}\,dx \;=\; \frac{1}{4}\ln|4x^2-1|+C,$

denn: $\displaystyle\int \frac{f'(x)}{f(x)}\,dx \;=\; \ln|f(x)|+C$

d) $\displaystyle\int \left(e^{3x}+\frac{1}{x^2}\right)dx \;=\; \frac{1}{3}e^{3x}-\frac{1}{x}+C,$ \qquad denn: $\displaystyle\frac{d}{dx}e^{ax}=a\cdot e^{ax}$

e) $\displaystyle\int \frac{dx}{(3x-2)^4} \;=\; \frac{1}{3}\cdot\frac{(3x-2)^{-3}}{-3}+C=-\frac{1}{9}(3x-2)^{-3}+C$

f) Mit $u=-\cos x,\ u'=\sin x,\ v=\sin x$ und $v'=\cos x$ folgt mittels partieller Integration:

$$\int \sin^2 x\,dx \;=\; \int \sin x\cdot\sin x\,dx \;=\; \int u'v\,dx$$

$$= \;-\cos x\sin x-\int(-\cos x)\cos x\,dx$$

$$= \;-\cos x\sin x+\int(\cos^2 x)\,dx$$

$$= \;-\cos x\sin x+\int(1-\sin^2 x)\,dx$$

$$= \;-\cos x\sin x+\int 1\,dx-\int \sin^2 x\,dx$$

$$\Longrightarrow\; 2\cdot\int \sin^2 x\,dx \;=\; -\cos x\sin x+x+c$$

$$\Longrightarrow\; \int \sin^2 x\,dx \;=\; \frac{x-\sin x\cos x}{2}+C \qquad \left(C=\frac{c}{2}\right)$$

4.51 a) $\displaystyle\int_0^2 (x^2-1)\,dx \;=\; \left[\frac{x^3}{3}-x\right]_0^2 \;=\; \frac{2^3}{3}-2-0 \;=\; \frac{2}{3}$

b) $\displaystyle\int_0^{2\pi}\sin t\,dt \;=\; \left[-\cos t\right]_0^{2\pi} \;=\; -\cos(2\pi)-(-\cos 0)=-1-(-1)\;=\;0$

c) $\displaystyle\int_1^e \frac{dz}{z} \;=\; \int_1^e \frac{1}{z}\,dz \;=\; \Big[\ln|z|\Big]_1^e \;=\; \ln e-\ln 1 \;=\; 1-0 \;=\; 1$

4.52 a) $\displaystyle\int_{\epsilon}^{1}\frac{1}{\sqrt{x}}\,dx = \left[\frac{x^{1/2}}{1/2}\right]_{\epsilon}^{1} = 2\cdot\left[\sqrt{x}\right]_{\epsilon}^{1} = 2\cdot(1-\sqrt{\epsilon})$

      b) $\displaystyle\int_{0}^{1}\frac{1}{\sqrt{x}}\,dx = \lim_{\epsilon\to 0}\int_{\epsilon}^{1}\frac{1}{\sqrt{x}}\,dx = \lim_{\epsilon\to 0}\left(2\cdot(1-\sqrt{\epsilon})\right) = 2$

4.53 a) $\displaystyle\int_{0}^{N}e^{-x}\,dx = \left[-e^{-x}\right]_{0}^{N} = -e^{-N}-(-e^{0}) = 1-e^{-N}$

      Ausführlicher mittels Substitution:

      $$z = -x \implies \frac{dz}{dx} = -1 \implies dx = -dz$$

      $$\int e^{-x}\,dx = \int e^{z}(-dz) = -\int e^{z}\,dz = -e^{z}+C$$

      b) $\displaystyle\int_{0}^{\infty}e^{-x}\,dx = \lim_{N\to\infty}\int_{0}^{N}e^{-x}\,dx = \lim_{N\to\infty}\left(1-e^{-N}\right) = 1$

4.54 a) $\displaystyle\int\frac{(x+1)^{2}}{\sqrt{x}}\,dx = \int\frac{x^{2}+2x+1}{\sqrt{x}}\,dx$

      $$= \int\left(x^{1.5}+2x^{0.5}+x^{-0.5}\right)\,dx$$

      $$= \frac{x^{2.5}}{2.5}+2\cdot\frac{x^{1.5}}{1.5}+\frac{x^{0.5}}{0.5}+C$$

      $$= \frac{2}{5}x^{5/2}+\frac{4}{3}x^{3/2}+2x^{1/2}+C$$

      b) $\displaystyle\int_{0}^{1}2x\cdot e^{x^{2}}\,dx = \left[e^{x^{2}}\right]_{0}^{1} = e-1$ $\left[\begin{array}{l}\text{denn der Faktor } 2x \text{ ist das}\\\text{nachdifferenzierte } x^{2} \text{ von } e^{x^{2}}\end{array}\right]$

      Oder wir verwenden die Substitutionsregel:

      $$z = x^{2} \implies \frac{dz}{dx} = 2x \implies dx = \frac{dz}{2x}$$

      Also: $\displaystyle\int 2x\cdot e^{x^{2}}\,dx = \int 2x\cdot e^{z}\,\frac{dz}{2x} = \int e^{z}\,dz = e^{z}+C = e^{x^{2}}+C$

      und somit: $\displaystyle\int_{0}^{1}2x\cdot e^{x^{2}}\,dx = \left[e^{x^{2}}\right]_{0}^{1} = e-1 \approx 1.718$

4.55 a) $\displaystyle\int_2^2 10^{1-x}\,dx = 0$ (Die Fläche von 2 bis 2 ist unter jeder Funktion 0.)

b) $\displaystyle\int_2^3 10^{1-x}\,dy = \left[10^{1-x}\cdot y\right]_2^3 = 10^{1-x}\cdot(3-2) = 10^{1-x}$

c) $z = x^2 \implies \dfrac{dz}{dx} = 2x \implies dx = \dfrac{dz}{2x}$

$$\int x\cdot\sin x^2\,dx = \int x\cdot\sin z\,\frac{dz}{2x} = \frac{1}{2}\int \sin z\,dz$$

$$= -\frac{1}{2}\cdot\cos z + C = -\frac{1}{2}\cdot\cos x^2 + C$$

4.56 a) $\displaystyle\int_1^{10} e^{\ln x}\,dx = \int_1^{10} x\,dx = \left[\frac{x^2}{2}\right]_1^{10} = 50 - 0.5 = 49.5$

b) $\displaystyle\int_{-\infty}^{x} \frac{1}{y^2}\,dy = \left[-\frac{1}{y}\right]_{-\infty}^{x} = -\frac{1}{x} - \left(-\frac{1}{-\infty}\right) = -\frac{1}{x} - 0 = -\frac{1}{x}$

4.57 a) $\displaystyle\int_1^e \frac{\sin^2 x + \cos^2 x}{x}\,dx = \int_1^e \frac{1}{x}\,dx = \left[\ln|x|\right]_1^e = 1 - 0 = 1$

b) $u = \ln t \qquad v = \dfrac{1}{t}$

$u' = \dfrac{1}{t} \qquad v' = -\dfrac{1}{t^2}$

$$\int -\frac{\ln t}{t^2}\,dt = (\ln t)\cdot\frac{1}{t} - \int \frac{1}{t}\cdot\frac{1}{t}\,dt = \frac{\ln t}{t} - \int \frac{1}{t^2}\,dt$$

$$= \frac{\ln t}{t} + \frac{1}{t} + C = \frac{\ln t + 1}{t} + C$$

c) $\displaystyle\int_{-1}^{2} |x^3|\,dx = \int_{-1}^{0} -x^3\,dx + \int_{0}^{2} x^3\,dx$

$$= \left[-\frac{1}{4}x^4\right]_{-1}^{0} + \left[\frac{1}{4}x^4\right]_{0}^{2} = \frac{1}{4} + 4 = 4.25$$

4.58 a) $\displaystyle\int\limits_{1}^{2}\frac{1+x}{x}\,dx \;=\; \int\limits_{1}^{2}\left(\frac{1}{x}+1\right)dx \;=\; \Big[\ln|x|+x\Big]_{1}^{2}$

$$= \Big[\ln 2 + 2\Big] - \Big[\ln 1 + 1\Big] \;=\; 1+\ln 2 \approx 1.693$$

b) $10^{2t} \;=\; e^{2t\cdot\ln 10} \;=\; e^{(2\ln 10)t}$

$$\int\limits_{0}^{x} 10^{2t}\,dt \;=\; \int\limits_{0}^{x} e^{(2\ln 10)t}\,dt \;=\; \left[\frac{1}{2\ln 10}\cdot e^{(2\ln 10)t}\right]_{0}^{x}$$

$$= \frac{1}{2\ln 10}\cdot\left(e^{(2\ln 10)x}-1\right) \;=\; \frac{1}{2\ln 10}\left(10^{2x}-1\right)$$

c) $z = \sin x \;\Longrightarrow\; \dfrac{dz}{dx} = \cos x \;\Longrightarrow\; dx = \dfrac{dz}{\cos x}$

$$\int -\sin^{5} x\cdot\cos x\,dx \;=\; \int -z^{5}\cdot\cos x\cdot\frac{dz}{\cos x} \;=\; -\int z^{5}\,dz$$

$$= -\frac{1}{6}z^{6}+C \;=\; -\frac{1}{6}\sin^{6}x+C$$

4.59 a) Wir verwenden die Substitution $z = 5x + 1$.

Zu den Integrationsgrenzen: $\;x = 0 \Longrightarrow z = 5\cdot 0 + 1 = \;\,1$
$$x = 2 \Longrightarrow z = 5\cdot 2 + 1 = 11$$

Zu den Differentialen: $\;\dfrac{dz}{dx} = 5 \Longrightarrow dx = \dfrac{dz}{5}$

Ersetzen von x durch z im Integral: $z = 5x + 1 \Longrightarrow x = \frac{1}{5}z - \frac{1}{5}$

Damit ergibt sich:

$$\int\limits_{x=0}^{2}\frac{x}{5x+1}\,dx \;=\; \int\limits_{z=1}^{11}\frac{x}{z}\frac{dz}{5} \;=\; \int\limits_{1}^{11}\frac{\frac{1}{5}z-\frac{1}{5}}{z}\frac{dz}{5} \;=\; \frac{1}{25}\int\limits_{1}^{11}\frac{z-1}{z}\,dz$$

$$= \frac{1}{25}\int\limits_{1}^{11}\left(1-\frac{1}{z}\right)dz \;=\; \frac{1}{25}\Big[z-\ln|z|\Big]_{1}^{11}$$

$$= \frac{1}{25}\Big[(11-\ln 11)-(1-\ln 1)\Big]$$

$$= \frac{10-\ln 11}{25} \;\approx\; 0.304$$

b) Das Integral berechnet man z.B. mit der Substitution $z := 2x - 1$ oder $z := \sqrt{2x - 1}$. Wir verwenden hier $z := \sqrt{2x - 1}$.

Zu den Integrationsgrenzen: $x = 1 \implies z = \sqrt{2 \cdot 1 - 1} = 1$

$$x = 2 \implies z = \sqrt{2 \cdot 2 - 1} = \sqrt{3}$$

Zu den Differentialen: $\dfrac{dz}{dx} = \dfrac{1}{2\sqrt{2x - 1}} \cdot 2 = \dfrac{1}{z} \implies dx = z\,dz$

Ersetzen von x durch z im Integral: $z = \sqrt{2x - 1} \implies x = \frac{1}{2}z^2 + \frac{1}{2}$

Damit ergibt sich:

$$\int_{x=1}^{2} \frac{x}{\sqrt{2x - 1}}\,dx = \int_{z=1}^{\sqrt{3}} \frac{x}{z} z\,dz = \int_{z=1}^{\sqrt{3}} x\,dz = \int_{1}^{\sqrt{3}} \left(\frac{1}{2}z^2 + \frac{1}{2} \right) dz$$

$$= \left[\frac{z^3}{6} + \frac{z}{2} \right]_{1}^{\sqrt{3}} = \left[\frac{3\sqrt{3}}{6} + \frac{\sqrt{3}}{2} \right] - \left[\frac{1}{6} + \frac{1}{2} \right]$$

$$= \sqrt{3} - \frac{2}{3} \approx 1.0654$$

4.60 a) $\displaystyle \int_{0}^{1} \frac{1}{2 + 2x^2}\,dx = \frac{1}{2} \int_{0}^{1} \frac{1}{1 + x^2}\,dx = \frac{1}{2} \Big[\arctan x \Big]_{0}^{1}$

$$= \frac{1}{2} [\arctan 1 - \arctan 0] = \frac{1}{2} \left[\frac{\pi}{4} - 0 \right] = \frac{\pi}{8}$$

b) Es ist $\displaystyle \int \frac{1}{\sqrt{1 - x^2}}\,dx = \arcsin x + C$.

Also schreiben wir zunächst: $\displaystyle \int_{0}^{3} \frac{1}{\sqrt{9 - x^2}}\,dx = \int_{0}^{3} \frac{1}{3 \cdot \sqrt{1 - \frac{1}{9}x^2}}\,dx$

Dann verwenden wir die Substitution $z := \frac{1}{3}x$, sodass $z^2 = \frac{1}{9}x^2$ ist.

Zu den Integrationsgrenzen: $x = 0 \implies z = 0$; $x = 3 \implies z = 1$

Zu den Differentialen: $\dfrac{dz}{dx} = \dfrac{1}{3} \implies dx = 3\,dz$

Damit ergibt sich:

$$\int_{x=0}^{3} \frac{1}{\sqrt{9 - x^2}}\,dx = \int_{z=0}^{1} \frac{1}{3 \cdot \sqrt{1 - z^2}} \cdot 3\,dz = \int_{0}^{1} \frac{1}{\sqrt{1 - z^2}}\,dz$$

$$= \Big[\arcsin z \Big]_{0}^{1} = \arcsin 1 - \arcsin 0 = \frac{\pi}{2}$$

Anwendung von Integralen und gemischte Aufgaben zur Differential- und Integralrechnung

4.61 a) Es ist $f(0) = 0$ und $f(8) = 8^{2/3} = \sqrt[3]{8^2} = 4$.

Der Satz von Pythagoras angewandt auf die Differentiale ergibt:
$(dx)^2 + (dy)^2 = (dz)^2 \implies dz = \sqrt{(dx)^2 + (dy)^2}$.

Die Summierung entlang der y-Achse erweist sich als günstiger:

$$l = \int\limits_{y=f(0)}^{f(8)} dz = \int\limits_{y=0}^{4} \sqrt{(dx)^2 + (dy)^2}$$

$$= \int\limits_{y=0}^{4} dy \cdot \sqrt{\left(\frac{dx}{dy}\right)^2 + \left(\frac{dy}{dy}\right)^2} = \int\limits_{y=0}^{4} \left(\sqrt{\left(\frac{dx}{dy}\right)^2 + 1}\right) \cdot dy$$

$$y = x^{2/3} \implies x = y^{3/2} \implies \frac{dx}{dy} = \frac{3}{2} \cdot y^{1/2} = \frac{3}{2} \cdot \sqrt{y}.$$

Also können wir weiterrechnen:

$$l = \int\limits_{y=0}^{4} \left(\sqrt{\left(\frac{3}{2} \cdot \sqrt{y}\right)^2 + 1}\right) \cdot dy = \int\limits_{y=0}^{4} \left(\frac{9}{4} \cdot y + 1\right)^{1/2} \cdot dy$$

$$= \frac{4}{9} \cdot \left[\frac{\left(\frac{9}{4} \cdot y + 1\right)^{3/2}}{3/2}\right]_{y=0}^{4} = \frac{4 \cdot 2}{9 \cdot 3} \cdot \left[\left(\frac{9}{4} \cdot 4 + 1\right)^{3/2} - 1^{3/2}\right]$$

$$= \frac{8}{27} \cdot \left[10^{3/2} - 1\right] = 8 \cdot \frac{\sqrt{1000} - 1}{27} \approx 9.0734$$

Anmerkung: Im Gegensatz zu dieser Aufgabe läuft die Berechnung der Länge einer Kurve fast immer auf ein Integral hinaus, das nicht in geschlossener Form mittels elementarer Funktionen intergriert werden kann.

b) Die kürzeste Strecke zwischen (0, 0) und (8, 4) ist eine Gerade. Ihre Länge beträgt $s = \sqrt{(8-0)^2 + (4-0)^2} = \sqrt{80} \approx 8.9443$.

c) $\dfrac{l}{s} = \dfrac{8 \cdot \left(\sqrt{1000} - 1\right)}{27 \cdot \sqrt{80}} = 1.01444$.

Die kurvige Strecke von (0, 0) bis (8, 4) entlang f ist also nur um 1.444 % länger als die gerade Strecke.

4.62 a) 1. Wir berechnen zuerst die Schnittpunkte von K_1 und K_2:

$$K_1(x) = K_2(x) \implies |x| = \sqrt{\lambda^2} = \lambda, \text{ da } \lambda > 0 \text{ ist.}$$

Das ergibt die Schnittpunkte $S_1(\lambda, 0)$ und $S_2(-\lambda, 0)$.

2. Da K_1 und K_2 gerade, d.h., um die y-Achse symmetrisch sind, gilt für die gefragte Fläche A:

$$A = 2 \cdot \left| \int_0^\lambda K_2(x)\, dx - \int_0^\lambda K_1(x)\, dx \right|$$

$$= 2 \cdot \left| \left[\lambda^3 x - \frac{\lambda}{3} x^3 \right]_0^\lambda - \left[\lambda x - \frac{1}{3\lambda} x^3 \right]_0^\lambda \right| = \frac{4}{3} \cdot |\lambda^4 - \lambda^2|$$

b) Für $0 < \lambda < 1$ ist die Fläche $A = \frac{4}{3} \cdot (\lambda^2 - \lambda^4)$.

Ihre Ableitung ist $\dfrac{dA}{d\lambda} = \dfrac{4}{3} \cdot (2\lambda - 4\lambda^3) = \dfrac{8}{3} \cdot (\lambda - 2\lambda^3)$

$\dfrac{dA}{d\lambda} = 0 \implies \lambda = 0$ oder $|\lambda| = \sqrt{\dfrac{1}{2}}$, d.h., $\lambda = \sqrt{\dfrac{1}{2}}$, da $0 < \lambda < 1$.

Für $\lambda = 0$ und $\lambda = 1$ ist $A = 0$, dazwischen ist A größer als 0. Da A als Funktion von λ stetig differenzierbar ist, und bei $\lambda = \sqrt{\frac{1}{2}}$ die einzige Stelle zwischen 0 und 1 mit Steigung 0 hat, muss die Fläche A für dieses λ maximal sein. Sie beträgt $A = \dfrac{1}{3}$.

4.63 a) Pole: Nenner $= 4 + 2x^2 > 0$ für alle $x \in \mathbb{R} \implies$ keine Pole.

Asymptoten: Für $x \to \infty$ geht $f(x)$ gegen 0, da der Grad des Nenners höher als der Grad des Zählers ist; also ist die x-Achse eine Asymptote.

Nullstellen: $f(x) = 0 \implies$ Nullstelle bei $x = 0$.

Symmetrie: $f(-x) = \dfrac{-x}{4 + 2 \cdot (-x)^2} = -\dfrac{x}{4 + 2x^2} = -f(x) \implies$

f ist ungerade, d.h. punktsymmetrisch zum Ursprung.

Andere Begründung: Der Zähler ist ungerade, da er nur die ungerade Potenz x^1 hat; die Nennersumme ist gerade, da sie nur gerade Potenzen x^0 und x^2 hat. Wegen $\dfrac{\text{ungerade}}{\text{gerade}} = $ ungerade, ist dann f ungerade.

b) $f'(x) = \dfrac{1 \cdot (4 + 2x^2) - x \cdot 4x}{(4 + 2x^2)^2} = \dfrac{4 - 2x^2}{(4 + 2x^2)^2}$

$f'(x) = 0 \implies x = \pm\sqrt{2}$

$$f''(x) = \frac{-4x(4 + 2x^2)^2 - (4 - 2x^2) \cdot 2 \cdot (4 + 2x^2) \cdot 4x}{(4 + 2x^2)^4}$$

$$= \frac{-4x \cdot (12 - 2x^2)}{(4 + 2x^2)^3}$$

$$f''(\sqrt{2}) = \frac{-4\sqrt{2} \cdot (12 - 4)}{(4 + 4)^3}$$

$f''(\sqrt{2}) < 0 \implies$ relatives

Maximum bei $\left(\sqrt{2}, \dfrac{\sqrt{2}}{8}\right)$;

dieses ist auch ein absolutes
Maximum (siehe Skizze).

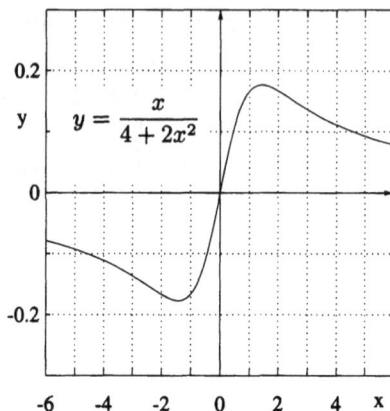

Wegen der Punktsymmetrie liegt ein Minimum bei $\left(-\sqrt{2}, \dfrac{-\sqrt{2}}{8}\right)$.

c) Wir haben f von $x = x_u = -\sqrt{2}$ bis $x = 0$ zu integrieren.

Es gibt keine Nullstellen in diesem Intervall. Weiter sind alle Funktionswerte dieses negativen Integrationsbereiches negativ, sodass auch das Integral negativ ist. Deshalb gilt für die Fläche A:

$$A = -\int_{-\sqrt{2}}^{0} \frac{x}{4 + 2x^2}\, dx = -\frac{1}{4} \int_{-\sqrt{2}}^{0} \frac{4x}{4 + 2x^2}\, dx$$

$$= -\frac{1}{4} \cdot \left[\ln|4 + 2x^2|\right]_{-\sqrt{2}}^{0} = -\frac{1}{4} \cdot [\ln 4 - \ln 8]$$

$$= -\frac{1}{4} \cdot [2\ln 2 - 3\ln 2] = \frac{\ln 2}{4} \approx 0.1733$$

4.64 a) Nullstellen: $f_a(x) = 0$

$$\frac{1}{40} \cdot e^{ax} - 2 = 0 \implies x = \frac{\ln 80}{a} \implies \text{Nullstelle: } x = \frac{\ln 80}{a}$$

Monotonie: $f_a'(x) = \dfrac{a}{40} \cdot e^{ax}$

I: $a > 0$:

  $f_a'(x) > 0$ für alle $x \implies f_a$ streng monoton wachsend

II: $a < 0$:

  $f_a'(x) < 0$ für alle $x \implies f_a$ streng monoton fallend

III: $a = 0$:

$$f_a(x) = \frac{1}{40} - 2 = -1.975 \quad \text{für alle } x$$

$f_a'(x) = 0$ für alle $x \implies f_a$ ist eine horizontale Gerade

Also ist f_a sowohl monoton steigend als auch monoton fallend, nicht jedoch streng monoton steigend oder fallend.

Grenzwerte:

I: $a > 0$: $\displaystyle\lim_{x \to -\infty} f_a(x) = \lim_{x \to -\infty} \frac{1}{40} \cdot e^{ax} - 2 = -2$

$\displaystyle\lim_{x \to +\infty} f_a(x) = \lim_{x \to +\infty} \frac{1}{40} \cdot e^{ax} - 2 = \infty$

II: $a < 0$: $\displaystyle\lim_{x \to -\infty} f_a(x) = \lim_{x \to -\infty} \frac{1}{40} \cdot e^{ax} - 2 = \infty$

$\displaystyle\lim_{x \to +\infty} f_a(x) = \lim_{x \to +\infty} \frac{1}{40} \cdot e^{ax} - 2 = -2$

III: $a = 0$: $\displaystyle\lim_{x \to \pm\infty} f_a(x) = \lim_{x \to \pm\infty} (-1.975) = -1.975$

f_a besitzt im Fall $a > 0$ für $x \to -\infty$ und im Fall $a < 0$ für $x \to +\infty$ jeweils dieselbe waagerechte Asymptote $y = -2$. Im Fall $a = 0$ ist f_a selbst eine waagrechte Gerade mit der Gleichung $y = -1.975$.

b) $a = 2$:

$$f_2(x) = \frac{1}{40} \cdot e^{2x} - 2$$

$$f_2'(x) = \frac{1}{20} \cdot e^{2x}$$

Tangentengleichung:

$$y = f_2'(x_0) \cdot (x - 3) + f_2(x_0)$$

$x_0 = 3 \implies$

$$y = f_2'(3) \cdot (x - 3) + f_2(3)$$
$$= 20.17x - 52.43$$

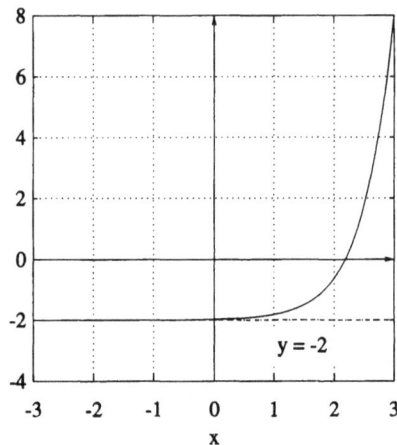

c) $f_2(x) = \dfrac{1}{40} \cdot e^{2x} - 2$

$$A = \left| \int_{-2}^{0} \left(\frac{1}{40} \cdot e^{2x} - 2 \right) dx \right| = \left| \left[\frac{1}{80} \cdot e^{2x} - 2x \right]_{-2}^{0} \right|$$

$$= \left| \frac{1}{80} - \left[\frac{1}{80} \cdot e^{-4} + 4 \right] \right| = \frac{1}{80} \cdot e^{-4} + 3.9875 \approx 3.987729$$

4.65 a) $f_1(x) = 0 \implies x_1 = \dfrac{1}{3}; \; x_2 = -\dfrac{1}{3}$

b) $\lim\limits_{x \to 0} f(x) = \lim\limits_{x \to 0} \ln(3|x|) = -\infty$

c) $f_1(x) = \ln(3 \cdot |x|) = \ln 3 + \ln|x| \implies f_1'(x) = \dfrac{1}{x}$

   $f_1'(x) > 0$ für $x > 0 \implies f_1$ streng monoton steigend für $x > 0$

   $f_1'(x) < 0$ für $x < 0 \implies f_1$ streng monoton fallend für $x < 0$

d) $f_1(-x) = \ln(3 \cdot |-x|) = \ln(3 \cdot |x|) = f_1(x)$

   $\implies$ Achsensymmetrie von f_1 bezüglich der y-Achse

   $\implies f$ ist eine gerade Funktion.

e)

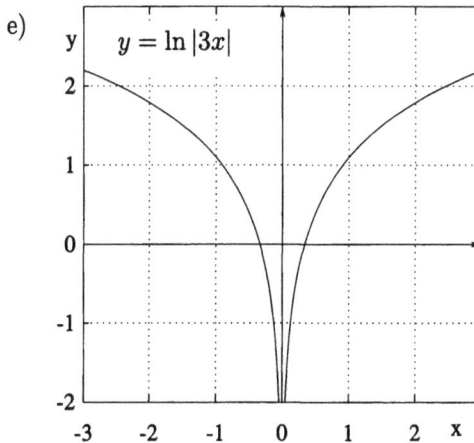

f) $f_2(x) = ax + b$

$$f(x) = \begin{cases} f_1(x) & \text{für } x \le 1 \\ f_2(x) & \text{für } x > 1 \end{cases} = \begin{cases} \ln(3 \cdot |x|) & \text{für } x \le 1 \\ ax + b & \text{für } x > 1 \end{cases}$$

Um die Stetigkeit und Differenzierbarkeit für x_0 zu erhalten, gelten folgende zwei Bedingungen:

I: $f_1(x_0) = \lim\limits_{x \to x_0} f_2(x_0) \implies$

   $\ln(3 \cdot 1) = \lim\limits_{x \to 1} (ax + b) = a + b$

II: $f_1'(x_0) = \lim\limits_{x \to x_0} f_2'(x_0) \implies$

   $\dfrac{1}{1} = \lim\limits_{x \to 1} (a) = a$

aus II: $a = 1$ in I: $b = \ln 3 - 1 = 0.0986$

also $f(x) = x + 0.0986$

g) Für den Integrationsbereich $-5 \leq x \leq -3$ ist $f(x) = f_1(x) = \ln(3|x|)$. Das Integral über diese Funktion f_1 erhält man durch partielle Integration. Wir setzen dazu:

$$u = x \implies u' = 1 \quad \text{und} \quad v = \ln(3|x|) \implies v' = \frac{1}{x} \quad \text{und erhalten:}$$

$$\int u'v = uv - \int uv' = x \cdot \ln(3|x|) - \int x \cdot \frac{1}{x}\, dx = x \cdot \ln(3|x|) - x + C.$$

Also ergibt sich für die gefragte Fläche:

$$A = \int\limits_{-5}^{-3} \ln(3 \cdot |x|)\, dx = \Big[x \cdot \ln(3|x|) - x\Big]_{-5}^{-3} = -3.59 + 8.54 = 4.95.$$

4.66
$$\left.\begin{array}{l} F(x) = \displaystyle\int\limits_{0}^{x} f(t)\, dt \\[3mm] f(t) = at^2 + bt + c \end{array}\right\} \implies f(x) = F'(x) = ac^2 + bx + c$$

I: Extremum von F für $x = 5$:
$$\implies F'(5) = f(5) = 0 \implies a \cdot 25 + b \cdot 5 + c = 0$$

II: $F(x) = \displaystyle\int\limits_{0}^{x}(at^2 + bt + c)\, dt = \left[\frac{a}{3}t^3 + \frac{b}{2}t^2 + ct\right]_0^x = \frac{a}{3}x^3 + \frac{b}{2}x^2 + cx$

$$F(3) = 0 \implies \frac{a}{3} \cdot 27 + \frac{b}{2} \cdot 9 + c \cdot 3 = 0$$

III: $f(t) = \dfrac{4}{7}$ für $t = 1 \implies a + b + c = \dfrac{4}{7}$

Wir haben drei Gleichungen mit drei Unbekannten erhalten, die wir durch Zeilentransformationen gemäß dem Gauß-Algorithmus lösen:

1. Schritt: $\text{II} := 25 \cdot \text{II} - 9 \cdot \text{I}$; $\text{III} := 25 \cdot \text{III} - \text{I}$

2. Schritt: $\text{III} := \frac{135}{2} \cdot \text{III} - 20 \cdot \text{II}$

$$\begin{pmatrix} 25 & 5 & 1 & \Big| & 0 \\ 9 & \frac{9}{2} & 3 & \Big| & 0 \\ 1 & 1 & 1 & \Big| & \frac{4}{7} \end{pmatrix} \xrightarrow{1.} \begin{pmatrix} 25 & 5 & 1 & \Big| & 0 \\ 0 & \frac{135}{2} & 66 & \Big| & 0 \\ 0 & 20 & 24 & \Big| & \frac{100}{7} \end{pmatrix} \xrightarrow{2.} \begin{pmatrix} 25 & 5 & 1 & \Big| & 0 \\ 0 & \frac{135}{2} & 66 & \Big| & 0 \\ 0 & 0 & 300 & \Big| & \frac{6750}{7} \end{pmatrix}$$

Aus III folgt: $300c = \frac{6750}{7} \implies c = \frac{45}{14}$.   Dieses c wird in II eingesetzt:

Aus II folgt: $\frac{135}{2} \cdot b + 66 \cdot \frac{45}{14} = 0 \implies b = -\frac{44}{14} = -\frac{22}{7}$. b und c in I:

Aus I folgt: $25a + 5 \cdot (-\frac{44}{14}) + \frac{45}{14} = 0 \implies a = \frac{7}{14} = \frac{1}{2}$.

Somit ergibt sich: $f(t) = \frac{1}{14} \cdot (7t^2 - 44t + 45)$.

4.67 a) Eine Funktion f ist stetig, wenn für alle $x_0 \in \mathbb{D}$ gilt:
$\lim\limits_{x \to x_0} f(x) = f(x_0)$.

Da die Stetigkeit von f_1 und f_2 bekannt ist, verlangen nur die Nahtstellen $x = +1$ und $x = -1$ eine genauere Untersuchung. Für sie gilt:
$f(1) = f_1(1) = 2 - 1^2 = 1$ und $f(-1) = f_1(-1) = 2 - (-1)^2 = 1$.
Wir haben also zu zeigen, dass $\lim\limits_{x \to 1} f(x) = 1$ und $\lim\limits_{x \to -1} f(x) = 1$ ist.

Ersteres ist deswegen erfüllt, weil sowohl $\lim\limits_{x \to 1} f_1(x) = 2 - 1^2 = 1$
als auch $\lim\limits_{x \to 1} f_2(x) = 1/1^2 = 1$ ist, sodass $f(x_n)$ für jede gegen 1
konvergierende Folge $(x_n)_{n \in \mathbb{N}}$ gegen 1 geht, egal ob die x_i dieser
Folge sich im f_1-Bereich $[-1, +1]$ oder im f_2-Bereich $\mathbb{R} \setminus [-1, +1]$
befinden oder gar zwischen beiden Bereichen durchwechseln.

Analoges gilt für die Nahtstelle -1: Beide Grenzwerte $\lim\limits_{x \to -1} f_1(x)$
und $\lim\limits_{x \to -1} f_2(x)$ sind gleich, nämlich 1, sodass $f(x_n)$ für jede gegen
-1 konvergierende Folge $(x_n)_{n \in \mathbb{N}}$ gegen diesen Wert 1 gehen muss.

f ist also auch in den Punkten -1 und $+1$ und somit auf dem gesamten Definitionsbereich $\mathbb{D}$ stetig, d.h., f ist stetig.

b) Eine Funktion f ist differenzierbar, wenn für alle $x_0 \in \mathbb{D}$ der Grenzwert $f'(x_0) = \lim\limits_{x \to x_0} \dfrac{f(x) - f(x_0)}{x - x_0}$ des Differenzenquotienten existiert.

Die Differenzierbarkeit der beiden Funktionen f_1 und f_2, mit deren
Hilfe f definiert ist, ist bekannt. Das garantiert die Differenzierbarkeit von f in allen Punkten außerhalb der Nahtstellen $+1$ und -1:

Es ergibt sich: $f'(x) = \begin{cases} f_1'(x) = -2x & \text{für } |x| < 1 \\ f_2'(x) = -\dfrac{2}{x^3} & \text{für } |x| > 1 \end{cases}$

Es bleibt die Existenz des obigen Grenzwertes an den Nahtstellen zu
zeigen. Sie ist gegeben, wenn linksseitiger und rechtsseitiger Grenzwert gleich sind. Für die Nahtstelle $x_0 = 1$ gilt wegen $f_1(1) = f_2(1)$:

$\lim\limits_{x \to 1^+} \dfrac{f(x) - f(1)}{x - 1} = \lim\limits_{x \to 1^+} \dfrac{f_2(x) - f_2(1)}{x - 1} = f_2'(1) = -\dfrac{2}{1^3} = -2$

$\lim\limits_{x \to 1^-} \dfrac{f(x) - f(1)}{x - 1} = \lim\limits_{x \to 1^-} \dfrac{f_1(x) - f_1(1)}{x - 1} = f_1'(1) = -2 \cdot 1 = -2$

Die beiden Grenzwerte stimmen überein. Somit existiert $f'(1)$, und
zwar ist $f'(1) = -2$. Aus $f_1'(-1) = f_2'(-1) = 2$ ergibt sich analog,
dass auch die beiden Grenzwerte des entsprechenden Differenzenquotienten für x gegen -1 von links und von rechts übereinstimmen,
sodass auch $f'(-1)$ existiert: $f'(-1) = 2$. Also ist f auf dem ganzen
Definitionsbereich $\mathbb{D}$ differenzierbar, d.h., f ist differenzierbar.

c) Der Abstand eines Punktes $(x_0, f(x_0))$ des Graphen vom Ursprung heiße $d(x_0)$. Es gilt: $d(x_0) = \sqrt{x_0^2 + f(x_0)^2}$ (Satz von Pythagoras).

1. Fall: $|x| \leq 1$. $\quad d(x_0) = \sqrt{x_0^2 + (2 - x_0^2)^2} = \sqrt{4 - 3x_0^2 + x_0^4}$

$$\implies d'(x_0) = \frac{-6x_0 + 4x_0^3}{2\sqrt{4 - 3x_0^2 + x_0^4}} = \frac{x_0 \cdot (2x_0^2 - 3)}{\sqrt{4 - 3x_0^2 + x_0^4}}$$

Die Bedingung für ein relatives Extremum, $d'(x_0) = 0$, liefert mit $x_0 = 0$ einen Abstand $d(0) = 2$ und mit $x_0 = \pm\sqrt{3/2}$ nur x-Werte außerhalb des Bereichs $[-1, 1]$. An dessen Rand entsteht mit $d(\pm 1) = \sqrt{2} \approx 1.414$ ein kleinerer Abstand als 2. Da die Stelle $x_0 = 0$, deren Kurvenpunkt $(0, 2)$ den größeren Abstand vom Ursprung hat, in $[-1, 1]$ die einzige mit $d'(x_0) = 0$ ist und da d auf $[-1, 1]$ stetig differenzierbar ist, ist im Bereich $[-1, 1]$ der Abstand am Rand ± 1 minimal, nämlich $\sqrt{2} \approx 1.414$.

2. Fall: $|x| > 1$.

$$d(x_0) = \sqrt{x_0^2 + \frac{1}{x_0^4}} \implies d'(x_0) = \frac{\left(2x_0 + \frac{-4}{x_0^5}\right)}{2\sqrt{x_0^2 + \frac{1}{x_0^4}}} = \frac{\left(x_0 - \frac{2}{x_0^5}\right)}{\sqrt{x_0^2 + \frac{1}{x_0^4}}}$$

Die Bedingung für ein relatives Extremum, $d'(x_0) = 0$, liefert $x_0^6 = 2 \implies x_0 = \pm\sqrt[6]{2}$. Das führt zu den beiden Punkten

$$P_{1,2} = (\pm\sqrt[6]{2}, f_2(\sqrt[6]{2})) = \left(\pm\sqrt[6]{2}, \frac{1}{\sqrt[3]{2}}\right) \approx (\pm 1.1225, 0.7937).$$

Ihr Abstand vom Ursprung ist $\sqrt{\left(\sqrt[6]{2}\right)^2 + \left(\frac{1}{\sqrt[3]{2}}\right)^2} \approx 1.375$.

Dieser Abstand ist kleiner als der minimale Abstand $\sqrt{2}$ im Bereich des 1. Falls. Er ist auch kleiner als $\sqrt{2}$ und ∞, den Abständen von f an den „Enden" ± 1 bzw. $\pm\infty$ der beiden halboffenen Intervalle $]-\infty, -1[$ und $]+1, +\infty[$ des 2. Falls. Da d auf diesen beiden Kontinua jeweils stetig differenzierbar ist und da die x-Koordinaten $\pm\sqrt[6]{2}$ von P_1 und P_2 jeweils die einzigen mit $d'(x_0) = 0$ sind, folgt letztlich, dass der Abstand 1.375 der Punkte P_1 und P_2 vom Ursprung minimal ist.

d) Wegen $a > 1$ und $f(x) > 0$ für alle $x \in D$ errechnet sich die gesuchte Fläche zu:

$$A = \int_0^a f(x)\,dx = \int_0^1 f_1(x)\,dx + \int_1^a f_2(x)\,dx$$

$$= \left[2x - \frac{1}{3}x^3\right]_0^1 + \left[-\frac{1}{x}\right]_1^a = \frac{8}{3} - \frac{1}{a}$$

5 Funktionen zweier Veränderlicher

Schnitte und Höhenlinien

5.1 a) x konstant; dann ist auch $c := 2x - \frac{1}{4}x^2$ konstant. Damit ergibt sich
$$f_c(y) = y - \frac{1}{4}y^2 + c = -\frac{1}{4}(y^2 - 4y) + c = -\frac{1}{4}(y-2)^2 + 1 + c.$$
Die Schnittfunktion bei konstantem x ist also eine nach unten offene Parabel mit Scheitel $(y_S, z_S) = (2, c+1) = (2, -\frac{1}{4}x^2 + 2x + 1)$.

b) y konstant; dann ist auch $d := y - \frac{1}{4}y^2$ konstant. Damit ergibt sich
$$f_d(x) = 2x - \frac{1}{4}x^2 + d = -\frac{1}{4}(x^2 - 8x) + d = -\frac{1}{4}(x-4)^2 + 4 + d.$$
Die Schnittfunktion bei konstantem y ist also eine nach unten offene Parabel mit Scheitel $(x_S, z_S) = (4, d+4) = (4, -\frac{1}{4}y^2 + y + 4)$.

c) $z = f(x,y) \iff (x-4)^2 + (y-2)^2 = -4z + 20.$

Die Höhenlinien sind also konzentrische Kreise um $(4, 2)$ mit Radius $r = \sqrt{-4z + 20}$. Speziell für $z = 0$ ist dieser Radius $r = \sqrt{20}$, für $z = 1$ ist $r = 4$, und für $z = 5$ ergibt sich mit $r = 0$ nur noch der Punkt $(4, 2)$ als Höhenlinie. Höhen $z > 5$ werden nicht erreicht.

5.2 $h = x_1^2 - x_2 + 2x_1 + 3 \iff x_2 = x_1^2 + 2x_1 + 3 - h = (x_1 + 1)^2 + 2 - h$

Die auf die (x_1, x_2)-Ebene projizierten Höhenlinien sind Einheitsparabeln mit Scheiteln $(-1, 2 - h)$, je nach der Größe von h.

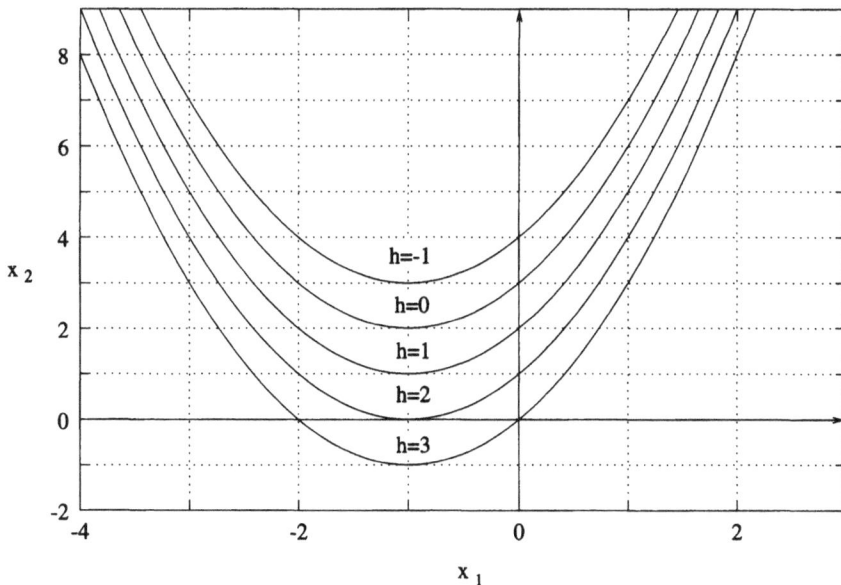

5.3 $z = \dfrac{x^2 + y}{(1 + x)^2}$ $\Longleftrightarrow$ $y = (z - 1)x^2 + 2zx + z$

Die letzte Gleichung ist für $z \neq 1$ zur folgenden Gleichung äquivalent:

$$y = (z - 1) \cdot \left(x^2 + 2\frac{z}{z - 1} \cdot x + \frac{z}{z - 1}\right)$$

Mittels quadratischer Ergänzung erhalten wir:

$$y = (z - 1)\left[\left(x + \frac{z}{z - 1}\right)^2 - \frac{z^2}{(z - 1)^2} + \frac{z}{z - 1}\right]$$

Ausmultiplizieren und Addition der letzten beiden Brüche ergibt dann:

$$y = (z - 1)\left(x + \frac{z}{z - 1}\right)^2 - \frac{z}{z - 1} = (z - 1)\left(x - \frac{z}{1 - z}\right)^2 + \frac{z}{1 - z}$$

Für $z \neq 1$ sind die Höhenlinien Parabeln mit quadratischen Koeffizienten $z - 1$ und Scheitel $\left(\dfrac{z}{1 - z}, \dfrac{z}{1 - z}\right)$.

Für $z = 1$ erhalten wir die Gerade $y = 2x + 1$ als Höhenlinie.

Die folgende Skizze der Höhenlinien für die geforderten Höhen $z = 0$, ± 0.5, ± 1, ± 1.5, ± 2, ± 5 enthält also Parabeln mit verschiedenen Scheiteln und verschiedenen Weiten. Nur für $z = +1$ ist die Parabel zur Geraden ausgeartet.

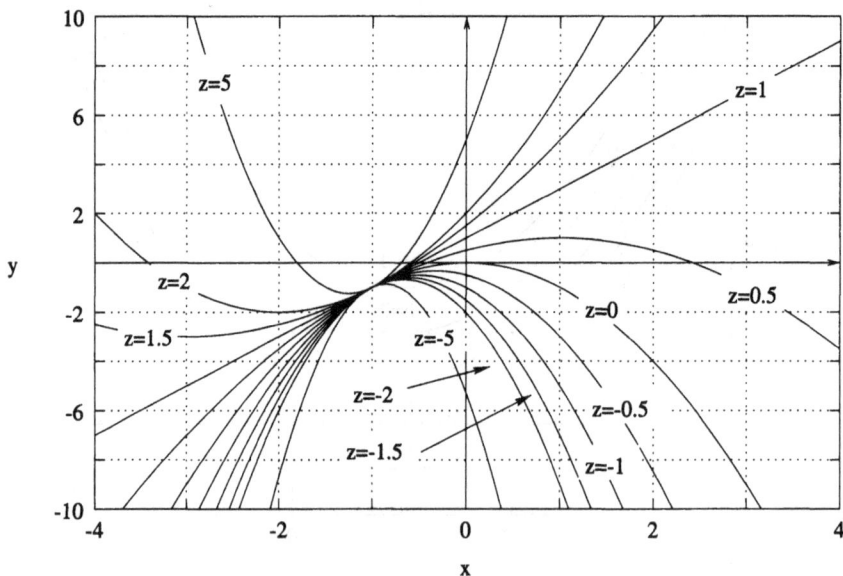

Partielle Ableitungen

5.4 $\dfrac{\partial y}{\partial a} = 1 - \mathrm{e}^{-b \cdot x}$ $\dfrac{\partial y}{\partial b} = a \cdot x \cdot \mathrm{e}^{-b \cdot x}$ $\dfrac{\partial^2 y}{\partial a \partial b} = \dfrac{\partial^2 y}{\partial b \partial a} = x \cdot \mathrm{e}^{-b \cdot x}$

5.5   a) Es ist $f(x, y) = \ln(2xy) = \ln 2 + \ln x + \ln y$. Daraus folgt sofort:

$$\dfrac{\partial f(x, y)}{\partial x} = \dfrac{1}{x} \qquad \dfrac{\partial f(x, y)}{\partial y} = \dfrac{1}{y} \qquad \dfrac{\partial^2 f(x, y)}{\partial x \partial y} = 0$$

$$\dfrac{\partial^2 f(x, y)}{\partial x^2} = -\dfrac{1}{x^2} \qquad \dfrac{\partial^2 f(x, y)}{\partial y^2} = -\dfrac{1}{y^2}$$

b) Es ist $f(x, y) = y^x = \mathrm{e}^{x \cdot \ln y}$. Damit erhalten wir:

$$\dfrac{\partial f(x, y)}{\partial x} = y^x \cdot \ln y \qquad \dfrac{\partial f(x, y)}{\partial y} = x \cdot y^{x-1}$$

$$\dfrac{\partial^2 f(x, y)}{\partial x^2} = y^x \cdot (\ln y)^2 \qquad \dfrac{\partial^2 f(x, y)}{\partial y^2} = x(x - 1) \cdot y^{x-2}$$

$$\dfrac{\partial^2 f(x, y)}{\partial x \partial y} = (1 + x \cdot \ln y) \cdot y^{x-1}$$

c) Es ist $f(x, y) = x^{4y} = \mathrm{e}^{4y \cdot \ln x}$. Damit erhalten wir:

$$\dfrac{\partial f(x, y)}{\partial x} = 4y x^{4y-1} \qquad \dfrac{\partial f(x, y)}{\partial y} = x^{4y} \cdot 4 \ln x$$

$$\dfrac{\partial^2 f(x, y)}{\partial x^2} = 4y(4y - 1) \cdot x^{4y-2} \qquad \dfrac{\partial^2 f(x, y)}{\partial y^2} = (4 \ln x)^2 \cdot x^{4y}$$

$$\dfrac{\partial^2 f(x, y)}{\partial x \partial y} = 4 x^{4y-1} \cdot (4y \ln x + 1)$$

d) $\dfrac{\partial f(x, y)}{\partial x} = 3x^2 y + (1 + 2x^2) \cdot \mathrm{e}^{x^2 + y} \qquad \dfrac{\partial f(x, y)}{\partial y} = x^3 + x \cdot \mathrm{e}^{x^2 + y}$

$$\dfrac{\partial^2 f(x, y)}{\partial x^2} = 6xy + (6x + 4x^3) \cdot \mathrm{e}^{x^2 + y} \qquad \dfrac{\partial^2 f(x, y)}{\partial y^2} = x \cdot \mathrm{e}^{x^2 + y}$$

$$\dfrac{\partial^2 f(x, y)}{\partial x \partial y} = 3x^2 + (1 + 2x^2) \cdot \mathrm{e}^{x^2 + y}$$

e) $\dfrac{\partial f(x,y)}{\partial x} = \dfrac{1}{2}e^{(2x-3y^2)^2} \cdot 2 \cdot (2x-3y^2) \cdot 2 = 2e^{(2x-3y^2)^2} \cdot (2x-3y^2)$

$\dfrac{\partial f(x,y)}{\partial y} = e^{(2x-3y^2)^2} \cdot (2x-3y^2) \cdot (-6y)$

$\dfrac{\partial^2 f(x,y)}{\partial x^2} = 4e^{(2x-3y^2)^2} \cdot \left(1+2(2x-3y^2)^2\right)$

$\dfrac{\partial^2 f(x,y)}{\partial y^2} = -6e^{(2x-3y^2)^2} \cdot \left(2x-9y^2-12y^2(2x-3y^2)^2\right)$

$\dfrac{\partial^2 f(x,y)}{\partial x \partial y} = 12y \cdot e^{(2x-3y^2)^2} \cdot \left[1+2(2x-3y^2)^2\right]$

f) $\dfrac{\partial f(x,y)}{\partial x} = 3x^2y^2 - \cos(2x+3y) \cdot 2$

$\dfrac{\partial f(x,y)}{\partial y} = 2x^3y - \cos(2x+3y) \cdot 3$

$\dfrac{\partial^2 f(x,y)}{\partial x^2} = 6xy^2 + \sin(2x+3y) \cdot 4$

$\dfrac{\partial^2 f(x,y)}{\partial y^2} = 2x^3 + \sin(2x+3y) \cdot 9$

$\dfrac{\partial^2 f(x,y)}{\partial x \partial y} = 2 \cdot 3x^2y + \sin(2x+3y) \cdot 2 \cdot 3$

g) $\dfrac{\partial f(x,y)}{\partial x} = -\dfrac{1}{2}\dfrac{y}{(x+y^2)^2}\sqrt{\dfrac{x+y^2}{y}} = -\dfrac{1}{2}\sqrt{\dfrac{y}{(x+y^2)^3}}$

$\dfrac{\partial f(x,y)}{\partial y} = \dfrac{1}{2}\dfrac{x-y^2}{(x+y^2)^2}\sqrt{\dfrac{x+y^2}{y}}$

$\dfrac{\partial^2 f(x,y)}{\partial x^2} = \dfrac{3}{4}\dfrac{\sqrt{(x+y^2)\cdot y}}{(x+y^2)^3}$

$\dfrac{\partial^2 f(x,y)}{\partial y^2} = \dfrac{1}{4}\dfrac{3y^4-10xy^2-x^2}{y^2(x+y^2)^3}\sqrt{(x+y^2)\cdot y}$

$\dfrac{\partial^2 f(x,y)}{\partial x \partial y} = -\dfrac{1}{4}\dfrac{x-5y^2}{(x+y^2)^3 \cdot y}\sqrt{(x+y^2)\cdot y}$

5.6   Auslenkung: $\quad x(t) = x_0 \cdot e^{-\lambda t} \cdot \cos(\omega t + \varphi_0)$

Messwerte: $\quad x_0 = 1\,\text{m}, \qquad t = 10\,\text{s}, \qquad \lambda = 0.1\,\text{s}^{-1},$

$$\omega = 1\,\text{s}^{-1} \quad \left[= 1\,\frac{\text{rad}}{\text{s}} \right], \qquad \varphi_0 = \frac{\pi}{6} \quad \left[= \frac{\pi}{6}\,\text{rad} \right].$$

$$\left[\text{ Dabei ist der Winkel } 1\,\text{rad} = \frac{1\,\text{m [Bogenlänge]}}{1\,\text{m [Radius]}} = 1. \right]$$

$$\frac{\partial x(t)}{\partial x_0} = e^{-\lambda t} \cdot \cos(\omega t + \varphi_0)$$

$$\left. \frac{\partial x(t)}{\partial x_0} \right|_{\text{Messwerte}} = -0.167 = -0.167\,\frac{\text{m}}{\text{m}}$$

$$\frac{\partial x(t)}{\partial \lambda} = -t \cdot x_0 \cdot e^{-\lambda t} \cdot \cos(\omega t + \varphi_0)$$

$$\left. \frac{\partial x(t)}{\partial \lambda} \right|_{\text{Messwerte}} = 1.67\,\text{m}\,\text{s} = 1.67\,\frac{\text{m}}{\text{s}^{-1}}$$

$$\frac{\partial x(t)}{\partial \omega} = -t \cdot x_0 \cdot e^{-\lambda t} \cdot \sin(\omega t + \varphi_0)$$

$$\left. \frac{\partial x(t)}{\partial \omega} \right|_{\text{Messwerte}} = 3.28\,\text{m}\,\text{s} = 3.28\,\frac{\text{m}}{\text{s}^{-1}} \quad \left[= 3.28\,\frac{\text{m}}{\text{rad/s}} \right]$$

$$\frac{\partial x(t)}{\partial \varphi_0} = -x_0 \cdot e^{-\lambda t} \cdot \sin(\omega t + \varphi_0)$$

$$\left. \frac{\partial x(t)}{\partial \varphi_0} \right|_{\text{Messwerte}} = 0.328\,\text{m} = 32.8\,\text{cm} \quad \left[= 32.8\,\frac{\text{cm}}{\text{rad}} \right]$$

$$\frac{\partial x(t)}{\partial t} = \dot{x}(t) = -x_0 \cdot e^{-\lambda t} \cdot \left[\lambda \cos(\omega t + \varphi_0) + \omega \sin(\omega t + \varphi_0) \right]$$

$$\left. \frac{\partial x(t)}{\partial t} \right|_{\text{Messwerte}} = 0.344\,\frac{\text{m}}{\text{s}} = 34.4\,\frac{\text{cm}}{\text{s}}$$

5.7 $\dfrac{\partial R}{\partial U} = \dfrac{1}{I} \qquad \left. \dfrac{\partial R}{\partial U} \right|_{\text{Messwerte}} = \dfrac{1}{0.27\,\text{A}} = 3.7\,\text{A}^{-1} = 3.7\,\dfrac{\Omega}{\text{V}}$

$$\frac{\partial R}{\partial I} = -\frac{U}{I^2} \qquad \left. \frac{\partial R}{\partial I} \right|_{\text{Messwerte}} = -\frac{222\,\text{V}}{(0.27\,\text{A})^2} = -3045\,\frac{\text{V}}{\text{A}^2} = -3045\,\frac{\Omega}{\text{A}}$$

Kurvendiskussion

5.8 $f(x,y) = (4x^2 + y^2) \cdot e^{-x^2 - 4y^2}$

$f_x(x,y) = \frac{\partial}{\partial x} f(x,y) = e^{-x^2 - 4y^2} \cdot 2x \cdot (4 - 4x^2 - y^2)$

$f_y(x,y) = \frac{\partial}{\partial y} f(x,y) = e^{-x^2 - 4y^2} \cdot 2y \cdot (1 - 16x^2 - 4y^2)$

An der Stelle des lokalen Extremums muss der Gradient von f, genannt grad $f = (f_x,\, f_y)$, den Wert $(0,\, 0)$ annehmen, d.h.,

$f_x(x,\, y) = 0$ und $f_y(x,\, y) = 0$ ergibt folgende Punkte:

$2x = 0$	und $2y = 0$	$\Rightarrow$ $(x,\, y) = (0,\, 0)$
$2x = 0$	und $1 - 16x^2 - 4y^2 = 0$	$\Rightarrow$ $(x,\, y) = (0,\, \pm 0.5)$
$4 - 4x^2 - y^2 = 0$	und $2y = 0$	$\Rightarrow$ $(x,\, y) = (\pm 1,\, 0)$
$4 - 4x^2 - y^2 = 0$	und $1 - 16x^2 - 4y^2 = 0$	$\Rightarrow$ keine Lösung im $\mathbb{R}^2$

Die Punkte $(x,\, y) = (0,\, 0)$, $(0,\, \pm 0.5)$, $(\pm 1,\, 0)$ müssen also näher untersucht werden. Dazu berechnen wir zunächst die zweiten und gemischt partiellen Ableitungen allgemein:

$f_{xx}(x,y) = \frac{\partial^2}{\partial x^2} f(x,y) = e^{-x^2 - 4y^2} \left(-40x^2 + 16x^4 + 4x^2y^2 + 8 - 2y^2 \right)$

$f_{yy}(x,y) = \frac{\partial^2}{\partial y^2} f(x,y) = e^{-x^2 - 4y^2} \left(-40y^2 - 32x^2 + 2 + 256x^2y^2 + 64y^4 \right)$

$f_{xy}(x,y) = f_{yx}(x,y) = \frac{\partial^2}{\partial x \partial y} f(x,y) = e^{-x^2 - 4y^2} \left(-68xy + 64x^3y + 16xy^3 \right)$

$\Delta(x,\, y) = f_{xx}(x,y) \cdot f_{yy}(x,y) - [f_{xy}(x,y)]^2$

Für alle drei Punkte $(x,\, y) = (0,\, 0)$, $(0,\, \pm 0.5)$, $(\pm 1,\, 0)$ erhalten wir $f_{xy}(x,y) = 0$. Deshalb vereinfacht sich bei diesen drei Punkten die Berechnung von $\Delta(x,\, y)$ zu $\Delta(x,\, y) = f_{xx}(x,y) \cdot f_{yy}(x,y)$.

$f_{xx}(0,\, 0) = 8 > 0, \quad f_{yy}(0,\, 0) = 2 > 0$ und $\Delta(0,\, 0) = 16 > 0$;

d.h., in $(0,\, 0)$ ist ein lokales Minimum.

$f_{xx}(0,\, \pm 0.5) = 7.5\, e^{-1} > 0, \quad f_{yy}(0,\, \pm 0.5) = -4\, e^{-1} < 0$ und

$\Delta(0,\, \pm 0.5) = -30\, e^{-2} < 0$; also ist in $(0,\, \pm 0.5)$ ein Sattelpunkt.

$f_{xx}(\pm 1,\, 0) = -16\, e^{-1} < 0, \quad f_{yy}(\pm 1,\, 0) = -30\, e^{-1} < 0$ und

$\Delta(\pm 1,\, 0) = 480\, e^{-2} > 0$; d.h., in $(\pm 1,\, 0)$ ist ein lokales Maximum.

Da für alle drei untersuchten Punkte $\Delta(x,y) \neq 0$ ist, gibt es keine parabolischen (zylindrischen) Punkte.

Maximalfehlerrechnung

5.9 Stoppuhren runden die gemessene Zeit gewöhnlich ab, sodass man höchstens um eine tausendstel Sekunde zu wenig, aber um keine zu viel messen kann. Um uns an die üblichen Angaben mit „$\pm$"-Fehlergrenzen halten zu können, beziehen wir uns deswegen auf folgende Zeiten:

$t_{iP} = -0.0005\,\mathrm{s} +$ tatsächliche Zeit von Person P in Lauf i

Dann sind die gemessenen Zeiten $\bar{t}_{iP}$ die auf eine tausendstel Sekunde gerundeten Zeiten t_{iP}, sodass gilt: $\bar{t}_{iP} = t_{iP}\pm0.0005\,\mathrm{s}$. Für t_{iP} gilt dann: $t_{iP} = \bar{t}_{iP} \pm 0.0005\,\mathrm{s}$. Es ist also $\Delta t = 0.0005\,\mathrm{s}$.

Silke Kraushaar war die schnellere der beiden Frauen, falls

$t_{\mathrm{DiffS}} = t_{1K} + t_{2K} + t_{3K} + t_{4K} - t_{1N} - t_{2N} - t_{3N} - t_{4N}$

negativ ist. Ist t_{DiffS} positiv, war Barbara Niedernhuber die schnellere.

Da die partiellen Ableitungen $\partial t_{\mathrm{DiffS}}/\partial t_{iP} = \pm1$, ihr Betrag also jeweils $|\partial t_{\mathrm{DiffS}}/\partial t_{iP}| = 1$ ist, ergibt sich für den absoluten Maximalfehler dasselbe wie bei einer reinen Summe:

$$\Delta t_{\mathrm{DiffS}} = \Delta t_{1K} + \Delta t_{2K} + \Delta t_{3K} + \Delta t_{4K} + \Delta t_{1N} + \Delta t_{2N} + \Delta t_{3N} + \Delta t_{4N}$$
$$= 8 \cdot 0.0005\,\mathrm{s} = 0.004\,\mathrm{s}$$

Also gilt für die tatsächliche Differenz der Gesamtzeiten beider Frauen:

$$t_{\mathrm{DiffS}} = \bar{t}_{\mathrm{DiffS}} \pm \Delta t_{\mathrm{DiffS}} = -0.002\,\mathrm{s} \pm 0.004\,\mathrm{s}$$

Es könnte also Silke Kraushaar um bis zu $0.006\,\mathrm{s}$ schneller gewesen sein als Barbara Niedernhuber, aber auch Barbara Niedernhuber um bis zu $0.002\,\mathrm{s}$ schneller als Silke Kraushaar. Wenn z. B. die abgeschnittene vierte Stelle hinter dem Dezimalpunkt bei Barbara Niedernhuber jeweils eine 1 gewesen wäre, bei Silke Kraushaar dagegen jeweils eine 9, dann wäre in Wirklichkeit Barbara Niedernhuber um etwa $4 \cdot 0.0008\,\mathrm{s} - 0.002\,\mathrm{s} = 0.0012\,\mathrm{s}$, das sind 1.2 tausendstel, schneller gewesen. Aufgrund der Rundungsfehler wäre dann die schnellere um den Sieg betrogen worden.

Fortsetzung folgt in Aufgabe 5.26.

5.10 a) Mit $g = 9.81\ \mathrm{m/s^2}$ ist $v = 9.81\ \mathrm{m/s^2} \cdot 7\ \mathrm{s} = 68.7\ \mathrm{m/s}$

   b) $\Delta v = \left| \dfrac{dv}{dt} \right|_{\mathrm{Messwerte}} \cdot \Delta t = |g| \cdot 1\,\mathrm{s} = 9.81\ \mathrm{m/s}$

5.11 Nach der Radarmessung liegt die gefahrene Geschwindigkeit zwischen 62 und 68 km/h. Also gilt für die Grenzen der Tachoanzeige:

Obergrenze der Tachoanzeige: 68 km/h $\cdot 1.07 = 72.76$ km/h

Untergrenze der Tachoanzeige: 62 km/h $\cdot 0.93 = 57.66$ km/h

5.12 a) $R = \rho \cdot \dfrac{L}{\pi r^2} = \dfrac{1}{\pi} \rho^1 L^1 r^{-2}$ ist ein reines Produkt. Somit gilt:

$$\left|\frac{\Delta R}{R}\right| = |1| \cdot \left|\frac{\Delta L}{L}\right| + |-2| \cdot \left|\frac{\Delta r}{r}\right| + |1| \cdot \left|\frac{\Delta \rho}{\rho}\right|$$

$$= 1 \cdot \frac{1}{1000} + 2 \cdot \frac{0.02}{0.50} + 1 \cdot \frac{0.05}{1.7}$$

$$= 0.001 + 0.080 + 0.0294 = 0.1104 = 11\,\%$$

b) Der Anteil des durch die Messung von L verursachten Fehlers ist nur $\frac{0.001}{0.1104} = 0.9\,\%$. Am größten ist der durch die Messung von r verursachte; er beträgt $\frac{0.080}{0.1104} = 72.5\,\%$, während die Messung von ρ immerhin noch einen Anteil von $\frac{0.0294}{0.1104} = 26.6\,\%$ am Maximalfehler von R verursacht.

c) Es ist $R = 1.7 \cdot 10^{-8}\,\Omega\,\mathrm{m} \cdot \dfrac{1\,\mathrm{m}}{\pi(0.50 \cdot 10^{-3}\,m)^2} = 0.02165\,\Omega$ und somit:

$$\Delta R = |R| \cdot \left|\frac{\Delta R}{R}\right| = 0.02165\,\Omega \cdot 0.1104 = 2.39 \cdot 10^{-3}\,\Omega.$$

Also ergibt sich R mit Fehlergrenzen zu: $R = 21.65\,\mathrm{m}\Omega \pm 2.39\,\mathrm{m}\Omega$

5.13 a) $V = \frac{1}{3}\pi r^2 h^1$ ist ein reines Produkt mit den Exponenten 2 und 1;

also: $\left|\dfrac{\Delta V}{V}\right| = |2| \cdot \left|\dfrac{\Delta r}{r}\right| + |1| \cdot \left|\dfrac{\Delta h}{h}\right| = 2 \cdot 0.02 + 1 \cdot 0.02 = 0.06 = 6\%$

b) Die Oberfläche $A = \pi r^2 + \pi r \cdot \sqrt{r^2 + h^2}$ ist kein reines Produkt; deswegen müssen wir zuvor den absoluten Maximalfehler ΔA berechnen, wozu wir zunächst die absoluten Messfehler benötigen:

$$\left|\frac{\Delta r}{r}\right| = 0.2 \implies \Delta r = |r| \cdot 0.02 = 10\,\mathrm{cm} \cdot 0.02 = 0.2\,\mathrm{cm}$$

$$\left|\frac{\Delta h}{h}\right| = 0.2 \implies \Delta h = |h| \cdot 0.02 = 20\,\mathrm{cm} \cdot 0.02 = 0.4\,\mathrm{cm}$$

Der absolute Maximalfehler ergibt sich dann zu

$$\Delta A = \left|\frac{\partial A}{\partial r}\right|_{\text{Messwerte}} \cdot \Delta r + \left|\frac{\partial A}{\partial h}\right|_{\text{Messwerte}} \cdot \Delta h$$

$$= \left|2r\pi + \frac{\pi r \cdot 2r}{2\sqrt{r^2 + h^2}} + \pi\sqrt{r^2 + h^2}\right|_{\text{Messwerte}} \cdot 0.2\,\mathrm{cm}$$

$$+ \left|\frac{\pi r \cdot 2h}{2\sqrt{r^2 + h^2}}\right|_{\text{Messwerte}} \cdot 0.4\,\mathrm{cm} = 40.6\,\mathrm{cm}^2.$$

$r = 10\,\mathrm{cm}$ und $h = 20\,\mathrm{cm} \implies A = \pi r^2 + \pi r \cdot \sqrt{r^2 + h^2} = 1017\,\mathrm{cm}^2$;

der relative Maximalfehler ist also $\left|\dfrac{\Delta A}{A}\right| = \dfrac{40.6\,\mathrm{cm}^2}{1017\,\mathrm{cm}^2} = 0.040 = 4\,\%.$

c) Mit $V = \frac{1}{3}\pi r^2 h = \frac{1}{3}\pi \cdot (10\,\text{cm})^2 \cdot 20\,\text{cm} = 2094\,\text{cm}^3$ ergibt sich:

$$\Delta V \approx \left|\frac{\Delta V}{V}\right| \cdot V = 0.06 \cdot 2094\,\text{cm}^3 \approx 126\,\text{cm}^3;$$

also $V = 2094\,\text{cm}^3 \pm 126\,\text{cm}^3$.

Aus b) folgt bereits: $A = 1017\,\text{cm}^2 \pm 41\,\text{cm}^2$.

Anmerkung: Bei der Maximalfehlerrechnung erhält man Ober- und Untergrenze auch durch entsprechendes Einsetzen von Messwerten plus oder minus einem Maximalfehler. So erhält man z.B. für A wie vorhin:

$$A_{\text{oG}} = \pi(10.2\,\text{cm})^2 + \pi \cdot 10.2\,\text{cm} \cdot \sqrt{(10.2\,\text{cm})^2 + (20.4\,\text{cm})^2} = 1058\,\text{cm}^2$$

$$A_{\text{uG}} = \pi(\ 9.8\,\text{cm})^2 + \pi \cdot\ 9.8\,\text{cm} \cdot \sqrt{(\ 9.8\,\text{cm})^2 + (19.6\,\text{cm})^2} =\ 976\,\text{cm}^2$$

Es ist dann aber zu beachten, wann man den Messfehler addieren und wann subtrahieren muss, um die Ober- bzw. Untergrenze zu erreichen.

5.14 $l = 120\text{cm}, \quad b = 100\text{cm}, \quad \Delta l = \Delta b = 1\text{cm}$

$$A = l \cdot b + \frac{1}{8} \cdot \pi \cdot b^2 \quad\Longrightarrow\quad \frac{\partial A}{\partial l} = b, \quad \frac{\partial A}{\partial b} = l + \frac{1}{4} \cdot \pi \cdot b$$

$$\Delta A = \left|\frac{\partial A}{\partial l}\right|_{\text{Messwerte}} \cdot \Delta l + \left|\frac{\partial A}{\partial b}\right|_{\text{Messwerte}} \cdot \Delta b$$

$$= |100\,\text{cm}| \cdot 1\text{cm} + |120\,\text{cm} + \tfrac{1}{4} \cdot \pi \cdot 100\,\text{cm}| \cdot 1\text{cm} = 299\text{cm}^2$$

$$A = 15927\text{cm}^2 \pm 299\text{cm}^2 \approx (1.59 \pm 0.03)\text{m}^2$$

5.15   Exakter Wert: $1 + \dfrac{1}{2} + \dfrac{2}{3} + \dfrac{1}{4} + \dfrac{2}{5} + \dfrac{1}{6} + \dfrac{2}{7} + \dfrac{1}{8} + \dfrac{1}{9} = 3.50516$

a) $1.00 + 0.50 + 0.66 + 0.25 + 0.40 + 0.16 + 0.28 + 0.12 + 0.11 = 3.48$;   absoluter Fehler: man errechnet um 0.02516 zu wenig.

b) $1.000 + 0.500 + 0.666 + 0.250 + 0.400 + 0.166 + 0.285 + 0.125 + 0.111 = 3.503$;   absoluter Fehler: man errechnet um 0.00216 zu wenig.

c) $1.000 + 0.500 + 0.667 + 0.250 + 0.400 + 0.167 + 0.286 + 0.125 + 0.111 = 3.506$;   absoluter Fehler: man errechnet um 0.00084 zu viel.

Das Runden (d.h. das Auf- bzw. Abrunden) ist genauer als das stete Abrunden, da dann die Fehler teils negativ und teils positiv sind, sich also i. Allg. ausgleichen. Ferner ist der Maximalfehler beim Runden nur halb so groß wie beim steten Abrunden (siehe folgende Lösung zu b) und c)).

a) absoluter Maximalfehler bei neun Summanden: $9 \cdot 0.01 = 0.09$

b) absoluter Maximalfehler bei neun Summanden: $9 \cdot 0.001 = 0.009$

c) absoluter Maximalfehler bei neun Summanden: $9 \cdot 0.0005 = 0.0045$

5.16 Der Betrag einer Zahl x mit m wesentlichen Stellen lässt sich wie folgt darstellen:

$$|x| = a_1 \cdot 10^{p-1} + a_2 \cdot 10^{p-2} + a_3 \cdot 10^{p-3} + \ldots + a_m \cdot 10^{p-m}$$

Dabei gibt p die größte natürliche Zahl mit $|x| < 10^p$ an (bei $x = 678.9 = 0.6789 \cdot 10^3$ ist $p = 3$), ist also ein Maß für die Größenordung der Zahl. Die Koeffizienten a_i sind die Ziffern von 0 bis 9, wobei die führende Ziffer $a_1 \neq 0$ sein muss. Die Zehnerpotenzen 10^{p-i} neben den Koeffizienten a_i geben die in der Aufgabenstellung erwähnten „Einheiten" zu den entsprechenden Stellen an.

Die obige Darstellung von $|x|$ zeigt sofort die Gültigkeit von

$$10^{p-1} \leq |x| < 10^p.$$

Hat x nun k gültige Stellen, d.h., wenn die k-te Stelle, an der die Ziffer a_k steht, noch gültig ist, so bedeutet dies für den absoluten Fehler Δx gemäß der Erklärung in der Aufgabenstellung:

$$\Delta x \leq \tfrac{1}{2} \cdot 10^{p-k} \qquad (10^{p-k} \text{ ist die „Einheit" der } k\text{-ten Stelle von } x).$$

Aufgrund dieser Ungleichung und aufgrund der vorhin erwähnten Tatsache, dass $10^{p-1} \leq |x|$ ist, schätzen wir wie folgt nach oben ab:

$$\left| \frac{\Delta x}{x} \right| = \frac{\Delta x}{|x|} \leq \frac{\tfrac{1}{2} \cdot 10^{p-k}}{10^{p-1}} = \tfrac{1}{2} \cdot 10^{p-k-p+1} = 5 \cdot 10^{-k}; \qquad \text{q.e.d.}$$

5.17 a) Die ersten 24 Messungen dürften etwa $2\,\text{m}$ betragen, die letzte nur noch $1\,\text{m}$. Insgesamt setzt sich die gemessene Innenlänge l aus 25 Einzelmessungen zusammen:

$$l = l_1 + l_2 + l_3 + \ldots + l_{25}$$

Da dies eine reine Summe ist, gilt für den absoluten Maximalfehler:

$$\Delta l = \Delta l_1 + \Delta l_2 + \Delta l_3 + \ldots + \Delta l_{25} = 25 \cdot 0.5\,\text{cm} = 12.5\,\text{cm}$$

b) Glichen sich die Fehler durch zu kleine, aber auch zu große Messungen in der Summe etwas aus, dann käme man so gut wie nie an den Maximalfehler heran. Da sich aber bei der Messung der Einzelstrecken immer wieder der gleiche Vorgang abspielt, kann sich durchaus eine gewisse Systematik beim Weiterschieben des Meterstabes einschleichen. Verursacht diese Systematik einen Fehler in der Nähe des maximalen Messfehlers, sodass man z.B. jedes Mal um ca. $0.4\,\text{cm}$ zu viel misst, dann kommt man mit einem Gesamtfehler von $10\,\text{cm}$ dem Maximalfehler durchaus nahe.

Gaußsche Fehlerrechnung

5.18 a) Die gesamte Innenlänge l resultiert aus 25 Einzelmessungen:
$l = l_1 + l_2 + l_3 + \ldots + l_{25}$.
Da dies eine reine Summe ist, gilt für den Gaußschen Fehler:

$$\Delta l = \sqrt{(\Delta l_1)^2 + (\Delta l_2)^2 + (\Delta l_3)^2 + \ldots + (\Delta l_{25})^2}$$

$$= \sqrt{25 \cdot (0.4\,\mathrm{cm})^2} = \sqrt{25} \cdot 0.4\,\mathrm{cm} = 2\,\mathrm{cm}$$

Das hieße, dass der Messfehler der Innenlänge der Halle mit hoher Wahrscheinlichkeit (im Bsp.: 95 %) nicht größer als 2 cm wäre.

b) Während sich der Maximalfehler bei der Summe von n Messungen ver-n-facht (siehe Aufgabe 5.17), pflanzt er sich bei der Gaußschen Fehlerrechnung nur mit dem Faktor $\sqrt{n}$ fort. Die Gaußsche Fehlerrechnung weist also kürzere und damit unsicherere Fehlerintervalle aus.

c) Die Gaußsche Fehlerrechnung ist nur sinnvoll, wenn die Annahme der Unabhängigkeit aller Messgrößen vorliegt. Diese Voraussetzung könnte durchaus verletzt sein, da wiederholte Messungen mit demselben Gerät oft systematischen Fehlern unterliegen (vgl. Aufgabe 5.17). Deswegen dürfte hier die Wahrscheinlichkeit, sich innerhalb der Gaußschen Fehlergrenzen zu bewegen, wesentlich kleiner als 95 % sein.

5.19 a) Bei jeder Abholung i beträgt der Maximalfehler $\Delta M_i = 0.5\,\mathrm{l}$.

b) $M_{\mathrm{Ges}} = M_1 + M_2 + \ldots + M_{365}$ ist eine Summe. Für deren Maximalfehler gilt: $\Delta M_{\mathrm{Ges}} = \Delta M_1 + \Delta M_2 + \ldots + \Delta M_{365} = 365 \cdot 0.5\,\mathrm{l} = 182.5\,\mathrm{l}$.

c) Nach der Gaußschen Fehlerfortpflanzung addieren sich bei einer Summe die Quadrate der Unsicherheiten ΔM_i. Für ΔM_{Ges} gilt dann:

$$\Delta M_{\mathrm{Ges}} = \sqrt{(\Delta M_1)^2 + (\Delta M_2)^2 + \ldots + (\Delta M_{365})^2}$$

$$= \sqrt{365 \cdot (0.5\,\mathrm{l})^2} = \sqrt{365} \cdot 0.5\,\mathrm{l} = 9.55\,\mathrm{l}.$$

d) Die Gaußsche Unsicherheit ist wesentlich kleiner. Während der maximale Gesamtfehler das 365-fache des Tages-Maximalfehlers ausmacht, beträgt der Gaußsche Gesamtfehler nur das $\sqrt{365}$-fache.

e) Die Gaußsche Fehlerfortpflanzung geht von der Unabhängigkeit der Fehler aus. Es ist äußerst unwahrscheinlich, dass der Milchfahrer 365 mal um nahezu 0.5 l abrunden muss, sodass dann ein Gesamtfehler in der Nähe des maximal möglichen entstünde. Er wird oft ab-, aber auch oft aufrunden müssen, sodass sich die Fehler in gewissem Maße wieder ausgleichen. Auf diese Weise fällt der Gesamtfehler in der Regel wesentlich kleiner aus als es maximal möglich wäre.

f) Man darf hier die Gaußsche Fehlerrechnung bevorzugen, da man von der Unabhängigkeit der Rundungsfehler ausgehen kann. Fehler in der Eichung des Gerätes zur Messung der Milchmenge, die jedoch nicht Gegenstand dieser Aufgabe sind, müsste man dagegen mit der Maximalfehlerrechnung erfassen; denn diese würden sich bei jeder Messung wiederholen: wird am ersten Tag um einen Liter zu wenig gemessen, dann auch am zweiten usw.; sie wären also nicht unabhängig.

g) Maximalfehler der Jahres-Einnahmen:

$$\Delta E_{\mathrm{Ges}} = p \cdot \Delta M_{\mathrm{Ges}} = 70\,\mathrm{Pf/l} \cdot 182.5\,\mathrm{l} = 127.75\,\mathrm{DM} = 65.32\,\text{€}$$

h) Gaußscher Fehler der Jahres-Einnahmen:

$$\Delta E_{\mathrm{Ges}} = p \cdot \Delta M_{\mathrm{Ges}} = 70\,\mathrm{Pf/l} \cdot 9.55\,\mathrm{l} = 6.69\,\mathrm{DM} = 3.42\,\text{€}$$

i) Der Fehler ΔM_i [in Liter] ist gleichverteilt (rechtecksverteilt) auf dem Intervall $]-0.5, +0.5]$; seine Dichte f nimmt in diesem Intervall den Wert 1 an, ansonsten den Wert 0.

j) Da der Erwartungswert des Fehlers $\mathrm{E}(\Delta M_i) = 0$ ist, ergibt sich:

$$\mathrm{Var}(\Delta M_i) = \mathrm{E}([\Delta M_i - \mathrm{E}(\Delta M_i)]^2) = \mathrm{E}([\Delta M_i]^2) = \int\limits_{-\infty}^{\infty} x^2 \cdot f(x)\,dx$$

$$= \int\limits_{-0.5}^{0.5} x^2 \cdot 1\,dx = \left[\frac{x^3}{3}\right]_{-0.5}^{0.5} = \frac{1}{3}\left[\frac{1}{8} - \left(-\frac{1}{8}\right)\right] = \frac{1}{12}\ [\mathrm{l}^2]$$

$$\implies \sigma = \sqrt{\mathrm{Var}(\Delta M_i)} = \sqrt{\frac{1}{12}} \approx 0.289\ [\mathrm{l}]$$

k) Die Standardabweichung der Summe von n unabhängigen, identisch verteilten Zufallsvariablen ist $\sqrt{n}$ mal so groß wie die einer einzelnen; also ist $\sigma_{\mathrm{Ges}} = \sqrt{365} \cdot \sqrt{1/12} = 5.515\ [\mathrm{l}]$.

l) Nach dem zentralen Grenzwertsatz ist die Summe vieler unabhängiger, identisch verteilter Zufallszahlen wie die Summe ΔM_{Ges} der Tages-Messfehler näherungsweise normalverteilt, sofern deren Varianz kleiner als unendlich ist. Je mehr aufaddiert werden, umso genauer ist die Approximation (die Verteilung der standardisierten Summe konvergiert gegen die Standardnormalverteilung). Da hier sehr viele (365) aufaddiert werden, ist die Approximation durch die Normalverteilung nahezu exakt.

m) Der Gesamtfehler ΔM_{Ges} ist nahezu exakt normalverteilt mit Erwartungswert $\mu_{\mathrm{Ges}} = 0$ und Standardabweichung $\sigma_{\mathrm{Ges}} = 5.515\,\mathrm{l}$. Die Standardisierung $(\Delta M_{\mathrm{Ges}} - \mu_{\mathrm{Ges}})/\sigma_{\mathrm{Ges}}$ ist dann nahezu exakt standardnormalverteilt mit tabellierter Verteilungsfunktion Φ. Also gilt:

$$P\left(-9.55\,1 \le \Delta M_{\text{Ges}} \le +9.55\,1\right)$$

$$= P\left(\frac{-9.55\,1 - \mu_{\text{Ges}}}{\sigma_{\text{Ges}}} \le \Delta M_{\text{Ges}} \le \frac{+9.55\,1 - \mu_{\text{Ges}}}{\sigma_{\text{Ges}}}\right)$$

$$= P\left(\frac{-9.55\,1 - 0}{5.515\,1} \le \Delta M_{\text{Ges}} \le \frac{+9.55\,1 - 0}{5.515\,1}\right)$$

$$= \Phi\left(\frac{9.55}{5.515}\right) - \Phi\left(-\frac{9.55}{5.515}\right) = \Phi(1.73) - \Phi(-1.73)$$

$$\overset{\text{Tab.}}{=}\ 0.9582 - 0.0418 = 0.9164 \approx 92\,\%$$

Anmerkung: Gewöhnlich ist die Wahrscheinlichkeit, dass der errechnete Funktionswert nicht weiter als sein errechneter Gaußscher Fehler (Unsicherheit) vom unbekannten wahren Funktionswert abweicht, etwa ebenso groß wie die Wahrscheinlichkeit, dass ein einzelner Messwert nicht weiter als die Messunsicherheit vom unbekannten wahren Wert abweicht. Das liegt daran, dass gewöhnlich beide in etwa normalverteilt sind. In dieser Aufgabe ist aber der Messfehler als Rundungsfehler rechtecksverteilt; folglich befindet er sich mit 100 % Wahrscheinlichkeit innerhalb seiner Fehlergrenzen ±0.5 l. Der JahresGesamtfehler ist dagegen normalverteilt; deswegen weicht die Wahrscheinlichkeit, dass er sich innerhalb der errechneten Grenzen befindet, von diesen 100 % etwas ab. Sie ergab sich ja zu 92 %.

n) Ja; analog gilt: $P(-6.69\,\text{DM} \le \Delta E_{\text{Ges}} \le 6.69\,\text{DM}) \approx 92\,\%$.

5.20 a) $R = \rho \cdot \dfrac{L}{\pi r^2} = \frac{1}{\pi}\rho^1 L^1 r^{-2}$ ist ein reines Produkt. Somit gilt:

$$\left|\frac{\Delta R}{R}\right| = \sqrt{1^2 \cdot \left|\frac{\Delta L}{L}\right|^2 + (-2)^2 \cdot \left|\frac{\Delta r}{r}\right|^2 + 1^2 \cdot \left|\frac{\Delta \rho}{\rho}\right|^2}$$

$$= \sqrt{1 \cdot \left(\frac{1}{1000}\right)^2 + 4 \cdot \left(\frac{0.02}{0.50}\right)^2 + 1 \cdot \left(\frac{0.05}{1.7}\right)^2}$$

$$= \sqrt{10^{-6} + 6.4 \cdot 10^{-3} + 8.65 \cdot 10^{-4}}^2$$

$$= \sqrt{7.266 \cdot 10^{-3}} = 0.08524 = 8.5\,\%$$

b) Der Anteil des durch die Messung von L verursachten quadratischen Fehlers beträgt nur $10^{-6}/(7.266 \cdot 10^{-3}) = 1.4 \cdot 10^{-4} = 0.014\,\%$. Den Löwenanteil verursacht die Messung von r mit einer relativen Unsicherheit von $(6.4 \cdot 10^{-3})/(7.266 \cdot 10^{-3}) = 88.1\,\%$, während die Messung von ρ einen ebenfalls schon fast vernachlässigbar kleinen Anteil von $(8.65 \cdot 10^{-4})/(7.266 \cdot 10^{-3}) = 11.9\,\%$ an der Messunsicherheit von R verursacht.

c) Die Anteile beziehen sich zwar im Gegensatz zu Aufgabe 5.12 auf den quadratischen Fehler, dennoch lässt sich prinzipiell feststellen, dass bei der Gaußschen Fehlerrechnung die mit größerem Fehler behafteten Größen, aber auch die höheren Exponenten in der Formel für R wegen ihrer Quadrierung noch viel stärkeres Gewicht haben, kleinere Fehler also erst recht vernachlässigbar sind.

d) Es ist $R = 1.7 \cdot 10^{-8}\,\Omega\,\text{m} \cdot \dfrac{1\,\text{m}}{\pi (0.50 \cdot 10^{-3}\,m)^2} = 0.02165\,\Omega$ und somit:

$$\Delta R = |R| \cdot \left| \frac{\Delta R}{R} \right| = 0.02165\,\Omega \cdot 0.08524 = 1.85 \cdot 10^{-3}\,\Omega.$$

Also ergibt sich R mit Fehlergrenzen zu: $R = 21.65\,\text{m}\Omega \pm 1.84\,\text{m}\Omega$.

5.21 a) Der angegebene Bruch schreibt sich als reines Produkt $50 \cdot 1.5^{-1}\,\text{m/s}$, also mit den Exponenten $+1$ und -1 in den Zahlen. Mit den relativen Unsicherheiten von $1\,\% = 0.01$ für die Abstandsmessung und $10\,\% = 0.1$ für die Zeitmessung errechnet sich die relative Unsicherheit der Geschwindigkeit zu $\sqrt{1^2 \cdot 0.01^2 + (-1)^2 \cdot 0.1^2} = 0.1005 \approx 10\%$.

b) Die relative Unsicherheit der Abstandsmessung fällt nicht mehr ins Gewicht. Sie beträgt zwar ohnehin nur $10\,\%$ der relativen Unsicherheit der Zeitmessung, erhöht aber nicht – wie bei der Maximalfehlerrechnung – die relative Unsicherheit der Geschwindigkeit um diese $10\,\%$, sondern nur noch um ein halbes (von 0.10 auf 0.1005).

c) Es errechnet sich $v = 33\frac{1}{3}\,\text{m/s} = 120\,\text{km/h}$ und damit eine Unsicherheit der Geschwindigkeit von $\Delta v = 0.1005 \cdot 33\frac{1}{3}\,\text{m/s} = 3.35\,\text{m/s} = 12.06\,\text{km/h}$. Also gilt: $v \approx (120 \pm 12)\,\text{km/h}$.

d) Man fühlt sich ebenfalls ungefähr $95\,\%$ig sicher.

5.22 a) $V = \dfrac{d^2}{4} \cdot \pi \cdot h = \dfrac{8.0^2\,\text{cm}^2}{4} \cdot \pi \cdot 12.0\,\text{cm} = 603.2\,\text{cm}^3$

b) $A = 2 \cdot \dfrac{d^2}{4} \cdot \pi + d \cdot \pi \cdot h = \dfrac{8.0^2\,\text{cm}^2}{2} \cdot \pi + 8.0\,\text{cm} \cdot \pi \cdot 12.0\,\text{cm} = 402.1\,\text{cm}^2$

c) $V = \dfrac{\pi}{4} \cdot d^2 \cdot h$ ist ein reines Produkt in den Variablen d und h.

$$\left| \frac{\Delta V}{V} \right| = \sqrt{2^2 \cdot \left| \frac{\Delta d}{d} \right|^2 + 1^2 \cdot \left| \frac{\Delta h}{h} \right|^2} = \sqrt{4 \cdot \left(\frac{0.2\,\text{cm}}{8.0\,\text{cm}} \right)^2 + \left(\frac{0.2\,\text{cm}}{12.0\,\text{cm}} \right)^2}$$

$$= \sqrt{0.0025 + 0.00028} = \sqrt{0.00278} = 5.27\,\%$$

d) Der Fehler des Durchmessers. Erstens geht er wegen des Quadrats in der Inhaltsformel mit dem Faktor $2^2 = 4$ ein und ist damit viermal so groß wie der Fehler der Höhe, und zweitens ist seine Unsicherheit relativ zum Messwert größer als die Unsicherheit der Höhe.

e) $A = \dfrac{\pi}{2} \cdot d^2 + \pi \cdot d \cdot h$

$$\Delta A = \sqrt{\left(\left.\frac{\partial A}{\partial d}\right|_{\text{Messwerte}} \cdot \Delta d\right)^2 + \left(\left.\frac{\partial A}{\partial h}\right|_{\text{Messwerte}} \cdot \Delta h\right)^2}$$

$$= \sqrt{\left(\left[\frac{\pi}{2} \cdot 2d + \pi h\right]_{\text{Messwerte}} \cdot \Delta d\right)^2 + + \left(\left[\pi \cdot d\right]_{\text{Messwerte}} \cdot \Delta h\right)^2}$$

$$= \sqrt{\left(\pi \cdot [8.0\,\text{cm} + 12.0\,\text{cm}] \cdot 0.2\,\text{cm}\right)^2 + \left(\left[\pi \cdot 8.0\,\text{cm}\right] \cdot 0.2\,\text{cm}\right)^2}$$

$$= \sqrt{157.9\,\text{cm}^4 + 25.3\,\text{cm}^4} = 13.5\,\text{cm}^2$$

5.23 a) $R = U \cdot I^{-1}$ ist ein reines Produkt.

$$\frac{\Delta R}{R} = \sqrt{\left(1 \cdot \left|\frac{\Delta U}{U}\right|\right)^2 + \left((-1) \cdot \left|\frac{\Delta I}{I}\right|\right)^2} = \sqrt{0.01^2 + (-0.01)^2}$$

$$= \sqrt{2 \cdot 0.01^2} = \sqrt{2} \cdot 0.01 = \sqrt{2}\,\% \approx 1.4\,\%$$

b) Sie ist ungefähr so groß wie die Wahrscheinlichkeit, dass das Intervall um einen Messwert mit Messunsicherheitsgrenzen $\pm\Delta U$ bzw. $\pm\Delta I$ den wahren unbekannten Wert von U bzw. I umschließen wird.

5.24 a) $\dfrac{A}{A_0} = e^{-\ln 2 \cdot t/t_H} \implies \ln\dfrac{A}{A_0} = -\dfrac{t}{t_H} \cdot \ln 2 \implies t = -\dfrac{t_H}{\ln 2} \cdot \ln\dfrac{A}{A_0}$

Mit $\dfrac{A}{A_0} = 0.604$ und $t_H = 5\,600\,\text{a}$ folgt: das Bier ist $t = 4\,073\,\text{a}$ alt.

b) Es sei $\alpha = \dfrac{A}{A_0}$ der Anteil der Aktivität an der Ausgangsaktivität A_0; für das Alter als Funktion von α und t_H gilt dann: $t = -\dfrac{t_H}{\ln 2} \cdot \ln \alpha$, wobei $\alpha = 0.604$ und $\Delta\alpha = 0.005$ ist.

$$\Delta t = \sqrt{\left(\left.\frac{\partial t}{\partial \alpha}\right|_{\text{Messwerte}} \cdot \Delta\alpha\right)^2 + \left(\left.\frac{\partial t}{\partial t_H}\right|_{\text{Messwerte}} \cdot \Delta t_H\right)^2}$$

$$= \sqrt{\left(-\left.\frac{t_H}{\alpha \cdot \ln 2}\right|_{\text{Messwerte}} \cdot \Delta\alpha\right)^2 + \left(-\left.\frac{\ln\alpha}{\ln 2}\right|_{\text{Messwerte}} \cdot \Delta t_H\right)^2}$$

$$= \sqrt{\left(-\frac{5\,600\,\text{a}}{0.604 \cdot \ln 2} \cdot 0.005\right)^2 + \left(-\frac{\ln 0.604}{\ln 2} \cdot 5\,\text{a}\right)^2}$$

$$= \sqrt{4473\,\text{a}^2 + 13.23\,\text{a}^2} = 66.98\,\text{a} \approx 67\,\text{a}$$

Die Unsicherheit der Altersbestimmung beträgt etwa 67 Jahre.

5.25   Zur Methode A: Es ist $\displaystyle\sum_{i=1}^{n_A} x_{Ai} = 3.3 + 3.5 + \ldots + 3.9 = 35.3$

und $\displaystyle\sum_{i=1}^{n_A} x_{Ai}^2 = 3.3^2 + 3.5^2 + \ldots + 3.9^2 = 124.97$. Also ergibt sich:

$$s_A^2 = \frac{1}{n_A - 1}\left[\sum_{i=1}^{n} x_{Ai}^2 - \frac{1}{n_A}\left(\sum_{i=1}^{n_A} x_{Ai}\right)^2\right] = \frac{1}{9}\left[124.97 - \frac{1}{10}\cdot 35.3^2\right]$$

$$= 0.0401\overline{1} \implies s_A = \sqrt{0.0401\overline{1}} = 0.2003$$

Für die Standardabweichung des Mittelwertes gilt dann:

$$s_{\bar{x}_A} = \frac{s_A}{\sqrt{n_A}} = \frac{0.2003}{\sqrt{10}} = 0.0633 \quad (= \text{Standardfehler von Methode A})$$

Analog folgt für Methode B: $s_B^2 = 0.004888\overline{8} \implies s_B = 0.0699$, also

$$s_{\bar{x}_B} = \frac{s_B}{\sqrt{n_B}} = \frac{0.0699}{\sqrt{10}} = 0.0221 \quad (= \text{Standardfehler von Methode B})$$

Methode B ist also präziser; Methode A ist weniger präzise.

Es sei nun $\tilde{n}_A$ die nötige Zahl an Messwerten, damit Methode A denselben Standardfehler erreicht wie Methode B mit $n_B = 10$ Messwerten:

$$\frac{s_A}{\sqrt{\tilde{n}_A}} = \frac{s_B}{\sqrt{n_B}} \implies \tilde{n}_A = n_B \cdot \frac{s_A^2}{s_B^2} = 10 \cdot \frac{0.0401\overline{1}}{0.004888\overline{8}} \approx 82$$

5.26   a) Analog zu Aufgabe 5.19 j) ergibt sich, dass die Standardabweichung des Zeitnahme-Fehlers $\sqrt{1/12}$ tausendstel Sekunden ist; also: $\sigma = \sqrt{1/12}\cdot 0.001\,\text{s} \approx 0.000289\,\text{s}$. Das ist unabhängig davon, ob man den Zeitnahme-Fehler als gleichverteilt auf $[-0.0005\,\text{s}, +0.0005\,\text{s}[$ oder als gleichverteilt auf $[0\,\text{s}, 0.001\,\text{s}[$ betrachtet.

b) Es ist $R_{\text{Diffs}} = R_{1K} + R_{2K} + R_{3K} + R_{4K} - R_{1N} - R_{2N} - R_{3N} - R_{4N}$ der Rundungsfehler in der Differenz der Gesamtzeiten. Dabei bezeichnet R_{iP} den Rundungsfehler bei Person $P = K$ (Kraushaar) bzw. $P = N$ (Niedernhuber) im i-ten Lauf. Wegen der Unabhängigkeit der Einzelfehler ist $\text{Var}(R_{\text{Diffs}}) = \text{Var}(R_{1K} + R_{2K} + R_{3K} + R_{4K} - R_{1N} - R_{2N} - R_{3N} - R_{4N}) = \text{Var}(R_{1K}) + \text{Var}(R_{2K}) + \text{Var}(R_{3K}) + \text{Var}(R_{4K}) + (-1)^2\text{Var}(R_{1N}) + (-1)^2\text{Var}(R_{2N}) + (-1)^2\text{Var}(R_{3N}) + (-1)^2\text{Var}(R_{4N})$. Da alle diese Rundungsfehler R_{iP} dieselbe Rechecksverteilung und damit auch dieselbe Varianz σ^2 haben, folgt: $\text{Var}(R_{\text{Diffs}}) = 8\cdot\sigma^2$ $\implies \sigma_{\text{Diffs}} = \sqrt{\text{Var}(R_{\text{Diffs}})} = \sqrt{8}\cdot\sigma = \sqrt{8/12}\cdot 0.001\,\text{s} = 0.0008165\,\text{s}$.

c) Alle Einzel-Rundungsfehler R_{iP} sind unabhängig und identisch verteilt. Da R_{Diffs} eine Differenz zweier identisch verteilter Summen aus jeweils vier Einzel-Rundungsfehlern ist, ist dessen Erwartungswert $\mu_{\text{Diffs}} = 0$. Insgesamt besteht R_{Diffs} bereits aus acht unabhängigen

Summanden bzw. Subtrahenden von Einzel-Rundungsfehlern, weswegen sich die Verteilung von R_{DiffS} aufgrund des zentralen Grenzwertsatzes schon ziemlich gut durch eine Normalverteilung approximieren lässt. Wenn die beiden Rodlerinnen in Wirklichkeit exakt gleich schnell sind, kann nur ein Gesamt-Rundungsfehler von einer ganzzahligen tausendstel Sekunde entstehen. Die Wahrscheinlichkeit für einen Fehler von n tausendstel Sekunden kann man durch die Fläche unter der Dichte der Normalverteilung mit Erwartungswert $\mu_{\text{DiffS}} = 0$ und Standardabweichung $\sigma_{\text{DiffS}} = 0.0008165\,\text{s}$ (aus Aufgabe b)) über dem Intervall $[n - \frac{1}{2} \cdot 0.001\,\text{s},\ n + \frac{1}{2} \cdot 0.001\,\text{s}]$ approximieren. Zur Berechnung dieser Fläche dient die Verteilungsfunktion Φ einer standardnormalverteilten Zufallsvariablen Z. Die Wahrscheinlichkeit für keinen Fehler wird durch den Spezialfall $n = 0$ erfasst. Gefragt ist die Wahrscheinlichkeit für das Gegenereignis:

$P(\text{unterschiedliche Endergebnisse} \mid \text{beide wirklich gleich schnell})$

$\approx 1 - P(-0.0005\,\text{s} \leq R_{\text{DiffS}} \leq 0.0005\,\text{s})$

$= 1 - P\left(\dfrac{-0.0005\,\text{s} - \mu_{\text{DiffS}}}{\sigma_{\text{DiffS}}} \leq \dfrac{R_{\text{DiffS}} - \mu_{\text{DiffS}}}{\sigma_{\text{DiffS}}} \leq \dfrac{+0.0005\,\text{s} - \mu_{\text{DiffS}}}{\sigma_{\text{DiffS}}} \right)$

$= 1 - P\left(\dfrac{-0.0005\,\text{s} - 0}{0.0008165\,\text{s}} \leq Z \leq \dfrac{+0.0005\,\text{s} - 0}{0.0008165\,\text{s}} \right)$

$= 1 - [\Phi(0.6124) - \Phi(-0.6124)] \approx 1 - [0.73 - 0.27] = 0.54 = 54\,\%.$

Anmerkung: Bei tatsächlich exakt gleichen Zeiten – dieser Fall ist so gut wie ausgeschlossen – würde mit 54 % Wahrscheinlichkeit eine um den gemeinsamen Sieg betrogen. Wenn beide nur fast exakt gleich schnell sind, kann die Wahrscheinlichkeit, dass der falschen Rodlerin der alleinige Sieg zugespochen wird, die schnellere also um den Sieg gebracht wird, bis zu $^{54}/_{2}\,\% = 27\,\%$ betragen.

d) $P(\text{Niedernhuber um } 0.002\,\text{s langsamer gemessen} \mid \text{gleich schnell})$

$= P\left(R_{\text{DiffS}} > 0.0015\,\text{s} \right) = 1 - P\left(R_{\text{DiffS}} \leq 0.0015\,\text{s} \right)$

$= 1 - \Phi\left(\dfrac{0.0015\,\text{s} - \mu_{\text{DiffS}}}{\sigma_{\text{DiffS}}} \right) = 1 - \Phi\left(\dfrac{0.0015\,\text{s}}{0.0008165\,\text{s}} \right)$

$= 1 - \Phi(1.84) = \Phi(-1.84) = 0.033 = 3.3\,\%$

Anmerkung: Speziell hier, da praktisch Normalverteilung vorliegt, entspricht diese Wahrscheinlichkeit von etwa 3.3 % auch der Mutmaßung, mit der man aufgrund des vorliegenden Resultats Barbara Niedernhuber für die wirklich schnellere Rodlerin in Nagano hält. Dabei nimmt man a priori (d.h., ohne Blick auf das Resultat) jede gefahrene Exakt-Zeit als gleichwahrscheinlich an.

6 Vektorrechnung und analytische Geometrie

Lineare Abhängigkeit und Unabhängigkeit von Vektoren

6.1 a) Im ersten Schritt bringen wir durch Zeilenvertauschungen die mit der Zahl 1 beginnende Zeile der Matrix $(\vec{a}, \vec{b}, \vec{c})$ nach oben; dies erweist sich für die Zeilenoperationen der weiteren Schritte als vorteilhaft:

2. Schritt: $\text{II} := \text{II} - 2\cdot\text{I}$, dann $\text{III} := \text{III} - 3\cdot\text{I}$

3. Schritt: $\text{III} := 5\cdot\text{III} - 7\cdot\text{II}$

$$\begin{array}{ccc} \vec{a} & \vec{b} & \vec{c} \end{array}$$

$$\begin{pmatrix} 2 & 1 & 5 \\ 3 & 2 & 8 \\ 1 & 3 & 5 \end{pmatrix} \xrightarrow{1.} \begin{pmatrix} 1 & 3 & 5 \\ 2 & 1 & 5 \\ 3 & 2 & 8 \end{pmatrix} \xrightarrow{2.} \begin{pmatrix} 1 & 3 & 5 \\ 0 & -5 & -5 \\ 0 & -7 & -7 \end{pmatrix} \xrightarrow{3.} \begin{pmatrix} 1 & 3 & 5 \\ 0 & -5 & -5 \\ 0 & 0 & 0 \end{pmatrix}$$

Die Matrix aus den Vektoren $\vec{a}$, $\vec{b}$ und $\vec{c}$ hat den Rang 2, da nur noch zwei Ungleichnullzeilen übrig geblieben sind. Da dieser Rang kleiner als die Anzahl der Vektoren ist $(2 < 3)$, sind diese Vektoren $\vec{a}$, $\vec{b}$ und $\vec{c}$ nicht linear unabhängig, sondern linear abhängig.

b) Es ergibt sich z.B. mit der Regel von Sarrus:

$\det(\vec{a}, \vec{b}, \vec{c}) = 2\cdot2\cdot5 + 1\cdot8\cdot1 + 5\cdot3\cdot3 - 1\cdot2\cdot5 - 3\cdot8\cdot2 - 5\cdot3\cdot1 = 0.$

$\Longleftrightarrow$ Die Vektoren $\vec{a}$, $\vec{b}$ und $\vec{c}$ sind linear abhängig.

6.2 a) Wenn die Vektoren $\vec{a}_1$, $\vec{a}_2$, $\cdots$, $\vec{a}_p$ linear abhängig sind, dann gibt es mindestens einen Vektor $\vec{a}_i (1 \leq i \leq p)$, der sich als Linearkombination der restlichen Vektoren darstellen lässt. Dieser lässt sich aber auch als Linearkombination der Vektoren $\vec{a}_1, \vec{a}_2, \cdots, \vec{a}_p, \vec{a}_{p+1}, \ldots, \vec{a}_q$ mit $q > p$ darstellen. Dazu brauchen wir nur die Koeffizienten von $\vec{a}_{p+1}$, $\cdots$, $\vec{a}_q$ gleich 0 zu setzen, während wir die übrigen Koeffizienten unverändert lassen. Somit sind dann auch die Vektoren $\vec{a}_1, \vec{a}_2, \cdots, \vec{a}_p, \vec{a}_{p+1}, \ldots, \vec{a}_q$ linear abhängig.

b) Gegenbeispiel für $q < p$: Es sei z.B. $q = 2$ und $p = 3$. Wir wählen:

$$\vec{a}_1 = \vec{e}_1 = \begin{pmatrix} 1 \\ 0 \\ 0 \end{pmatrix} \qquad \vec{a}_2 = \vec{e}_2 = \begin{pmatrix} 0 \\ 1 \\ 0 \end{pmatrix} \qquad \vec{a}_3 = \begin{pmatrix} 1 \\ 1 \\ 0 \end{pmatrix}$$

Dann ist $\vec{a}_3 = 1\cdot\vec{a}_1 + 1\cdot\vec{a}_2$ eine Linearkombination von $\vec{a}_1$ und $\vec{a}_2$, sodass die drei Vektoren $\vec{a}_1$, $\vec{a}_2$, $\vec{a}_3$ linear abhängig sind. Zwei Vektoren davon, nämlich $\vec{a}_1$ und $\vec{a}_2$, sind aber als kanonische Einheitsvektoren $\vec{e}_1$ und $\vec{e}_2$ linear unabhängig, denn weder ist $\vec{e}_1$ als Linearkombination von $\vec{e}_2$ (d.h., hier, als ein λ-faches von $\vec{e}_2$) noch $\vec{e}_2$ als Linearkombination von $\vec{e}_1$ (als λ-faches von $\vec{e}_1$) darstellbar.

6.3   a) Wir sezen an: $\lambda_1\vec{a}_1 + \lambda_2\vec{a}_2 + \lambda_3\vec{a}_3 + \lambda_4\vec{a}_4 + \lambda_5\vec{a}_5 = \vec{0}$.

Die Lösung dieses Gleichungssystems von dessen letzter Zeile bis zur ersten ergibt sukzessive: $\lambda_5 = 0$; $\lambda_4 = 0$; $\lambda_3 = 0$; $\lambda_2 = 0$; $\lambda_1 = 0$.

Da sich die Vektoren $\vec{a}_1$, $\vec{a}_2$, ..., $\vec{a}_5$ nur mit Koeffizienten $\lambda_i = 0$ zum Nullvektor kombinieren lassen, sind sie linear unabhängig.

b)
$$\begin{pmatrix} 20 \\ 18 \\ 12 \\ 10 \\ 1 \end{pmatrix} = \lambda_1 \begin{pmatrix} 5 \\ 0 \\ 0 \\ 0 \\ 0 \end{pmatrix} + \lambda_2 \begin{pmatrix} 1 \\ 2 \\ 0 \\ 0 \\ 0 \end{pmatrix} + \lambda_3 \begin{pmatrix} 5 \\ 4 \\ 3 \\ 0 \\ 0 \end{pmatrix} + \lambda_4 \begin{pmatrix} 1 \\ 4 \\ 3 \\ 4 \\ 0 \end{pmatrix} + \lambda_5 \begin{pmatrix} 5 \\ 4 \\ 3 \\ 2 \\ 1 \end{pmatrix}$$

Beginnend mit der letzten Zeile dieses Gleichungssystem ergibt sich: $\lambda_5 = 1$, $\lambda_4 = 2$, $\lambda_3 = 1$, $\lambda_2 = 1$, $\lambda_1 = 1.4$;

also ist $\vec{b} = 1.4\vec{a}_1 + \vec{a}_2 + \vec{a}_3 + 2\vec{a}_4 + \vec{a}_5$.

c) Aus a) können wir folgern, dass die Zeilenvektoren der Matrix A linear unabhängig sind. Dann gilt stets auch, dass die Spaltenvektoren der Matrix A linear unabhängig sind.

6.4 $\vec{d} = \vec{e}_1 + 4\vec{e}_2 - 2\vec{e}_3 = \begin{pmatrix} 1 \\ 0 \\ 0 \end{pmatrix} + 4\begin{pmatrix} 0 \\ 1 \\ 0 \end{pmatrix} - 2\begin{pmatrix} 0 \\ 0 \\ 1 \end{pmatrix} = \begin{pmatrix} 1 \\ 4 \\ -2 \end{pmatrix}$

a)
$$\begin{pmatrix} 1 \\ 4 \\ -2 \end{pmatrix} = \lambda \cdot \begin{pmatrix} -3 \\ 1 \\ 2 \end{pmatrix} + \mu \cdot \begin{pmatrix} -2 \\ 3 \\ -1 \end{pmatrix} + \nu \cdot \begin{pmatrix} 1 \\ 2 \\ -3 \end{pmatrix}$$

Wir operieren an den Zeilen der Koeffizientenmatrix wie folgt:

1. Schritt: II $:= 3 \cdot$ II $+$ I,   III $:= 3 \cdot$ III $+ 2 \cdot$ I;   2. Schritt: III $:=$ III $+$ II

$$\left(\begin{array}{ccc|c} -3 & -2 & 1 & 1 \\ 1 & 3 & 2 & 4 \\ 2 & -1 & -3 & -2 \end{array}\right) \overset{1.}{\rightarrow} \left(\begin{array}{ccc|c} -3 & -2 & 1 & 1 \\ 0 & 7 & 7 & 13 \\ 0 & -7 & -7 & -4 \end{array}\right) \overset{2.}{\rightarrow} \left(\begin{array}{ccc|c} -3 & -2 & 1 & 1 \\ 0 & 7 & 7 & 13 \\ 0 & 0 & 0 & 9 \end{array}\right)$$

Die dritte Zeile ergibt mit $\lambda \cdot 0 + \mu \cdot 0 + \nu \cdot 0 = 9$ einen Widerspruch; d.h., $\vec{d}$ kann nicht in Richtung von $\vec{a}$, $\vec{b}$ und $\vec{c}$ zerlegt werden.

b)
$$\begin{pmatrix} 1 \\ 4 \\ -2 \end{pmatrix} = \lambda \cdot \begin{pmatrix} -3 \\ 1 \\ -2 \end{pmatrix} + \mu \cdot \begin{pmatrix} 2 \\ 3 \\ -1 \end{pmatrix} + \nu \cdot \begin{pmatrix} 1 \\ -2 \\ -3 \end{pmatrix}$$

1. Schritt: II $:= 3 \cdot$ II $+$ I, dann III $:= 3 \cdot$ III $- 2 \cdot$ I

2. Schritt: III $:= 11 \cdot$ III $- 5 \cdot$ II

$$\left(\begin{array}{ccc|c} -3 & 2 & 1 & 1 \\ 1 & 3 & -2 & 4 \\ -2 & -1 & -3 & -2 \end{array}\right) \overset{1.}{\rightarrow} \left(\begin{array}{ccc|c} 0 & 11 & -5 & 13 \\ 1 & 3 & -2 & 4 \\ 0 & 5 & -7 & 6 \end{array}\right) \overset{2.}{\rightarrow} \left(\begin{array}{ccc|c} 0 & 11 & -5 & 13 \\ 1 & 3 & -2 & 4 \\ 0 & 0 & -52 & 1 \end{array}\right)$$

$\Longrightarrow \nu = -\frac{1}{52}$; $\mu = \frac{61}{52}$; $\lambda = \frac{23}{52}$;

somit erhalten wir die Zerlegung $\vec{d} = \frac{23}{52}\vec{a} + \frac{61}{52}\vec{b} - \frac{1}{52}\vec{c}$.

6.5 a) $\lambda \cdot \begin{pmatrix} 5 \\ 3 \\ 1 \end{pmatrix} + \mu \cdot \begin{pmatrix} 6 \\ 2 \\ 0 \end{pmatrix} + \begin{pmatrix} -1 \\ 1 \\ 1 \end{pmatrix} = 0$

Aus der dritten Zeile folgt: $\lambda = -1$; dann folgt aus der zweiten: $\mu = 1$. Da dieses λ und dieses μ auch die erste Zeile lösen ($5\lambda + 6\mu - 1 = -5 + 6 - 1 = 0$), können $\vec{a}$, $\vec{b}$ und $\vec{c}$ mit Koeffizienten -1, 1 und 1, die nicht alle gleich 0 sind, zum Nullvektor kombiniert werden, weswegen man mit ihnen nur eine Ebene aufspannen kann.

b) $\vec{a} \times \vec{b} = \begin{pmatrix} 5 \\ 3 \\ 1 \end{pmatrix} \times \begin{pmatrix} 6 \\ 2 \\ 0 \end{pmatrix} = \begin{pmatrix} -2 \\ 6 \\ -8 \end{pmatrix}$ $\qquad (\vec{a} \times \vec{b}) \perp \vec{a}, \ (\vec{a} \times \vec{b}) \perp \vec{b}$

$(\vec{a} \times \vec{b}) \cdot \vec{c} = \begin{pmatrix} -2 \\ 6 \\ -8 \end{pmatrix} \cdot \begin{pmatrix} -1 \\ 1 \\ -1 \end{pmatrix} = 0 \qquad \Longrightarrow \ \vec{c} \perp (\vec{a} \times \vec{b})$

$\vec{c}$ steht also zu einem Vektor $(\vec{a} \times \vec{b})$ senkrecht, der bereits auf $\vec{a}$ und $\vec{b}$ senkrecht steht. Somit muss der Vektor $\vec{c}$ zur von $\vec{a}$ und $\vec{b}$ aufgespannten Ebene parallel sein, sodass er zum Aufspannen des gesamten Raums nicht weiterhilft. $\vec{a}$, $\vec{b}$ und $\vec{c}$ sind also linear abhängig.

Oder: Es ist $(\vec{a} \times \vec{b}) \cdot \vec{c} = \det(\vec{a}, \vec{b}, \vec{c})$. Der Absolutbetrag davon gibt den Rauminhalt des von $\vec{a}$, $\vec{b}$ und $\vec{c}$ aufgespannten Spats an. Da $|(\vec{a} \times \vec{b}) \cdot \vec{c}| = 0$ ist, hat er keinen Rauminhalt, sodass man mittels dieser drei Richtungsvektoren keinen Raum aufspannen kann.

Skalarprodukt, Kreuzprodukt, Winkel, Länge, Fläche und Volumen

6.6 a) $V = |\det(\vec{a}, \vec{b}, \vec{c})| = 0$, da $\vec{a}$, $\vec{b}$ und $\vec{c}$ linear abhängig sind.

b) $|\vec{a}| = |\vec{b}| = \sqrt{1^2 + 2^2 + 3^2} = \sqrt{14} \approx 3.74$

c) $\alpha = \arccos \dfrac{\vec{a} \cdot \vec{b}}{|\vec{a}| \cdot |\vec{b}|} = \arccos \dfrac{2 \cdot 1 + 3 \cdot 2 + 1 \cdot 3}{\sqrt{14} \cdot \sqrt{14}} = \arccos \dfrac{11}{14} \approx 38.2°$

d) $A = |\vec{a}| \cdot |\vec{b}| \cdot \sin \alpha = \sqrt{14} \cdot \sqrt{14} \cdot \sqrt{1 - \left(\frac{11}{14}\right)^2} = \sqrt{14^2 - 11^2} = 5\sqrt{3} \approx 8.66$

e) Die Dreiecksfläche $A_\triangle$ ist die halbe Fläche des von $\vec{b}$ und $\vec{d}$ aufgespannten Parallelogramms. Letztere werden wir hier als die Länge

des Kreuzprodukts $\vec{b} \times \vec{d} = \begin{pmatrix} 2 \cdot 9 - 3 \cdot 7 \\ 3 \cdot 4 - 1 \cdot 9 \\ 1 \cdot 7 - 2 \cdot 4 \end{pmatrix} = \begin{pmatrix} -3 \\ 3 \\ -1 \end{pmatrix}$ berechnen.

Also ist $A_\triangle = \frac{1}{2} \cdot |\vec{b} \times \vec{d}| = \frac{1}{2}\sqrt{(-3)^2 + 3^2 + (-1)^2} = \frac{1}{2}\sqrt{19} \approx 2.18$.

f) $\det(\vec{b}, \vec{d}, \vec{c})$ gleicht dem Spatprodukt $(\vec{b} \times \vec{d}) \cdot \vec{c} = (-3) \cdot 5 + 3 \cdot 8 + (-1) \cdot 5$
$= 4$. Der Betrag davon, $V_{\text{Spat}} = |4| = 4$, ist das Volumen des Spats.

g) $V_{\text{Tetraeder}} = \frac{1}{6} V_{\text{Spat}} = \frac{1}{6} \cdot 4 = \frac{2}{3}$

6.7   Beispiel: $\begin{pmatrix} 1 \\ 0 \\ 0 \end{pmatrix} \cdot \left[\begin{pmatrix} 2 \\ 1 \\ 0 \end{pmatrix} \cdot \begin{pmatrix} 2 \\ 3 \\ 0 \end{pmatrix} \right] = \begin{pmatrix} 1 \\ 0 \\ 0 \end{pmatrix} \cdot 7 = \begin{pmatrix} 7 \\ 0 \\ 0 \end{pmatrix}$

aber: $\left[\begin{pmatrix} 1 \\ 0 \\ 0 \end{pmatrix} \cdot \begin{pmatrix} 2 \\ 1 \\ 0 \end{pmatrix} \right] \cdot \begin{pmatrix} 2 \\ 3 \\ 0 \end{pmatrix} = 2 \cdot \begin{pmatrix} 2 \\ 3 \\ 0 \end{pmatrix} = \begin{pmatrix} 4 \\ 6 \\ 0 \end{pmatrix} \neq \begin{pmatrix} 7 \\ 0 \\ 0 \end{pmatrix}$

6.8   Ausmultiplizieren und Kürzen ergibt $-\vec{a} \cdot \vec{a} - \vec{c} \cdot \vec{a} + \vec{d} \cdot \vec{d}$. Wegen $\vec{a} \perp \vec{c}$
ist $\vec{c} \cdot \vec{a} = 0$. Da das Skalarprodukt eines Vektors mit sich selbst die quadrierte Länge des Vektors ergibt, erhalten wir das Endergebnis $|\vec{d}|^2 - |\vec{a}|^2$.

6.9 $(\vec{c} + \vec{d}) \cdot (\vec{c} - \vec{d}) = \vec{c} \cdot \vec{c} - \vec{d} \cdot \vec{d} \overset{!}{=} 0 \iff \vec{c}^2 = \vec{d}^2 \iff |\vec{c}| = |\vec{d}|$

6.10 $(\vec{a} \cdot \vec{b})^2 = (|\vec{a}| \cdot |\vec{b}| \cdot \cos \alpha)^2 = |\vec{a}|^2 \cdot |\vec{b}|^2 \cdot \cos^2 \alpha \overset{!}{=} \vec{a}^2 \cdot \vec{b}^2 \iff \cos^2 \alpha = 1$
$\iff \alpha = \pm n \cdot 180°$ mit $n \in I\!N_0$,   d.h. $\vec{a} \| \vec{b}$ ($\vec{a}$ parallel zu $\vec{b}$).

6.11 $\vec{a} \perp \vec{c}$: $\begin{pmatrix} a_1 \\ 3 \\ -2 \end{pmatrix} \cdot \begin{pmatrix} -2 \\ c_2 \\ 13 \end{pmatrix} = -2a_1 + 3c_2 - 26 \overset{!}{=} 0$

$\vec{b} \perp \vec{c}$: $\begin{pmatrix} -1 \\ b_2 \\ 6 \end{pmatrix} \cdot \begin{pmatrix} -2 \\ c_2 \\ 13 \end{pmatrix} = 2 + b_2 c_2 + 78 \overset{!}{=} 0$

Setze $c_2 \in I\!R \setminus \{0\}$ beliebig; dann folgt: $b_2 = -\dfrac{80}{c_2}$ und $a_1 = -13 + \dfrac{3}{2} c_2$.

6.12 Forderung A ergibt $\begin{pmatrix} c_1 \\ 1 \\ c_3 \end{pmatrix} \cdot \begin{pmatrix} 1 \\ 0 \\ 0 \end{pmatrix} = \begin{pmatrix} 3c_1 \\ 1 \\ 3c_3 \end{pmatrix} \cdot \begin{pmatrix} 0 \\ 0 \\ 1 \end{pmatrix} \iff c_1 = 3c_3$

Forderung B ergibt $\dfrac{1}{\sqrt{2}} = \cos \dfrac{\pi}{4} = \dfrac{\vec{c} \cdot \vec{e}_2}{|\vec{c}| \cdot |\vec{e}_2|} = \dfrac{\begin{pmatrix} c_1 \\ 1 \\ c_3 \end{pmatrix} \cdot \begin{pmatrix} 0 \\ 1 \\ 0 \end{pmatrix}}{\sqrt{c_1^2 + 1 + c_3^2} \cdot 1}$

$\iff c_1^2 + 1 + c_3^2 = 2$. Wegen $c_1 = 3c_3$ aus dem Ergebnis von Forderung A ist dies äquivalent zu $10 c_3^2 = 1$. Es gibt also genau zwei Lösungspaare:

$(c_1, c_3) = \left(\dfrac{3}{\sqrt{10}}, \dfrac{1}{\sqrt{10}} \right)$ und $(c_1, c_3) = \left(-\dfrac{3}{\sqrt{10}}, -\dfrac{1}{\sqrt{10}} \right)$.

6.13 Der Winkel zwischen $\vec{a}_0$ und $\vec{b}_0$ ist $\dfrac{\pi}{3} \implies \vec{a}_0 \cdot \vec{b}_0 = \cos\dfrac{\pi}{3} = \dfrac{1}{2}$

$$\vec{u} \cdot \vec{v} = (2\vec{a}_0 - 3\vec{b}_0) \cdot (4\vec{a}_0 + \vec{b}_0) = 8 \underbrace{\vec{a}_0^2}_{=1} + 2 \underbrace{\vec{a}_0 \cdot \vec{b}_0}_{=\frac{1}{2}} - 12 \underbrace{\vec{a}_0 \cdot \vec{b}_0}_{=\frac{1}{2}} - 3 \underbrace{\vec{b}_0^2}_{=1}$$

$$= 0 \implies \vec{u} \perp \vec{v}$$

6.14 $\left.\begin{array}{l} \vec{p}_0 \cdot \vec{q}_0 = 0; \quad \vec{p}_0^2 = 1; \quad \vec{q}_0^2 = 1 \\ \vec{v} = \vec{p}_0 + m\vec{q}_0; \quad \vec{w} = 2\vec{p}_0 + \vec{q}_0 \end{array}\right\} \implies \begin{array}{l} \vec{v} \cdot \vec{w} = 2\vec{p}_0^2 + (2m+1)\vec{p}_0\vec{q}_0 + m\vec{q}_0^2 \\ \phantom{\vec{v} \cdot \vec{w}} = 2 + m \end{array}$

Da weiter $\vec{v}$ und $\vec{w}$ als Linearkombination *senkrecht* stehender Einheits-vektoren mit den Koeffizienten 1 und m bzw. 2 und 1 definiert sind, folgt mittels Pythagoras: $|\vec{v}| = \sqrt{1^2 + m^2}$ und $|\vec{w}| = \sqrt{2^2 + 1^2} = \sqrt{5}$.

Weil $\vec{v}$ und $\vec{w}$ einen Winkel von $60°$ einschließen, folgt weiter:

$$\cos 60° = \frac{1}{2} \overset{!}{=} \frac{\vec{v} \cdot \vec{w}}{|\vec{v}| \cdot |\vec{w}|} = \frac{2 + m}{\sqrt{(1 + m^2) \cdot 5}} \iff \sqrt{5 + 5m^2} = 4 + 2m$$

$$\implies m^2 - 16m - 11 = 0 \iff m = \frac{16 \pm \sqrt{256 + 44}}{2} = 8 \pm 5\sqrt{3}$$

Die bei Wurzelungleichungen im Allgemeinen erforderliche Probe zeigt, dass auch „$\Longleftarrow$" gilt, dass also beide Werte für m, sowohl $m = 8 + 5\sqrt{3} \approx 16.660$ als auch $m = 8 - 5\sqrt{3} \approx -0.660$, die Wurzelungleichung und letztlich die ganze Aufgabenstellung tatsächlich lösen.

6.15 a) Aus $|\vec{p}_1| = 1$, $|\vec{p}_2| = 1$ und $|\vec{p}_1 + \vec{p}_2| = \sqrt{3}$ folgt:

$$3 = (\vec{p}_1 + \vec{p}_2)^2 = \vec{p}_1^2 + 2\vec{p}_1\vec{p}_2 + \vec{p}_2^2 = 1 + 2\vec{p}_1\vec{p}_2 + 1 \implies \vec{p}_1 \cdot \vec{p}_2 = \tfrac{1}{2}$$

und somit: $\varphi = \arccos\dfrac{\vec{p}_1 \cdot \vec{p}_2}{|\vec{p}_1| \cdot |\vec{p}_2|} = \arccos\dfrac{\frac{1}{2}}{1 \cdot 1} = \arccos\dfrac{1}{2} = 60°.$

b) Aus $|\vec{p}_1| = 1$, $|\vec{p}_2| = 1$, $\vec{p}_1 \cdot \vec{p}_2 = \tfrac{1}{2}$ und $\vec{a} = \vec{p}_1 + \vec{p}_2 + \lambda(\vec{p}_1 \times \vec{p}_2)$ folgt:

$$\vec{a}^2 = \vec{p}_1^2 + \vec{p}_2^2 + \lambda^2(\vec{p}_1 \times \vec{p}_2)^2 + 2\vec{p}_1\vec{p}_2 + 2\lambda\vec{p}_1(\vec{p}_1 \times \vec{p}_2) + 2\lambda\vec{p}_2(\vec{p}_1 \times \vec{p}_2)$$

$$= 1^2 + 1^2 + \lambda^2 \cdot (1 \cdot 1 \cdot \sin 60°)^2 + 2 \cdot \tfrac{1}{2} + 2\lambda \cdot 0 + 2\lambda \cdot 0$$

$$= 3 + \lambda^2 \cdot (\tfrac{1}{2}\sqrt{3})^2 = 3 + \tfrac{3}{4}\lambda^2$$

Wir haben einerseits ausgenutzt, dass $|\vec{p}_1 \times \vec{p}_2| = |\vec{p}_1| \cdot |\vec{p}_2| \cdot \sin\varphi$ ist, und andererseits, dass sowohl $\vec{p}_1$ als auch $\vec{p}_2$ auf $\vec{p}_1 \times \vec{p}_2$ senkrecht stehen. Mit $|\vec{a}| = 3$ und wegen $\lambda > 0$ folgt letztlich:

$3^2 = 3 + \tfrac{3}{4}\lambda^2$; also ist $\lambda = \sqrt{8} \approx 2.83.$

c) Mit $\vec{a} = \vec{p}_1 + \vec{p}_2 + \lambda(\vec{p}_1 \times \vec{p}_2)$ ergibt sich zunächst:

$$\vec{a} \cdot \vec{p}_1 = \vec{p}_1^2 + \vec{p}_1 \cdot \vec{p}_2 + \lambda \cdot \vec{p}_1 \cdot (\vec{p}_1 \times \vec{p}_2) = 1^2 + \tfrac{1}{2} + \lambda \cdot 0 = \tfrac{3}{2}.$$

Also ist $\varphi_1 = \arccos\dfrac{\vec{a} \cdot \vec{p}_1}{|\vec{a}| \cdot |\vec{p}_1|} = \arccos\dfrac{\frac{3}{2}}{3 \cdot 1} = \arccos\dfrac{1}{2} = 60°.$

Analog errechnet sich der Winkel zwischen $\vec{p}_2$ und $\vec{a}$ zu $\varphi_2 = 60°.$

Geraden und Ebenen

6.16 g_1: $\vec{x} = \begin{pmatrix} 2 \\ -7 \\ 2 \end{pmatrix} + \lambda' \cdot \begin{pmatrix} -4 - 2 \\ 2 - (-7) \\ 11 - 2 \end{pmatrix} = \begin{pmatrix} 2 \\ -7 \\ 2 \end{pmatrix} + \lambda \cdot \begin{pmatrix} -2 \\ 3 \\ 3 \end{pmatrix}$

   g_2: $\vec{x} = \begin{pmatrix} 3 \\ 4 \\ -2 \end{pmatrix} + \mu \cdot \begin{pmatrix} -1 \\ -1 \\ 2 \end{pmatrix}$

Die Geraden g_1 und g_2 haben verschiedene Richtungsvektoren $(-2, 3, 3)'$ und $(-1, -1, 2)'$; sie sind also nicht parallel. (*Anmerkung:* Der Strich nach dem Zeilenvektor bewirkt die Transposition zum Spaltenvektor.)

Um zu prüfen, ob sich die beiden Geraden schneiden, müssen wir sie gleichsetzen:

I:	$2 - 2\lambda$	$=$	$3 - \mu$
II:	$-7 + 3\lambda$	$=$	$4 - \mu$
III:	$2 + 3\lambda$	$=$	$-2 + 2\mu$
I':	-2λ	$=$	$1 - \mu$
II':	3λ	$=$	$11 - \mu$
II' - I':	5λ	$=$	$10 \quad \Longrightarrow \lambda = 2$

Wir setzen dann $\lambda = 2$ in I' ein und erhalten $\mu = 5$. Da $\lambda = 2$ und $\mu = 5$ auch Gleichung III erfüllen, gibt es einen gemeinsamen Schnittpunkt von g_1 und g_2. Die Geraden schneiden sich also; sie sind nicht windschief. (Den Schnittpunk $S(-2, -1, 8)$ erhält man z.B. durch Einsetzen von $\mu = 5$ in die Gerade g_2.)

6.17   a) E in Parameterform: $\vec{x} = \begin{pmatrix} 1 \\ 3 \\ -2 \end{pmatrix} + \lambda \begin{pmatrix} -2 \\ 4 \\ -3 \end{pmatrix} + \mu \begin{pmatrix} 1 \\ 8 \\ -4 \end{pmatrix}$

   b) Normalenvektor: $\vec{n} = \begin{pmatrix} -2 \\ 4 \\ -3 \end{pmatrix} \times \begin{pmatrix} 1 \\ 8 \\ -4 \end{pmatrix} = \begin{pmatrix} 8 \\ -11 \\ -20 \end{pmatrix}$

   Die skalare Multiplikation der Ebene mit diesem Normalenvektor $\vec{n}$ führt zu $\vec{x} \cdot \vec{n} = \vec{a} \cdot \vec{n}$, wobei $\vec{a}$ der Ortsvektor der Ebenengleichung ist. Das ergibt: $x_1 \cdot 8 + x_2 \cdot (-11) + x_3 \cdot (-20) = 1 \cdot 8 + 3 \cdot (-11) + (-2) \cdot (-20)$. E hat also die parameterfreie Form: E: $8x_1 - 11x_2 - 20x_3 - 15 = 0$.

   c) Wir wählen zwei beliebige, aber verschiedene Punkte der Geraden g. Liegen beide in der Ebene E, dann liegt die ganze Gerade in der Ebene. Liegt nur einer dieser beiden Punkte nicht in der Ebene, dann liegt die Gerade nicht in der Ebene. Der Punkt $(3, -1, 1)$ der Geraden für $\tau = 0$ liegt zwar in der Ebene, denn $8 \cdot 3 - 11 \cdot (-1) - 20 \cdot 1 - 15 = 0$, nicht aber der Punkt $(4, -3, 8)$ für $\tau = 1$; denn $8 \cdot 4 - 11 \cdot (-3) - 20 \cdot 8 - 15 = -110 \neq 0$. Also liegt g nicht in E.

6.18 a) Da die Schnittpunkte mit den Achsen, also die Achsenabschnitte $x_{01} = 2$, $x_{02} = 4$ und $x_{03} = 1$ gegeben sind, kann man die Ebenengleichung sofort in der sog. Achsenabschnittsform angeben:

$$E: \ \frac{x_1}{x_{01}} + \frac{x_2}{x_{02}} + \frac{x_3}{x_{03}} = 1; \qquad \text{also:} \quad E: \ \frac{x_1}{2} + \frac{x_2}{4} + \frac{x_3}{1} = 1.$$

Durch Multiplikation mit dem Hauptnenner 4 verschönert sich diese Gleichung: $E: \ 2x_1 + x_2 + 4x_3 = 4$ oder: $E: \ 2x_1 + x_2 + 4x_3 - 4 = 0$

b) Zur Berechnung des Abstands eines Punktes von einer Ebene setzt man den Punkt in die linke Seite der auf „= 0" gebrachten Koordinatenform ein, nimmt den Betrag davon und dividiert ihn durch die Länge des Normalenvektors aus den Koeffizienten der x_i. Also:

$$d(P, E) = \frac{|2 \cdot 1 + 0 + 4 \cdot 0 - 4|}{\sqrt{2^2 + 1^2 + 4^2}} = \frac{4}{\sqrt{21}} \approx 0.4364$$

Anmerkung: Oft wird auch die Hesse-Normalform verwendet:

$$E: \ \frac{2}{\sqrt{21}}x_1 + \frac{1}{\sqrt{21}}x_2 + \frac{4}{\sqrt{21}}x_3 - \frac{4}{\sqrt{21}} = 0 \qquad \text{(Hesse-Normalform)}$$

Ihre Koeffizienten bilden bereits einen Normalenvektor der Länge 1, sodass schon das bloße Einsetzen eines Punktes in den Betrag des Ausrucks links von „= 0" seinen Abstand von der Ebene liefert. Meist ist diese Art der Abstandsbestimmung gar nicht so praktisch: Im Beispiel dividiert man dann öfter als nur einmal durch $\sqrt{21}$.

c) Die Gerade durch $P(1, 0, 0)$ in Richtung der Normale von E ist

$$g: \ \vec{x} = \begin{pmatrix} x_1 \\ x_2 \\ x_3 \end{pmatrix} = \begin{pmatrix} 1 \\ 0 \\ 0 \end{pmatrix} + \lambda \cdot \begin{pmatrix} 2 \\ 1 \\ 4 \end{pmatrix}$$

d) Der Schnittpunkt von g mit der Ebene E ergibt sich durch Einsetzen der Komponenten x_i der Geraden g in die Gleichung der Ebene E:

$$2 \cdot (1 + 2\lambda) + \lambda + 4 \cdot 4\lambda - 4 = 0 \implies 21\lambda - 2 = 0 \implies \lambda = \frac{2}{21}$$

Dieses λ in g eingesetzt ergibt den Schnittpunkt $S\left(\dfrac{25}{21}, \dfrac{2}{21}, \dfrac{8}{21} \right)$.

e) Da $P(1, 0, 0)$ auf der x_1-Achse liegt, haben wir mit S bereits einen auf die Ebene orthogonal projizierten Punkt der x_1-Achse. Als zweiten Punkt der x_1-Achse wählen wir den Schnitt der Ebene E mit der x_1-Achse, also den Punkt $(2, 0, 0)$. Dieser ist zugleich Punkt der Ebene und damit seine eigene Projektion. Die orthogonal auf die Ebene projizierte x_1-Achse ist dann die Gerade durch diese zwei Punkte:

$$h: \ \vec{x} = \begin{pmatrix} 2 \\ 0 \\ 0 \end{pmatrix} + \lambda' \cdot \begin{pmatrix} 25/21 - 2 \\ 2/21 \\ 8/21 \end{pmatrix} = \begin{pmatrix} 2 \\ 0 \\ 0 \end{pmatrix} + \lambda \cdot \begin{pmatrix} -17 \\ 2 \\ 8 \end{pmatrix}$$

f) Der Winkel φ zwischen x_1-Achse und Ebene ist der Winkel zwischen der x_1-Achse und deren Orthogonalprojektion auf die Ebene, also der Geraden h; das ist wiederum der Winkel zwischen den Richtungsvektoren $(1, 0, 0)'$ und $(-17, 2, 8)'$, deren Skalarprodukt sich zu -17 ergibt. Die Länge des Letzteren ist $\sqrt{(-17)^2 + 2^2 + 8^2} = \sqrt{357}$. Da der Kosinus eines spitzen Winkels positiv ist, ergibt sich:

$$\varphi_{\text{spitz}} = \arccos\left|\frac{-17}{\sqrt{357}}\right| = \arccos\sqrt{\frac{17}{21}} \approx \arccos(0.8997) \approx 25.88°$$

Der spitze Winkel zwischen Gerade und Ebene ergibt sich aber auch als die Differenz von $90°$ und dem spitzen Winkel zwischen der Geraden und dem Normalenvektor der Ebene (vgl. Aufg. 6.24 a))

6.19 a) Parameterform: E: $\vec{x} = \begin{pmatrix} 0 \\ 0 \\ 4 \end{pmatrix} + \lambda \begin{pmatrix} 2 \\ 1 \\ -1 \end{pmatrix} + \mu \begin{pmatrix} 4 \\ 1 \\ 2 \end{pmatrix}$

b) Normalenvektor der Ebene: $\vec{n} = \begin{pmatrix} 2 \\ 1 \\ -1 \end{pmatrix} \times \begin{pmatrix} 4 \\ 1 \\ 2 \end{pmatrix} = \begin{pmatrix} 3 \\ -8 \\ -2 \end{pmatrix}$

Durch Skalarmultiplikation der Ebenengleichung mit diesem Normalenvektor $\vec{n}$ multiplizieren sich die Richtungsvektoren der Ebene zu 0, und wir erhalten die parameterfreie Form: E: $3x_1 - 8x_2 - 2x_3 = -8$.

c) $\vec{c}$ muss von den Richtungsvektoren $\vec{a}$ und $\vec{b}$ der Ebene E linear abhängig sein, d.h., die Determinante $\det(\vec{a}, \vec{b}, \vec{c})$ muss null sein:

Es ergibt sich: $\det \begin{pmatrix} 2 & 4 & c_1 \\ 1 & 1 & -2 \\ -1 & 2 & 2 \end{pmatrix} = 12 + 3c_1 \overset{!}{=} 0 \implies c_1 = -4$.

6.20 a) $\vec{b} \times \vec{c} = \begin{pmatrix} -1 \\ 4 \\ 1 \end{pmatrix} \times \begin{pmatrix} 3 \\ -3 \\ 1 \end{pmatrix} = \begin{pmatrix} 7 \\ 4 \\ -9 \end{pmatrix}$ steht auf $\vec{b}$ und auf $\vec{c}$ senkrecht,

ebenso das $\frac{2}{7}$-fache dieses Vektors, nämlich $\begin{pmatrix} 2 \\ 8/7 \\ -18/7 \end{pmatrix}$, sodass, wie

verlangt, $a_1 = 2$ ist. Es hat sich also $a_2 = \frac{8}{7}$ und $a_3 = -\frac{18}{7}$ ergeben.

b) $\vec{a} \perp \vec{b}$ und $\vec{a} \perp \vec{c} \implies \vec{a} \perp (\vec{b} + \vec{c})$. Der Winkel beträgt also $90°$.

c) Wegen $\vec{a} \perp (\vec{b} + \vec{c})$ ist dieses Parallelogramm ein Rechteck. Es hat

die Fläche $A = |\vec{a}| \cdot |\vec{b} + \vec{c}| = \sqrt{4 + \frac{64}{49} + \frac{324}{49}} \cdot \sqrt{4 + 1 + 4} \approx 10.36$.

d) Ein Normalenvektor der Ebene ist $\vec{n} = \begin{pmatrix} -1 \\ 4 \\ 1 \end{pmatrix} \times \begin{pmatrix} 3 \\ -3 \\ 1 \end{pmatrix} = \begin{pmatrix} 7 \\ 4 \\ -9 \end{pmatrix}$

Daraus resultiert bereits: E_1: $7x_1 + 4x_2 - 9x_3 + d = 0$

$S(-1, -\frac{1}{2}, 1)$ eingesetzt ergibt: $-7 - 2 - 9 + d = 0 \implies d = 18$

Daraus folgt die Ebenengleichung: E_1: $7x_1 + 4x_2 - 9x_3 + 18 = 0$

e) E_2 senkrecht zu g liefert bereits: E_2: $2x_1 + x_2 - 2x_3 + d = 0$

$S(-1, -\frac{1}{2}, 1)$ eingesetzt ergibt: $-2 - \frac{1}{2} - 2 + d = 0 \implies d = 4.5$

Daraus folgt die Ebenengleichung: E_2: $2x_1 + x_2 - 2x_3 + 4.5 = 0$

f) Die Punkte (x_1, x_2, x_3) der Schnittgeraden $h = E_1 \cap E_2$ müssen beide Ebenengleichungen, die von E_1 und die von E_2, erfüllen:

I:	E_1:	$7x_1$	$+$	$4x_2$	$-$	$9x_3$	$+$	18	$=$	0
II:	E_2:	$2x_1$	$+$	x_2	$-$	$2x_3$	$+$	4.5	$=$	0
I' = $-2 \cdot$ I:		$-14x_1$	$-$	$8x_2$	$+$	$18x_3$	$-$	36	$=$	0
II' = $7 \cdot$ II:		$14x_1$	$+$	$7x_2$	$-$	$14x_3$	$+$	31.5	$=$	0
I' + II':			$-$	x_2	$+$	$4x_3$	$-$	4.5	$=$	0

Wir setzen $x_3 := \lambda \in \mathbb{R}$ beliebig. Dann folgt aus I' + II', dass $x_2 = 4\lambda - 4.5$ ist. Diese Werte für x_2 und x_3 in II eingesetzt liefert $x_1 = -\lambda$.

Das ergibt die Schnittgerade h: $\vec{x} = \begin{pmatrix} 0 \\ -4.5 \\ 0 \end{pmatrix} + \lambda \begin{pmatrix} -1 \\ 4 \\ 1 \end{pmatrix}$

6.21 a) Schnittpunkt P_1 mit der x_1-Achse: $x_2 = 0$, $x_3 = 0 \implies P_1(3, 0, 0)$

Schnittpunkt P_2 mit der x_2-Achse: $x_1 = 0$, $x_3 = 0 \implies P_2(0, 2, 0)$

Schnittpunkt P_3 mit der x_3-Achse: $x_1 = 0$, $x_2 = 0 \implies P_3(0, 0, 5)$

b) E: $\dfrac{x_1}{3} + \dfrac{x_2}{2} + \dfrac{x_3}{5} = 1$ (In den Nennern stehen die Achsenabschnitte.)

c) In der (x_1, x_2)-Ebene liegen die Schnittpunkte mit der x_1- und der x_2-Achse, $P_1(3, 0, 0)$ und $P_2(0, 2, 0)$. Die Schnittgerade g_{12} mit der (x_1, x_2)-Ebene geht durch diese Punkte:

g_{12}: $\vec{x} = \vec{P_1} + \lambda \overrightarrow{P_1 P_2} = \begin{pmatrix} 3 \\ 0 \\ 0 \end{pmatrix} + \lambda \begin{pmatrix} -3 \\ 2 \\ 0 \end{pmatrix}$

Die Schnittgerade g_{13} mit der (x_1, x_3)-Ebene geht durch die Punkte $P_1(3, 0, 0)$ und $P_3(0, 0, 5)$:

g_{13}: $\vec{x} = \vec{P_1} + \lambda \overrightarrow{P_1 P_3} = \begin{pmatrix} 3 \\ 0 \\ 0 \end{pmatrix} + \lambda \begin{pmatrix} -3 \\ 0 \\ 5 \end{pmatrix}$

Die Schnittgerade g_{23} mit der (x_2, x_3)-Ebene geht durch die Punkte $P_2(0, 2, 0)$ und $P_3(0, 0, 5)$:

$$g_{23}: \quad \vec{x} = \vec{P_2} + \lambda \overrightarrow{P_2 P_3} = \begin{pmatrix} 0 \\ 2 \\ 0 \end{pmatrix} + \lambda \begin{pmatrix} 0 \\ -2 \\ 5 \end{pmatrix}$$

d) Einen zur Ebene E senkrechten Vektor $\vec{u}$ erhalten wir durch das Kreuzprodukt zweier linear unabhängiger Richtungsvektoren der Ebene E. Als solche dienen zwei der drei Richtungsvektoren $\overrightarrow{P_1 P_2}$, $\overrightarrow{P_2 P_3}$ und $\overrightarrow{P_1 P_3}$ der Schnittgeraden mit der (x_1, x_2)-, (x_1, x_3)- bzw. (x_2, x_3)-Koordinaten-Ebene:

$$\vec{u} = \overrightarrow{P_1 P_2} \times \overrightarrow{P_1 P_3} = \begin{pmatrix} -3 \\ 2 \\ 0 \end{pmatrix} \times \begin{pmatrix} -3 \\ 0 \\ 5 \end{pmatrix} = \begin{pmatrix} 10 \\ 15 \\ 6 \end{pmatrix}$$

e) Da die Ebene $E: 10x_1 + 15x_2 + 6x_3 - 30 = 0$ in der Koordinatendarstellung gegeben ist, ergeben die Koeffizienten von x_1, x_2 und x_3 den Normalenvektor $\vec{n} = (10, 15, 6)'$, der ebenfalls auf E senkrecht steht. Er stimmt hier sogar mit $\vec{u}$ überein, obwohl ein zu einer Ebene senkrecht stehender Vektor hinsichtlich Länge und Vorzeichen nicht eindeutig gegeben ist.

f) Zur Berechnung des Abstands eines Punktes von einer Ebene setzt man den Punkt in die linke Seite der auf „$= 0$" gebrachten Koordinatenform der Ebene ein, nimmt den Betrag davon und dividiert ihn durch die Länge des Normalenvektors aus den Koeffizienten der x_i. Diese Länge errechnet sich zu $|\vec{n}| = \sqrt{10^2 + 15^2 + 6^2} = \sqrt{361} = 19$. Für den Abstand von A zu E ergibt sich somit:

$$d(A, E) = \frac{|10 \cdot 30 + 15 \cdot 40 + 6 \cdot 20 - 30|}{19} = \frac{990}{19} = 52\tfrac{2}{19} \approx 52.105$$

g) Anaolg ergibt sich für den Abstand des Ursprungs $O(0, 0, 0)$:

$$d(O, E) = \frac{|10 \cdot 0 + 15 \cdot 0 + 6 \cdot 0 - 30|}{19} = \frac{|-30|}{19} = 1\tfrac{11}{19} \approx 1.579$$

h) Als Ortsvektor der Ebene E dient z.B. $P_3(0, 0, 5)$ aus Aufgabe a), als Richtungsvektoren z.B. $\overrightarrow{P_1 P_2}$ und $\overrightarrow{P_1 P_3}$ aus Aufgabe d):

$$E: \quad \vec{x} = \begin{pmatrix} 0 \\ 0 \\ 5 \end{pmatrix} + \lambda \begin{pmatrix} -3 \\ 2 \\ 0 \end{pmatrix} + \mu \begin{pmatrix} -3 \\ 0 \\ 5 \end{pmatrix}$$

i) Wir wählen Punkt A als Ortsvektor und den zu E senkrecht stehenden Vektor $\vec{n} = \vec{u}$ als Richtungsvektor:

$$g: \quad \vec{x} = \begin{pmatrix} 30 \\ 40 \\ 20 \end{pmatrix} + \lambda \begin{pmatrix} 10 \\ 15 \\ 6 \end{pmatrix}$$

6.22 a) Sei $\vec{p} = (1, 2, 3)'$ der Vektor $\overrightarrow{OP}$ vom Ursprung zum Punkt $P(1, 2, 3)$; $\vec{a} = (0, 6, 0)'$ sei der Ortsvektor und $\vec{b} = (1, 0, 1)'$ der Richtungsvektor der Geraden g. Dann gilt für den Abstand von P zu g:

$$d(P,g) = \frac{|\vec{b} \times (\vec{p} - \vec{a})|}{|\vec{b}|} \qquad \text{(Abstandsformel Punkt – Gerade)}$$

Wir erhalten: $\vec{b} \times (\vec{p} - \vec{a}) = \begin{pmatrix} 1 \\ 0 \\ 1 \end{pmatrix} \times \begin{pmatrix} 1 \\ -4 \\ 3 \end{pmatrix} = \begin{pmatrix} 4 \\ -2 \\ -4 \end{pmatrix}$ und somit:

$$d(P,g) = \frac{|\vec{b} \times (\vec{p} - \vec{a})|}{|\vec{b}|} = \frac{\sqrt{4^2 + (-2)^2 + (-4)^2}}{\sqrt{1^2 + 0^2 + 1^2}} = 3\sqrt{2} \approx 4.243$$

b) Der Fußpunkt Q erfüllt die folgenden zwei Bedingungen:

1. Er liegt auf g; folglich gibt es einen Parameterwert λ_0, sodass für den Vektor $\vec{q} = \overrightarrow{OQ}$ vom Ursprung zum Fußpunkt Q gilt: $\vec{q} = \vec{a} + \lambda_0 \vec{b}$ (1)
2. Da das Lot $\vec{q} - \vec{p}$ auf $\vec{b}$ senkrecht steht, gilt: $(\vec{q} - \vec{p}) \cdot \vec{b} = 0 \Longrightarrow$ $\vec{p} \cdot \vec{b} = \vec{q} \cdot \vec{b}$ (2)

Setzt man $\vec{q}$ aus (1) in (2) ein, so erhält man:

$$\vec{p} \cdot \vec{b} = (\vec{a} + \lambda_0 \vec{b}) \cdot \vec{b} = \vec{a} \cdot \vec{b} + \lambda_0 \cdot \vec{b}^2 = \vec{a} \cdot \vec{b} + \lambda_0 \cdot |\vec{b}|^2$$

Durch Auflösen nach λ_0 erhalten wir: $\lambda_0 = \dfrac{(\vec{b} - \vec{a}) \cdot \vec{b}}{|\vec{b}|^2}$

Das ergibt bei dieser Aufgabe: $\lambda_0 = \dfrac{1 \cdot 1 + (-4) \cdot 0 + 3 \cdot 1}{1^2 + 0^2 + 1^2} = 2$

Daraus resultiert: $\vec{q} = \begin{pmatrix} 0 \\ 6 \\ 0 \end{pmatrix} + 2 \cdot \begin{pmatrix} 1 \\ 0 \\ 1 \end{pmatrix} = \begin{pmatrix} 2 \\ 6 \\ 2 \end{pmatrix}$

Der Fußpunkt ist also $Q(2, 6, 2)$.

c) Es seien $\vec{a}_1 = (0, 6, 0)'$ und $\vec{a}_2 = (3, 3, 3)'$ die beiden Ortsvektoren und $\vec{b}_1 = (1, 0, 1)'$ und $\vec{b}_2 = (1, -1, 0)'$ die beiden Richtungsvektoren der Geraden g und h; dann gilt für deren Abstand:

$$d(g,h) = \frac{|(\vec{b}_1 \times \vec{b}_2) \cdot (\vec{a}_2 - \vec{a}_1)|}{|\vec{b}_1 \times \vec{b}_2|} \qquad \text{(Abstandsformel Gerade – Gerade)}$$

Mit $\vec{b}_1 \times \vec{b}_2 = \begin{pmatrix} 1 \\ 0 \\ 1 \end{pmatrix} \times \begin{pmatrix} 1 \\ -1 \\ 0 \end{pmatrix} = \begin{pmatrix} 1 \\ 1 \\ -1 \end{pmatrix}$ und $\vec{a}_2 - \vec{a}_1 = \begin{pmatrix} 3 \\ -3 \\ 3 \end{pmatrix}$

folgt: $d(g,h) = \dfrac{|1 \cdot 3 + 1 \cdot (-3) + (-1) \cdot 3|}{\sqrt{1^2 + 1^2 + (-1)^2}} = \dfrac{3}{\sqrt{3}} = \sqrt{3} \approx 1.732$

d) Wir übernehmen die Bezeichnungen der vorangegangenen Teilaufgabe c). Die Fußpunkte Q_1 und Q_2 erfüllen folgende drei Bedingungen:

1. Q_1 liegt auf g; folglich gibt es einen Parameterwert λ_0, sodass für den Vektor $\vec{q_1} = \overrightarrow{OQ_1}$ vom Ursprung zum Fußpunkt Q_1 gilt: $\vec{q_1} = \vec{a_1} + \lambda_0 \vec{b_1}$.

2. Q_2 liegt auf h; folglich gibt es einen Parameterwert μ_0, sodass für den Vektor $\vec{q_2} = \overrightarrow{OQ_2}$ vom Ursprung zum Fußpunkt Q_2 gilt: $\vec{q_2} = \vec{a_2} + \mu_0 \vec{b_2}$.

3. Da das Lot $\vec{q_2} - \vec{q_1}$ auf g und h, also auf $\vec{b_1}$ und $\vec{b_2}$ senkrecht steht, gilt: $(\vec{q_2} - \vec{q_1}) = \kappa \cdot (\vec{b_1} \times \vec{b_2})$

Nun nutzen wir aus, dass man mit den Vektoren $\vec{q_1}$, $\vec{q_2} - \vec{q_1}$ und $-\vec{q_2}$ ein Dreieck entlang fahren kann, dass also $\vec{q_1} + (\vec{q_2} - \vec{q_1}) - \vec{q_2} = \vec{0}$ ist. Wir setzen 1., 3. und 2. in diese Gleichung ein und erhalten:

$$\underbrace{(\vec{a_1} + \lambda_0 \vec{b_1})}_{\vec{q_1}} + \underbrace{\kappa \cdot (\vec{b_1} \times \vec{b_2})}_{\vec{q_2} - \vec{q_1}} - \underbrace{(\vec{a_2} + \mu_0 \vec{b_2})}_{\vec{q_2}} = \vec{0}$$

$$\Longleftrightarrow \lambda_0 \vec{b_1} - \mu_0 \vec{b_2} + \kappa \cdot (\vec{b_1} \times \vec{b_2}) = \vec{a_2} - \vec{a_1}$$

Nun setzen wir die Richtungsvektoren $\vec{b_1}$ und $\vec{b_2}$ sowie die bereits in Aufgabe c) errechneten Vektoren $\vec{a_2} - \vec{a_1}$ und $\vec{b_1} \times \vec{b_2}$ ein:

$$\lambda_0 \begin{pmatrix} 1 \\ 0 \\ 1 \end{pmatrix} - \mu_0 \begin{pmatrix} 1 \\ -1 \\ 0 \end{pmatrix} + \kappa \begin{pmatrix} 1 \\ 1 \\ -1 \end{pmatrix} = \begin{pmatrix} 3 \\ -3 \\ 3 \end{pmatrix}$$

Die Zeilen dieser Vektorgleichung bilden ein Gleichungssystem. Wir subtrahieren von der dritten Zeile die erste. Dann ergibt sich die Gleichung: $\mu_0 - 2\kappa = 0$. Davon subtrahieren wir die Gleichung $\mu_0 + \kappa = -3$ der zweiten Zeile; das ergibt: $-3\kappa = 3$, also $\kappa = -1$. Dieses κ in eine dieser beiden Gleichungen eingesetzt ergibt: $\mu_0 = -2$. Wir setzen noch $\kappa = -1$ in die Gleichung $\lambda_0 - \kappa = 3$ der ersten Zeile ein und erhalten: $\lambda_0 = 2$. Mit diesem $\lambda_0 = 2$ und $\mu_0 - 2$ ergeben sich gemäß 1. und 2. die Vektoren zu den Endpunkten der Fußpunkte:

$$\vec{q_1} = \begin{pmatrix} 0 \\ 6 \\ 0 \end{pmatrix} + 2 \cdot \begin{pmatrix} 1 \\ 0 \\ 1 \end{pmatrix} = \begin{pmatrix} 2 \\ 6 \\ 2 \end{pmatrix} \quad \text{und} \quad \vec{q_2} = \begin{pmatrix} 3 \\ 3 \\ 3 \end{pmatrix} - 2 \cdot \begin{pmatrix} 1 \\ -1 \\ 0 \end{pmatrix} = \begin{pmatrix} 1 \\ 5 \\ 3 \end{pmatrix}$$

Die Fußpunke sind also $Q_1(2, 6, 2)$ und $Q_2(1, 5, 3)$. Ihr Abstand $\sqrt{3}$ entspricht dem in c) errechneten Abstand der Geraden g und h.

e) i geht durch O und ist parallel zu h. Ihr Abstand entspricht also dem Abstand des Ursprungs O zu h. Er errechnet sich analog zu a):

$$d(i,h) = \frac{|\vec{b_2} \times (\vec{0} - \vec{a_2})|}{|\vec{b_2}|} = \frac{|(3, 3, -6)'|}{|(1, -1, 0)'|} = \frac{\sqrt{54}}{\sqrt{2}} = 3\sqrt{3} \approx 5.196$$

6.23 a) Die Punkte (x_1, x_2, x_3) der Schnittgeraden $g = E_1 \cap E_2$ müssen beide Ebenengleichungen, die von E_1 und die von E_2, erfüllen:

$$
\begin{array}{llrrrrl}
\text{I:} & E_1: & 10x_1 & - & x_2 & + & 5x_3 - 2 = 0 \\
\text{II:} & E_2: & 5x_1 & + & 4x_2 & + & 9x_3 \quad = 0
\end{array}
$$

Um x_1 zu eliminieren: $\text{I} - 2 \cdot \text{II}:$ $\qquad -9x_2 - 13x_3 - 2 = 0$

Wir können nun z. B. $x_3 := \lambda \in I\!R$ beliebig setzen. $x_3 = \lambda$ in $\text{I} - 2 \cdot \text{II}$ eingesetzt ergibt $x_2 = -\frac{1}{9}(2 + 13\lambda)$. Das Einsetzen von x_2 und x_3 in I oder II liefert uns dann $x_1 = \frac{8}{45} - \frac{29}{45}\lambda$. In Vektorschreibweise lautet die Schnittgerade:

$$
g: \vec{x} = \begin{pmatrix} x_1 \\ x_2 \\ x_3 \end{pmatrix} = \begin{pmatrix} 8/45 \\ -2/9 \\ 0 \end{pmatrix} + \lambda \begin{pmatrix} -29/45 \\ -13/9 \\ 1 \end{pmatrix}
$$

b) Der Winkel zwischen zwei sich schneidenden Ebenen E_1 und E_2 ist der Winkel zwischen deren Normalenvektoren. Diese sind $\vec{n}_1 = (10, -1, 5)'$ und $\vec{n}_2 = (5, 4, 9)'$. Da der spitze Winkel gefragt ist, dessen Kosinus positiv ist, errechnen wir:

$$
\varphi_{\text{spitz}} = \arccos \left| \frac{\vec{n}_1 \cdot \vec{n}_2}{|\vec{n}_1| \cdot |\vec{n}_2|} \right| = \arccos \left| \frac{91}{\sqrt{126} \cdot \sqrt{122}} \right| = 42.78°
$$

c) E_1 und E_3 schneiden sich nicht, da sie parallel, aber nicht zugleich identisch sind. Dass sie parallel sind, erkennt man daran, dass ihre Normalenvektoren $\vec{n}_1 = (10, -1, 5)'$ und $\vec{n}_3 = (-20, 2, -10)'$ parallel sind; denn einer ist ein Vielfaches des anderen, und zwar ist $\vec{n}_3$ das -2-fache von $\vec{n}_1$. Multipliziert man nun E_1 mit -2, entsteht mit E_1': $-20x_1 + 2x_2 - 10x_3 + 4 = 0$ eine Gleichung, die mit E_3 bis auf das konstante Glied ($+4$ statt -7) identisch ist. Also sind E_1 und E_3 nicht identisch, sondern nur parallel, schneiden sich also gar nicht.

d) Den Abstand zweier paralleler Ebenen bestimmt man als Abstand eines beliebigen Punktes einer Ebene zur anderen Ebene. Setzen wir z. B. $x_2 = x_3 = 0$ in E_1 ein, dann folgt $x_1 = 0.2$, also liegt $P(0.2, 0, 0)$ in der Ebene E_1. Der Abstand dieses Punktes von E_3 berechnet sich mittels Einsetzen dieses Punktes in den Betrag der linken Seite der auf „$= 0$" gebrachten Ebenengleichung E_3 und anschließender Division durch die Länge des Normalenvektors:

$$
\begin{aligned}
d(E_1, E_3) &= d(P, E_3) = \frac{|-20 \cdot 0.2 + 2 \cdot 0 - 10 \cdot 0 - 7|}{\sqrt{(-20)^2 + 2^2 + (-10)^2}} = \frac{|-11|}{\sqrt{504}} \\
&= 0.4900
\end{aligned}
$$

e) Da E_1 und E_3 parallel sind, ist der spitze Winkel zwischen E_2 und E_3 genauso groß wie der spitze Winkel zwischen E_2 und E_1. Dieser beträgt gemäß b) 42.78°.

6.24 a) Der spitze Winkel, den eine Gerade mit einer Ebene einschließt, und
          der spitze Winkel, den diese Gerade mit einer Geraden entlang eines
          Normalenvektor dieser Ebene einschließt, ergänzen sich zu 90°. Ein
          Normalenvektor der Ebene E: $7x_1 - 2x_2 + x_3 - 5 = 0$ ist $\vec{n} =$
          $(7, -2, 1)'$, und der Richtungsvektor der Geraden g ist $\vec{b} = (2, 6, 1)'$.
          Damit ergibt sich:

$$\varphi_{\text{spitz}}(g, E) = 90° - \arccos\left|\frac{\vec{n} \cdot \vec{b}}{|\vec{n}| \cdot |\vec{b}|}\right| = 90° - \arccos\left|\frac{3}{\sqrt{54} \cdot \sqrt{41}}\right|$$

$$= 90° - \arccos 0.06376 = 90° - 86.34° = 3.66°.$$

   b) Alternativ zum Lösungsansatz in Aufg. 6.18 d) kann man auch wie
      folgt vorgehen: Es sei $\vec{a} = (9, 8, 0)'$ der Ortsvektor und $\vec{b} = (2, 6, 1)'$
      der Richtungsvektor der Geraden g: $\vec{x} = \vec{a} + \lambda\vec{b}$. Die Ebenengleichung
      E: $7x_1 - 2x_2 + x_3 - 5 = 0$ lässt sich mit Hilfe ihres Normalenvektors
      $\vec{n} = (7, -2, 1)'$ in der Form $\vec{x} \cdot \vec{n} = 5$ schreiben. Der Vektor $\vec{x}$ mit
      dem Durchstoßpunkt (Schnittpunkt) S als Endpunkt erfüllt sowohl
      die Geradengleichung g: $\vec{x} = \vec{a} + \lambda\vec{b}$ als auch die Ebenengleichung
      E: $\vec{x} \cdot \vec{n} = 5$. Die Multiplikation der Geradengleichung mit dem
      Normalenvektor $\vec{n}$ ergibt: $\vec{x} \cdot \vec{n} = \vec{a} \cdot \vec{n} + \lambda\vec{b} \cdot \vec{n}$. Setzt man in diese
      Gleichung das Skalarprodukt $\vec{x} \cdot \vec{n} = 5$ aus der Ebenengleichung ein,
      ergibt sich: $5 = \vec{a} \cdot \vec{n} + \lambda\vec{b} \cdot \vec{n}$. Daraus folgt mit $\lambda = (5 - \vec{a} \cdot \vec{n})/(\vec{b} \cdot \vec{n}) = (5 -$
      $47)/3 = -14$, dasjenige λ der Geraden, das uns auf den Schnittpunkt
      S führt: $\vec{x} = \vec{a} - 14\vec{b} = (9, 8, 0)' - 14 \cdot (2, 6, 1)' = (-19, -76, -14)'$.
      Der Durchstoßpunkt ist also $S(-19, -76, -14)$.

   c) Da der Richtungsvektor von h eine Linearkombination der Rich-
      tungsvektoren der Ebene E ist, muss h zu E parallel sein. Der Ge-
      radenpunkt $P(4, 5, 6)$ erfüllt die Ebenengleichung nicht, so dass die
      Gerade auch nicht in der Ebene liegen kann.

   d) Den Abstand einer Ebene zu einer parallelen Geraden bestimmt man
      als Abstand eines beliebigen Punktes dieser Geraden zur Ebene. Wir
      kennen nur den Punkt $(4, 5, 6)$ der Geraden g. Der Abstand dieses
      Punktes zur Ebene E berechnet sich durch Einsetzen in den Betrag
      der linken Seite der auf „$= 0$" gebrachten Ebenengleichung E und
      anschließender Division durch die Länge des Normalenvektors:

$$d(E_1, E_3) = d(P, E_3) = \frac{|7 \cdot 4 - 2 \cdot 5 + 1 \cdot 6 - 5|}{\sqrt{7^2 + (-2)^2 + 1^2}} = \frac{|19|}{\sqrt{54}} = 2.5856$$

   e) Wenn wir z.B. $x_1 := \mu$ und $x_2 := \nu$ in E: $7x_1 - 2x_2 + x_3 - 5 = 0$
      beliebig setzen, folgt $x_3 = 5 - 7\mu + 2\nu$. Das ergibt die folgende

$$\text{Parameterform: } E: \vec{x} = \begin{pmatrix} x_1 \\ x_2 \\ x_3 \end{pmatrix} = \begin{pmatrix} 0 \\ 0 \\ 5 \end{pmatrix} + \mu\begin{pmatrix} 1 \\ 0 \\ -7 \end{pmatrix} + \nu\begin{pmatrix} 0 \\ 1 \\ 2 \end{pmatrix}$$

6.25 a) Ein Normalenvektor zur Geraden steht zu deren Richtungsvektor $\vec{b}$
          senkrecht. Ein zu $\vec{b} = (b_1, b_2)' \in \mathbb{R}^2$ senkrechter Vektor im $\mathbb{R}^2$
          entsteht durch Vertauschen der Komponenten und Multiplikation
          einer der beiden Komponenten mit -1. Es steht also $\vec{n} = (b_2, -b_1)'$
          auf $(b_1, b_2)'$ senkrecht. Ein Normalenvektor zu g ergibt sich somit zu

$$\vec{n} = \begin{pmatrix} 4 \\ -3 \end{pmatrix}$$

  b) Bei einer Geraden g: $\vec{x} = \vec{a} + \lambda\vec{b}$ im $\mathbb{R}^2$ geht man genauso vor wie
      bei einer Ebene im $\mathbb{R}^3$. Wir multiplizieren einfach die Parameter-
      darstellung $\vec{x} = \vec{a} + \lambda\vec{b}$ mit dem Normalenvektor $\vec{n}$. Wegen $\vec{b} \cdot \vec{n} = 0$
      ergibt sich dann die parameterlose Koordinatenform der Geraden
      $\vec{x} \cdot \vec{n} = \vec{a} \cdot \vec{n}$. Daraus resultiert speziell für die gegebene Gerade g:
      $x_1 \cdot 4 + x_2 \cdot (-3) = 9 \cdot 4 + 8 \cdot (-3)$, also g: $4x_1 - 3x_2 - 12 = 0$.
      In der gewohnten expliziten Form lautet diese Geradengleichung:
      g: $x_2 = \frac{4}{3}x_1 - 4$.

  c) Im $\mathbb{R}^2$ berechnet man den Abstand eines Punktes P von einer Ge-
      raden nicht wie den Abstand eines Punktes von einer Geraden im
      $\mathbb{R}^3$, sondern wie den Abstand eines Punktes von einer Ebene im
      $\mathbb{R}^3$. Man setzt entsprechend den Punkt P in die linke Seite der auf
      „$= 0$" gebrachten Koordinatenform der Geradengleichung ein, nimmt
      den Betrag des Ergebnisses und dividiert dieses durch die Länge des
      Normalenvektors. Das ergibt hier für den Punkt $P(6, 7)$ und die auf
      „$= 0$" gebrachte Koordinatenform der Geraden g: $4x_1 - 3x_2 - 12 = 0$:

$$d(P, g) = \frac{|4 \cdot 6 - 3 \cdot 7 - 12|}{\sqrt{4^2 + (-3)^2}} = \frac{|-9|}{5} = 1.8$$

  d) Wir stellen mit Hilfe des Normalenvektors $\vec{n}$ die Gleichung der Ge-
      raden durch P entlang des Lotes in Parameterform auf:

$$\vec{x} = \begin{pmatrix} x_1 \\ x_2 \end{pmatrix} = \begin{pmatrix} 6 \\ 7 \end{pmatrix} + \mu \begin{pmatrix} 4 \\ -3 \end{pmatrix}$$

Dann setzen wir diese Komponenten x_1 und x_2 in die Koordinatenform der Geraden g: $4x_1 - 3x_2 - 12 = 0$ ein. Das ergibt: g:
$4 \cdot (6 + 4\mu) - 3(7 - 3\mu) - 12 = 0$. Die Lösung dieser Gleichung liefert
den Parameter $\mu = \frac{9}{25} = 0.36$. Dieses μ in die Gerade entlang des
Lotes eingesetzt ergibt:

$$\vec{x} = \begin{pmatrix} 6 \\ 7 \end{pmatrix} + 0.36 \begin{pmatrix} 4 \\ -3 \end{pmatrix} = \begin{pmatrix} 7.44 \\ 5.92 \end{pmatrix}$$

Der Endpunkt dieses Vektors ist der Fußpunkt $Q(7.44, 5.92)$ des Lotes von $P(6, 7)$ auf g. Der Abstand von P zu diesem Fußpunkt entspricht natürlich dem in c) errechneten Abstand 1.8 zwischen P und
der Geraden g.

7 Matrizenrechnung und lineare Gleichungssysteme

Matrizenrechnung

7.1 a) $A + B = \begin{pmatrix} 5 & -1 & 9 & -5 \\ 4 & 10 & 0 & 14 \\ 11 & 5 & 15 & 1 \\ 10 & 16 & 6 & 20 \end{pmatrix}$ b) $A + C$ ist nicht möglich.

7.2 a) $BA = \begin{pmatrix} 8 & -2 & 2 \\ 5 & 4 & 5 \end{pmatrix}$ b) AB nicht möglich c) $A'B = \begin{pmatrix} 4 & -7 \\ 6 & 0 \\ 6 & -3 \end{pmatrix}$

d) $Aq = \begin{pmatrix} 4 \\ 9 \end{pmatrix}$ e) $q'A$ nicht möglich f) $p'A = (11 \quad 13 \quad 14)$

g) $pp' = \begin{pmatrix} 25 & 20 \\ 20 & 16 \end{pmatrix}$ h) $q'q = 14$ i) $(B + B') \cdot p = \begin{pmatrix} 20 \\ 8 \end{pmatrix}$

7.3 a) $BA = \begin{pmatrix} -3 & 0 & 5 \\ 12 & 9 & -2 \end{pmatrix}$ b) $A'B = \begin{pmatrix} -3 & 6 \\ 2 & 5 \\ 9 & 0 \end{pmatrix}$ c) $Aq = \begin{pmatrix} 4 \\ 0 \end{pmatrix}$

d) $p'A = (3 \quad 4 \quad 3)$

7.4 $A = \begin{pmatrix} 7 & -12 \\ 2 & 5 \end{pmatrix}$ $B = 2 \cdot \begin{pmatrix} 3 & 0 \\ 1 & 2 \end{pmatrix} + 2 \begin{pmatrix} 1 & 0 \\ 0 & 1 \end{pmatrix} = \begin{pmatrix} 8 & 0 \\ 2 & 6 \end{pmatrix}$

$A - B = \begin{pmatrix} -1 & -12 \\ 0 & -1 \end{pmatrix}$

7.5 $A = \begin{pmatrix} 3 & 3 & 3 \\ 3 & 3 & 3 \end{pmatrix}$ $B = \begin{pmatrix} 3 & 3 & 3 \\ 3 & 3 & -1 \end{pmatrix}$ Die beiden Matrizen sind nicht gleich.

7.6 $A^0 = I_2 = \begin{pmatrix} 1 & 0 \\ 0 & 1 \end{pmatrix}$, denn jede Matrix hoch 0 ist die Einheitsmatrix.

$A^1 = A = \begin{pmatrix} 6 & -4 \\ 9 & -6 \end{pmatrix}$; $A^2 = \begin{pmatrix} 0 & 0 \\ 0 & 0 \end{pmatrix} \implies A^n = \begin{pmatrix} 0 & 0 \\ 0 & 0 \end{pmatrix}$ für $n \geq 2$.

7.7 $C = \begin{pmatrix} 5 & -1 & 9 & -5 \\ 4 & 10 & 0 & 14 \\ 11 & 5 & 15 & 1 \\ 10 & 16 & 6 & 20 \end{pmatrix} = A \neq B = \begin{pmatrix} 5 & -1 & 9 & -5 \\ 4 & 10 & 0 & 14 \\ 11 & 5 & 15 & 1 \\ 10 & 16 & 6 & 15 \end{pmatrix} \neq C$

7.8 $A + A'$ ist symmetrisch, denn $(A + A')' = A' + (A')' = A' + A = A + A'$.

7.9 $P_1 A = \begin{pmatrix} 4 & 5 & 7 \\ 1 & 2 & 3 \\ 18 & 16 & 12 \end{pmatrix}$ $AP_1 = \begin{pmatrix} 2 & 1 & 6 \\ 5 & 4 & 14 \\ 8 & 9 & 12 \end{pmatrix}$

$P_2 A = \begin{pmatrix} 1 & 2 & 3 \\ 4 & 5 & 7 \\ 18 & 16 & 12 \end{pmatrix}$ $AP_3 = \begin{pmatrix} 1 & 5 & 3 \\ 4 & 17 & 7 \\ 9 & 35 & 6 \end{pmatrix}$

$P_1 \mapsto P_1 A$ bewirkt ein Vertauschen der ersten mit der zweiten Zeile und eine Multiplikation der dritten Zeile mit 2;

$P_1 \mapsto A P_1$ bewirkt ein Vertauschen der ersten mit der zweiten Spalte und eine Multiplikation der dritten Spalte mit 2;

$P_2 \mapsto P_2 A$ bewirkt eine Multiplikation der dritten Zeile mit 2;

$P_3 \mapsto A P_3$ bewirkt die Addition des Dreifachen der ersten Spalte zur zweiten Spalte.

Elementare Zeilen- und Spaltentransformationen können also durch Matrizenmultiplikationen dargestellt werden.

7.10   a) $P \cdot x = \dfrac{1}{3} \cdot \begin{pmatrix} 1 & 1 & 1 \\ 1 & 1 & 1 \\ 1 & 1 & 1 \end{pmatrix} \cdot \begin{pmatrix} x_1 \\ x_2 \\ x_3 \end{pmatrix} = \dfrac{1}{3} \cdot \begin{pmatrix} x_1 + x_2 + x_3 \\ x_1 + x_2 + x_3 \\ x_1 + x_2 + x_3 \end{pmatrix} = \begin{pmatrix} \bar{x} \\ \bar{x} \\ \bar{x} \end{pmatrix}$

Die Matrix P macht jeden Datenvektor $\begin{pmatrix} x_1 \\ x_2 \\ x_3 \end{pmatrix}$ zum Mittelwerts-

vektor $\begin{pmatrix} \bar{x} \\ \bar{x} \\ \bar{x} \end{pmatrix}$. Sie projiziert also jeden Datenvektor $\begin{pmatrix} x_1 \\ x_2 \\ x_3 \end{pmatrix}$ auf die

Gerade $\lambda \cdot \begin{pmatrix} 1 \\ 1 \\ 1 \end{pmatrix}$, und zwar orthogonal, denn P ist symmetrisch.

b)   Da das Bild der Matrix P die Gerade $\lambda \cdot \begin{pmatrix} 1 \\ 1 \\ 1 \end{pmatrix}$ ist und eine Gerade

eindimensional ist, ist der Rang der Matrix $\mathrm{rg}(P) = 1$, denn der Rang ist die Dimension des Bildes.

c) $P^2 = \dfrac{1}{3} \cdot \dfrac{1}{3} \begin{pmatrix} 3 & 3 & 3 \\ 3 & 3 & 3 \\ 3 & 3 & 3 \end{pmatrix} = \dfrac{1}{3} \cdot \begin{pmatrix} 1 & 1 & 1 \\ 1 & 1 & 1 \\ 1 & 1 & 1 \end{pmatrix} = P$

P^2 projiziert jeden Wert zweimal auf diese Gerade. Wenn der Wert nach der ersten Projektion bereits auf dieser Geraden liegt, bewirkt die zweite Projektion nichts mehr, sodass $P^2 = P$ ist.

Anmerkung: Eine Matrix P mit $P^2 = P$ heißt idempotent oder Projektionsmatrix; sie projiziert orthogonal, wenn sie symmetrisch ist.

7.11 a) $|\vec{s}_1| = \sqrt{\left(\dfrac{1}{\sqrt{6}}\right)^2 + \left(\dfrac{-2}{\sqrt{6}}\right)^2 + \left(\dfrac{1}{\sqrt{6}}\right)^2} = 1$; analog: $|\vec{s}_2| = 1, |\vec{s}_3| = 1.$

  b) $\sphericalangle(\vec{s}_1, \vec{s}_2) = \arccos \dfrac{\vec{s}_1 \cdot \vec{s}_2}{|\vec{s}_1| \cdot |\vec{s}_2|}$

   $\vec{s}_1 \cdot \vec{s}_2 = \dfrac{1}{\sqrt{6}} \cdot \dfrac{1}{\sqrt{3}} + \dfrac{-2}{\sqrt{6}} \cdot \dfrac{1}{\sqrt{3}} + \dfrac{1}{\sqrt{6}} \cdot \dfrac{1}{\sqrt{3}} = 0,$ also $\sphericalangle(\vec{s}_1, \vec{s}_2) = 90°.$

   Analog erhält man: $\sphericalangle(\vec{s}_1, \vec{s}_3) = 90°$ und $\sphericalangle(\vec{s}_2, \vec{s}_3) = 90°.$

  c) Die Spaltenvektoren (auch die Zeilenvektoren) von S bilden ein Or-
   thogonalsystem genauso wie die Einheitsvektoren der Einheitsmatrix
   I_3. Durch $I_3 \mapsto S \cdot I_3 = S$ wird also der Einheitswürfel von der Gestalt her nicht verändert, kann also nur um den Nullpunkt (dieser
   bleibt unverändert, da $S \cdot \vec{O} = \vec{O}$) gedreht und/oder um eine Ebene durch den Nullpunkt gespiegelt werden. Die Art der Spiegelung
   erkennt man, wenn man die Spaltenvektoren von S aufzeichnet.

  d) $SS' = S'S = \begin{pmatrix} 1 & 0 & 0 \\ 0 & 1 & 0 \\ 0 & 0 & 1 \end{pmatrix} = I_3 \,.$

   Bemerkung: Matrizen S mit $SS' = S'S = I$ heißen orthogonal.

  e) Aus $SS' = I$ oder auch aus $S'S = I$ folgt, dass $S^{-1} = S$ ist.

  f) Lösung z.B.mit der Regel von Sarrus:

   $\det(S) = \dfrac{1}{\sqrt{6}} \cdot \dfrac{1}{\sqrt{3}} \cdot \dfrac{-1}{\sqrt{2}} + \dfrac{1}{\sqrt{3}} \cdot 0 \cdot \dfrac{1}{\sqrt{6}} + \dfrac{1}{\sqrt{2}} \cdot \dfrac{-2}{\sqrt{6}} \cdot \dfrac{1}{\sqrt{3}} -$

   $\dfrac{1}{\sqrt{6}} \cdot \dfrac{1}{\sqrt{3}} \cdot \dfrac{1}{\sqrt{2}} - \dfrac{1}{\sqrt{3}} \cdot 0 \cdot \dfrac{1}{\sqrt{6}} - \dfrac{-1}{\sqrt{2}} \cdot \dfrac{-2}{\sqrt{6}} \cdot \dfrac{1}{\sqrt{3}} = -1$

   Die Determinante einer (3×3)-Matrix gibt den Rauminhalt des von
   den Spaltenvektoren (oder Zeilenvektoren) aufgespannten Paralle-
   loids an. Da S ein gedrehter und/oder gespiegelter Einheitswürfel
   ist, ist der Rauminhalt 1. Die Tatsache, dass die Determinante aber
   -1, also negativ ist, zeigt, dass der Würfel an einer Ebene durch
   den Nullpunkt gespiegelt wurde. Andererseits kann die Wirkung der
   Multiplikation mit S nicht auf Spiegelungen beschränkt sein, denn S
   ist nicht symmetrisch. S muss also eine Drehspiegelungsmatrix sein.

  g) Als Drehspiegelung lässt S den dreidimensionalen Einheitswürfel drei-
   dimensional; somit hat S vollen Rang 3.

7.12 a) $C = \begin{pmatrix} 1 & 0 & 2 \\ 0 & 1 & 0 \\ 1 & 0 & 2 \end{pmatrix} \cdot \begin{pmatrix} 2 & 0 & -2 \\ 0 & 0 & 0 \\ -1 & 0 & 1 \end{pmatrix} = \begin{pmatrix} 0 & 0 & 0 \\ 0 & 0 & 0 \\ 0 & 0 & 0 \end{pmatrix}$

  b) $\operatorname{rg}(C) = 0$

7.13 a) $C = \begin{pmatrix} -1 \\ 0 \end{pmatrix}$ $C' = (-1 \quad 0)$

b) $\mathrm{rg}(A) = \mathrm{rg}(A') = 1$, $\mathrm{rg}(B) = \mathrm{rg}(B') = 1$, $\mathrm{rg}(C) = \mathrm{rg}(C') = 1$

c) $\mathrm{Typ}(A) = 2 \times 3$, $\mathrm{Typ}(B) = 3 \times 1$, $\mathrm{Typ}(C) = 2 \times 1$, $\mathrm{Typ}(C') = 1 \times 2$

d) $(3 \times 1) \cdot (2 \times 3)$ ist nicht möglich, da $1 \neq 2$ ist.

7.14 a) $B' \cdot A' = (A \cdot B)' = \begin{pmatrix} 14 & 1 & 4 & -1 \\ 0 & 0 & 0 & 0 \end{pmatrix}$ $\left[B'A' = (AB)' \text{ gilt stets} \right]$

b) $\mathrm{rg}(B) = 1$, da B genau einen linear unabhängigen Spaltenvektor hat; als Nullvektor ist der zweite Spaltenvektor stets linear abhängig.

c) $B \cdot A$ ist nicht möglich, da Spaltenzahl von $B \neq$ Zeilenzahl von A.

7.15 Zunächst subtrahieren wir von der zweiten Zeile von A das Zweifache der ersten, und zur dritten Zeile addieren wir das Dreifache der ersten, sodass unterhalb des ersten Diagonalelements lauter Nullen entstehen. Im zweiten Schritt addieren wir zur dritten Zeile das Vierfache der zweiten, sodass auch unter dem zweiten Diagonalelement die Null steht:

$$\begin{pmatrix} 1 & 2 & 3 & -1 \\ 2 & 2 & 2 & 1 \\ -3 & 2 & 4 & 3 \end{pmatrix} \xrightarrow{1.} \begin{pmatrix} 1 & 2 & 3 & -1 \\ 0 & -2 & -4 & 3 \\ 0 & 8 & 13 & 0 \end{pmatrix} \xrightarrow{2.} \begin{pmatrix} 1 & 2 & 3 & -1 \\ 0 & -2 & -4 & 3 \\ 0 & 0 & -3 & 12 \end{pmatrix}$$

Also ist $\mathrm{rg}(A) = 3$, da drei „Ungleich-null-Zeilen" übrig geblieben sind.

Bei der Matrix B verfahren wir analog: Zuerst aber vertauschen wir die ersten beiden Zeilen, da sich mit der 1 als erstem Diagonalelement besonders leicht rechnen lässt. Mittels Addition und Multiplikation von Zeilen bringen wir dann alle Komponenten unter dem ersten Diagonalelement auf 0. Es wird nötig, die zweite Zeile mit einer von weiter unten zu vertauschen, um die im zweiten Diagonalelement entstandene 0 zu entfernen. Dann bringen wir die Komponenten unter dem zweiten Diagonalelement auf 0, dann die unter dem dritten. Da auf diese Weise die letzte Zeile eine Nullzeile wird, während drei Ungleich-null-Zeilen übrig bleiben, ergibt sich der Rang der Matrix B zu $\mathrm{rg}(B) = 3$.

7.16 Im ersten Schritt verdreifachen wir Zeile II und vertauschen Zeilen. Zeile III kommt nach oben; dazu müssen Zeile I und die verdreifachte Zeile II um eine nach unten gerückt werden. Die weiteren Schritte sind:

2. Schritt: $\mathrm{III} := \mathrm{III} - \mathrm{I}$, $\mathrm{IV} := \mathrm{IV} - \mathrm{I}$,   3. Schritt: $\mathrm{IV} := \mathrm{IV} - \mathrm{III}$

$$\begin{pmatrix} 0 & 1 & 1 & 1 \\ \frac{1}{3} & 0 & \frac{1}{3} & 0 \\ 1 & 0 & 0 & 0 \\ 1 & 0 & 1 & 0 \end{pmatrix} \xrightarrow{1.} \begin{pmatrix} 1 & 0 & 0 & 0 \\ 0 & 1 & 1 & 1 \\ 1 & 0 & 1 & 0 \\ 1 & 0 & 1 & 0 \end{pmatrix} \xrightarrow{2.} \begin{pmatrix} 1 & 0 & 0 & 0 \\ 0 & 1 & 1 & 1 \\ 0 & 0 & 1 & 0 \\ 0 & 0 & 1 & 0 \end{pmatrix} \xrightarrow{3.} \begin{pmatrix} 1 & 0 & 0 & 0 \\ 0 & 1 & 1 & 1 \\ 0 & 0 & 1 & 0 \\ 0 & 0 & 0 & 0 \end{pmatrix}$$

$\Longrightarrow \mathrm{rg}(A) = \mathrm{rg}(A') = 3$, da drei Ungleich-null-Zeilen übrig bleiben.

7.17   Eine Determinante von R gibt es nicht, da R nicht quadratisch ist.

$\det(A) = \det(-9) = -9$, denn die einzige Komponente einer (1×1)-Matrix ist zugleich ihre Determinante. Bei einer (1×1)-Matrix sollte man also keine Betragsstriche zur Determinantenbezeichnung verwenden.

$$\det(B) = \det \begin{pmatrix} 1 & 2 \\ 3 & 4 \end{pmatrix} = 1 \cdot 4 - 3 \cdot 2 = -2$$

Zur Berechnung von $\det(C)$ führen wir drei verschiedene Varianten vor:

Erste Variante: Die folgende Variante bezieht sich speziell auf (3×3)-Matrizen, für die man die Regel von Sarrus verwenden kann:

$$\det(C) = \det \begin{pmatrix} 2 & -1 & 3 \\ 5 & -2 & 4 \\ 6 & 1 & 9 \end{pmatrix}$$

$$= 2 \cdot (-2) \cdot 9 + (-1) \cdot 4 \cdot 6 + 3 \cdot 5 \cdot 1 - 6 \cdot (-2) \cdot 3 - 1 \cdot 4 \cdot 2 - 9 \cdot 5 \cdot (-1) = 28$$

Zweite Variante: Da das Addieren (oder Subtrahieren) eines Vielfachen einer *anderen* Zeile zu einer Zeile oder das Addieren eines Vielfachen einer *anderen* Spalte zu einer Spalte den Wert der Determinante nicht ändert, bringen wir mittels solcher Operationen C auf eine Dreiecksgestalt mit Nullen unterhalb (oder oberhalb) der Hauptdiagonale:

1. Schritt: II := II $- 2.5 \cdot$ I, III := III $- 3 \cdot$ I, 2. Schritt: III := III $- 8 \cdot$ II

$$\begin{pmatrix} 2 & -1 & 3 \\ 5 & -2 & 4 \\ 6 & 1 & 9 \end{pmatrix} \xrightarrow{1.} \begin{pmatrix} 2 & -1 & 3 \\ 0 & 0.5 & -3.5 \\ 0 & 4 & 0 \end{pmatrix} \xrightarrow{2.} \begin{pmatrix} 2 & -1 & 3 \\ 0 & 0.5 & -3.5 \\ 0 & 0 & 28 \end{pmatrix}$$

Dann liefert das Produkt der Hauptdiagonalelemente die Determinante $\det(C) = 2 \cdot 0.5 \cdot 28 = 28$. Diese Methode kann man bei jeder $(n \times n)$-Matrix anwenden. (*Vorsicht:* Die Ver-k-fachung einer Zeile oder Spalte hätte die Determinante ver-k-facht. Man hätte dann das Resultat der Determinante wieder durch k dividieren müssen. Das Vertauschen von Zeilen oder Spalten hätte das Vorzeichen der Determinante geändert.)

Dritte Variante: Jede n-reihige Determinante (d.h., die Determinante einer $n \times n$-Matrix) lässt sich auch nach den Elementen einer beliebigen Zeile oder Spalte entwickeln und somit auf $(n - 1)$-reihige Determinanten zurückführen. Dabei zählen die beiden Summanden im Exponenten von (-1) die Zeilen- und Spaltennummern der Elemente der Entwicklungszeile bzw. -spalte. Die Entwicklung nach der dritten Spalte ergibt:

$$\det(C) = 3 \cdot (-1)^{1+3} \cdot \det \begin{pmatrix} 5 & -2 \\ 6 & 1 \end{pmatrix} + 4 \cdot (-1)^{2+3} \cdot \det \begin{pmatrix} 2 & -1 \\ 6 & 1 \end{pmatrix}$$

$$+ 9 \cdot (-1)^{3+3} \cdot \det \begin{pmatrix} 2 & -1 \\ 5 & -2 \end{pmatrix} = 3 \cdot 17 - 4 \cdot 8 + 9 \cdot 1 = 28$$

Die Determinante von D entwickeln wir nach der vierten Zeile, weil dort schon zwei Nullen stehen, und führen so die Berechnung von $\det(D)$ auf die Determinantenberechnung von (3×3)-Untermatrizen zurück:

$$\det(D) = \det \begin{pmatrix} 7 & 2 & -1 & 5 \\ 0 & 1 & 6 & 3 \\ -2 & 0 & -1 & 2 \\ 0 & 5 & 9 & 0 \end{pmatrix}$$

$$= 0 + 5 \cdot (-1)^{4+2} \cdot \det \begin{pmatrix} 7 & -1 & 5 \\ 0 & 6 & 3 \\ -2 & -1 & 2 \end{pmatrix} + 9 \cdot (-1)^{4+3} \cdot \det \begin{pmatrix} 7 & 2 & 5 \\ 0 & 1 & 3 \\ -2 & 0 & 2 \end{pmatrix} + 0$$

$$= 5 \cdot 171 - 9 \cdot 12 = 747$$

Bei der Matrix E subtrahieren wir zuerst (1.) das Vierfache der ersten Zeile von der zweiten, was die Determinante unverändert lässt (vgl. zweite Variante bei C). Dann (2.) vertauschen wir die erste mit der fünften und die zweite mit der vierten Spalte, wodurch jeweils das Vorzeichen der Determinante wechselt. Aus der resultierenden Dreiecksgestalt mit Hauptdiagonale ergibt sich dann: $\det(E) = (-1)^2 \cdot 2 \cdot 1 \cdot (-6) \cdot 5 \cdot 8 = -480$.

$$\begin{pmatrix} 4 & 1 & -1 & 2 & 2 \\ 7 & 9 & 5 & 9 & 8 \\ -2 & 0 & -6 & 0 & 0 \\ 7 & 5 & 0 & 0 & 0 \\ 8 & 0 & 0 & 0 & 0 \end{pmatrix} \xrightarrow{1.} \begin{pmatrix} 4 & 1 & -1 & 2 & 2 \\ -9 & 5 & 9 & 1 & 0 \\ -2 & 0 & -6 & 0 & 0 \\ 7 & 5 & 0 & 0 & 0 \\ 8 & 0 & 0 & 0 & 0 \end{pmatrix} \xrightarrow{2.} \begin{pmatrix} 2 & 2 & -1 & 1 & 4 \\ 0 & 1 & 9 & 5 & -9 \\ 0 & 0 & -6 & 0 & -2 \\ 0 & 0 & 0 & 5 & 7 \\ 0 & 0 & 0 & 0 & 8 \end{pmatrix}$$

Um die Matrix F in eine Dreiecksgestalt mit Hauptdiagonale zu bringen, nehmen wir drei Zeilenvertauschungen vor ($\mathrm{I} \leftrightarrow \mathrm{VI}$, $\mathrm{II} \leftrightarrow \mathrm{V}$, $\mathrm{III} \leftrightarrow \mathrm{IV}$), wodurch sich dreimal das Vorzeichen der Determinante ändert. Dann bilden wir noch das Produkt der entstandenen Hauptdiagonalelemente, und wir erhalten: $\det(F) = (-1)^3 \cdot (-8) \cdot 9 \cdot (-5) \cdot 8 \cdot 7 \cdot 5 = -100\,800$.

7.18 A ist nicht invertierbar, denn es ist $\det(A) = 7 \cdot 1 \cdot 0 \cdot 5 = 0$; A ist nämlich eine Dreiecksmatrix, die unterhalb der Hauptdiagonale nur Nullen hat, sodass ihre Determinante das Produkt der Hauptdiagonalelemente ist.

B ist nicht invertierbar, da B nicht quadratisch ist.

C ist invertierbar, denn die Anwendung der Regel von Sarrus zeigt, dass $\det(C) = 7 \cdot 7 \cdot 4 + 4 \cdot (-1) \cdot (-4) + (-1) \cdot 4 \cdot (-4) - (-4) \cdot 7 \cdot (-1) - (-4) \cdot (-1) \cdot 7 - 4 \cdot 4 \cdot 4 = 108 \neq 0$ ist.

D ist invertierbar, da die Determinante $\det(D) = -5 \neq 0$ ist.

E ist nicht invertierbar, da E als 1×4-Zeilenvektor nicht quadratisch ist.

F ist nicht invertierbar, da $\det(F) = 2 \cdot (-2) - 4 \cdot (-1) = 0$ ist oder weil ein Zeilen- bzw. ein Spaltenvektor ein Vielfaches des anderen ist.

7.19 $A^{-1} = \left((0.25)^{-1} \right) = \left(4 \right) = 4$

Eine (2×2)-Matrix invertiert man am einfachsten dadurch, dass man die Komponenten auf der Hauptdiagonale (hier 1 und 4) vertauscht und die Komponenten der Nebendiagonale (hier 3 und 2) mit -1 multipliziert, jedoch nicht vertauscht. Anschließend muss noch jede Komponente durch die Determinante der ursprünglichen Matrix dividiert werden. In Aufgabe 7.17 haben wir bereits $\det(B) = -2$ erhalten. Also gilt:

$$B^{-1} = \begin{pmatrix} 1 & 2 \\ 3 & 4 \end{pmatrix}^{-1} = \frac{1}{\det(B)} \cdot \begin{pmatrix} 4 & -2 \\ -3 & 1 \end{pmatrix} = \begin{pmatrix} -2 & 1 \\ 1.5 & -0.5 \end{pmatrix}$$

Am Beispiel der (3×3)-Matrix C führen wir zwei generell gültige Invertierungsmethoden vor, wobei die zweite ein Spezialfall der ersten ist.

Erste Methode: Wir lösen die Gleichungssysteme $C\vec{x}^{(1)} = \vec{e}_1$, $C\vec{x}^{(2)} = \vec{e}_2$ und $C\vec{x}^{(3)} = \vec{e}_3$, d.h., die Matrixgleichung $C \cdot (\vec{x}^{(1)}, \vec{x}^{(2)}, \vec{x}^{(3)}) = I_3$. Die hintereinandergeschriebenen drei Lösungsvektoren $(\vec{x}^{(1)}, \vec{x}^{(2)}, \vec{x}^{(3)})$ bilden dann wegen $C \cdot C^{-1} = I_3$ die invertierte Matrix C^{-1}:

1. Schritt: $I := I - 2 \cdot II$ und $III := III + II$

$$\begin{pmatrix} 7 & 4 & -1 & | & 1 & 0 & 0 \\ 4 & 7 & -1 & | & 0 & 1 & 0 \\ -4 & -4 & 4 & | & 0 & 0 & 1 \end{pmatrix} \xrightarrow{1.} \begin{pmatrix} -1 & -10 & 1 & | & 1 & -2 & 0 \\ 4 & 7 & -1 & | & 0 & 1 & 0 \\ 0 & 3 & 3 & | & 0 & 1 & 1 \end{pmatrix}$$

2. Schritt: $II := II + 4 \cdot I$, dann $I := -I$

3. Schritt: $II := II + 11 \cdot III$, dann $II \longleftrightarrow III$

$$\xrightarrow{2.} \begin{pmatrix} 1 & 10 & -1 & | & -1 & 2 & 0 \\ 0 & -33 & 3 & | & 4 & -7 & 0 \\ 0 & 3 & 3 & | & 0 & 1 & 1 \end{pmatrix} \xrightarrow{3.} \begin{pmatrix} 1 & 10 & -1 & | & -1 & 2 & 0 \\ 0 & 3 & 3 & | & 0 & 1 & 1 \\ 0 & 0 & 36 & | & 4 & 4 & 11 \end{pmatrix}$$

Löse $C\vec{x}^{(1)} = \vec{e}_1$:

aus III: $x_3^{(1)} = \frac{4}{36} = \frac{1}{9}$

in II: $x_2^{(1)} = -\frac{1}{9}$

in I: $x_1^{(1)} = \frac{2}{9}$

Lsg.: $\vec{x}^{(1)} = \begin{pmatrix} \frac{2}{9} \\ -\frac{1}{9} \\ \frac{1}{9} \end{pmatrix}$

Löse $C\vec{x}^{(2)} = \vec{e}_2$:

aus III: $x_3^{(2)} = \frac{4}{36} = \frac{1}{9}$

in II: $x_2^{(2)} = \frac{2}{9}$

in I: $x_1^{(2)} = -\frac{1}{9}$

Lsg.: $\vec{x}^{(2)} = \begin{pmatrix} -\frac{1}{9} \\ \frac{2}{9} \\ \frac{1}{9} \end{pmatrix}$

Löse $C\vec{x}^{(3)} = \vec{e}_3$:

aus III: $x_3^{(3)} = \frac{11}{36}$

in II: $x_2^{(3)} = \frac{1}{36}$

in I: $x_1^{(3)} = \frac{1}{36}$

Lsg.: $\vec{x}^{(3)} = \begin{pmatrix} \frac{1}{36} \\ \frac{1}{36} \\ \frac{11}{36} \end{pmatrix}$

Daraus resultiert: $C^{-1} = (\vec{x}^{(1)}, \vec{x}^{(2)}, \vec{x}^{(3)}) = \begin{pmatrix} \frac{2}{9} & -\frac{1}{9} & \frac{1}{36} \\ -\frac{1}{9} & \frac{2}{9} & \frac{1}{36} \\ \frac{1}{9} & \frac{1}{9} & \frac{11}{36} \end{pmatrix}$

Zweite Methode: Wir hängen an C die Einheitsmatrix I_3 an und wenden so lange elementare Zeilenoperationen an, bis links die Einheitsmatrix steht, denn dann steht rechts die Inverse C^{-1}:

1. Schritt: $I := I - 2 \cdot II$ und $III := III + II$

$$\left(\begin{array}{rrr|rrr} 7 & 4 & -1 & 1 & 0 & 0 \\ 4 & 7 & -1 & 0 & 1 & 0 \\ -4 & -4 & 4 & 0 & 0 & 1 \end{array}\right) \xrightarrow{1.} \left(\begin{array}{rrr|rrr} -1 & -10 & 1 & 1 & -2 & 0 \\ 4 & 7 & -1 & 0 & 1 & 0 \\ 0 & 3 & 3 & 0 & 1 & 1 \end{array}\right)$$

2. Schritt: $II := II + 4 \cdot I$, dann $I := -I$ und $III := III/3$

3. Schritt: $II \longleftrightarrow III$, dann $III_{neu} := III_{neu}/3$

$$\xrightarrow{2.} \left(\begin{array}{rrr|rrr} 1 & 10 & -1 & -1 & 2 & 0 \\ 0 & -33 & 3 & 4 & -7 & 0 \\ 0 & 1 & 1 & 0 & \frac{1}{3} & \frac{1}{3} \end{array}\right) \xrightarrow{3.} \left(\begin{array}{rrr|rrr} 1 & 10 & -1 & -1 & 2 & 0 \\ 0 & 1 & 1 & 0 & \frac{1}{3} & \frac{1}{3} \\ 0 & -11 & 1 & \frac{4}{3} & -\frac{7}{3} & 0 \end{array}\right)$$

4. Schritt: $III := III + 11 \cdot II$

5. Schritt: $III := III/12$

$$\xrightarrow{4.} \left(\begin{array}{rrr|rrr} 1 & 10 & -1 & -1 & 2 & 0 \\ 0 & 1 & 1 & 0 & \frac{1}{3} & \frac{1}{3} \\ 0 & 0 & 12 & \frac{4}{3} & \frac{4}{3} & \frac{11}{3} \end{array}\right) \xrightarrow{5.} \left(\begin{array}{rrr|rrr} 1 & 10 & -1 & -1 & 2 & 0 \\ 0 & 1 & 1 & 0 & \frac{1}{3} & \frac{1}{3} \\ 0 & 0 & 1 & \frac{1}{9} & \frac{1}{9} & \frac{11}{36} \end{array}\right)$$

6. Schritt: $I := I + III$ und $II := II - III$

7. Schritt: $I := I - 10 \cdot II$

$$\xrightarrow{6.} \left(\begin{array}{rrr|rrr} 1 & 10 & 0 & -\frac{8}{9} & \frac{19}{9} & \frac{11}{36} \\ 0 & 1 & 0 & -\frac{1}{9} & \frac{2}{9} & \frac{1}{36} \\ 0 & 0 & 1 & \frac{1}{9} & \frac{1}{9} & \frac{11}{36} \end{array}\right) \xrightarrow{7.} \left(\begin{array}{rrr|rrr} 1 & 0 & 0 & \frac{2}{9} & -\frac{1}{9} & \frac{1}{36} \\ 0 & 1 & 0 & -\frac{1}{9} & \frac{2}{9} & \frac{1}{36} \\ 0 & 0 & 1 & \frac{1}{9} & \frac{1}{9} & \frac{11}{36} \end{array}\right)$$

Es ist also $C^{-1} = \begin{pmatrix} \frac{2}{9} & -\frac{1}{9} & \frac{1}{36} \\ -\frac{1}{9} & \frac{2}{9} & \frac{1}{36} \\ \frac{1}{9} & \frac{1}{9} & \frac{11}{36} \end{pmatrix} = \frac{1}{36}\begin{pmatrix} 8 & -4 & 1 \\ -4 & 8 & 1 \\ 4 & 4 & 11 \end{pmatrix}$

Die Inverse der Diagonalmatrix D erhält man durch Invertieren ihrer Diagonalelemente.

$$D^{-1} = \begin{pmatrix} 1 & 0 & 0 & 0 \\ 0 & \frac{1}{2} & 0 & 0 \\ 0 & 0 & \frac{1}{3} & 0 \\ 0 & 0 & 0 & \frac{1}{4} \end{pmatrix}$$

Die Ungleich-null-Elemente der Matrix E befinden sich nicht auf der Haupt-, sondern auf der Nebendiagonale. Wir hängen I_4 an E an, vertauschen die Zeilen: $I \longleftrightarrow IV$, $II \longleftrightarrow III$, dividieren dann: $II := II/2$, $III := III/3$, $IV := IV/4$. Rechts in E^{-1} sind dann nicht nur die Nebendiagonalelemente von E invertiert; es ist auch deren Reihenfolge vertauscht.

$$E^{-1} = \begin{pmatrix} 0 & 0 & 0 & 1 \\ 0 & 0 & \frac{1}{2} & 0 \\ 0 & \frac{1}{3} & 0 & 0 \\ \frac{1}{4} & 0 & 0 & 0 \end{pmatrix}$$

Lineare Gleichungssysteme

7.20 $\quad$ I: $\qquad m + 1 \ = \ n - 1$ $\qquad\qquad$ II' $-$ I: $\quad m - 3 \ = \ 2$

$\qquad$ II: $2 \cdot (m - 1) \ = \ n + 1$ $\qquad\qquad\qquad\qquad \Longrightarrow \ m \ = \ 5$

$\Longrightarrow$ II': $\quad 2m - 2 \ = \ n + 1$ $\qquad\quad m = 5$ in I: $\ \Longrightarrow \ n \ = \ 7$

Die bettelnde Bäuerin hat fünf Hennen, die schlagfertige sieben.

7.21 $\quad$ 1. Schritt: II $:=$ II $+ 2 \cdot$ I, III $:=$ III $-$ I

$\qquad$ 2. Schritt: III $:=$ III $+$ II

$$\begin{pmatrix} 1 & -1 & 2 & | & 0 \\ -2 & 1 & -6 & | & 0 \\ 1 & 0 & -2 & | & 3 \end{pmatrix} \xrightarrow{1.} \begin{pmatrix} 1 & -1 & 2 & | & 0 \\ 0 & -1 & -2 & | & 0 \\ 0 & 1 & -4 & | & 3 \end{pmatrix} \xrightarrow{2.} \begin{pmatrix} 1 & -1 & 2 & | & 0 \\ 0 & -1 & -2 & | & 0 \\ 0 & 0 & -6 & | & 3 \end{pmatrix}$$

Aus III: $-6z = 3$ folgt: $z = -0.5$;

$z = -0.5$ in II eingesetzt ergibt: $-1 \cdot y - 2 \cdot (-0.5) = 0 \Longrightarrow y = 1$;

$z = -0.5$ und $y = 1$ in I ergibt: $1 \cdot x - 1 \cdot 1 + 2 \cdot (-0.5) = 0 \Longrightarrow x = 2$.

7.22 $\quad$ 1. Schritt: II $:=$ II $-$ I

$\qquad$ 2. Schritt: IV $:=$ IV $-$ II, dann II $\longleftrightarrow$ III

$\qquad$ 3. Schritt: V $:=$ V $-$ IV

$$\begin{pmatrix} 1 & 1 & 0 & 0 & 0 & | & 2 \\ 1 & 1 & 1 & 0 & 0 & | & 1 \\ 0 & 1 & 1 & 1 & 0 & | & 2 \\ 0 & 0 & 1 & 1 & 1 & | & 2 \\ 0 & 0 & 0 & 1 & 1 & | & 3 \end{pmatrix} \xrightarrow{1.} \begin{pmatrix} 1 & 1 & 0 & 0 & 0 & | & 2 \\ 0 & 0 & 1 & 0 & 0 & | & -1 \\ 0 & 1 & 1 & 1 & 0 & | & 2 \\ 0 & 0 & 1 & 1 & 1 & | & 2 \\ 0 & 0 & 0 & 1 & 1 & | & 3 \end{pmatrix} \xrightarrow{2.}$$

$$\begin{pmatrix} 1 & 1 & 0 & 0 & 0 & | & 2 \\ 0 & 1 & 1 & 1 & 0 & | & 2 \\ 0 & 0 & 1 & 0 & 0 & | & -1 \\ 0 & 0 & 0 & 1 & 1 & | & 3 \\ 0 & 0 & 0 & 1 & 1 & | & 3 \end{pmatrix} \xrightarrow{3.} \begin{pmatrix} 1 & 1 & 0 & 0 & 0 & | & 2 \\ 0 & 1 & 1 & 1 & 0 & | & 2 \\ 0 & 0 & 1 & 0 & 0 & | & -1 \\ 0 & 0 & 0 & 1 & 1 & | & 3 \\ 0 & 0 & 0 & 0 & 0 & | & 0 \end{pmatrix}$$

Da $\mathrm{rg}(A) = 4 = \mathrm{rg}(A \mid b)$ ist, ist dieses Gleichungssystem lösbar. Es ist aber nicht eindeutig lösbar, da der Rang von A kleiner als die Zahl der Unbekannten $n = 5$ ist. Da dieser Rang um 1 kleiner ist als n, ist die Dimension der Lösungsmenge 1, die Lösungsmenge also eine Gerade.

aus V: $\quad \varrho := \omega \in \mathbb{R}$ beliebig $\qquad$
aus IV: $\quad \xi = 3 - \omega$
aus III: $\quad \nu = -1$
aus II: $\quad \mu = \omega$
aus I: $\quad \lambda = 2 - \omega$

$$\begin{pmatrix} \lambda \\ \mu \\ \nu \\ \xi \\ \varrho \end{pmatrix} = \begin{pmatrix} 2 \\ 0 \\ -1 \\ 3 \\ 0 \end{pmatrix} + \omega \begin{pmatrix} -1 \\ 1 \\ 0 \\ -1 \\ 1 \end{pmatrix}$$

7.23 a) Im ersten Schritt bringen wir alle Elemente unter dem ersten Diagonalelement auf null, im zweiten alle Elemente unter dem zweiten:

1. Schritt: $\mathrm{II} := \mathrm{II} - \mathrm{I}, \ \mathrm{III} := \mathrm{III} + 3 \cdot \mathrm{I}, \ \mathrm{IV} := \mathrm{IV} - 2 \cdot \mathrm{I}$

2. Schritt: $\mathrm{III} := \mathrm{III} + 2 \cdot \mathrm{II}, \ \mathrm{IV} := \mathrm{IV} - 2 \cdot \mathrm{II}$

$$\left(\begin{array}{cccc|c} 2 & -5 & 6 & -6 & -3 \\ 2 & 3 & -1 & 1 & 8 \\ -6 & -1 & 0 & 2 & 10 \\ 4 & 6 & -2 & 2 & 12 \end{array}\right) \xrightarrow{1.} \left(\begin{array}{cccc|c} 2 & -5 & 6 & -6 & -3 \\ 0 & 8 & -7 & 7 & 11 \\ 0 & -16 & 18 & -16 & 1 \\ 0 & 16 & -14 & 14 & 18 \end{array}\right) \xrightarrow{2.}$$

$$\left(\begin{array}{cccc|c} 2 & -5 & 6 & -6 & -3 \\ 0 & 8 & -7 & 7 & 11 \\ 0 & 0 & 4 & -2 & 23 \\ 0 & 0 & 0 & 0 & -4 \end{array}\right)$$

aus IV: $0 = -4$; Widerspruch;
$\mathrm{rg}(A) = 3 \neq 4 = \mathrm{rg}(A \mid \vec{b})$;
d.h., das Gleichungssystem ist
nicht lösbar.

b) 1. Schritt: $\mathrm{II} := \mathrm{II} + \mathrm{I}, \ \mathrm{III} := \mathrm{III} - \mathrm{I}, \ \mathrm{IV} := \mathrm{IV} - 2 \cdot \mathrm{I}$

2. Schritt: $\mathrm{IV} := 2 \cdot \mathrm{IV} + 3 \cdot \mathrm{II}$

3. Schritt: $(3) \leftrightarrow (4)$, d.h., Vertauschen der dritten und vierten
Spalte einschließlich (!) Variablennamen x_3 und x_4

$$\left(\begin{array}{cccc|c} 1 & 1 & 1 & 1 & 1 \\ -1 & 1 & 2 & -1 & 2 \\ 1 & 1 & -5 & 3 & -1 \\ 2 & -1 & -1 & 2 & 0 \end{array}\right) \xrightarrow{1.} \left(\begin{array}{cccc|c} 1 & 1 & 1 & 1 & 1 \\ 0 & 2 & 3 & 0 & 3 \\ 0 & 0 & -6 & 2 & -2 \\ 0 & -3 & -3 & 0 & -2 \end{array}\right) \xrightarrow{2.}$$

$$\begin{array}{cccc} x_1 & x_2 & x_3 & x_4 \end{array} \qquad \begin{array}{cccc} x_1 & x_2 & x_4 & x_3 \end{array}$$

$$\left(\begin{array}{cccc|c} 1 & 1 & 1 & 1 & 1 \\ 0 & 2 & 3 & 0 & 3 \\ 0 & 0 & -6 & 2 & -2 \\ 0 & 0 & 3 & 0 & 5 \end{array}\right) \xrightarrow{3.} \left(\begin{array}{cccc|c} 1 & 1 & 1 & 1 & 1 \\ 0 & 2 & 0 & 3 & 3 \\ 0 & 0 & 2 & -6 & -2 \\ 0 & 0 & 0 & 3 & 5 \end{array}\right)$$

Dieses lineare Gleichungssystem ist eindeutig lösbar, denn es gilt:
$\mathrm{rg}(A) = \mathrm{rg}(A \mid \vec{b}) = 4 =$ Zahl der Unbekannten. Aus Zeile IV folgt:
$x_3 = \frac{5}{3}$; dieses x_3 in Zeile III: $\Longrightarrow x_4 = 4$; x_3 (und x_4) in Zeile II:
$\Longrightarrow x_2 = -1$; x_1, x_2 und x_3 in Zeile I: $\Longrightarrow x_1 = -\frac{11}{3}$.

c) Die linke Seite dieses Gleichungssystems ist mit der in b) identisch.
Der Vektor $\vec{b}$ auf der rechten Seite ist aber hier der Nullvektor, sodass
ein homogenes lineares Gleichunssystem vorliegt. Da der angehängte
Nullvektor $\vec{b} = \vec{0}$ den Rang der Matrix A nicht erweitert, da also
$\mathrm{rg}(A) = \mathrm{rg}(A \mid \vec{b})$ ist, ist jedes homogene lineare Gleichungssystem
lösbar. Hier ist dieser Rang gleich der Zahl 4 der Unbekannten, so-
dass das Gleichungssystem sogar eindeutig gelöst werden kann, und
zwar durch den Nullvektor $\vec{0}$, denn dieser löst jedes homogene lineare
Gleichungssystem. Es lösen also: $x_1 = 0$, $x_2 = 0$, $x_3 = 0$, $x_4 = 0$.

d) 1. Schritt: $II := 3 \cdot II + I$ 2. Schritt: $III := 2 \cdot III + II$

$$\begin{pmatrix} 3 & 4 & -7 & | & 0 \\ -1 & -2 & 3 & | & 0 \\ 0 & 1 & -1 & | & 0 \end{pmatrix} \xrightarrow{1.} \begin{pmatrix} 3 & 4 & -7 & | & 0 \\ 0 & -2 & 2 & | & 0 \\ 0 & 1 & -1 & | & 0 \end{pmatrix} \xrightarrow{2.} \begin{pmatrix} 3 & 4 & -7 & | & 0 \\ 0 & -1 & 1 & | & 0 \\ 0 & 0 & 0 & | & 0 \end{pmatrix}$$

Es ist $rg(A) = rg(A \mid b) = 2 < 3 =$ Zahl der Unbekannten; d.h., es gibt unendlich viele Lösungen:

Setze $x_3 := \lambda \in I\!R$ beliebig.

x_3 in II: $-x_2 + \lambda = 0 \Rightarrow x_2 = \lambda$

x_1, x_2 in I: $3x_1 + 4\lambda - 7\lambda = 0 \Rightarrow x_1 = \lambda$

$\left.\right\} \Rightarrow \vec{x} = \lambda \begin{pmatrix} 1 \\ 1 \\ 1 \end{pmatrix}$ mit $\lambda \in I\!R$

7.24 1. Schritt: $II := II - 0.5 \cdot I, \quad IV := IV - 0.5 \cdot I, \quad V := V - 2 \cdot I$

2. Schritt: $III := III - 2 \cdot II, \quad IV := IV + II, \quad V := V - 2 \cdot II$

$$\begin{pmatrix} 2 & 0 & 4 & 3 & 7 & | & 1 \\ 1 & 4 & 2 & 8 & 3 & | & 0 \\ 0 & 8 & 0 & 13 & -1 & | & -1 \\ 1 & -4 & 2 & -5 & 4 & | & 1 \\ 4 & 8 & 8 & 19 & 13 & | & 1 \end{pmatrix} \xrightarrow{1.} \begin{pmatrix} 2 & 0 & 4 & 3 & 7 & | & 1 \\ 0 & 4 & 0 & \frac{13}{2} & -\frac{1}{2} & | & -\frac{1}{2} \\ 0 & 8 & 0 & 13 & -1 & | & -1 \\ 0 & -4 & 0 & -\frac{13}{2} & \frac{1}{2} & | & \frac{1}{2} \\ 0 & 8 & 0 & 13 & -1 & | & -1 \end{pmatrix}$$

$$\xrightarrow{2.} \begin{pmatrix} 2 & 0 & 4 & 3 & 7 & | & 1 \\ 0 & 4 & 0 & \frac{13}{2} & -\frac{1}{2} & | & -\frac{1}{2} \\ 0 & 0 & 0 & 0 & 0 & | & 0 \\ 0 & 0 & 0 & 0 & 0 & | & 0 \\ 0 & 0 & 0 & 0 & 0 & | & 0 \end{pmatrix}$$

III, IV und V erlauben:

$x := \lambda \in I\!R$ beliebig,

$y := \mu \in I\!R$ beliebig,

$z := \nu \in I\!R$ beliebig;

aus II folgt: $w = -\frac{1}{8} - \frac{13}{8}\mu + \frac{1}{8}\nu$ und dann aus I: $v = \frac{1}{2} - 2\lambda - \frac{3}{2}\mu - \frac{7}{2}\nu$.

Es ergibt sich also folgender dreidimensionaler Lösungsraum:

$$\begin{pmatrix} v \\ w \\ x \\ y \\ z \end{pmatrix} = \begin{pmatrix} 1/2 \\ -1/8 \\ 0 \\ 0 \\ 0 \end{pmatrix} + \lambda \begin{pmatrix} -2 \\ 0 \\ 1 \\ 0 \\ 0 \end{pmatrix} + \mu \begin{pmatrix} -3/2 \\ -13/8 \\ 0 \\ 1 \\ 0 \end{pmatrix} + \nu \begin{pmatrix} -7/2 \\ 1/8 \\ 0 \\ 0 \\ 1 \end{pmatrix}$$

Die Dimension der Lösungsmenge ist also drei, da drei Parameter frei wählbar sind oder da $rg(A) = rg(A \mid \vec{b}) = 2$ um 3 kleiner ist als die Zahl $n = 5$ der Unbekannten, denn der Rang der Koeffizientenmatrix plus die Dimension der Lösungsmenge gleicht stets der Zahl der Unbekannten.

7.25 $\begin{pmatrix} 3.2 & 3.6 & 7.6 & | & 66 \\ 28 & 27 & 0 & | & 165 \\ 0 & 0 & 15 & | & 90 \end{pmatrix} \xrightarrow{II := II - 8.75 \cdot I} \begin{pmatrix} 3.2 & 3.6 & 7.6 & | & 66 \\ 0 & -4.5 & -66.5 & | & -412.5 \\ 0 & 0 & 15 & | & 90 \end{pmatrix}$

aus III: $x_3 = 6$ d.h., 6 Weißwürste

aus II: $x_2 = 3$ d.h., 3 Brezen

aus I: $x_1 = 3$ d.h., 3 Halbe = 1.5 l Weißbier

7.26   1. Schritt: $\text{II} := \text{II} - \frac{3}{4} \cdot \text{I}$ 2. Schritt: $\text{III} := \text{III} - \frac{11}{3} \cdot \text{II}$

$$\begin{pmatrix} 28 & 0 & 14 & \vline & 12 \\ 21 & 15 & 0 & \vline & 6 \\ 0 & 55 & 39 & \vline & 12 \end{pmatrix} \xrightarrow{1.} \begin{pmatrix} 28 & 0 & 14 & \vline & 12 \\ 0 & 15 & -10.5 & \vline & -3 \\ 0 & 55 & 39 & \vline & 12 \end{pmatrix} \xrightarrow{2.}$$

$$\begin{pmatrix} 28 & 0 & 14 & \vline & 12 \\ 0 & 15 & -10.5 & \vline & -3 \\ 0 & 0 & 77.5 & \vline & 23 \end{pmatrix} \implies \begin{array}{l} x_3 = 0.297 = 29.7\% \ [\text{KNO}_3] \\ x_2 = 0.008 = 0.8\% \ [\text{K}_3\text{PO}_4] \\ x_1 = 0.280 = 28.0\% \ [(\text{NH}_4)_3\text{PO}_4] \end{array}$$

7.27   1. Schritt: $\text{II} := \text{II} - 7 \cdot \text{I}, \quad \text{III} := \text{III} - 2 \cdot \text{I}$

   2. Schritt: $\text{III} := \text{III} + 6 \cdot \text{II}$

a) $$\begin{pmatrix} 14 & 12 & 14 & \vline & 30 \\ 98 & 80 & 398 & \vline & 270 \\ 28 & 48 & 60 & \vline & 120 \end{pmatrix} \xrightarrow{1.} \begin{pmatrix} 14 & 12 & 14 & \vline & 30 \\ 0 & -4 & 300 & \vline & 60 \\ 0 & 24 & 32 & \vline & 60 \end{pmatrix} \xrightarrow{2.}$$

$$\begin{pmatrix} 14 & 12 & 14 & \vline & 30 \\ 0 & -4 & 300 & \vline & 60 \\ 0 & 0 & 1832 & \vline & 420 \end{pmatrix} \implies \begin{array}{l} x_3 = 0.229 \ [\text{kg}] \ \text{Sojaschrot} \\ x_2 = 2.175 \ [\text{kg}] \ \text{Wintergerste} \\ x_1 = 0.050 \ [\text{kg}] \ \text{Winterweizen} \end{array}$$

b) Ca. 2.2 kg Wintergerste und 0.23 kg Sojaschrot.

7.28   a) 1. Schritt: $\text{II} := \text{II} + 3 \cdot \text{I}, \quad \text{III} := \text{III} - 2 \cdot \text{I}$

   2. Schritt: $\text{III} := \text{III} + \text{II}$

$$\begin{pmatrix} -1 & -2 & 1 & -1 & \vline & 2 \\ 3 & 5 & -4 & -1 & \vline & -6 \\ -2 & -3 & 3 & 2 & \vline & \lambda \end{pmatrix} \xrightarrow{1.} \begin{pmatrix} -1 & -2 & 1 & -1 & \vline & 2 \\ 0 & -1 & -1 & -4 & \vline & 0 \\ 0 & 1 & 1 & 4 & \vline & \lambda - 4 \end{pmatrix} \xrightarrow{2.}$$

$$\begin{pmatrix} -1 & -2 & 1 & -1 & \vline & 2 \\ 0 & -1 & -1 & -4 & \vline & 0 \\ 0 & 0 & 0 & 0 & \vline & \lambda - 4 \end{pmatrix}$$

Nur wenn $\lambda - 4 = 0$, d.h., $\lambda = 4$ ist,
gilt $\text{rg}(A) = \text{rg}(A \mid b) \ (= 2)$, sodass
das Gleichungssystem lösbar ist.

b) Die Lösung kann schon deswegen nicht eindeutig sein, da drei Gleichungen bei vier Unbekannnten um eine Gleichung zu wenig sind.

c) Der Rang 2 der Koeffizientenmatrix ist sogar um 2 kleiner als die Zahl $n = 4$ der Unbekannten. Folglich sind zwei Parameter frei wählbar. Die Lösungsmenge hat also die Dimension 2; sie ist eine Ebene.

d) Wir setzen $x_3 := \mu \in \mathbb{R}$ und $x_4 := \nu \in \mathbb{R}$ jeweils beliebig. Dann folgt aus II: $x_2 = -\mu - 4\nu$. Dieses x_2 in I eingesetzt ergibt: $x_1 = 3\mu + 7\nu - 2$.

In vektorieller Form lautet die Gleichung der Lösungsebene:

$$\vec{x} = \begin{pmatrix} -2 \\ 0 \\ 0 \\ 0 \end{pmatrix} + \mu \begin{pmatrix} 3 \\ -1 \\ 1 \\ 0 \end{pmatrix} + \nu \begin{pmatrix} 7 \\ -4 \\ 0 \\ 1 \end{pmatrix}$$

7.29 1. Schritt: $\text{II} := \text{II} + 2 \cdot \text{I}, \quad \text{IV} := \text{IV} + \text{I}$

2. Schritt: $\text{II} \longleftrightarrow \text{III}$ (Vertauschen von Zeile II und III)

3. Schritt: $\text{IV} := \text{IV} - \text{III}$

$$\left(\begin{array}{cccc|c|c} -2 & 1 & 4 & 0 & 2 & 2 \\ 4 & -2 & 3 & 1 & 8 & 8 \\ 0 & 2 & -1 & 1 & 4 & 4 \\ 2 & -1 & 7 & t & 11 & 10 \end{array}\right) \xrightarrow{1.} \left(\begin{array}{cccc|c|c} -2 & 1 & 4 & 0 & 2 & 2 \\ 0 & 0 & 11 & 1 & 12 & 12 \\ 0 & 2 & -1 & 1 & 4 & 4 \\ 0 & 0 & 11 & t & 13 & 12 \end{array}\right) \xrightarrow{2.}$$

$$\left(\begin{array}{cccc|c|c} -2 & 1 & 4 & 0 & 2 & 2 \\ 0 & 2 & -1 & 1 & 4 & 4 \\ 0 & 0 & 11 & 1 & 12 & 12 \\ 0 & 0 & 11 & t & 13 & 12 \end{array}\right) \xrightarrow{3.} \left(\begin{array}{cccc|c|c} -2 & 1 & 4 & 0 & 2 & 2 \\ 0 & 2 & -1 & 1 & 4 & 4 \\ 0 & 0 & 11 & 1 & 12 & 12 \\ 0 & 0 & 0 & t-1 & 1 & 0 \end{array}\right)$$

Für $t = 1$ ergibt sich:

$$\left(\begin{array}{cccc|c|c} -2 & 1 & 4 & 0 & 2 & 2 \\ 0 & 2 & -1 & 1 & 4 & 4 \\ 0 & 0 & 11 & 1 & 12 & 12 \\ 0 & 0 & 0 & 0 & 1 & 0 \end{array}\right)$$

Für $t = 1$ ist $A\vec{x} = \vec{b}$ nicht lösbar, denn $3 = \text{rg}(A) < \text{rg}(A \mid \vec{b}) = 4$.

Jedoch ist $A\vec{x} = \vec{c}$ lösbar, denn $\text{rg}(A) = \text{rg}(A \mid \vec{c}) = 3$.

Da dieser Rang um 1 kleiner als die Zahl der Unbekannten $n = 4$ ist, hat die Lösungsmenge die Dimension 1, d.h., sie ist eine Gerade. Es gilt nämlich im Falle der Lösbarkeit: $\dim(\mathbb{L}) = n - \text{rg}(A)$.

Für $t = 2$ ergibt sich:

$$\left(\begin{array}{cccc|c|c} -2 & 1 & 4 & 0 & 2 & 2 \\ 0 & 2 & -1 & 1 & 4 & 4 \\ 0 & 0 & 11 & 1 & 12 & 12 \\ 0 & 0 & 0 & 1 & 1 & 0 \end{array}\right)$$

Für $t = 2$ ist $A\vec{x} = \vec{b}$ lösbar, denn $\text{rg}(A) = \text{rg}(A \mid \vec{b}) = 4$.

Ebenso ist $A\vec{x} = \vec{c}$ lösbar, denn $\text{rg}(A) = \text{rg}(A \mid \vec{c}) = 4$.

Da der jeweilige Rang 4 mit der Zahl der Unbekannten $n = 4$ identisch ist, hat die Lösungsmenge jeweils Dimension 0, d.h., sie ist ein Punkt im $\mathbb{R}^4$. Beide Gleichungssysteme sind also eindeutig lösbar.

7.30 Es sei M = das gegebene jetzige Alter von Marie in Jahren

A = das gefragte jetzige Alter von Anna in Jahren

Z = der unbekannte vergangene Zeitraum in Jahren

I: $M = 24$ [Marie ist jetz 24 Jahre alt.]

II: $M = 2 \cdot (A - Z)$ [Marie ist doppelt so alt wie Anna vor Z Jahren.]

III: $M - Z = A$ [Vor Z Jahren war Marie so alt wie Anna jetzt.]

Wegen I folgt aus III: $Z = 24 - A$.

Diese Zeit $Z = 24 - A$ sowie $M = 24$ in II eingesetzt ergibt:

$24 = 2 \cdot (A - 24 + A) \implies 3 \cdot 24 = 4 \cdot A \implies A = 18$

Also ist Anna jetzt 18 Jahre alt. (Vor $Z = 6$ Jahren war Marie ebenso alt, Anna jedoch erst 12, also halb so alt wie Marie jetzt.)

7.31   1. Schritt: $\text{II} := \text{II} - 3 \cdot \text{I}, \quad \text{III} := \text{III} + 2 \cdot \text{I}$

      2. Schritt: $\text{III} := \text{III} + 4 \cdot \text{II}$

$$\left(\begin{array}{ccc|c} 2 & -1 & -1 & 3 & 6 \\ 6 & -2 & -3 & 0 & -3 \\ -4 & -2 & 3 & -3 & -5 \end{array} \right) \xrightarrow{1.} \left(\begin{array}{ccc|c} 2 & -1 & -1 & 3 & 6 \\ 0 & 1 & 0 & -9 & -21 \\ 0 & -4 & 1 & 3 & 7 \end{array} \right) \xrightarrow{2.}$$

$$\left(\begin{array}{cccc|c} 2 & -1 & -1 & 3 & 6 \\ 0 & -1 & 0 & 9 & 21 \\ 0 & 0 & 1 & -33 & -77 \end{array} \right)$$

ist lösbar, da $\text{rg}(A) = \text{rg}(A \mid \vec{b})$, aber nicht eindeutig, denn $\text{rg}(A) = 3 < 4 =$ Zahl der Unbekannten.

Wir setzen $x_4 := \lambda \in \mathbb{R}$ beliebig.
Dann folgt aus III: $x_3 = 33\lambda - 77$,
sodann aus II: $x_2 = 9\lambda - 21$ und
letztlich aus I: $x_1 = 19.5\lambda - 46$.
$\left. \right\} \Longrightarrow \vec{x} = \begin{pmatrix} -46 \\ -21 \\ -77 \\ 0 \end{pmatrix} + \lambda \begin{pmatrix} 19.5 \\ 9 \\ 33 \\ 1 \end{pmatrix}$

7.32   a) $\begin{pmatrix} 1 & 2 & 1 \\ 2 & 3 & 1 \end{pmatrix} \xrightarrow{\text{II} := \text{II} - 2 \cdot \text{I}} \begin{pmatrix} 1 & 2 & 1 \\ 0 & -1 & -1 \end{pmatrix}$ aus II: $x_2 = 1$
   aus I: $\quad x_1 = -1$

    b)   1. Schritt: $\text{II} := -\text{II} + 2 \cdot \text{I}, \quad \text{III} := -\text{III} + 6 \cdot \text{I}$

        2. Schritt: $\text{III} := 2 \cdot \text{III} - 17 \cdot \text{II}$

$$\left(\begin{array}{ccc|c} 1 & 3 & 5 & 1 \\ 2 & 4 & 4 & 2 \\ 6 & 1 & 2 & 3 \end{array} \right) \xrightarrow{1.} \left(\begin{array}{ccc|c} 1 & 3 & 5 & 1 \\ 0 & 2 & 6 & 0 \\ 0 & 17 & 28 & 3 \end{array} \right) \xrightarrow{2.} \left(\begin{array}{ccc|c} 1 & 3 & 5 & 1 \\ 0 & 2 & 6 & 0 \\ 0 & 0 & -46 & 6 \end{array} \right)$$

$$\text{III} \Longrightarrow x_3 = -\frac{3}{23}; \quad \text{in II:} \Longrightarrow x_2 = \frac{9}{23}; \quad \text{in I:} \Longrightarrow x_1 = \frac{11}{23}$$

    c)   1. Schritt: $\text{II} := \text{II} + 2 \cdot \text{I}, \quad \text{IV} := \text{IV} + \text{I} \qquad$ 2. Schritt: $\text{II} \longleftrightarrow \text{III}$

        3. Schritt: $\text{IV} := \text{IV} - \text{III}$

$$\left(\begin{array}{cccc|c} -2 & 1 & 4 & 0 & 2 \\ 4 & -2 & 3 & 1 & 8 \\ 0 & 2 & -1 & 1 & 4 \\ 2 & -1 & 7 & 1 & 10 \end{array} \right) \xrightarrow{1.} \left(\begin{array}{cccc|c} -2 & 1 & 4 & 0 & 2 \\ 0 & 0 & 11 & 1 & 12 \\ 0 & 2 & -1 & 1 & 4 \\ 0 & 0 & 11 & 1 & 12 \end{array} \right) \xrightarrow{2.}$$

$$\left(\begin{array}{cccc|c} -2 & 1 & 4 & 0 & 2 \\ 0 & 2 & -1 & 1 & 4 \\ 0 & 0 & 11 & 1 & 12 \\ 0 & 0 & 11 & 1 & 12 \end{array} \right) \xrightarrow{3.} \left(\begin{array}{cccc|c} -2 & 1 & 4 & 0 & 2 \\ 0 & 2 & -1 & 1 & 4 \\ 0 & 0 & 11 & 1 & 12 \\ 0 & 0 & 0 & 0 & 0 \end{array} \right)$$

Wir setzen $x_4 := \lambda \in \mathbb{R}$ beliebig.
Dann folgt aus III: $x_3 = \frac{12}{11} - \frac{1}{11}\lambda$,
sodann aus II: $x_2 = \frac{28}{11} - \frac{6}{11}\lambda$ und
letztlich aus I: $x_1 = \frac{27}{11} - \frac{5}{11}\lambda$.
$\left. \right\} \quad \vec{x} = \frac{1}{11} \begin{pmatrix} 27 \\ 28 \\ 12 \\ 0 \end{pmatrix} + \lambda \begin{pmatrix} -5 \\ -6 \\ -1 \\ 11 \end{pmatrix}$

7.33 1. Schritt: $III := III + I, \quad IV := IV - 2 \cdot I$

2. Schritt: $III := 4 \cdot III - 5 \cdot II, \quad IV := IV + 2 \cdot II$

3. Schritt: $IV := 2 \cdot IV + 3 \cdot III$

$$\left(\begin{array}{rrrr|r|r} 1 & 2 & 2 & -1 & 1 & 1 \\ 0 & 4 & 2 & -1 & 0 & 1 \\ -1 & 3 & 0 & 2 & 0 & 1 \\ 2 & -4 & 3 & 3 & 0 & 1 \end{array}\right) \xrightarrow{1.} \left(\begin{array}{rrrr|r|r} 1 & 2 & 2 & -1 & 1 & 1 \\ 0 & 4 & 2 & -1 & 0 & 1 \\ 0 & 5 & 2 & 1 & 1 & 2 \\ 0 & -8 & -1 & 5 & -2 & -1 \end{array}\right) \xrightarrow{2.}$$

$$\left(\begin{array}{rrrr|r|r} 1 & 2 & 2 & -1 & 1 & 1 \\ 0 & 4 & 2 & -1 & 0 & 1 \\ 0 & 0 & -2 & 9 & 4 & 3 \\ 0 & 0 & 3 & 3 & -2 & 1 \end{array}\right) \xrightarrow{3.} \left(\begin{array}{rrrr|r|r} 1 & 2 & 2 & -1 & 1 & 1 \\ 0 & 4 & 2 & -1 & 0 & 1 \\ 0 & 0 & -2 & 9 & 4 & 3 \\ 0 & 0 & 0 & 33 & 8 & 11 \end{array}\right)$$

Für $\vec{r}_1$: aus IV: $x_4 = \dfrac{8}{33}$ \qquad Für $\vec{r}_2$: aus IV: $x_4 = \dfrac{1}{3}$

dann aus III: $x_3 = -\dfrac{30}{33}$ \qquad dann aus III: $x_3 = 0$

dann aus II: $x_2 = \dfrac{17}{33}$ \qquad dann aus II: $x_2 = \dfrac{1}{3}$

dann aus I: $x_1 = \dfrac{67}{33}$ \qquad dann aus I: $x_1 = \dfrac{2}{3}$

7.34 1. Schritt: $II := II + 3 \cdot I, \quad III := III + I$

2. Schritt: $III := III - II$

$$\left(\begin{array}{rrr|r|r|r} 1 & -4 & 9 & 0 & 2 & 0 \\ -3 & 2 & 1 & 0 & -4 & 1 \\ -1 & -6 & 19 & 0 & 0 & 0 \end{array}\right) \xrightarrow{1.} \left(\begin{array}{rrr|r|r|r} 1 & -4 & 9 & 0 & 2 & 0 \\ 0 & -10 & 28 & 0 & 2 & 1 \\ 0 & -10 & 28 & 0 & 2 & 0 \end{array}\right) \xrightarrow{2.}$$

$$\left(\begin{array}{rrr|r|r|r} 1 & -4 & 9 & 0 & 2 & 0 \\ 0 & -10 & 28 & 0 & 2 & 1 \\ 0 & 0 & 0 & 0 & 0 & -1 \end{array}\right)$$

Für $\vec{b}_1$: aus III: $y_3 := \lambda \in \mathbb{R}$ beliebig

aus II: $y_2 = 2.8 \cdot \lambda$ \qquad $\vec{y} = \lambda \begin{pmatrix} 2.2 \\ 2.8 \\ 1 \end{pmatrix} = \lambda' \begin{pmatrix} 11 \\ 14 \\ 5 \end{pmatrix}$

aus I: $y_1 = 2.2 \cdot \lambda$

Für $\vec{b}_2$: aus III: $y_3 := \lambda \in \mathbb{R}$ beliebig

aus II: $y_2 = 2.8 \cdot \lambda - 0.2$ \qquad $\vec{y} = \begin{pmatrix} 1.2 \\ -0.2 \\ 0 \end{pmatrix} + \lambda \begin{pmatrix} 2.2 \\ 2.8 \\ 1 \end{pmatrix}$

aus I: $y_1 = 2.2 \cdot \lambda + 1.2$

Für $\vec{b}_3$: $III \Longrightarrow 0 = -1$; Widerspruch; $B\vec{y} = \vec{b}_3$ ist also nicht lösbar.

Oder: das Gleichungssystem $B\vec{y} = \vec{b}_3$ ist nicht lösbar, weil $rg(B) = 2 < 3 = rg(B \mid \vec{b}_3)$.

7.35   1. Schritt: $\text{II} := \text{II} - \text{I},\ \ \text{III} := \text{III} - \text{I},\ \ \text{IV} := \text{IV} - 2 \cdot \text{I}$

2. Schritt: $\text{III} := \text{III} - \text{II},\ \ \text{IV} := \text{IV} - 2 \cdot \text{II}$

3. Schritt: $\text{IV} := \text{IV} - 2 \cdot \text{III}$

$$(A \mid \vec{b}) = \left(\begin{array}{cccc|c} 1 & 1 & 1 & 1 & 14 \\ 1 & 2 & 2 & 2 & 26 \\ 1 & 2 & 3 & 3 & 35 \\ 2 & 4 & 6 & 6 & 70 \end{array}\right) \xrightarrow{1.} \left(\begin{array}{cccc|c} 1 & 1 & 1 & 1 & 14 \\ 0 & 1 & 1 & 1 & 12 \\ 0 & 1 & 2 & 2 & 21 \\ 0 & 2 & 4 & 4 & 42 \end{array}\right) \xrightarrow{2.}$$

$$\left(\begin{array}{cccc|c} 1 & 1 & 1 & 1 & 14 \\ 0 & 1 & 1 & 1 & 12 \\ 0 & 0 & 1 & 1 & 9 \\ 0 & 0 & 2 & 2 & 18 \end{array}\right) \xrightarrow{3.} \left(\begin{array}{cccc|c} 1 & 1 & 1 & 1 & 14 \\ 0 & 1 & 1 & 1 & 12 \\ 0 & 0 & 1 & 1 & 9 \\ 0 & 0 & 0 & 0 & 0 \end{array}\right)$$

Es ist $\text{rg}(A) = \text{rg}(A \mid \vec{b}) = 3 < 4 =$ Zahl der Unbekannten; also gibt es unendlich viele Lösungen. Da der Rang von A nur um 1 kleiner ist als die Zahl der Unbekannten, entsteht eine Lösungsgerade:

Setze $x_4 := \lambda \in \mathbb{R}$ beliebig, dann

aus III: $x_3 = 9 - \lambda$

aus II: $x_2 = 12 - (9 - \lambda) - \lambda = 3$

aus I: $x_1 = 14 - 3 - (9 - \lambda) - \lambda = 2$

$$\left.\begin{array}{l} \\ \\ \\ \end{array}\right\} \Longrightarrow \vec{x} = \begin{pmatrix} 2 \\ 3 \\ 9 \\ 0 \end{pmatrix} + \lambda \begin{pmatrix} 0 \\ 0 \\ -1 \\ 1 \end{pmatrix}$$

7.36   a) $p(x) = ax^3 + bx^2 + cx + d$

Polynom p geht durch $(1, 0) \Longrightarrow \quad a + b + c + d = 0$

Polynom p geht durch $(-1, 2) \Longrightarrow \quad -a + b - c + d = 2$

Polynom p geht durch $(2, 8) \Longrightarrow \quad 8a + 4b + 2c + d = 8$

Polynom p geht durch $(-2, 0) \Longrightarrow \quad -8a + 4b - 2c + d = 0$

b) 1. Schritt: $\text{II} := \text{II} + \text{I},\ \ \text{III} := \text{III} - 8 \cdot \text{I},\ \ \text{IV} := \text{IV} + 8 \cdot \text{I}$

2. Schritt: $\text{III} := \text{III} + 2 \cdot \text{II},\ \ \text{IV} := \text{IV} - 6 \cdot \text{II}$

3. Schritt: $\text{IV} := \text{IV} + \text{III}$

$$\left(\begin{array}{cccc|c} 1 & 1 & 1 & 1 & 0 \\ -1 & 1 & -1 & 1 & 2 \\ 8 & 4 & 2 & 1 & 8 \\ -8 & 4 & -2 & 1 & 0 \end{array}\right) \xrightarrow{1.} \left(\begin{array}{cccc|c} 1 & 1 & 1 & 1 & 0 \\ 0 & 2 & 0 & 2 & 2 \\ 0 & -4 & -6 & -7 & 8 \\ 0 & 12 & 6 & 9 & 0 \end{array}\right) \xrightarrow{2.}$$

$$\left(\begin{array}{cccc|c} 1 & 1 & 1 & 1 & 0 \\ 0 & 2 & 0 & 2 & 2 \\ 0 & 0 & -6 & -3 & 12 \\ 0 & 0 & 6 & -3 & -12 \end{array}\right) \xrightarrow{3.} \left(\begin{array}{cccc|c} 1 & 1 & 1 & 1 & 0 \\ 0 & 2 & 0 & 2 & 2 \\ 0 & 0 & -6 & -3 & 12 \\ 0 & 0 & 0 & -6 & 0 \end{array}\right)$$

IV: $-6d = 0 \Longrightarrow d = 0$; d in III: $-6c = 12 \Longrightarrow c = -2$; c und d in II: $2b = 2 \Longrightarrow b = 1$; a, b und c in I: $a + 1 - 2 = 0 \Longrightarrow a = 1$.

c) $p(x) = ax^3 + bx^2 + cx + d$; also $p(x) = x^3 + x^2 - 2x$.

7.37 a) $p(x) = a_3 x^3 + a_2 x^2 + a_1 x + a_0$

Polynom p geht durch $(-1, 0) \implies -a_3 + a_2 - a_1 + a_0 = 0$
Polynom p geht durch $(1, 0) \implies a_3 + a_2 + a_1 + a_0 = 0$
Polynom p geht durch $(2, 0) \implies 8a_3 + 4a_2 + 2a_1 + a_0 = 0$

1. Schritt: $\text{II} := \text{II} + \text{I}, \quad \text{III} := \text{III} + 8 \cdot \text{I}$

2. Schritt: $\text{III} := \text{III} - 6 \cdot \text{II}$

$$\left(\begin{array}{cccc|c} -1 & 1 & -1 & 1 & 0 \\ 1 & 1 & 1 & 1 & 0 \\ 8 & 4 & 2 & 1 & 0 \end{array} \right) \xrightarrow{1.} \left(\begin{array}{cccc|c} -1 & 1 & -1 & 1 & 0 \\ 0 & 2 & 0 & 2 & 0 \\ 0 & 12 & -6 & 9 & 0 \end{array} \right) \xrightarrow{2.}$$

$$\left(\begin{array}{cccc|c} -1 & 1 & -1 & 1 & 0 \\ 0 & 2 & 0 & 2 & 0 \\ 0 & 0 & -6 & -3 & 0 \end{array} \right)$$ Wir setzen $a_1 := \lambda \in \mathbb{R}$ beliebig; dann:

aus III: $-6a_1 - 3a_0 = 0 \Rightarrow a_0 = -2\lambda$
aus II: $2a_2 \quad + 2a_0 = 0 \Rightarrow a_2 = 2\lambda$
aus I: $-a_3 + a_2 - a_1 + a_0 = 0 \Rightarrow a_3 = -\lambda$

Die Lösungsmenge ist also eine Polynomschar $(p_\lambda)_{\lambda \in \mathbf{R}}$ mit
$p_\lambda(x) = -\lambda x^3 + 2\lambda x^2 + \lambda x - 2\lambda$.

Einfacher kann man diese Lösung durch die Faktorzerlegung erhalten, da die gegebenen Punkte Nullstellen sind:
$p(x) = a_3(x + 1)(x - 1)(x - 2) = a_3(x^3 - 2x^2 - x + 2)$
$\quad = a_3 x^3 - 2a_3 x^2 - a_3 x + 2a_3 = p_{a_3}(x)$ mit beliebigem $a_3 \in \mathbb{R}$.

Mit $a_3 := -\lambda \in \mathbb{R}$ sieht man, dass diese Polynomschar $(p_{a_3})_{a_3 \in \mathbf{R}}$ mit der vorhin errechneten Polynomschar $(p_\lambda)_{\lambda \in \mathbf{R}}$ identisch ist.

b) λ darf nicht 0 sein, da sonst kein Polynom dritten Grades vorliegt.
z.B. $\lambda = 1:$ $p_1(x) = -x^3 + 2x^2 + x - 2$
oder $\lambda = -2:$ $p_{-2}(x) = 2x^3 - 4x^2 - 2x + 4$

c) $p'_\lambda(x) = -3\lambda x^2 + 4\lambda x + \lambda \quad p''_\lambda(x) = -6\lambda x + 4\lambda \quad p'''_\lambda(x) = -6\lambda$

$p''_\lambda(x) = 0 \Rightarrow x = \frac{2}{3}$ und $p'''_\lambda(\frac{2}{3}) = -6\lambda \neq 0$, da $\lambda \neq 0$.

Der Wendepunkt liegt also bei WP $\left(\frac{2}{3}, -\frac{20}{27}\lambda \right)$.

7.38 $p(x) = ax^4 + bx^2 + c$ wegen der Achsensymmetrie (d.h., p ist gerade).

I: p geht durch $(0, -4) \implies \qquad\qquad c = -4 \qquad$ rechts eingesetzt:
II: p geht durch $(1, -6) \implies a + b + c = -6 \implies a + b = -2$
III: p geht durch $(2, \ 0) \implies 16a + 4b + c = 0 \implies 16a + 4b = 4$

Um b zu eliminieren operieren wir: $\quad \text{III} - 4 \cdot \text{II}: \implies 12a \qquad = 12$

Aus der letzten Gleichung folgt: $a = 1$.
$a = 1$ in II eingesetzt ergibt: $\quad b = -3$.

Es ergibt sich also $p(x) = x^4 - 3x^2 - 4$.

8 Lineare Optimierung

8.1 Es sei x die Menge von Speise X, gemessen in Einheiten von $100\,g$, und y die Menge von Speise Y, gemessen in Einheiten von $100\,g$.

Zu minimieren sind die Kosten $Z = 0.60 \cdot x + 1.00 \cdot y$, bewertet in €, und zwar unter den folgenden Nebenbedingungen:

I: Eiweiß: $\qquad\qquad 10x + 4y \geq 20 \iff y \geq 5 - \frac{5}{2}x$

II: Fett: $\qquad\qquad\quad 5x + 5y \geq 20 \iff y \geq 4 - x$

III: Kohlenhydrate: $\quad 20x + 60y \geq 120 \iff y \geq 2 - \frac{1}{3}x$

$$x,\, y \geq 0$$

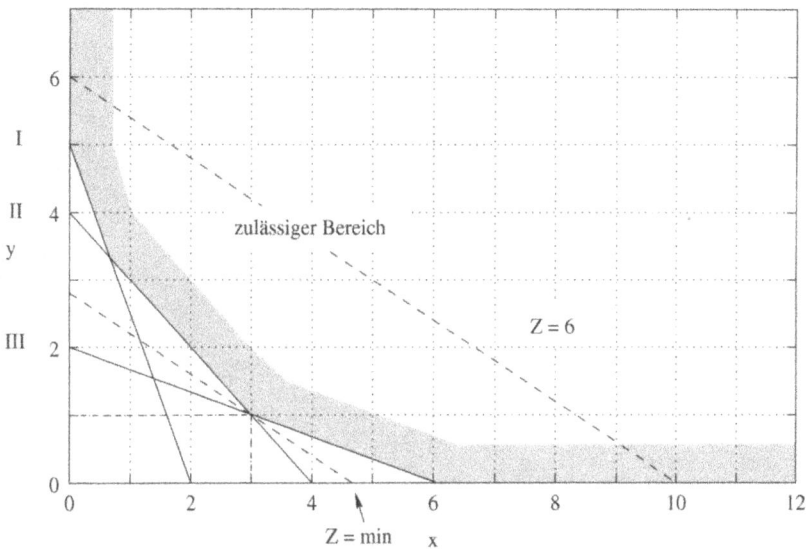

$Z = 0.6x + y \iff y = Z - 0.6x$ (Höhenlinien für die Kosten Z)

Aus der Graphik erkennt man durch Parallelverschiebung der gestrichelt gezeichneten Höhenlinien für die Kosten Z, dass Z im Schnittpunkt der Begrenzungsgeraden von II ($y = 4 - x$) und III ($y = 2 - \frac{1}{3}x$) innerhalb des schraffiert angedeuteten zulässigen Bereichs minimal wird.

Wir setzen diese Geraden II und III gleich: $4 - x = 2 - \frac{1}{3}x \implies x = 3$; $x = 3$ eingesetzt in eine der Geraden II oder III ergibt letztlich: $y = 1$.

Die optimale Lösung ist also $x = 3$, $y = 1$, d.h., seine Frau sollte $300\,g$ von Speise X und $100\,g$ von Speise Y zubereiten. Die minimierten Kosten belaufen sich dann auf $Z = 0.60 \cdot 3 + 1.00 \cdot 1 = 2.8$, also auf $2.80\,$€.

8.2   Es sei x die gesuchte Menge an Flüssigkeit X in Litern
       und y die gesuchte Menge an Flüssigkeit Y in Litern.

Zu minimieren sind die Kosten $Z = 30x + 20y$, und zwar unter den
folgenden Nebenbedingungen, die durch die geforderten Mindestmengen
an Substanz S_1 und S_2 gegeben sind:

I: Substanz S_1: $0.008x + 0.003y \geq 0.24 \iff y \geq 80 - \frac{8}{3}x$

II: Substanz S_2: $0.004x + 0.004y \geq 0.22 \iff y \geq 55 - x$

III: Substanz S_3: $0.002x + 0.006y \geq 0.21 \iff y \geq 35 - \frac{1}{3}x$

$$x,\ y \geq 0$$

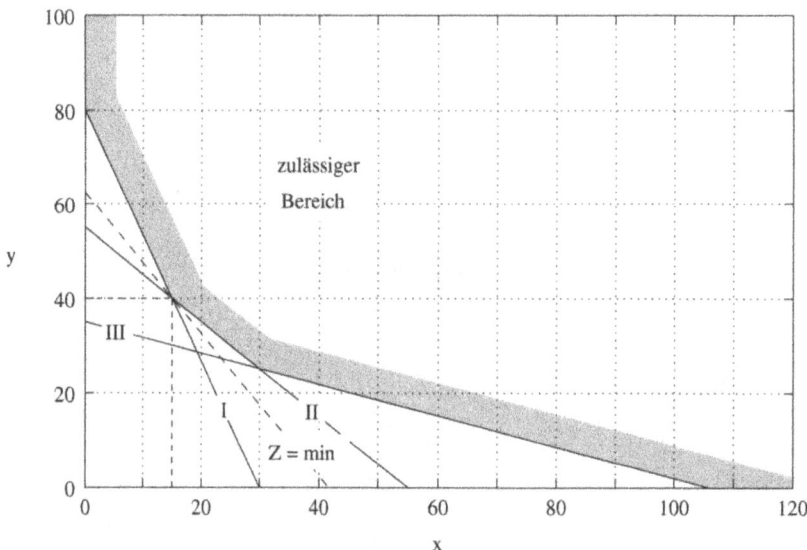

$Z = 30x + 20y \iff y = \frac{1}{20}Z - \frac{3}{2}x$ (Höhenlinien für die Kosten Z)

Die Höhenlinien für die Kosten Z sind parallele Geraden. Die Graphik
zeigt nur eine davon. Diese ist gestrichelt gezeichnet und geht durch
den Schnittpunkt der Begrenzungsgeraden von I ($y = 80 - \frac{8}{3}x$) und II
($y = 55 - x$), denn dieser Schnittpunkt minimiert die Kosten Z innerhalb
des schraffiert angedeuteten zulässigen Bereichs.

Wir setzen diese Geraden I und II gleich: $80 - \frac{8}{3}x = 55 - x \implies 25 = \frac{5}{3}x$
$\implies x = 15$. Dieses x in Gerade II eingesetzt ergibt: $y = 55 - 15 = 40$.

Kostenminimierend ist es also, 15 Liter von Flüssigkeit X und 40 Liter
von Flüssigkeit Y zu nehmen. Die minimalen Kosten dieser Mischung
belaufen sich dann auf $Z_{\min} = 30 \cdot 15 + 20 \cdot 40 = 1\,250$ Geldeinheiten.

8.3   Es sei x die monatlich zu fertigende Stückzahl des Produktes X
       und y die monatlich zu fertigende Stückzahl des Produktes Y

Zu maximieren ist der Gewinn $Z = 1\,000\,x + 3\,000\,y - 36\,000$ unter den
folgenden Nebenbedingungen durch beschränkte Kapazitäten:

I: Maschine M_1: $x + 2y \leq 170 \iff y \leq 85 - \frac{1}{2}x$

II: Maschine M_2: $x + y \leq 150 \iff y \leq 150 - x$

III: Maschine M_3: $3y \leq 180 \iff y \leq 60$

$$x, \ y \ \geq \ 0$$

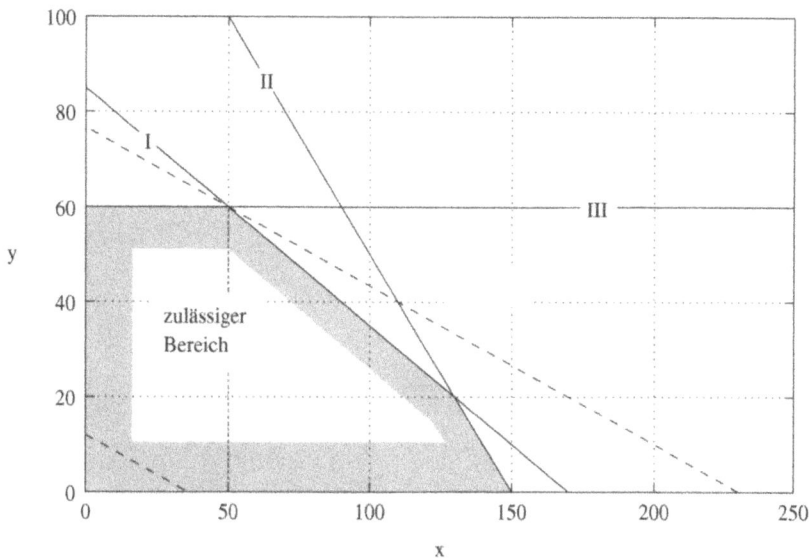

$$Z = 1\,000\,x + 3\,000\,y - 36\,000 \iff y = \tfrac{1}{3\,000}Z + 12 - \tfrac{1}{3}x$$

(Höhenlinien des Gewinns Z)

Durch Parallelverschiebung der gestrichelt gezeichneten Höhenlinien des
Gewinns Z erkennt man, dass Z im Schnittpunkt der Geraden I ($y =
85 - \frac{1}{2}x$) und der Horizontalen III ($y = 60$), die den schraffierten Bereich
der monatlich herstellbaren Stückzahlen begrenzen, minimal wird.

Das Gleichsetzen dieser Geraden I und III ist hier mit dem Einsetzen
von $y = 60$ in I identisch. Es ergibt sich: $60 = 85 - \frac{1}{2}x \implies x = 50$.

Die gewinnmaximierende Mengenkombination setzt sich also aus 50 Stück
von Produkt X und 60 Stück von Produkt Y zusammen. Der dadurch
erreichte maximale Gewinn beläuft sich dann auf $Z_{\max} = 1\,000 \cdot 50 +
3\,000 \cdot 60 - 36\,000 = 194\,000$, d.h. $194\,000 \, €$ im Monat.

9 Kombinatorik und Wahrscheinlichkeits- rechnung

Kombinatorik

9.1   a) $6 \cdot 6 \cdot 6 = 6^3 = 216$ (Variationen mit Wiederholung)

     b) $2 \cdot 6 \cdot 6 = 72$ (die erste Ziffer muss 2 oder 3 sein)

     c) $6 \cdot 6 \cdot 2 = 72$ (die Endziffer muss 2 oder 6 sein)

     d) $6 \cdot 6 \cdot 4 = 144$ (die Endziffer muss 3, 5, 7 oder 9 sein)

     e) $6 \cdot 6 \cdot 1 = 36$ (die Endziffer muss 5 sein)

9.2   a) $4 + 4^2 = 20$ (vier einstellige und 16 zweistellige)

     b)   Alle Zahlen mit der Endziffer 5 oder 7 sind ungerade; das sind dann nur noch halb so viele, also 10.

9.3   a)   Permutationen ohne Wiederholung: $P_8 = 8! = 40\,320$

     b)   Permutationen mit Wiederholung: $\widetilde{P}_8 = \dfrac{8!}{4! \cdot 2! \cdot 2!} = 420$

9.4   a)   Permutationen ohne Wiederholung: $P_5 = 5! = 120$

     b)   Permutationen mit Wiederholung: $\widetilde{P}_5 = \dfrac{5!}{3! \cdot 2!} = \dfrac{120}{12} = 10$

     c) $\dfrac{\widetilde{P}_5}{5} = \dfrac{10}{5} = 2$ $\left[\begin{array}{l} \text{Drehungen um eine fünftelte Runde} \\ \text{ändern die Anordnung nicht.} \end{array} \right]$

9.5   Es gibt $\dbinom{5}{2} = \dfrac{5!}{2! \cdot 3!} = \dfrac{5 \cdot 4}{2} = 10$ mögliche Herren-Doppel

     und $\dbinom{7}{2} = \dfrac{7!}{2! \cdot 5!} \dfrac{7 \cdot 6}{2} = 21$ mögliche Damen-Doppel,

     insgesamt also $\dbinom{5}{2} \cdot \dbinom{7}{2} = 10 \cdot 21 = 210$ verschiedene Spielpaarungen.

9.6
Möglichkeiten, vier Mathematikbücher aufzustellen:	$4! = 24$
Möglichkeiten, drei Geschichtsbücher aufzustellen:	$3! = 6$
Möglichkeiten, drei Chemiebücher aufzustellen:	$3! = 6$
Möglichkeiten, zwei Biologiebücher aufzustellen:	$2! = 2$
Möglichkeiten, vier Buchgruppen anzuordnen:	$4! = 24$

     Summe aller möglichen Variationen: $(4! \cdot 3! \cdot 3! \cdot 2!) \cdot 4! = 41\,472$

9.7 a) Kombinationen ohne Wiederholung: $C_{10}^{(3)} = \binom{10}{3} = 120$

b) Variationen ohne Wiederholung: $V_{10}^{(3)} = \dfrac{10!}{(10-3)!} = 10 \cdot 9 \cdot 8 = 720$

9.8 a) Permutationen ohne Wiederholung: $P_{22} = 22! \approx 1.124 \cdot 10^{21}$;
es gibt eine Trilliarde und 124 Trillionen verschiedene Endresultate.

b) Permutationen mit Wiederholung: $\tilde{P}_{20} = \dfrac{22!}{(2!)^{11}} \approx 5.488 \cdot 10^{17}$;

das sind noch 548.8 Billiarden verschiedene Resultate.

c) Permutationen mit Wiederholung: $\tilde{P}_{22} = \dfrac{22!}{(2!)^5 \cdot (3!)^4} \approx 2.710 \cdot 10^{16}$;

dann gäbe es nur noch etwa 27.10 Billiarden mögliche Resultate.

9.9 a) Kombinationen ohne Wiederholung: $C_n^{(k)} = \binom{n}{k}$

$$n = 26 \text{ und } k = 3: \quad C_{26}^{(3)} = \binom{26}{3} = \frac{26 \cdot 25 \cdot 24}{3 \cdot 2 \cdot 1} = 2600$$

b) Kombinationen mit Wiederholung: $\tilde{C}_n^{(k)} = \binom{n+k-1}{k}$

$$n = 26 \text{ und } k = 3: \quad \tilde{C}_{26}^{(3)} = \binom{26+3-1}{3} = \frac{28 \cdot 27 \cdot 26}{3 \cdot 2 \cdot 1} = 3276$$

9.10 Insgesamt $\binom{10}{4} = \dfrac{10!}{4! \cdot 6!} = 210$ Möglichkeiten; davon

$\binom{8}{4} \cdot \binom{2}{0} = \dfrac{8!}{4! \cdot 4!} \cdot \dfrac{2!}{0! \cdot 2!} = 70$ mit keinem Biologie-Studenten am Vierer-Tisch,

$\binom{8}{3} \cdot \binom{2}{1} = \dfrac{8!}{3! \cdot 5!} \cdot \dfrac{2!}{1! \cdot 1!} = 112$ mit einem Biologie-Studenten am Vierer-Tisch,

$\binom{8}{2} \cdot \binom{2}{2} = \dfrac{8!}{2! \cdot 6!} \cdot \dfrac{2!}{2! \cdot 0!} = 28$ mit zwei Biologie-Studenten am Vierer-Tisch.

9.11 Kombinationen mit Wiederholung:

$$\tilde{C}_n^{(k)} = \binom{n+k-1}{k} = \binom{n+k-1}{n-1} \quad \text{mit } n = 3 \text{ und } k = 10; \quad \text{somit}$$

gibt es $\tilde{C}_3^{(10)} = \binom{3+10-1}{3-1} = \binom{12}{2} = \dfrac{12 \cdot 11}{2} = 66$ Möglichkeiten.

9.12 a) Es wären 5! = 120, unterschiede man nach Stühlen. Die Anordnung von fünf Personen gilt aber bei einer Drehung um eine fünftelte Runde als unverändert; deswegen schrumpft die Zahl der Möglichkeiten auf ein Fünftel davon, sodass es nur noch $\frac{5!}{5} = 4! = 24$ sind. Anders ausgedrückt: Die Dame, die zuerst Platz nimmt, kann an einem runden Tisch die Anordnung der Damen zueinander nicht beeinflussen, sodass eben nur noch 4! = 24 Anordnungsmöglichkeiten bleiben.

   b) Der erste Herr hat fünf Möglichkeiten, der zweite nur noch vier und der dritte nur noch drei, sodass sich insgesamt $5 \cdot 4 \cdot 3 = 60$ Möglichkeiten ergeben. Hier ist eine Drehung der Herrenrunde nicht mehr unwesentlich; schließlich ist es nicht egal, zwischen welchen beiden Damen man sitzt.

   Folgender Lösungsweg ist ebenso möglich: Man wählt aus den fünf Zwischenräumen drei aus, in die sich die Herren setzen. Dazu gibt es $\binom{5}{3} = 10$ Möglichkeiten. Die Herren haben 3! = 6 Möglichkeiten, sich auf diese gewählten Zwischenräume zu verteilen, sodass insgesamt wieder $10 \cdot 6 = 60$ Verteilungsmöglichkeiten für die Herren entstehen.

   c) $24 \cdot 60 = 1440$ Möglichkeiten (Ergebnis aus a) mal Ergebnis aus b))

9.13 Auswahl von 3 Kühen aus 6 Kühen: $\qquad C_6^{(3)} = \binom{6}{3} = 20$

   Auswahl von 2 Schweinen aus 5 Schweinen: $C_5^{(2)} = \binom{5}{2} = 10$

   Auswahl von 4 Hühnern aus 8 Hühnern: $\qquad C_8^{(4)} = \binom{8}{4} = 70$

   Es gibt also $\binom{6}{3} \cdot \binom{5}{2} \cdot \binom{8}{4} = 20 \cdot 10 \cdot 70 = 14\,000$ Auswahlarten.

9.14 a) Permutationen ohne Wiederholung: $P_5 = 5! = 120$ Anordnungen.

   b) Permutationen mit Wiederholung: $\widetilde{P}_5 = \dfrac{5!}{1! \cdot 2! \cdot 2!} = 30$.

   c) Permutationen mit Wiederholung: $\widetilde{P}_5 = \dfrac{5!}{3! \cdot 1! \cdot 1!} = 20$.

   d) Kombinationen ohne Wiederholung:

   Es gibt $C_5^{(3)} = \binom{5}{3} = C_5^{(2)} = \binom{5}{2} = \dfrac{5!}{2! \cdot 3!} = 10$ Möglichkeiten.

9.15 Kombinationen mit Wiederholung:

   $\widetilde{C}_5^{(2)} = \binom{5 + 2 - 1}{2} = \binom{6}{2} = \dfrac{6 \cdot 5}{2} = 15$

9.16   a) Permutationen ohne Wiederholung: $P_4 = 4! = 24$ Anordnungen.

b) Variationen ohne Wiederholung: $V_4^{(3)} = \dfrac{4!}{(4-3)!} = 24 > 20$;
die Anzahl reicht also.

c) Variationen mit Wiederholung: $\tilde{V}_n^{(k)} = n^k$; $\tilde{V}_4^{(3)} = 4^3 = 64$

d) $k = 2$: $\tilde{V}_4^{(2)} = 16 < 20$; die Anzahl würde nicht ausreichen.

9.17   a) Variationen mit Wiederholung: $\tilde{V}_n^{(k)} = n^k = 4^{3000}$ Sequenzen.
Die Eingabe von 4^{3000} in den Taschenrechner ergibt einen Überlauf.
Es ist $4^{3000} = 10^{3000 \cdot \lg 4} = 10^{1806.18} = 10^{0.18} \cdot 10^{1806} = 1.51 \cdot 10^{1806}$.

b) $4^n \geq 20 \Rightarrow n \geq 3$; die Sequenz bedarf mindestens dreier Nukleotide.

c) $P(\text{Kettenende}) = \dfrac{3}{4^3} = \dfrac{3}{64} = 0.047 = 4.7\%$

9.18   a) $V_{20}^{(9)} = \dfrac{20!}{(20-9)!} = \dfrac{20!}{11!} = 6.1 \cdot 10^{10}$ b) $\tilde{V}_{20}^{(9)} = 20^9 = 5.1 \cdot 10^{11}$

Berechnung von Wahrscheinlichkeiten

9.19   Es gibt insgesamt $6 \cdot 6 = 36$ mögliche unvereinbare, gleichwahrscheinliche
Zahlentupel; man muss nämlich zwischen den zwei Würfeln unterscheiden, sonst wären die Paare nicht gleichwahrscheinlich.

Dabei gewinnt Elisabeth bei einem der folgenden sechs Zahlenpaare:

$$(1,\,1) \quad (2,\,2) \quad (3,\,3) \quad (4,\,4) \quad (5,\,5) \quad (6,\,6)$$

Für Ottilie gibt es aber ebenfalls sechs Tupel zum Gewinn des Spieles:

$$(1,\,2) \quad (2,\,1) \quad (2,\,4) \quad (4,\,2) \quad (3,\,6) \quad (6,\,3)$$

Die Wahrscheinlichkeit, dass Elisabeth gewinnt, ist also ebenso groß wie
die, dass Ottilie gewinnt, nämlich jeweils $\frac{6}{36} = \frac{1}{6}$. Dagegen beträgt die
Wahrscheinlichkeit für ein Unentschieden $1 - \frac{1}{6} - \frac{1}{6} = \frac{2}{3}$.

9.20   a) Die Lose sind entweder blau, rot oder gelb. Die Wahrscheinlichkeit,
ein blaues, rotes oder gelbes Los zu ziehen, ist also 1. Demnach ergibt
sich $P(\text{blau})$ aus den Komplement von $P(\text{rot})$ und $P(\text{gelb})$:

$$P(\text{blau}) = 1 - P(\text{rot}) - P(\text{gelb}) = \frac{1}{2}$$

b) Bei einer geraden und durchnummerierten Anzahl von Losen gibt
es genauso viele Lose mit gerader wie mit ungerader Nummer. Die
Chance, eine gerade Nummer zu ziehen, ist also 50%:

$$P(\text{gerade}) = \frac{1}{2}$$

c) Da Farbe und Losnummer voneinander unabhängig sind, braucht man die entsprechenden Wahrscheinlichkeiten nur miteinander zu multiplizieren:
$$P(\text{rot und gerade}) = P(\text{rot}) \cdot P(\text{gerade}) = \frac{1}{8}$$

d) Es ist $P(\text{ungerade}) = 1 - P(\text{gerade}) = \frac{1}{2}$ und $P(\text{gelb}) = \frac{1}{4}$

$\implies P(\text{gelb und ungerade}) = \frac{1}{4} \cdot \frac{1}{2} = \frac{1}{8}$ wegen der Unabhängigkeit.

Somit gilt: $P(\text{gelb oder ungerade})$
$$= P(\text{gelb}) + P(\text{ungerade}) - P(\text{gelb und ungerade}) = \frac{5}{8}$$

e) $P(\text{gelb oder blau}) = P(\text{gelb}) + P(\text{blau})$ $\left[\begin{array}{l}\text{denn gelb und blau} \\ \text{sind unvereinbar}\end{array}\right]$
$$= \frac{1}{4} + \frac{1}{2} = \frac{3}{4}$$

9.21 a) $P(\text{die vier abgebildeten}) = \frac{4}{32} \cdot \frac{3}{31} \cdot \frac{2}{30} \cdot \frac{1}{29} = 2.78 \cdot 10^{-5} \approx 0.003\,\%$

b) $P(\text{die vier Buben}) = 2.78 \cdot 10^{-5}$ (gleiches Ergebnis wie in a))

c) $P(\geq 1 \text{ Bube}) = 1 - P(\text{kein Bube}) = 1 - \frac{28}{32} \cdot \frac{27}{31} \cdot \frac{26}{30} \cdot \frac{25}{29} = 0.4306$
$\approx 43\,\%$

d) $P(\text{genau 1 Bube}) = \binom{4}{1} \cdot \frac{4}{32} \cdot \frac{28}{31} \cdot \frac{27}{30} \cdot \frac{26}{29} = 0.3644 \approx 36\frac{1}{2}\,\%$

Oder: $P(\text{genau 1 Bube}) = \frac{\binom{4}{1} \cdot \binom{28}{3}}{\binom{32}{4}} = 0.3644 \approx 36\frac{1}{2}\,\%$

e) $P(\text{Kreuzbube dabei}) = \frac{4}{32} = \frac{1}{8} = 0.125 = 12.5\,\%$

f) $P(\text{alle gleiche Farbe}) = \frac{32}{32} \cdot \frac{7}{31} \cdot \frac{6}{30} \cdot \frac{5}{29} = 0.00779 \approx 0.8\,\%$
(wenn gut gemischt wäre)

g) $P(\text{alle 4 Farben}) = \frac{32}{32} \cdot \frac{24}{31} \cdot \frac{16}{30} \cdot \frac{8}{29} = 0.1139 \approx 11.4\,\%$

h) $P(\text{nur B} \vee \text{D} \vee \text{K} \vee \text{A}) = \frac{16}{32} \cdot \frac{15}{31} \cdot \frac{14}{30} \cdot \frac{13}{29} = 0.0506 \approx 5\,\%$

i) $P(1\,\text{B}, 1\,\text{D}, 1\,\text{K}, 1\,\text{A}) = \frac{16}{32} \cdot \frac{12}{31} \cdot \frac{8}{30} \cdot \frac{4}{29} = 0.00712 \approx 0.7\,\%$

j) Diese Wahrscheinlichkeit ist jeweils ein Viertel, also 25 %, denn jeder der vier möglichen Plätze des Kreuzbuben ist gleich wahrscheinlich (vgl. hierzu auch den alternativen Lösungsweg mittels bedingter Wahrscheinlichkeiten in Aufgabe 9.36).

9.22   Die Wahrscheinlichkeit, in einer bestimmten Reihenfolge dreimal Kopf
       und zweimal Wappen zu erhalten, ist $(\frac{1}{2})^3 \cdot (\frac{1}{2})^2$. Es gibt ferner $\binom{5}{3} = \frac{5!}{3! \cdot 2!}$
       verschiedene Reihenfolgen aus Kopf und Wappen; also gilt (entsprechend
       der Bionomialverteilung):

       $$P(3 \text{ Kopf, 2 Wappen}) = \binom{5}{3} \cdot \left(\frac{1}{2}\right)^3 \cdot \left(\frac{1}{2}\right)^2 = \frac{10}{32} = \frac{5}{16} = 0.3125$$

       Andere Lösungsmöglichkeit: Es gibt insgesamt $\binom{5}{3}$ günstige und 2^5 mög-
       liche unvereinbare, gleichwahrscheinliche Ereignisse von 5-Tupeln, also

       $$P(3 \text{ Kopf, 2 Wappen}) = \frac{\binom{5}{3}}{2^5} = \frac{10}{32} = \frac{5}{16} = 0.3125$$

9.23   Drei Würfe eines Würfels bieten $6^3 = 216$ mögliche unvereinbare, gleich-
       wahrscheinliche Ereignistripel. Bei diesen spielt die Reihenfolge eine Rol-
       le, ansonsten wären sie nicht gleichwahrscheinlich (ein Ergebnis $\{4, 5, 6\}$
       in beliebiger Reihenfolge wäre z.B. wahrscheinlicher als $\{6, 6, 6\}$).

   a) Eine Augensumme von mindestens 5 wird nicht erreicht, wenn sie 3
       oder 4 ist. Dabei resultiert die Augensumme 3 nur aus dem Ergebnis
       $(1, 1, 1)$, die Augensumme 4 aus $(1, 1, 2)$ und seinen drei Permuta-
       tionen. Das ergibt insgesamt vier Möglichkeiten; also gilt:

       $$\begin{aligned}
       P(\text{Augensumme} \geq 5) &= 1 - P(3 \leq \text{Augensumme} \leq 4) \\
       &= 1 - \tfrac{4}{216} = \tfrac{212}{216} \approx 98\%
       \end{aligned}$$

   b) Eine Augensumme von höchstens 5 erreicht man mit den vier Tri-
       peln aus der vorausgehenden Teilaufgabe, die eine Augensumme von
       höchstens 4 ergeben, sowie mit den sechs Tripeln, die eine Augensum-
       me von genau 5 ergeben; das sind die Tripel $(1, 2, 2)$ und $(1, 1, 3)$ mit
       ihren jeweils drei Permutationen. Insgesamt ergeben sich $4 + 6 = 10$
       Tripel mit einer Augensumme von höchstens 5, sodass gilt:

       $$P(\text{Augensumme} \leq 5) = \tfrac{10}{216} \approx 4.6\%$$

   c) Auf die Augensumme 12 führen die Tripel $(1, 5, 6)$, $(2, 4, 6)$ und
       $(3, 4, 5)$ mit jeweils $3! = 6$ Permutation, $(2, 5, 5)$ und $(6, 3, 3)$ mit
       jeweils drei Permutationen sowie $(4, 4, 4)$. Es resultieren also insge-
       samt $6 \cdot 3 + 3 \cdot 2 + 1 = 25$ günstige von 216 möglichen unvereinbaren,
       gleichwahrscheinichen Ereignissen. Somit gilt:

       $$P(\text{Augensumme} = 12) = \tfrac{25}{216} \approx 11.6\%$$

   d) Um eine gerade Augensumme zu erhalten, muss das Ergebnis des
       dritten Wurfes gerade sein (d.h., 2, 4, oder 6), falls die Aufgensumme
       der ersten beiden Würfe bereits gerade ist, und ungerade (1, 3 oder
       5), falls die Augensumme der ersten beiden Würfe ungerade ist. Da
       beide Wahrscheinlichkeiten für den dritten Wurf jeweils 50 % sind,
       ist auch die Wahrscheinlichkeiten für eine gerade Augensumme 50 %.

   e) $P(\text{mind. eine Sechs}) = 1 - P(\text{keine Sechs}) = 1 - \left(\frac{5}{6}\right)^3 = \frac{91}{216} \approx 42\%$

9.24 Die Wahrscheinlichkeit, bei einem Wurf mit vier Würfeln lauter Einsen zu erhalten, ist $\frac{1}{6} \cdot \frac{1}{6} \cdot \frac{1}{6} \cdot \frac{1}{6} = \left(\frac{1}{6}\right)^4 = \frac{1}{1296}$.

Die Wahrscheinlichkeit, dass dies nicht zutrifft, ist somit $1 - \left(\frac{1}{6}\right)^4 = \frac{1295}{1296}$.

Die Wahrscheinlichkeit, bei n Würfen mit vier Würfeln mindestens einen mit lauter Einsen zu erhalten, resultiert dann wie folgt:

$$P(\text{mindestens einmal } (1, 1, 1, 1)) = 1 - P(\text{nie } (1, 1, 1, 1))$$
$$= 1 - \left[1 - \left(\tfrac{1}{6}\right)^4\right]^n = 1 - \left[\tfrac{1295}{1296}\right]^n$$

Diese Wahrscheinlichkeit soll nun größer als 1 % sein:

$$1 - \left(\tfrac{1295}{1296}\right)^n > 0.01 \iff \left(\tfrac{1295}{1296}\right)^n < 0.99 \iff n \cdot \ln\tfrac{1295}{1296} < \ln 0.99$$

Wegen $\frac{1295}{1296} < 1$ ist dessen Logarithmus negativ. Somit ändert sich bei der Division durch $\ln\frac{1295}{1296}$ das Ungleichheitszeichen, und wir erhalten:

$$n > \frac{\ln 0.99}{\ln \frac{1295}{1296}} \approx 13.02; \quad \text{also mindestens 14 Würfe.}$$

Wenn man jedoch 13 mal würfelt, unterschreitet man die geforderte Wahrscheinlichkeit von 1% nur äußerst knapp (0.9985 %).

9.25 $P(\text{mindestens zwei am gleichen Tag}) = 1 - P(\text{jeder an anderem Tag})$

$$= 1 - \frac{365}{365} \cdot \frac{364}{365} \cdot \ldots \cdot \frac{365 - 29}{365} = 1 - \frac{365 \cdot 364 \cdot \ldots \cdot 336}{365^{30}} \approx 70.6\,\%$$

9.26 a) $n = $ Anzahl der Studenten, $k = $ Anzahl der Chinesen;

$$P(\text{die ersten 5 sind Chinesen}) = \frac{k(k - 1)(k - 2)(k - 3)(k - 4)}{n(n - 1)(n - 2)(n - 3)(n - 4)} \overset{!}{=} \frac{1}{2}$$

Für $n = 10$ und $k = 9$ ist obige Gleichung erfüllt. Das ist insofern einleuchtend, als sich bei neun von zehn Chinesen die Wahrscheinlichkeit, dass der Nichtchinese zur zweiten Fünfergruppe gehört, sofort zu 50 % ergibt.

Für $n < 10$ Studenten wäre die o.a. Wahrscheinlichkeit kleiner als 50 %, es sei denn, es wäre überhaupt kein Chinese im Hörsaal; dann aber wäre sie 100 %.

Für $n > 10$ Studenten wäre die o.a. Wahrscheinlichkeit größer als 50 %, sofern höchstens ein Nichtchinese im Hörsaal gewesen ist.

Wären aber mindestens zwei Nichtchinesen im Hörsaal gewesen, so ließe sich der o.a. Wahrscheinlichkeitsbruch nie bis auf $\frac{1}{2}$ durchkürzen.

$n = 10$ Studenten mit $k = 9$ Chinesen bilden also die einzige Lösung.

b) $P(\text{die ersten 3 sind Perser oder Iren}) = \dfrac{5}{15} \cdot \dfrac{4}{14} \cdot \dfrac{3}{13} = \dfrac{2}{91} \approx 2.2\,\%$

9.27   a) Die erste Ziffer eines vierziffrigen Autokennzeichens kann nur Zahlen
           zwischen 1 und 9 annehmen, die weiteren drei auch die Zahl 0. Damit
           ergeben sich $9 \cdot 10 \cdot 10 \cdot 10 = 9\,000$ Kombinationsmöglichkeiten für ein
           Schild. Damit die Ziffern in aufsteigender Folge angeordnet sind und
           direkt aufeinanderfolgen, sind folgende Kennzeichen möglich: 1234,
           2345, 3456, 4567, 5678, 6789. Das sind insgesamt sechs; also gilt:

           $$P(\text{gefragte Reihenfolge}) = \frac{6}{9\,000} = 6.\overline{6} \cdot 10^{-4} \approx 0.066\overline{6}\,\%$$

        b) Günstigerweise berechnet man zunächst die Wahrscheinlichkeit dafür,
           dass keine 2 Autos in den 3 Endziffern übereinstimmen und bildet
           anschließend das Komplement. Die drei Endziffern nehmen Werte
           von 0 bis 9 an, es gibt also $10 \cdot 10 \cdot 10 = 1000$ mögliche Kombinationen allein aufgrund dieser drei Ziffern. Damit sich jedes Kennzeichen
           vom anderen unterscheidet, kommen für das erste Auto 1000 Nummern in Frage, für das zweite nur noch 999, für das dritte 998 usw.
           bis zum 20. Auto, für das es noch 981 Möglichkeiten gibt. Für Auto i
           sind 1000 Tripel möglich, günstig sind: $1000 - i + 1$. Die Wahrscheinlichkeit, dass sich alle Tripel voneinander unterscheiden, ist dann:

           $$P(\text{alle verschieden}) = \frac{1000 \cdot 999 \cdot 998 \cdot 997 \cdots 981}{1000^{20}} = 0.826$$

           $$\implies P(\text{mindestens 2 gleiche}) = 1 - 0.826 = 0.174$$

9.28   a) Die Wahrscheinlichkeit, dass genau die erste der vier ausgewählten
           Personen Blutgruppe AB hat, ist $0.04^1 \cdot 0.96^{99}$. Dasselbe gilt in Bezug
           auf die dritte, die vierte und die restlichen der 100 Personen: Also ist
           die Wahrscheinlichkeit, dass genau eine der 100 Personen Blutgruppe
           AB hat, $100 \cdot 0.04^1 \cdot 0.96^{99} = 0.0703 \approx 7\,\%$.

           Oder man verwendet die Binomialverteilung (Bernoulli-Verteilung)
           mit den Parametern $n = 100$, $k = 1$, $p = 0.04$:

           $P(X = 1) = \binom{100}{1} \cdot 0.04^1 \cdot 0.96^{100-1} = 100 \cdot 0.04 \cdot 0.96^{99} = 0.0703 \approx 7\,\%$.

           Da Blutgruppe AB ein relativ seltenes Ereignis ist, ist auch eine
           Approximation durch die Poisson-Verteilung vertretbar, und zwar
           mit den Parametern $k = 1$ und $\lambda = E(X) = n \cdot p = 100 \cdot 0.04 = 4$:

           $$P(X = k) = \frac{\lambda^k}{k!} e^{-\lambda}, \text{ also } P(X = 1) = \frac{4^1}{1!} \cdot e^{-4} = 0.0733 \approx 7\,\%.$$

        b) $P(X \leq 1) = P(X = 0) + P(X = 1) = 0.96^{100} + 0.0703 = 0.0872 \approx 9\,\%$.
           Die Approximation durch die Poisson-Verteilung ergäbe:

           $$P(X \leq 1) = \frac{4^0}{0!} e^{-4} + \frac{4^1}{1!} e^{-4} = 5 \cdot e^{-4} + 0.073 = 0.0916 \approx 9\,\%.$$

        c) $P(X \geq 2) = 1 - P(X \leq 1) = 1 - 0.0872 = 0.9128 \approx 91\,\%$.
           Die Poisson-Approximation erbrächte $0.9084 \approx 91\,\%$.

9.29 Für zwei unabhängige Ereignisse A und B gilt: $P(A \cap B) = P(A) \cdot P(B)$

a) $P(A) \quad = P(A \cap B) + P(A \cap \overline{B}) \quad \Longrightarrow$

$$\begin{aligned} P(A \cap \overline{B}) &= P(A) - P(A \cap B) \\ &= P(A) - P(A) \cdot P(B) \quad \text{(da } A \text{ und } B \text{ unabhängig)} \\ &= P(A) \cdot (1 - P(B)) \\ &= P(A) \cdot P(\overline{B}) \quad \text{q.e.d.} \end{aligned}$$

b) Die Unabhängigkeit von $\overline{A}$ und B beweist man analog zu a).

c) $$\begin{aligned} P(\overline{A} \cap \overline{B}) &= P(\overline{A \cup B}) \\ &= 1 - P(A \cup B) \\ &= 1 - P(A) - P(B) + P(A \cap B) \\ &= 1 - P(A) - P(B) + P(A) \cdot P(B) \quad (A \text{ und } B \text{ unabh.}) \\ &= (1 - P(A)) \cdot (1 - P(B)) \\ &= P(\overline{A}) \cdot P(\overline{B}) \quad \text{q.e.d.} \end{aligned}$$

9.30 a) P(alle Prüfungen bestehen)
$$\begin{aligned} &= (1 - 0.30) \cdot (1 - 0.60) \cdot (1 - 0.30) \cdot (1 - 0.30) \cdot (1 - 0.20) \cdot (1 - 0.30) \\ &= 0.077 = 7.7\% \end{aligned}$$

b) Weil das Bestehen der einzelnen Fächer nicht unabhängig voneinander ist. Wenn man z.B. Physik besteht, besteht man meist auch Mathematik. Die Wahrscheinlichkeit, Mathematik beim ersten Mal zu bestehen unter der Bedingung, dass man bereits Physik bestanden hat, ist größer als 70 %. Wenn sie 80 % betrüge, wäre die Wahrscheinlichkeit, Mathematik und Physik beim ersten Mal zu bestehen, schon $0.40 \cdot 0.80$ statt $0.40 \cdot 0.70$. Entsprechend erhöht sich die Wahrscheinlichkeit, alle sechs Fächer beim ersten Mal zu bestehen.

c) P(dreimal in Physik durchfallen) $= 0.6 \cdot 0.5 \cdot 0.4 = 0.12 = 12\%$.
Man erwartet also, dass 12 % von 120, das sind 14.4, also etwa 14 bis 15 Personen, wegen Physik exmatrikuliert werden.

9.31 a) Ziehen mit Zurücklegen: P(drei leere) $= \dfrac{5}{20} \cdot \dfrac{5}{20} \cdot \dfrac{5}{20} = \dfrac{1}{64} = 1.5625\%$

b) Es liegt dieselbe Situation wie beim Ziehen ohne Zurücklegen vor:
$$P(\text{drei leere}) = \frac{5}{20} \cdot \frac{4}{20} \cdot \frac{3}{20} = \frac{3}{400} = 0.75\%$$

c) Genauso groß wie im ersten Zug, nämlich $\frac{5}{20} = \frac{1}{4} = 25\%$.
Wenn man ein Tripel von Flaschen zieht, ist es schon aus Symmetriegründen logisch, dass die Wahrscheinlichkeit, dass die dritte Stelle von einer leeren besetzt wird, genauso groß ist wie die Wahrscheinlichkeit, dass die erste Stelle von einer leeren besetzt wird. Eine ausführliche Abhandlung zu einer ähnlichen Fragestellung erfolgt in Aufgabe 9.36 unter Verwendung bedingter Wahrscheinlichkeiten.

9.32 Die Menge E der möglichen unvereinbaren, gleichwahrscheinlichen Ereignisse in a) ist: $E = \{(M, J), (J, M), (J, J)\}$ während sie in b) nur
$E = \{(J, M), (J, J)\}$ ist. Das günstige Ereignis ist jeweils $\{(J, J)\}$; also:

a) $P(\{(J,J)\}) = \dfrac{\text{GUGE}}{\text{MUGE}} = \dfrac{1}{3} = P(\text{anderes Kind auch Junge})$

b) $P(\{(J,J)\}) = \dfrac{\text{GUGE}}{\text{MUGE}} = \dfrac{1}{2} = P(\text{jüngeres Kind auch Junge})$

Bedingte Wahrscheinlichkeit, Satz von Bayes

9.33 Die Menge E der möglichen unvereinbaren, gleichwahrscheinlichen Ereignisse ist jeweils $E = \{(M, M), (M, J), (J, M), (J, J)\}$.

a) $P\left(2 \text{ Jungen} \,\middle|\, \geq 1 \text{ Junge}\right) = P\left(\{(J, J)\} \,\middle|\, \{(M, J), (J, M), (J, J)\}\right)$

$$= \frac{P\left(\{(J, J)\} \cap \{(M, J), (J, M), (J, J)\}\right)}{P\left(\{(M, J), (J, M), (J, J)\}\right)}$$

$$= \frac{P\left(\{(J, J)\}\right)}{P\left(\{(M, J), (J, M), (J, J)\}\right)} = \frac{\frac{1}{4}}{\frac{3}{4}} = \frac{1}{3}$$

b) $P\left(2 \text{ Jungen} \,\middle|\, \text{ältestes ein Junge}\right) = P\left(\{(J, J)\} \,\middle|\, \{(J, M), (J, J)\}\right)$

$$= \frac{P\left(\{(J, J)\} \cap \{(J, M), (J, J)\}\right)}{P\left(\{(J, M), (J, J)\}\right)} = \frac{P\left(\{(J, J)\}\right)}{P\left(\{(J, M), (J, J)\}\right)} = \frac{\frac{1}{4}}{\frac{2}{4}} = \frac{1}{2}$$

9.34 Abkürzungen: V: Einstufung Tbc-verdächtig; K: wirklich Tbc-krank

Laut Angabe gilt: $P(V \mid K) = 0.90 \implies P(\overline{V} \mid K) = 0.10$

$P(\overline{V} \mid \overline{K}) = 0.99 \implies P(V \mid \overline{K}) = 0.01$

$P(K) \quad = 0.001 \implies P(\overline{K}) \quad = 0.999$

Also ist $P(K \mid V) = \dfrac{P(K \cap V)}{P(V)} = \dfrac{P(K \cap V)}{P(K \cap V) + P(\overline{K} \cap V)}$

$$= \frac{P(K) \cdot P(V \mid K)}{P(K) \cdot P(V \mid K) + P(\overline{K}) \cdot P(V \mid \overline{K})}$$

$$= \frac{0.001 \cdot 0.90}{0.001 \cdot 0.90 + 0.999 \cdot 0.01} = 0.0826 \approx 8\,\%.$$

9.35 Die bedingten Wahrscheinlichkeiten für einen Gewinn in Höhe von G_k hängen nur von der Nachfragesituation, nicht aber vom Land ab. Somit gilt: $P(G_k \,|\, N_i) = P(G_k \,|\, N_i \cap A) = P(G_k \,|\, N_i \cap B)$, und wir erhalten:

$$P(G_k \,|\, A) = \frac{P(G_k \cap A)}{P(A)} = \sum_i \frac{P(G_k \cap A \cap N_i)}{P(A)}$$

$$= \sum_i \frac{P(A \cap N_i) \cdot P(G_k \,|\, A \cap N_i)}{P(A)}$$

$$= \sum_i \frac{P(A \cap N_i)}{P(A)} \cdot P(G_k \,|\, N_i) = \sum_i P(N_i \,|\, A) \cdot P(G_k \,|\, N_i)$$

Analog ergibt sich: $\quad P(G_k \,|\, B) = \sum_i P(N_i \,|\, B_j) \cdot P(G_k \,|\, N_i)$

Im Einzelnen: $\quad P(G_1 \,|\, A) = 0.25 \cdot 0.1 + 0.5 \cdot 0.3 + 0.25 \cdot 0.5 = 0.3$

$\qquad\qquad\quad P(G_2 \,|\, A) = 0.25 \cdot 0.4 + 0.5 \cdot 0.3 + 0.25 \cdot 0.5 = 0.375$

$\qquad\qquad\quad P(G_3 \,|\, A) = 0.25 \cdot 0.5 + 0.5 \cdot 0.4 + 0.25 \cdot 0 \quad = 0.325$

$\qquad\qquad\quad P(G_1 \,|\, B) = 0.3 \ \cdot 0.1 + 0.3 \cdot 0.3 + 0.4 \ \cdot 0.5 = 0.32$

$\qquad\qquad\quad P(G_2 \,|\, B) = 0.3 \ \cdot 0.4 + 0.3 \cdot 0.3 + 0.4 \ \cdot 0.5 = 0.41$

$\qquad\qquad\quad P(G_3 \,|\, B) = 0.3 \ \cdot 0.5 + 0.3 \cdot 0.4 + 0.4 \ \cdot 0 \quad = 0.27$

9.36 a) $P(\text{1. intakt}) = \dfrac{18}{20} = 90\,\%, \qquad P(\text{1. defekt}) = \dfrac{2}{20} = 10\,\%$

b) $P(\text{2. defekt} \,|\, \text{1. intakt}) = \dfrac{2}{20-1} = \dfrac{2}{19} \approx 10.5\,\%$

c) $P(\text{2. defekt} \,|\, \text{1. defekt}) = \dfrac{1}{20-1} = \dfrac{1}{19} \approx 5.3\,\%$

d) $P(\text{2. defekt}) = P(\text{1. intakt} \cap \text{2. defekt}) + P(\text{1. defekt} \cap \text{2. defekt})$

$\qquad\qquad\quad = P(\text{1. intakt}) \cdot P(\text{2. defekt} \,|\, \text{1. intakt})$

$\qquad\qquad\qquad + P(\text{1. defekt}) \cdot P(\text{2. defekt} \,|\, \text{1. defekt})$

$\qquad\qquad\quad = \dfrac{18}{20} \cdot \dfrac{2}{19} + \dfrac{2}{20} \cdot \dfrac{1}{19} = \dfrac{(18+1) \cdot 2}{20 \cdot 19} = \dfrac{2}{20} = 10\,\%$

e) Werden alle 20 Apparate der Reihe nach gekauft, entsteht als Ergebnis ein 20-Tupel mit Komponenten „intakt" und „defekt". Jedes dieser 20-Tupel tritt mit der gleichen Wahrscheinlichkeit ein; folglich ist die Wahrscheinlichkeit, dass ein „defekt" an die zweite Stelle tritt, genauso groß wie für die erste Stelle. Also ist die Wahrscheinlichkeit, als zweiter Käufer ein defektes Gerät zu erhalten, genauso groß wie für den ersten Käufer, nämlich 10 %. (Wir beziehen uns hier auf die Situation vor dem ersten Kauf.). Nachher passt sich diese Wahrscheinlichkeit gemäß b) und c) dem Ergebnis dieses ersten Kaufes an. Ist dieses unbekannt, so kann $P(\text{2. defekt}) = 10\,\%$ noch als Bayes-Wahrscheinlichkeit (Mutmaßung) interpretiert werden.

9.37   a) Mit V_i, $i = 1, 2, 3, 4$, bezeichnen wir das Ereignis, dass zufällig ein Fahrgast, der Verkehrsmittel i zu benutzen gedenkt, herausgegriffen wird; B sei das Ereignis, dass der herausgegriffene Fahrgast befördert werden kann.

Es ist $B = (B \cap V_1) \cup (B \cap V_2) \cup (B \cap V_3) \cup (B \cap V_4)$.

Da diese vier geklammerten Ereignisse unvereinbar sind, gilt:

$$\begin{aligned} P(B) &= P(V_1 \cap B) + P(V_2 \cap B) + P(V_3 \cap B) + P(V_4 \cap B) \\ &= P(V_1) \cdot P(B \mid V_1) + P(V_2) \cdot (B \mid V_2) + \\ &\quad P(V_3) \cdot P(B \mid V_3) + P(V_4) \cdot (B \mid V_4) \\ &= 0.5 \cdot 0.9 + 0.1 \cdot 0.95 + 0.15 \cdot 0.7 + 0.25 \cdot 0.8 \\ &= 0.85 = 85\,\% \end{aligned}$$

b) Die Wahrscheinlichkeit, einen Fahrgast nicht befördern zu können, beträgt $P(\overline{B}) = 1 - P(B) = 0.15 = 15\,\%$.

Die Verteilung der Störungs-Reserve auf die Verkehrsmittel V_i muss den bedingten Wahrscheinlichkeiten für die Benutzung dieser Verkehrsmittel V_i entsprechen, und zwar jeweils unter der Bedingung, dass der Fahrgast nicht befördert werden kann (Ereignis $\overline{B}$):

$$P(V_1 \mid \overline{B}) = \frac{P(V_1 \cap \overline{B})}{P(\overline{B})} = \frac{P(V_1) \cdot P(\overline{B} \mid V_1)}{P(\overline{B})} = \frac{0.5 \cdot (1 - 0.90)}{0.15} = \frac{1}{3}$$

Entsprechend errechnet sich: $P(V_2 \mid \overline{B}) = \dfrac{0.1 \cdot (1 - 0.95)}{0.15} = \dfrac{1}{30}$

$$P(V_3 \mid \overline{B}) = \frac{0.15 \cdot (1 - 0.70)}{0.15} = \frac{3}{10} \qquad P(V_4 \mid \overline{B}) = \frac{0.25 \cdot (1 - 0.80)}{0.15} = \frac{1}{3}$$

Die Störungs-Reserve muss also im Verhältnis $10 : 1 : 9 : 10$ auf die vier Verkehrsmittel V_1 (S-Bahn), V_2 (U-Bahn), V_3 (Straßenbahn) und V_4 (Bus) verteilt werden.

9.38   a) Aus der Angabe oder aus der Lösung von Aufgabe 1.56, Punkt 4, entnimmt man: $|G \cap (K \cup U)| = 10$, d.h., dass 10 der 100 Salatköpfe im Glashaus gezogen wurden und mindestens eine der Eigenschaften K oder U haben, also: $P(G \cap (K \cup U)) = \dfrac{10}{100} = 0.1 = 10\,\%$.

Gemäß dieser Angabe wurden 40 der 100 Salatköpfe im Glashaus gezogen; also ist $P(K \cup U \mid G) = \dfrac{|G \cap (K \cup U)|}{|G|} = \dfrac{10}{40} = 0.25 = 25\,\%$.

b) In der Lösung zu Aufgabe 1.56 haben wir in 7. bereits festgestellt, dass $|G \cap K \cap U| = 2$ ist. Also erhalten wir analog zu a):

$$P(G \cap K \cap U) = \frac{2}{100} = 2\,\% \quad \text{und} \quad P(K \cap U \mid G) = \frac{2}{40} = 0.05 = 5\,\%.$$

Verteilungsfunktion, Erwartungswert und Varianz

9.39 a) Hinsichtlich der möglichen unvereinbaren, gleichwahrscheinlichen Ereignisse (MUGE) muss die Reihenfolge der Würfe berücksichtigt werden, da andernfalls die Ereignisse nicht gleichwahrscheinlich wären. Dann ist MUGE $= 2^n = 2^4$. Günstig sind alle Viertupel mit genau x-mal Kopf. Es gibt insgesamt GUGE $= \binom{n}{x} = \binom{4}{x}$ solcher Viertupel. Somit gilt:

$$f(x) = P(X = x) = \frac{\text{GUGE}}{\text{MUGE}} = \frac{\binom{n}{x}}{2^n} = \frac{\binom{4}{x}}{16}$$

Man kann f auch als Wahrscheinlichkeitsfunktion der Bionomialverteilung angeben. Denn man hat $n = 4$ Versuche, von denen jeder mit Wahrscheinlichkeit p ein Treffer (= Kopf) ist. Die Zahl der Treffer X ist dann binomialverteilt mit den Parametern $n = 4$ und $p = \frac{1}{2}$:

$$f(x) = P(X = x) = \binom{n}{x} \cdot \left(\tfrac{1}{2}\right)^x \cdot \left(1 - \tfrac{1}{2}\right)^{n-x} = \binom{n}{x} \cdot \left(\tfrac{1}{2}\right)^n = \binom{4}{x} \cdot \tfrac{1}{16}$$

Somit ergibt sich:

$$f(x) = \begin{cases} \frac{1}{16} & \text{falls } x = 0 \\ \frac{4}{16} = \frac{1}{4} & \text{falls } x = 1 \\ \frac{6}{16} = \frac{3}{8} & \text{falls } x = 2 \\ \frac{4}{16} = \frac{1}{4} & \text{falls } x = 3 \\ \frac{1}{16} & \text{falls } x = 4 \\ 0 & \text{sonst} \end{cases}$$

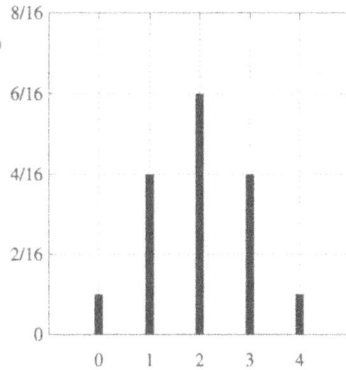

b) $P(X > 2) = f(3) + f(4) = \frac{4}{16} + \frac{1}{16}$
$= \frac{5}{16} = 31.25\,\%$

c) Es ist $F(x) = P(X \leq x)$; also:

$$F(x) = \begin{cases} 0 & \text{für } x < 0 \\ \frac{1}{16} & \text{für } 0 \leq x < 1 \\ \frac{5}{16} & \text{für } 1 \leq x < 2 \\ \frac{11}{16} & \text{für } 2 \leq x < 3 \\ \frac{15}{16} & \text{für } 3 \leq x < 4 \\ 1 & \text{für } 4 \leq x \end{cases}$$

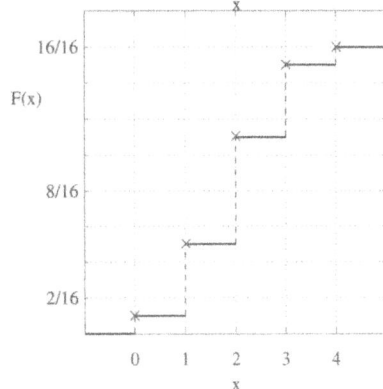

d) $P(X > 2) = 1 - P(X \leq 2)$
$= 1 - F(2) = 1 - \frac{11}{16}$
$= \frac{5}{16} = 31.25\,\%$

e) $P(X \geq 2) = 1 - P(X \leq 1) = 1 - F(1) = 1 - \frac{1}{16} = \frac{15}{16} = 93.75\,\%$.

f) Bei einer Wahrscheinlichkeit von 50 % für „Kopf" erwartet man bei vier Würfen 50 % von 4, also zwei „Köpfe"; es gilt allgemein bei der Binomialverteilung: $E(X) = n \cdot p$, hier also: $E(X) = 4 \cdot \frac{1}{2} = 2$.

Wesentlich komplizierter ist es, wenn man den Erwartungswert mit der allgemeinen Formel für diskrete Verteilungen berechnet:

$$E(X) = \sum_{k=0}^{4} k \cdot f(k) = 0 \cdot \tfrac{1}{16} + 1 \cdot \tfrac{4}{16} + 2 \cdot \tfrac{6}{16} + 3 \cdot \tfrac{4}{16} + 4 \cdot \tfrac{1}{16} = 2$$

g) Stets gilt: $\mathrm{Var}(X) = E([X - E(X)]^2) = E(X^2) - [E(X)]^2$

Weiter ergibt sich für diese diskrete Verteilung:

$$E(X^2) = \sum_{k=0}^{4} k^2 \cdot f(k) = 0^2 \cdot \tfrac{1}{16} + 1^2 \cdot \tfrac{4}{16} + 2^2 \cdot \tfrac{6}{16} + 3^2 \cdot \tfrac{4}{16} + 4^2 \cdot \tfrac{1}{16} = \tfrac{80}{16} = 5$$

Also resultiert: $\mathrm{Var}(X) = E(X^2) - [E(X)]^2 = 5 - 2^2 = 1$

Einfacher ergibt sich die Varianz einer Binomialverteilung mittels der Formel $\mathrm{Var}(X) = n \cdot p \cdot q$ mit $q = 1 - p$; also: $\mathrm{Var}(X) = 4 \cdot \frac{1}{2} \cdot \frac{1}{2} = 1$

Für die Standardabweichung σ ergibt sich: $\sigma = \sqrt{\mathrm{Var}(X)} = \sqrt{1} = 1$

9.40 X sei der nach Abzug des Lospreises noch verbleibende Gewinn nach Kauf eines Loses. Dann gilt für dessen Erwartungswert:

$$E(X) = 500 \, \text{€} \cdot \tfrac{1}{1\,000} + 100 \, \text{€} \cdot \tfrac{4}{1\,000} + 10 \, \text{€} \cdot \tfrac{5}{1\,000} \underbrace{- 1}_{\text{Lospreis}} = -0.05 \, \text{€}$$

Man hat also einen Verlust von 5 Cent zu erwarten.

9.41 Die Zufallsvariable $G^{(n)}$ gebe den Gewinn an, den der Händler erzielt, wenn er n Blumen erwirbt. Mit $g_k^{(n)}$ bezeichnen wir etwas spezieller den Gewinn, wenn bei n gekauften Blumen k am besagten Tag verkauft werden. Für $k = 0, 1, \ldots, n$ ist dann $g_k^{(n)} = k \cdot 1.50 \, \text{€} - n \cdot 0.50 \, \text{€}$. Somit ergibt sich für den Erwartungswert von $G^{(n)}$:

$$E(G^{(n)}) = \sum_{k=0}^{n} g_k^{(n)} \cdot f(k) = \sum_{k=0}^{n} (k \cdot 1.50 \, \text{€} - n \cdot 0.50 \, \text{€}) \cdot f(k)$$

$$E(G^{(0)}) = \quad 0.00 \, \text{€} \cdot 0.1 \qquad\qquad\qquad\qquad\qquad = 0.00 \, \text{€}$$

$$E(G^{(1)}) = -0.50 \, \text{€} \cdot 0.1 + 1.00 \, \text{€} \cdot 0.4 \qquad\qquad\qquad = 0.35 \, \text{€}$$

$$E(G^{(2)}) = -1.00 \, \text{€} \cdot 0.1 + 0.50 \, \text{€} \cdot 0.4 + 2.00 \, \text{€} \cdot 0.3 \qquad = 0.70 \, \text{€}$$

$$E(G^{(3)}) = -1.50 \, \text{€} \cdot 0.1 + 0.00 \, \text{€} \cdot 0.4 + 1.50 \, \text{€} \cdot 0.3 + 3.00 \, \text{€} \cdot 0.2 = 0.90 \, \text{€}$$

Der Händler muss drei Blumen einkaufen, um den erwarteten Gewinn zu maximieren. Eine vierte Blume wird er nicht mehr kaufen, da er sie gemäß seiner Wahrscheinlichkeitsfunktion f für praktisch unverkäuflich hält ($f(4) = 0$ wegen $\sum f(k) = 1$), weswegen sich der erwartete Gewinn beim Kauf jeder weiteren Blume um jeweils 0.50 € mindern würde.

9.42 a) Bei zwei Würfeln gibt es $6 \cdot 6 = 36$ gleichwahrscheinliche Zahlentupel. Hans gewinnt bei den 15 Paaren $(1, 1)$, $(1, 2)$, $(1, 3)$, $(1, 4)$, $(1, 5)$, $(2, 1)$, $(2, 2)$, $(2, 3)$, $(2, 4)$, $(3, 1)$, $(3, 2)$, $(3, 3)$, $(4, 1)$, $(4, 2)$, $(5, 1)$. Also ist $P(\text{Hans gewinnt}) = \frac{15}{36} = \frac{5}{12} \approx 42\,\%$ und damit $P(\text{Otto gewinnt}) = 1 - P(\text{Hans gewinnt}) = \frac{7}{12} \approx 58\,\%$.

Otto ist im Vorteil, denn seine Gewinnwahrscheinlichkeit ist größer.

b) Mit Wahrscheinlichkeit $\frac{5}{12}$ gewinnt Hans drei Perlen; mit Wahrscheinlichkeit $\frac{7}{12}$ verliert er zwei. Also ist sein erwarteter Gewinn bei einem Spiel:

$$E(G^{(1)}_{\text{Hans}}) = 3 \cdot \frac{5}{12} + (-2) \cdot \frac{7}{12} = +\frac{1}{12}$$

Entsprechend gilt für Otto:

$$E(G^{(1)}_{\text{Otto}}) = 2 \cdot \frac{7}{12} + (-3) \cdot \frac{5}{12} = -\frac{1}{12}$$

Der Gewinn eines Spielers nach 12 Spielen ist $G^{(12)} = G_1 + G_2 + \ldots + G_{12}$. Der Erwartungswert des Gewinns ist dann $E(G^{(12)}) = E(G_1) + E(G_2) + \ldots + E(G_{12}) = 12 \cdot E(G_1) = 12 \cdot E(G^{(1)})$, d.h., zwölfmal der Erwartungswert des Gewinns bei einem Spiel, denn die Gewinne G_1, G_2, $\ldots$, G_{12} haben die gleiche Verteilung, sodass $E(G_1) = E(G_2) = \ldots = E(G_n)$ ist. Also gilt:

$$E(G^{(12)}_{\text{Hans}}) = 12 \cdot E(G^{(1)}_{\text{Otto}}) = +1 \qquad E(G^{(12)}_{\text{Otto}}) = 12 \cdot E(G^{(1)}_{\text{Otto}}) = -1$$

Im Durchschnitt wandert also alle 12 Spiele eine Perle von Otto zu Hans. Auf lange Sicht ist hier Hans in großem Vorteil. Fair wäre ein Spiel, wenn der Erwartungswert des Gewinns jeweils 0 wäre.

9.43 a)

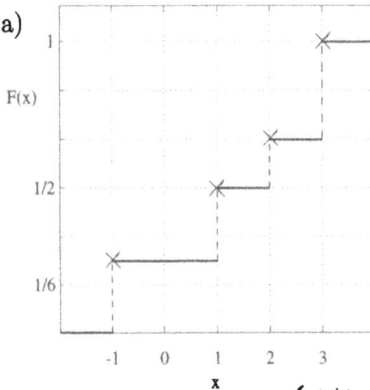

b)
$$P(X \leq 1) = \frac{1}{2}$$
$$P(X = 1) = \frac{1}{2} - \frac{1}{4} = \frac{1}{4}$$
$$P(-1 < X \leq 2) = \frac{2}{3} - \frac{1}{4} = \frac{5}{12}$$
$$P(-1 \leq X < 2) = \frac{1}{2} - 0 = \frac{1}{2}$$
$$P(X < 3) = \frac{2}{3}$$
$$P(X < 3.3) = 1$$
$$P(1.5 < X < 2.7) = \frac{2}{3} - \frac{1}{2} = \frac{1}{6}$$

c) $$f(x) = P(X = x) = \begin{cases} 1/4 - 0 = 1/4 & \text{falls } x = -1 \\ 1/2 - 1/4 = 1/4 & \text{falls } x = 1 \\ 2/3 - 1/2 = 1/6 & \text{falls } x = 2 \\ 1 - 2/3 = 1/3 & \text{falls } x = 3 \\ 0 & \text{sonst} \end{cases}$$

9.44 a) Die Lieferung besteht aus $N = 8$ Artikeln, $M = 2$ davon sind defekt.
Es gibt $\binom{N}{n} = \binom{8}{4}$ unvereinbare, gleichwahrscheinliche Möglichkeiten,
$n = 4$ Artikel aus den $N = 8$ auszuwählen, also ist MUGE $= \binom{8}{4}$.
Weiter gibt es $\binom{M}{k} = \binom{2}{k}$ solcher Möglichkeiten, k von den $M = 2$
defekten Artikeln auszuwählen; für jede dieser $\binom{M}{k}$ Möglichkeiten
gibt es aber wiederum $\binom{N-M}{n-k} = \binom{6}{4-k}$ Möglichkeiten, die restlichen $4 - k$ aus den sechs intakten zu wählen; also ist die Zahl der
„günstigen" unvereinbaren, gleichwahrscheinlichen Ereignisse GUGE
$= \binom{M}{k} \cdot \binom{N-M}{n-k} = \binom{2}{k} \cdot \binom{6}{4-k}$, sofern man „$k$ defekte" als „günstig" bezeichnet. Die so resultierende Verteilung der Anzahl X der defekten
Artikel ist die hypergeometrische:

$$P(X=k) = f(k) = \frac{\binom{M}{k} \cdot \binom{N-M}{n-k}}{\binom{N}{n}} = \frac{\binom{2}{k}\binom{6}{4-k}}{\binom{8}{4}} \quad \begin{array}{l} \text{für } k = 0, 1, \ldots, M, \\ \text{also für } k = 0, 1, 2. \end{array}$$

Im Einzelnen resultiert:

$$f(0) = \frac{\binom{2}{0}\binom{6}{4}}{\binom{8}{4}} = \frac{1 \cdot 15}{70} = \frac{3}{14}$$

$$f(1) = \frac{\binom{2}{1}\binom{6}{3}}{\binom{8}{4}} = \frac{2 \cdot 20}{70} = \frac{4}{7}$$

$$f(2) = \frac{\binom{2}{2}\binom{6}{2}}{\binom{8}{4}} = \frac{1 \cdot 15}{70} = \frac{3}{14}$$

$f(x) = 0$ für $x \neq k = 0, 1, 2$

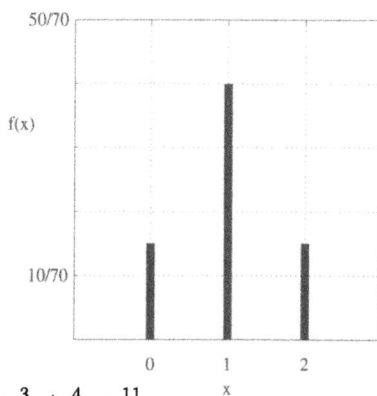

b) $F(1) = P(X \leq 1) = f(0) + f(1) = \frac{3}{14} + \frac{4}{7} = \frac{11}{14}$
$F(28) = P(X \leq 28) = 1$

c) $E(X) = 1$, weil die Wahrscheinlichkeitsfunktion f um $x = 1$ symmetrisch ist und X beschränkt ist, sodass der Erwartungswert existiert.
Allgemein ist der Erwartungswert der hypergeometrischen Verteilung
$E(X) = n \cdot p$ mit $p = \frac{M}{N}$, was ebenso $E(X) = 4 \cdot \frac{2}{8} = 1$ liefert.

d) Mit Hilfe von $E(X^2) = \sum_{k=0}^{2} k^2 \cdot f(k) = 0^2 \cdot \frac{3}{14} + 1^2 \cdot \frac{4}{7} + 2^2 \cdot \frac{3}{14} = \frac{10}{7}$
erhalten wir: $\text{Var}(X) = E(X^2) - [E(X)]^2 = \frac{10}{7} - 1^2 = \frac{3}{7}$
Es gibt auch eine Formel für die Varianz der hypergeometrischen
Verteilung: $\text{Var}(X) = n \cdot p \cdot q \cdot \frac{N-n}{N-1}$ mit $p = \frac{M}{N}$ und $q = 1 - p$
Diese Formel liefert ebenfalls: $\text{Var}(X) = 4 \cdot \frac{2}{8} \cdot \frac{6}{8} \cdot \frac{8-4}{8-1} = \frac{3}{7}$
Für die Standardabweichung gilt: $\sigma = \sqrt{\text{Var}(X)} = \sqrt{\frac{3}{7}} \approx 0.655$

9.45 a) Es gibt vier verschiedene Realisationen der Differenz X: Zieht man drei rote Kugeln und somit keine schwarze, dann ist $x = +3$; bei zwei roten und einer schwarzen ist $x = +1$, bei einer roten und zwei schwarzen ist $x = -1$; erhält man überhaupt keine rote Kugel, sondern alle drei schwarzen, dann ist $x = -3$. Die Wahrscheinlichkeiten $P(X = x) = f(x)$ errechnen sich für diese x analog zu Aufgabe 9.44 mit der hypergeometrischen Verteilung:

$$f(-3) = \frac{\binom{7}{0}\binom{3}{3}}{\binom{10}{3}} = \frac{1 \cdot 1}{120} = \frac{1}{120} \qquad f(-1) = \frac{\binom{7}{1}\binom{3}{2}}{\binom{10}{3}} = \frac{7 \cdot 3}{120} = \frac{7}{40}$$

$$f(+1) = \frac{\binom{7}{2}\binom{3}{1}}{\binom{10}{3}} = \frac{21 \cdot 3}{120} = \frac{21}{40} \qquad f(+3) = \frac{\binom{7}{3}\binom{3}{0}}{\binom{10}{3}} = \frac{35 \cdot 1}{120} = \frac{7}{24}$$

Für $x \neq -3, -1, +1, +3$ ist $f(x) = P(X = x) = 0$.

b) $F(x) = \begin{cases} 0 & \text{für} & x < -3 \\ 1/120 & \text{für} & -3 \leq x < -1 \\ 11/60 & \text{für} & -1 \leq x < 1 \\ 17/24 & \text{für} & 1 \leq x < 3 \\ 1 & \text{für} & 3 \leq x \end{cases}$

c) $P(\text{mehr rote als schwarze}) = P(X > 0) = 1 - F(0) = 1 - \frac{11}{60} = \frac{49}{60}$

d) $E(X) = (-3) \cdot \frac{1}{120} + (-1) \cdot \frac{7}{40} + 1 \cdot \frac{21}{40} + 3 \cdot \frac{7}{24} = \frac{6}{5} = 1.2$

Mit $E(X^2) = (-3)^2 \cdot \frac{1}{120} + (-1)^2 \cdot \frac{7}{40} + 1^2 \cdot \frac{21}{40} + 3^2 \cdot \frac{7}{24} = \frac{17}{5}$ folgt:

$$\text{Var}(X) = E(X^2) - [E(X)]^2 = \frac{17}{5} - \left(\frac{6}{5}\right)^2 = \frac{49}{25} = 1.96$$

$$\Longrightarrow \sigma = \sqrt{1.96} = \sqrt{\frac{49}{25}} = \frac{7}{5} = 1.4$$

Schlauer ist folgende Berechnung von Erwartungswert und Varianz: Es sei R die Zahl der gezogenen roten und S die Zahl der gezogenen schwarzen Kugeln. S und R sind jeweils hypergeometrisch verteilt. Für deren Differenz X gilt: $X = R - S$ und $E(X) = E(R) - E(S)$. Da der Anteil der roten Kugeln $p = \frac{M}{N} = \frac{7}{10} = 0.7$ und der Anteil der schwarzen $q = \frac{3}{10} = 0.3$ ist, erwartet man bei einer Ziehung von $n = 3$ Kugeln $E(R) = n \cdot p = 3 \cdot 0.7 = 2.1$ rote und $E(S) = n \cdot q = 3 \cdot 0.3 = 0.9$ schwarze, also eine Differenz von $E(X) = E(R) - E(S) = 1.2$.

Bei der Berechnung der Varianz ist auch die Abhängigkeit von R und S zu beachten. Wegen $R + S = n = 3$ folgt: $S = 3 - R$ und somit $X = R - S = R - (3 - R) = 2R - 3$. Aufgrund der allgemeinen Formel $\text{Var}(aY + b) = a^2 \cdot \text{Var}(Y)$ folgt $\text{Var}(X) = \text{Var}(2 \cdot R - 3) = 2^2 \cdot \text{Var}(R)$, wobei man $\text{Var}(R)$ mit Hilfe der Varianzformel für die hypergeometrische Verteilung berechnen kann: $\text{Var}(R) = n \cdot p \cdot q \cdot \frac{N-n}{N-1} = 3 \cdot 0.3 \cdot 0.7 \cdot \frac{10-3}{10-1} = 0.49$. Daraus folgt: $\text{Var}(X) = 4 \cdot \text{Var}(R) = 1.96$.

9.46 Es liegt eine Binomialverteilung mit den Parametern $n = 5$ bzw. $n = 6$
und $p = \frac{1}{6}$ vor (siehe auch die Erklärungen in der Lösung zu Aufgabe
9.39). Mit X bezeichnen wir nun die Anzahl der gewürfelten Sechsen.

a) Fünfmaliges Würfeln: $E(X) = n \cdot p = 5 \cdot \frac{1}{6} = \frac{5}{6}$

   Sechsmaliges Würfeln: $E(X) = n \cdot p = 6 \cdot \frac{1}{6} = 1$

b) Fünfmaliges Würfeln: $P(X = 1) = \binom{5}{1}\left(\frac{1}{6}\right)^1\left(\frac{5}{6}\right)^4 = \left(\frac{5}{6}\right)^5 \approx 40\%$

   Sechsmaliges Würfeln: $P(X = 1) = \binom{6}{1}\left(\frac{1}{6}\right)^1\left(\frac{5}{6}\right)^5 = \left(\frac{5}{6}\right)^5 \approx 40\%$

   Beides ist gleichwahrscheinlich! Eine mögliche Vermutung, sechsmaliges Würfeln könne ein Ergebnis von genau einer Sechs wahrscheinlicher machen, da man dabei doch genau eine erwartet, erweist sich
   als Irrtum.

c) Natürlich ist es bei sechsmaligem Würfeln wahrscheinlicher, wenigstens eine Sechs zu werfen, hat man dann doch eine Chance mehr.

9.47 a) Da nur die Augenzahlen 1, 2, 3 und 4 geworfen werden können, muss
   die Summe der Wahrscheinlichkeiten $f(1) + f(2) + f(3) + f(4) = 1$
   sein. Also ist $f(4) = 1 - [f(1) + f(2) + f(3)] = 1 - [0.1 + 0.2 + 0.3] = 0.4$
   Für alle $x \neq 1, 2, 3, 4$ gilt: $f(x) = 0$

b) $F(x) = P(X \leq x) = \begin{cases} 0 & \text{für} & x < 1 \\ 0.1 & \text{für} & 1 \leq x < 2 \\ 0.3 & \text{für} & 2 \leq x < 3 \\ 0.6 & \text{für} & 3 \leq x < 4 \\ 1 & \text{für} & 4 \leq x \end{cases}$

c) $P(X \geq x) = \begin{cases} 1 & \text{für} & x \leq 1 \\ 0.9 & \text{für} & 1 < x \leq 2 \\ 0.7 & \text{für} & 2 < x \leq 3 \\ 0.4 & \text{für} & 3 < x \leq 4 \\ 0 & \text{für} & 4 < x \end{cases}$

d) Aus b) ersieht man: $P(X \leq 3) = 0.6$; also ist $x_{60\%}^{(\text{unten})} = x_{60\%} = 3$

e) Aus c) ersieht man: $P(X \geq 4) = 0.4$; also ist $x_{40\%}^{(\text{oben})} = 4$

   Anmerkung: Läge eine stetige Verteilung vor, so wären die untere
   60 %- und die obere 40 % identisch, da sich 40 % und 60 % zu 100 %
   ergänzen. So aber unterscheiden sie sich um eine „Ergebnisstufe".

f) Aus b) ersieht man, dass $P(X \leq x) \geq 0.5$ für alle $x \geq 3$ gilt.
   Aus c) ersieht man, dass $P(X \geq x) \geq 0.5$ für alle $x \leq 3$ gilt.
   Beides gilt nur für $x = 3$; das ist dann der Median: $x_{\text{Med}} = 3$

g) $E(X) = 1 \cdot 0.1 + 2 \cdot 0.2 + 3 \cdot 0.3 + 4 \cdot 0.4 = 3$

h) $\mathrm{Var}(X) = \mathrm{E}([X - \mathrm{E}(X)]^2) = (1-3)^2 \cdot 0.1 + (2-3)^2 \cdot 0.2$
$$+(3-3)^2 \cdot 0.3 + (4-3)^2 \cdot 0.4 = 1$$
$$\Longrightarrow \sigma = \sqrt{\mathrm{Var}(X)} = \sqrt{1} = 1$$

i) $\mathrm{D}(X) = \mathrm{E}(|X - \mathrm{E}(X)|) = |1-3| \cdot 0.1 + |2-3| \cdot 0.2$
$$+|3-3| \cdot 0.3 + |4-3| \cdot 0.4 = 0.8$$

j) Es sei $S = X_1 + X_2 + \ldots + X_{64}$ die Summe der Augenzahlen.
Dann gilt: $\mathrm{E}(S) = \mathrm{E}(X_1) + \mathrm{E}(X_2) + \ldots + \mathrm{E}(X_{64}) = 64 \cdot 3 = 192$

k) Da die Augenzahlen $X_1, X_2, \ldots, X_{64}$ der einzelnen Würfe unabhängig sind, ist $\mathrm{Var}(S) = \mathrm{Var}(X_1) + \mathrm{Var}(X_2) + \ldots + \mathrm{Var}(X_{64}) = 64 \cdot 1 = 64$ und damit die Standardabweichung $\sigma_S = \sqrt{64} = 8$.

Anmerkung: Die Standardabweichung der Summe von n unabhängig identisch verteilten Zufallsvariablen X_i ist *genau* $\sqrt{n}$ mal so groß wie die eines einzelnen X_i.

l) Bei einem einzigen Wurf ist es nicht besonders unwahrscheinlich, das Minimum 1 oder das Maximum 4, d.h., eine Abweichung von 2 nach unten oder 1 nach oben vom Erwartungswert, zu werfen. Deswegen ist auch die „mittlere" Abweichung 0.8 nicht viel kleiner als diese beiden Maximalabweichungen. Um aber bei einer Augensumme von 64 Würfen in die Größenordnung der maximalen Abweichungen $64 \cdot 2 = 128$ bzw. $64 \cdot 1 = 64$ zu gelangen, dürfte man 64 mal fast nur Einsen (oder zumindest recht kleine Zahlen) bzw. 64 mal fast nur Vieren werfen. Dies ist äußerst unwahrscheinlich, denn in der Regel erhält man neben Augenzahlen, die dem Erwartungswert 3 völlig gleichen, viele Abweichungen nach unten, aber auch viele Abweichungen nach oben, die sich in gewissem Maß wieder ausgleichen, sodass die Summe dieser Augenzahlen bei Weitem nicht so weit von ihrem Erwartungswert $64 \cdot 3 = 192$ abweicht wie es maximal möglich wäre. Im Gegensatz zur maximalen Abweichung vom Erwartungswert, die sich bei 64-maligem Werfen ver-64-facht, streckt sich also der erwartete Abweichungsbetrag („mittlere Abweichung") um einen viel kleineren Faktor als 64.

Anmerkung: Die „mittlere Abweichung" der Summe von n unabhängig identisch verteilten Zufallsvariablen X_i ist *ungefähr* $\sqrt{n}$ mal so groß wie die eines einzelnen X_i.

9.48 a) Die Standardabweichung sollte möglichst gering sein, z.B. $\sigma = 0.1$ cm.

b) Median und Erwartungswert sollten jeweils ziemlich genau 1 m betragen. Das garantiert zum einen, dass die Hälfte der Pflöcke wegen der geringen Standardabweichung nur ein wenig kleiner und die andere Hälfte ein wenig größer als 1 m ist, und zum anderen, dass die mittlere Länge aller Pflöcke etwa 1 m ist.

c) Es sollte $F(20\,\text{cm}) \approx 0$ sein, denn $F(20\,\text{cm})$ ist die Wahrscheinlichkeit, einen Pflock mit höchstens 20 cm Länge zu erwischen.

Es sollte $F(10\,\text{m}) \approx 1 = 100\,\%$ sein, denn $F(10\,\text{m})$ ist die Wahrscheinlichkeit, einen Pflock mit höchstens 10 m Länge zu erwischen.

d)

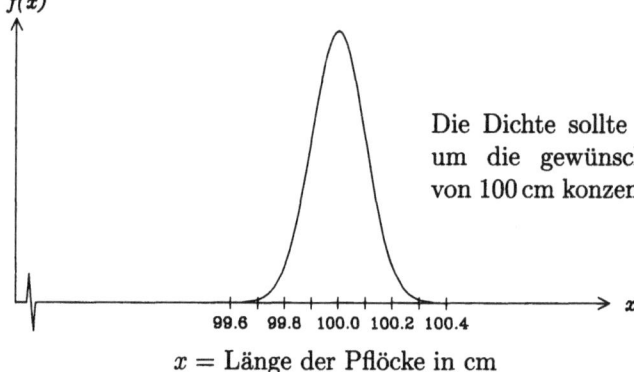

Die Dichte sollte sehr stark um die gewünschte Länge von 100 cm konzentriert sein.

$x =$ Länge der Pflöcke in cm

9.49 a)   Der Inhalt der beiden schraffierten Flächen ist $P(0.2 \le X \le 1.2) = 0.4$.

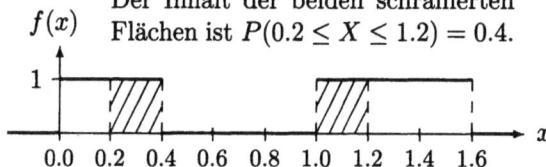

b) Es ist $P(X > x) = 1 - F(x)$ die Fläche unter f rechts von x:

$$P(X > x) = 1 - F(x) = \begin{cases} 1.0 & \text{für} & x \le 0.0 \\ 1.0 - x & \text{für } 0.0 \le x \le 0.4 \\ 0.6 & \text{für } 0.4 \le x \le 1.0 \\ 1.6 - x & \text{für } 1.0 \le x \le 1.6 \\ 0.0 & \text{für } 4 \le x \end{cases}$$

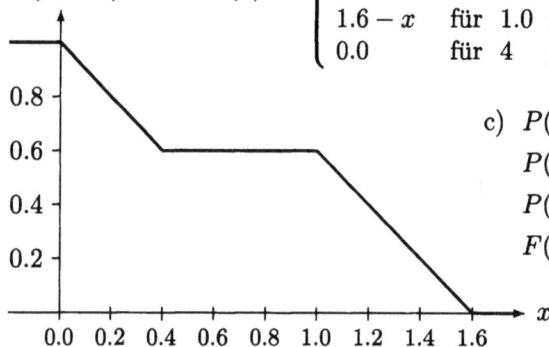

c) $P(X = 0.3) = 0$

$P(X \ge 0.4) = 0.6$

$P(X > 1) = 0.6$

$F(2) = P(X \le 2) = 1$

d) $P(X \le x) = 0.9 \implies P(X > x) = 0.1 \implies 1.6 - x = 0.1 \implies x = 1.5$; ein solches x nennt man (untere) 90 %-Quantile oder 90 %-Fraktile.

e) Es gibt unendlich viele Möglichkeiten: z.B. $x_1 = -17$, $x_2 = 1.4$ oder $x_1 = 0$, $x_2 = 1.4$ oder $x_1 = 0.1$, $x_3 = 1.5$ oder $x_1 = 0.2$, $x_2 = 26$.

f) Bei jeder stetigen Verteilung ist der Median die 50 %-Quantile; also: $x_{\text{Med}} = x_{50\%} = 1.1$, da links und rechts davon 50 % der Fläche liegen.

g) Der Erwartungswert ist kleiner als der Median, da hier die Tatsache ins Gewicht fällt, dass die Fläche von 0 bis 0.4 links vom Median viel weiter vom Median entfernt liegt als die gleiche Fläche von 1.2 bis 1.6 rechts vom Median. Während der Median nur die Flächen halbiert, entspricht der Erwartungswert derjenigen Lage der Drehachse einer Hebelwaage, bei der die Fläche unter der Dichtefunktion im Gleichgewicht ist. Eine Berechnung des Erwartungswertes ergibt:

$$E(X) = \int\limits_0^\infty x \cdot f(x)\, dx = \int\limits_0^{0.4} 1 \cdot x\, dx + \int\limits_1^{1.6} 1 \cdot x\, dx = \left[\frac{x^2}{2}\right]_0^{0.4} + \left[\frac{x^2}{2}\right]_1^{1.6}$$

$$= 0.08 + 0.78 = 0.86$$

Einfacher berechnet man den Erwartungswert als gewichtetes Mittel der Schwerpunkte der beiden Rechtecke, wobei die Gewichte den Flächen 0.4 und 0.6 entsprechen: $E(X) = 0.4 \cdot 0.2 + 0.6 \cdot 1.3 = 0.86$.

9.50 a)

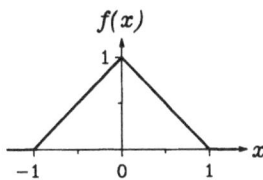

f ist eine Dichtefunktion, da erstens $f(x) \geq 0$ für alle x ist und zweitens die Fläche unter f (d.h., zwischen f und der x-Achse) gleich 1 ist. Diese Fläche ist nämlich eine Dreiecksfläche, die sich zu $= \frac{1}{2} \cdot 2 \cdot 1 = 1$ errechnet.

Anmerkung: Viele Taschenrechner haben eine Funktionstaste RAN#. Durch wiederholtes Drücken dieser Taste werden Realisationen r_i unabhängiger Zufallsvariablen R_i simuliert, die idealisiert gesehen alle auf dem Intervall $[0, 1]$ gleichverteilt (rechtecksverteilt) sind. Die soeben skizzierte Dichtefunktion f ist die Dichte der Differenz $X := R_i - R_j$ solcher unabhängiger Zufallsvariablen R_i und R_j.

b) Für $x = 0.5$ ist $P(|X| \leq x) = P(-x \leq X \leq +x) = \frac{3}{4}$, denn die Fläche unter f im Bereich $[-0.5, +0.5]$ beinhaltet sechs solcher Dreiecke wie die beiden Dreiecke außerhalb dieses Bereichs. Das ergibt einen Anteil von $75\% = \frac{3}{4}$ der insgesamt acht Dreiecksflächen.

c) Der Erwartungswert $E(X)$ ist 0, weil die Dichte f um die Vertikale $x = 0$ symmetrisch ist und seine Existenz gesichert ist; f ist nämlich nur auf einem beschränkten Bereich positiv. Der Median ist 0, da die Flächen unter f links und rechts von $x = 0$ gleich groß sind.

d) Es ergibt sich: $f(x) = \begin{cases} 1 + x & \text{für} \quad -1 \leq x \leq 0 \\ 1 - x & \text{für} \quad 0 \leq x \leq 1 \\ 0 & \text{sonst} \end{cases}$

e) $\sigma^2 = \text{Var}(X) = E([X - \overbrace{E(X)}^{=0}]^2) = E(X^2) = \int\limits_{-\infty}^{\infty} x^2 \cdot f(x)\, dx$

$= \int\limits_{-1}^{0} x^2(1+x)\, dx + \int\limits_{0}^{1} x^2(1-x)\, dx = \left[\frac{x^3}{3} + \frac{x^4}{4}\right]_{-1}^{0} + \left[\frac{x^3}{3} - \frac{x^4}{4}\right]_{0}^{1}$

$= \left[0 - \left(-\frac{1}{3} + \frac{1}{4}\right)\right] + \left[\left(\frac{1}{3} - \frac{1}{4}\right) - 0\right] = \frac{1}{12} + \frac{1}{12} = \frac{1}{6}$

$\implies \sigma = \sqrt{\frac{1}{6}} \approx 0.408$

f) $F(x)) = P(X \le x) = \int\limits_{-\infty}^{x} f(t)\, dt$ ist die Fläche unter f links von x.

Für $x \le -1$ ist diese Fläche 0; für $x \ge 1$ ist sie 1.

Da links von -1 keine Fläche unter f ist, ergibt sich für $-1 \le x \le 0$

$F(x) = \int\limits_{-1}^{x} f(t)\, dt = \int\limits_{-1}^{x} (1+t)\, dt = \left[t + \frac{t^2}{2}\right]_{-1}^{x} = x + \frac{x^2}{2} + \frac{1}{2} = \frac{1}{2}(x+1)^2$

Für $0 \le x \le 1$ berechnet sich diese Fläche $F(x)$ als Summe der Flächen von $-\infty$ bis 0, die sich mittels des bereits ermittelten Teils von F zu $F(0) = \frac{1}{2}$ ergibt, und der Fläche von 0 bis x, wobei $f(t) = 1 - t$ ist:

$F(x) = F(0) + \int\limits_{0}^{x} (1-t)\, dt = \frac{1}{2} + \left[t - \frac{t^2}{2}\right]_{0}^{x} = x - \frac{x^2}{2} + \frac{1}{2} = 1 - \frac{1}{2}(x-1)^2$

Also:

$$F(x) = \begin{cases} 0 & \text{für} \quad x \le -1 \\ \frac{1}{2}(x+1)^2 & \text{für } -1 \le x \le 0 \\ 1 - \frac{1}{2}(x-1)^2 & \text{für} \quad 0 \le x \le 1 \\ 1 & \text{für} \quad 1 \le x \end{cases}$$

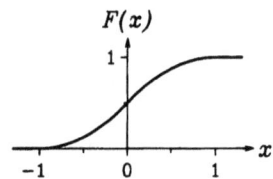

g) Links von 0 sind 50 % der Fläche; also ist $x_{8\%}$ im Bereich $[-1, 0]$

$F(x_{8\%}) = \frac{1}{2}(x_{8\%} + 1)^2 \stackrel{!}{=} 8\% = 0.08 \implies x_{8\%} = -0.6$

Da f um $x = 0$ symmetrisch ist, ist $x_{92\%} = x_{(100-8)\%} = -x_{8\%} = 0.6$

h) $P(X = x_{8\%}) = 0$, denn X hat eine stetige Verteilung.

$P(X > x_{90\%}) = 1 - F(x_{90\%}) = 1 - 0.90 = 0.10 = 10\%$

$P(0.2 < X \le x_{95\%}) = F(x_{95\%}) - F(0.2)$

$\qquad\qquad\qquad\qquad = 0.95 - \left[1 - \frac{1}{2}(0.2 - 1)^2\right] = 0.27 = 27\%$

9.51 a) $\displaystyle\int_a^\infty \frac{1}{x^2}\,dx \overset{!}{=} 1 \implies \left[-\frac{1}{x}\right]_a^\infty = 1 \implies \underbrace{-\frac{1}{\infty}}_{=0} - \left(-\frac{1}{a}\right) = 1 \implies a = 1$

b) $F(x) = \begin{cases} 0 & \text{für } x \le 1 \\[2mm] \displaystyle\int_1^x \frac{1}{t^2}\,dt = \left[-\frac{1}{t}\right]_1^x = -\frac{1}{x} - \left(-\frac{1}{1}\right) = 1 - \frac{1}{x} & \text{für } x \ge 1 \end{cases}$

c) $\displaystyle E(X) = \int_{-\infty}^\infty x \cdot f(x)\,dx = \int_1^\infty x \cdot \frac{1}{x^2}\,dx = \int_1^\infty \frac{1}{x}\,dx = \Big[\ln|x|\Big]_1^\infty$

$= \ln\infty - \ln 1 = \infty - 0 = \infty$

Der Erwartungswert ist unendlich groß. Er existiert zwar nicht in $\mathbb{R}$, aber in $\mathbb{R} \cup \{\pm\infty\}$. Man sagt auch, dass er uneigentlich existiert.

9.52 a) $\displaystyle\int_{-\infty}^\infty \frac{c}{1+x^2}\,dx \overset{!}{=} 1 \implies c \cdot \Big[\arctan x\Big]_{-\infty}^\infty = 1 \implies c \cdot \left[\frac{\pi}{2} - \left(-\frac{\pi}{2}\right)\right] = 1$

$\implies c \cdot \pi = 1 \implies c = \frac{1}{\pi}$

b) $\displaystyle F(x) = \int_{-\infty}^x \frac{1/\pi}{(1+t^2)}\,dt = \frac{1}{\pi} \cdot \Big[\arctan t\Big]_{-\infty}^x = \frac{1}{\pi} \cdot \left[\arctan x - \left(-\frac{\pi}{2}\right)\right]$

$= \frac{1}{2} + \frac{1}{\pi} \arctan x$

c) Da die Dichte f eine gerade Funktion, also um $x = 0$ symmetrisch ist (vgl. Skizze zu Aufgabe 2.57 c)), ist $P(|X| \le a) = 50\,\%$ zu $P(X \le a) = 75\,\%$ äquivalent. Zu finden ist also das a, für das $F(a) = 0.75$ gilt:

$\displaystyle F(a) = \frac{1}{2} + \frac{1}{\pi} \arctan a \overset{!}{=} 0.75 \implies \arctan a = \frac{\pi}{4} \implies a = \tan\frac{\pi}{4} = 1$

d) $\displaystyle E(X) = \int_{-\infty}^\infty x \cdot \frac{1/\pi}{1+x^2}\,dx = \frac{1}{2\pi} \int_{-\infty}^\infty \frac{2x}{1+x^2}\,dx = \Big[\ln|1+x^2|\Big]_{-\infty}^\infty$

$= \infty - \infty;$ geht nicht! Der Erwartungswert existiert nicht!

Anmerkung: Schießt man vom Punkt $(0, 1)$ aus ziellos im Halbkreis auf die x-Achse, sodass jeder Winkel zwischen $0°$ und $180°$ gleichwahrscheinlich ist, dann ist die Einschuss-Stelle auf der x-Achse Cauchy-verteilt. Weil deren Erwartungswert nicht etwa wie der Median mit dem Symmetriezentrum 0 identisch ist, sondern gar nicht existiert, muss der Mittelwert der Einschuss-Stellen vieler unabhängiger Schüsse nicht fast sicher gegen dieses Symmetriezentrum konvergieren; er ist sogar genauso verteilt wie die Einschuss-Stelle eines Einzelschusses.

10 Klausuraufgaben

Erste Klausur in Mathematik

10.1   a) Der Scheitel liegt bei $S(0\,\mathrm{m}, 10\,\mathrm{ppm})$.

     b) Allgemein ist die Scheitelform einer Parabel um den Scheitel $S(x_S, c_S)$ durch $c(x) = a \cdot (x - x_S)^2 + c_S$ gegeben.

        Um den fehlenden Parameter a zu erhalten, setzen wir den Scheitel $S(0\,\mathrm{m}, 10\,\mathrm{ppm})$ und den Punkt $P(5\,\mathrm{m}, 60\,\mathrm{ppm})$ aus der Graphik in diese Scheitelform ein und erhalten:

$$60\,\mathrm{ppm} = a \cdot (5\,\mathrm{m} - 0\,\mathrm{m})^2 + 10\,\mathrm{ppm} \implies 50\,\mathrm{ppm} = a \cdot 25\,\mathrm{m}^2$$

$$\implies a = 2\,\frac{\mathrm{ppm}}{\mathrm{m}^2}$$

        Das ergibt dann den funktionalen Zusammenhang:

$$c(x) = 2\,\frac{\mathrm{ppm}}{\mathrm{m}^2} \cdot x^2 + 10\,\mathrm{ppm}$$

     c) $c(7\,\mathrm{m}) = 2\,\dfrac{\mathrm{ppm}}{\mathrm{m}^2} \cdot (7\,\mathrm{m})^2 + 10\,\mathrm{ppm} = 108\,\mathrm{ppm}$

     d) $c' = \dfrac{dc}{dx} = 4\,\dfrac{\mathrm{ppm}}{\mathrm{m}^2} \cdot x$

$$c'(4\,\mathrm{m}) = 4\,\frac{\mathrm{ppm}}{\mathrm{m}^2} \cdot 4\,\mathrm{m} = 16\,\frac{\mathrm{ppm}}{\mathrm{m}}$$

10.2 $\dfrac{\partial y}{\partial a} = x^2, \qquad \dfrac{\partial y}{\partial b} = 1, \qquad \dfrac{\partial^2 y}{\partial a\,\partial b} = \dfrac{\partial^2 y}{\partial b\,\partial a} = 0$

10.3   a) $A = A_0 \cdot (1 - r)^n = 1500\,\dfrac{\mathrm{Bq}}{100\,\mathrm{g}} \cdot (1 - 0.0227)^n = 1500\,\dfrac{\mathrm{Bq}}{100\,\mathrm{g}} \cdot 0.9773^n$

     b) $A(10) = 1500\,\dfrac{\mathrm{Bq}}{100\,\mathrm{g}} \cdot 0.9773^{10} = 1192\,\dfrac{\mathrm{Bq}}{100\,\mathrm{g}}$

     c) $\dfrac{A_0}{2} = A_0 \cdot 0.9773^{n_\mathrm{H}} \implies -\ln 2 = n_\mathrm{H} \cdot \ln 0.9773$

$$\implies n_\mathrm{H} = -\frac{\ln 2}{\ln 0.9773} = 30.2. \text{ Die Halbwertszeit ist ca. 30 Jahre.}$$

     d) $0.1 = 0.9773^n \implies \lg 0.1 = n \cdot \lg 0.9773 \implies n = \dfrac{-1}{\lg 0.9773} = 100.3.$

        Nach 100 Jahren hat die Aktivität auf 10 % abgenommen.

10.4 a) $A_i = 50\,\text{cm} \cdot 0.8^{i-1}$

b) $S = 2 \cdot \displaystyle\sum_{i=1}^{\infty} 50\,\text{cm} \cdot 0.8^{i-1} = 2 \cdot \sum_{i=0}^{\infty} 50\,\text{cm} \cdot 0.8^{i} = 2 \cdot 50\,\text{cm} \cdot \sum_{i=0}^{\infty} 0.8^{i}$

$= 100\,\text{cm} \cdot \dfrac{1}{1-0.8} = 500\,\text{cm} = 5\,\text{m}$

c) Vom Tiefpunkt bis zum nächsten Hochpunkt dauert es eine ganze Sekunde. Die geamte Schwingungsdauer beträgt also $T = 2\,\text{s}$.

d)

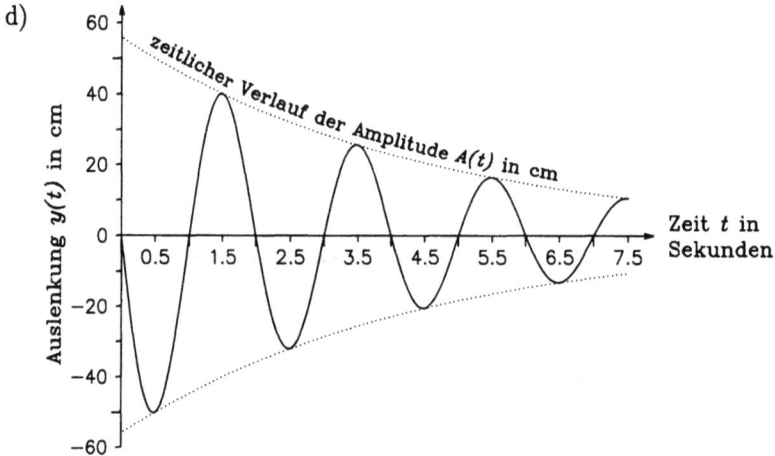

e) $A(t) = 50\,\text{cm} \cdot 0.8^{\text{s}^{-1}t - 0.5} = 50\,\text{cm} \cdot 0.8^{-0.5} \cdot 0.8^{\text{s}^{-1}t} = 55.9\,\text{cm} \cdot 0.8^{\text{s}^{-1}t}$.

Wesentlich umständlicher ist es mit dem Ansatz $A(t) = A_0 \cdot e^{-\lambda t}$; denn dann müssen A_0 und λ noch bestimmt werden. Wir wissen:

$A(0.5\,\text{s}) = A_0 \cdot e^{-\lambda \cdot 0.5\,\text{s}} \stackrel{!}{=} 50\,\text{cm}$ und $A(1.5\,\text{s}) = A_0 \cdot e^{-\lambda \cdot 1.5\,\text{s}} \stackrel{!}{=} 40\,\text{cm}$.

Die Division dieser beiden Gleichungen ergibt:

$e^{-\lambda \cdot 0.5\,\text{s} + \lambda \cdot 1.5\,\text{s}} = \dfrac{50\,\text{cm}}{40\,\text{cm}} \implies \lambda \cdot 1\,\text{s} = \ln 1.25 \implies \lambda = 0.223\,\text{s}^{-1}$

Aus der ersten der beiden Gleichungen folgt dann:

$A_0 = A(0.5\,\text{s}) \cdot e^{+\lambda \cdot 0.5\,\text{s}} = 50\,\text{cm} \cdot e^{0.223\,\text{s}^{-1} \cdot 0.5\,\text{s}} = 55.9\,\text{cm}$

Die Amplitudenfunktion lautet also: $A(t) = 55.9\,\text{cm} \cdot e^{-0.223\,\text{s}^{-1} t}$

f) $\omega = \dfrac{2\pi}{T} = \dfrac{2\pi}{2\,\text{s}} = 3.14\,\text{s}^{-1}$

g) Es fehlt noch der erste Nulldurchgang nach oben; er liegt bei $t_0 = 1\,\text{s}$. Dann kann man die gedämpfte Schwingungsgleichung für die Kugelauslenkung wie folgt angeben:

$y(t) = A(t) \cdot \sin\left(3.14\,\text{s}^{-1}(t - 1\,\text{s})\right)$ mit A(t) gemäß Aufgabe e)

Oder man setzt den negativen Sinus an, denn dann ist die Zeitverschiebung durch den Nulldurchgang nach unten gegeben, wo er bei null Sekunden liegt. Auf diese Weise ergibt sich die einfachste Darstellung der Schwingungsgleichung:

$$y(t) = -A(t) \cdot \sin\left(3.14\,\mathrm{s}^{-1}t\right) = -55.9\,\mathrm{cm} \cdot 0.8^{\mathrm{s}^{-1}t} \cdot \sin\left(3.14\,\mathrm{s}^{-1}t\right).$$

10.5 a) $\displaystyle\int_0^x \frac{1}{\sin^2 t + \cos^2 t}\,dt = \int_0^x 1\,dt = \big[t\big]_0^x = x$

b) $u = \ln x \implies u' = \dfrac{1}{x} \qquad v' = 5x^4 \implies v = x^5$

$\displaystyle\int 5x^4 \cdot \ln x\,dx = x^5 \cdot \ln x - \int \frac{1}{x} \cdot x^5\,dx = x^5 \cdot \ln x - \frac{1}{5}x^5 + C$

$\displaystyle = x^5 \cdot \left(\ln x - \frac{1}{5}\right) + C$

c) $z = 2x - 1 \implies \dfrac{dz}{dx} = 2 \implies dx = \dfrac{dz}{2}$

$\displaystyle\int e^{2x-1}\,dx = \frac{1}{2} \cdot \int e^z\,dz = \frac{1}{2} \cdot e^z + C = \frac{1}{2} \cdot e^{(2x-1)} + C$

$\displaystyle\int_{0.5}^1 e^{(2x-1)} = \frac{1}{2} \cdot \left[e^{(2x-1)}\right]_{0.5}^1 = \frac{1}{2} \cdot (e - 1) \approx 0.859$

10.6 1. Schritt: II := II − 2·I; III := III − I; IV := IV − I

2. Schritt: III := III − $\frac{1}{2}$·II; VI := IV − $\frac{1}{2}$·II;

$$\left(\begin{array}{cccc|c} 2 & 1 & 0 & 0 & 4 \\ 4 & 4 & 2 & -2 & 12 \\ 2 & 2 & 0 & 0 & 6 \\ 2 & 2 & 1 & -1 & 6 \end{array}\right) \xrightarrow{1.} \left(\begin{array}{cccc|c} 2 & 1 & 0 & 0 & 4 \\ 0 & 2 & 2 & -2 & 4 \\ 0 & 1 & 0 & 0 & 2 \\ 0 & 1 & 1 & -1 & 2 \end{array}\right) \xrightarrow{2.}$$

$$\left(\begin{array}{cccc|c} 2 & 1 & 0 & 0 & 4 \\ 0 & 1 & 0 & 0 & 2 \\ 0 & 0 & -1 & 1 & 0 \\ 0 & 0 & 0 & 0 & 0 \end{array}\right)$$

Das Gleichungssystem ist lösbar, da $\mathrm{rg}(A) = \mathrm{rg}(A \mid \vec{b})$. Da $\mathrm{rg}(A) = 3$ um 1 kleiner ist als die Zahl $n = 4$ der Unbekannten, hat die Lösungsmenge Dimension 1; sie ist eine Gerade im $\mathbb{R}^4$.

Wir setzen $d := \lambda \in \mathbb{R}$ beliebig. Mit III: $-c + d = 0$ folgt: $c = \lambda$; aus II folgt: $b = 2$, und letztlich aus I: $2a + b = 4$, dass $a = 1$ ist.

$$\implies \begin{pmatrix} a \\ b \\ c \\ d \end{pmatrix} = \begin{pmatrix} 1 \\ 2 \\ 0 \\ 0 \end{pmatrix} + \lambda \begin{pmatrix} 0 \\ 0 \\ 1 \\ 1 \end{pmatrix}$$

Zweite Klausur in Mathematik

10.7   a) Faktorzerlegung mittels Nullstellen: $y = a \cdot (x+1) \cdot (x-1) \cdot (x-3)$

Aus $y(0) = 1$ folgt $a = \dfrac{1}{3}$ und somit: $y = \dfrac{1}{3}(x+1)(x-1)(x-3)$.

b) $y = \dfrac{1}{3}(x+1)(x-1)(x-3) = \dfrac{1}{3}x^3 - x^2 - \dfrac{1}{3}x + 1 \;\Rightarrow\; y' = x^2 - 2x - \dfrac{1}{3}$

$y' = 0 \;\Rightarrow\; x_{1/2} = \dfrac{2 \pm \sqrt{4 + 4/3}}{2}, \quad x_1 = 2.155, \quad x_2 = -0.155$

In Anbetracht der Graphik ist $(-0.155, 1.026)$ ein relatives Maximum und $(2.155, -1.026)$ ein relatives Mininimum.

c) $y'' = 2x - 2$; $y'' = 0 \;\Rightarrow\; x = 1$; $y''' = 2 \neq 0$; also Wendepunkt $(1, 0)$.

10.8   a) $K_0 \cdot 0.90 = 360\,000 \, \text{€} \;\Longrightarrow\; K_0 = 400\,000 \, \text{€}$

b) $A = 400\,000 \, \text{€} \cdot \dfrac{1.04^{20} \cdot 0.04}{1.04^{20} - 1} = 29\,432.70 \, \text{€}$

c) $Z_1 = K_0 \cdot r = 400\,000 \, \text{€} \cdot 0.04 = 16\,000 \, \text{€}$

d) $T_1 = A - Z_1 = 29\,432.70 \, \text{€} - 16\,000 \, \text{€} = 13\,432.70 \, \text{€}$

e) $K_{10} = 400\,000 \, \text{€} \cdot 1.04^{10} - 29\,432.70 \, \text{€} \cdot \dfrac{1.04^{10} - 1}{0.04} = 238\,725.56 \, \text{€}$

f) $T_{10} = T_1 \cdot q^9 = 13\,432.70 \, \text{€} \cdot 1.04^9 = 19\,118.92 \, \text{€}$

g) $Z_{10} = A - T_{10} = 29\,432.70 \, \text{€} - 19\,118.92 \, \text{€} = 10\,313.78 \, \text{€}$

10.9

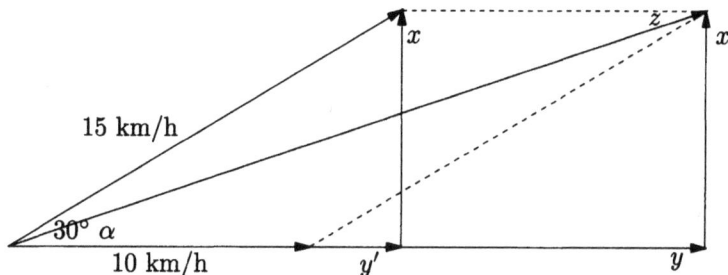

a) $\dfrac{x}{15 \, \text{km/h}} = \sin 30° \;\Longrightarrow\; x = 0.5 \cdot 15 \, \text{km/h} = 7.5 \, \text{km/h}$

b) Zunächst die Geschwindigkeit relativ zum strömenden Wasser:

$$\frac{y'}{15 \text{ km/h}} = \cos 30° \implies y' = 0.866 \cdot 15 \text{ km/h} = 13.0 \text{ km/h}$$

Gefragt ist aber die Geschwindigkeit relativ zum Ufer; also:

$$y = y' + 10\text{km/h} = 23.0 \text{ km/h}$$

c) $z^2 = x^2 + y^2 \implies z = \sqrt{(7.5 \text{ km/h})^2 + (23 \text{ km/h})^2} = 24.2 \text{ km/h}$

d) $\tan \alpha = \dfrac{x}{y} = \dfrac{7.5 \text{ km/h}}{23 \text{ km/h}} = 0.326 \implies \alpha = 18.1° = 0.316$

10.10 a) M ist eine quadratische (3×3)-Matrix.

b) Es gibt unendlich viele. Am einfachsten ist: $M = \begin{pmatrix} 1 & 0 & 0 \\ 0 & 1 & 0 \\ 0 & 0 & 0 \end{pmatrix}$

c) $\text{rg}(M) = 2$ (zwei linear unabhängige Vektoren)

10.11 a) $P(X = 2) = 0.6^2 = 0.36 = 36\%$

b) $P(X = 1) = 2 \cdot 0.6 \cdot 0.4 = 0.48 = 48\%$

c) $P(X \geq 1) = P(X = 1) + P(X = 2) = 0.48 + 0.36 = 0.84 = 84\%$

d) $P(X = 0) = 0.4^2 = 0.16 = 16\%$ $P(X = 3) = 0$

e) $f(x) = \begin{cases} 0.16 & \text{für } x = 0 \\ 0.48 & \text{für } x = 1 \\ 0.36 & \text{für } x = 2 \\ 0 & \text{sonst} \end{cases}$ $F(x) = \begin{cases} 0 & \text{für } x < 0 \\ 0.16 & \text{für } 0 \leq x < 1 \\ 0.64 & \text{für } 1 \leq x < 2 \\ 1 & \text{für } x \geq 2 \end{cases}$

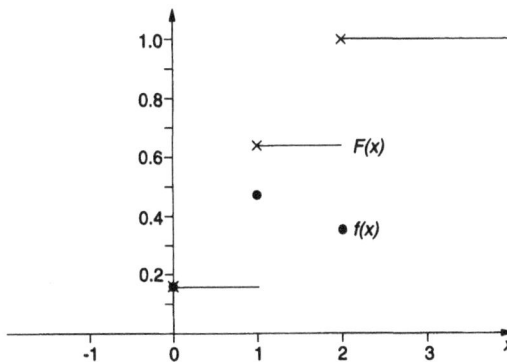

f) $E(X) = n \cdot p = 2 \cdot 0.6 = 1.2$ (p = Wahrscheinlichkeit für Bullenkalb)

oder: $E(X) = \sum_{i=1}^{3} x_i \cdot f(x_i) = 0 \cdot 0.16 + 1 \cdot 0.48 + 2 \cdot 0.36 = 1.2$

Dritte Klausur in Mathematik

10.12 a)
       d)

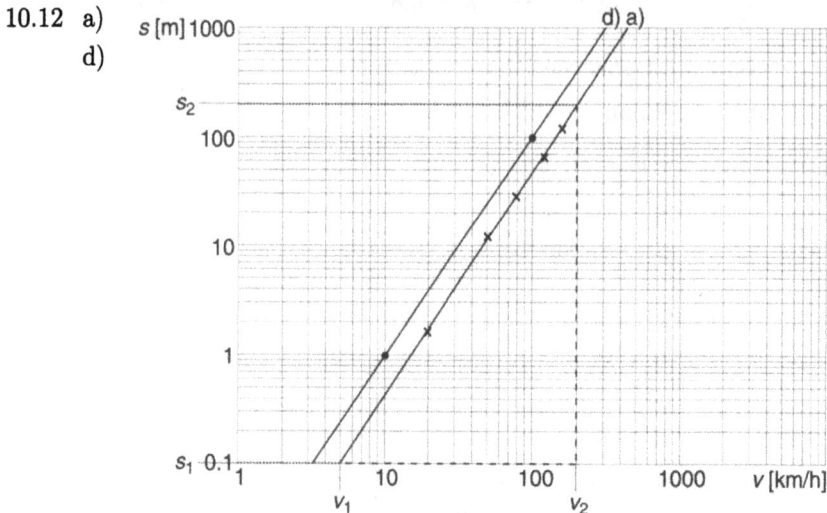

b) $s = b \cdot v^k$ mit $k = \dfrac{\lg s_2 - \lg s_1}{\lg v_2 - \lg v_1} = \dfrac{\lg 200 - \lg 0.1}{\lg 200 - \lg 5} = 2.06$

und $b = \dfrac{s_1}{v_1^k} = \dfrac{s_2}{v_2^k} = \dfrac{200}{200^{2.06}} = 3.64 \cdot 10^{-3}$

Die vollständige Gleichung mit Einheiten lautet somit:

$$\frac{s}{\mathrm{m}} = 3.64 \cdot 10^{-3} \cdot \left(\frac{v}{\mathrm{km/h}}\right)^{2.06} \implies s = 3.64 \cdot 10^{-3}\mathrm{m} \cdot \left(\frac{v}{\mathrm{km/h}}\right)^{2.06}$$

c) $s(300\,\mathrm{km/h}) = 3.64 \cdot 10^{-3}\,\mathrm{m} \cdot 300^{2.06} = 461\,\mathrm{m}$

d) Physikalisch ausgedrückt lautet diese Formel: $s = \dfrac{1}{100}\,\mathrm{m} \cdot \left(\dfrac{v}{\mathrm{km/h}}\right)^2$

Da auch aus diesem Zusammenhang eine Potenzfunktion ($k = 2$) resultiert, ergibt sich im doppeltlogarithmischen Papier ebenfalls eine Gerade. So berechnen wir mit dieser Formel nur zwei Punkte, z.B. (10 km/h, 1 m) und (100 km/h, 100 m), und zeichnen durch diese eine Gerade (oben im doppeltlogarithmischen Papier ist es die linke der beiden Geraden).

e) Der Zusammenhang zwischen Bremsweg und Geschwindigkeit ist in b) und d) eine Potenzfunktion mit nahezu identischem Exponenten k. Somit hängt das Verhältnis der beiden Bremswege kaum von der Geschwindigkeit ab. Z.B. ergibt sich bei Tempo 100 km/h der Bremsweg nach der Formel aus dem Versuch zu 48 m, was 48 %

des „Führerschein-Bremsweges" 100 m ausmacht, und bei Tempo 10 km/h zu 42 cm; das sind 42 % des Führerschein-Bremsweges 1 m.

10.13 a) $Z_1 = 0.07 \cdot K_0 = 0.07 \cdot 100\,000\,\text{€} = 7\,000\,\text{€}$ (7 % von 100 000 €)

b) $A = Z_1 + T_1 = 7\,000\,\text{€} + 7\,238.75\,\text{€} = 14\,238.75\,\text{€}$

c) $K_m = K_0 - T_1 \cdot \dfrac{q^m - 1}{q - 1}$ oder $K_m = K_0 \cdot q^m - A \cdot \dfrac{q^m - 1}{q - 1}$ ergibt

mit $q = 1.07$ und $m = 5$ jeweils: $K_5 = 58\,371.84\,\text{€}$

d) $n = \dfrac{\ln A - \ln T_1}{\ln q} = \dfrac{\ln 14\,238.75 - \ln 7\,238.75}{\ln 1.07} = 9.999 \approx 10$

10.14 a) $\lim\limits_{x \to -1} \dfrac{x}{(1 + x)^2} = -\infty$ $\begin{bmatrix} \text{Der Zähler geht gegen } -1. \text{ Der Nenner ist} \\ \text{wegen des Quadrats immer positiv, sodass} \\ \text{er von rechts gegen 0 geht, egal ob sich } x \\ \text{von links oder rechts an } -1 \text{ annähert.} \end{bmatrix}$

b) $\lim\limits_{x \to 0} \dfrac{1 - e^{2x}}{\sin x}$ $\begin{bmatrix} \text{Da sowohl der Zähler als auch der Nenner gegen 0} \\ \text{gehen, verwenden wir die Regel von de l' Hospital.} \end{bmatrix}$

$= \lim\limits_{x \to 0} \dfrac{-2 \cdot e^{2x}}{\cos x} = \dfrac{-2 \cdot e^{2 \cdot 0}}{\cos 0} = \dfrac{-2 \cdot 1}{1} = -2$

10.15 a) $\dfrac{\partial A}{\partial r} = 4\pi r + 2\pi h$

$\left. \dfrac{\partial A}{\partial r} \right|_{\text{Messwerte}} = 4\pi \cdot 22\,\text{cm} + 2\pi \cdot 50\,\text{cm} = 590.6\,\text{cm}$

b) $\dfrac{\partial A}{\partial h} = 2\pi r$

$\left. \dfrac{\partial A}{\partial h} \right|_{\text{Messwerte}} = 2\pi \cdot 22\,\text{cm} = 138.2\,\text{cm}$

c) Es fehlt noch der absolute maximale Fehler der Höhe:

$\Delta h = \dfrac{\Delta h}{h} \cdot h = 0.0025 \cdot 50\,\text{cm} = 0.125\,\text{cm}$

Also: $\Delta A = \left| \dfrac{\partial A}{\partial r} \right|_{\text{Messwerte}} \cdot \Delta r + \left| \dfrac{\partial A}{\partial h} \right|_{\text{Messwerte}} \cdot \Delta h$

$= 590.6\,\text{cm} \cdot 0.5\,\text{cm} + 138.2\,\text{cm} \cdot 0.125\,\text{cm} = 312.6\,\text{cm}^2$

d) $A = 2\pi \cdot 22\,\text{cm} \cdot (22\,\text{cm} + 50\,\text{cm}) = 9\,953\,\text{cm}$

Also: $\dfrac{\Delta A}{A} = \dfrac{312.6\,\text{cm}^2}{9\,953\,\text{cm}^2} = 0.0314 = 3.14\,\%$

10.16 a) $\displaystyle\int e^{-x}dx = -e^{-x} + C$

b) Wir integrieren partiell, und zwar mit $u = x$ und $v' = e^{-x}$.
Es ist dann $u' = 1$ und $v = -e^{-x}$ (siehe a)).

$$\int\limits_0^a xe^{-x}dx = \left[-xe^{-x}\right]_0^a + \int\limits_0^a e^{-x}dx = -ae^{-a} - 0 + \left[-e^{-x}\right]_0^a$$

$$= -ae^{-a} - e^{-a} + 1$$

c) $\displaystyle\int\limits_0^x xe^{-x}da = [xe^{-x}\cdot a]_0^x = x^2e^{-x}$

10.17 a) 1. Schritt: II := II $+ 2\cdot$I
III := III $- 5\cdot$I

2. Schritt: III := III $+$ II

$$\begin{pmatrix} 2 & -1 & 1 & \Big| & 2 \\ -4 & -3 & -2 & \Big| & 0 \\ 10 & 0 & 5 & \Big| & 6 \end{pmatrix} \xrightarrow{1.} \begin{pmatrix} 2 & -1 & 1 & \Big| & 2 \\ 0 & -5 & 0 & \Big| & 4 \\ 0 & 5 & 0 & \Big| & -4 \end{pmatrix} \xrightarrow{2.}$$

$$\begin{pmatrix} 2 & -1 & 1 & \Big| & 2 \\ 0 & -5 & 0 & \Big| & 4 \\ 0 & 0 & 0 & \Big| & 0 \end{pmatrix} \implies -5x_2 = 4 \implies x_2 = -0.8$$

Wir setzen $x_3 := \lambda \in \mathbb{R}$ beliebig, $x_2 = -0.8$. Setzt man dann x_3 und x_2 in I ein, erhält man: $2x_1 + 0.8 + \lambda = 2$ und daraus $x_1 = 0.6 - 0.5\lambda$.

Die Lösungsgerade lautet also:

$$\vec{x} = \begin{pmatrix} 0.6 \\ -0.8 \\ 0 \end{pmatrix} + \lambda \begin{pmatrix} -0.5 \\ 0 \\ 1 \end{pmatrix} \text{ mit } \lambda \in \mathbb{R} \text{ beliebig}$$

b) $\mathrm{Rg}(A) = 2$; denn in a) wurde die Matrix A in eine Dreiecksgestalt transformiert, in der dann nur noch zwei Ungleich-null-Zeilen übriggeblieben sind.

10.18 a) $\displaystyle P(2 \text{ rote}) = \frac{6}{10}\cdot\frac{5}{9} = \frac{1}{3}$

b) Permutation m.W.: $\displaystyle\tilde{P}_{10;4,6} = \frac{10!}{4!\cdot 6!} = \binom{10}{4} = 210$

Vierte Klausur in Mathematik

10.19 a) $h_B = 10 + \dfrac{2-10}{20^2}(x-20)^2 = 10 - 0.02 \cdot (x-20)^2$ (Scheitelform)

b) $h'_A = -0.05x + 1 \Rightarrow h'_A(0) = 1 =$ Steigung $\Rightarrow \alpha = \arctan 1 = 45°$

Anmerkung: Um die Steigung einer Kurve in einen Winkel umrechnen zu können, darf sie keine physikalische Einheit mehr haben. Will man aber beim Rechnen die Einheiten weglassen, dann ist darauf zu achten, dass beide Variablen derselben Einheit entsprechen. Das ist in dieser Aufgabe der Fall; sowohl Höhe als auch Weite sind in Metern gemessen. Wäre dies nicht der Fall, wäre also z.B. die Höhe in Zentimetern und die Weite in Metern angegeben, dann müsste man entweder alle Werte der beiden Variablen auf dieselbe Einheit (entweder alle auf Meter oder alle auf Zentimeter) bringen oder man bestimmt die Gleichung unter Beachtung der Einheiten (vgl. dazu Aufg. e)) und berechnet auch die nötige Ableitung mit Rücksicht auf diese Einheiten. Durch Verrechnen der Einheiten (d.h. Durchkürzen: z.B. ist cm/m $= 0.01$) muss dann der resultierende Differentialquotient auf eine Zahl ohne Einheit gebracht werden, bevor der Arcus-Tangens den verlangten Winkel liefern kann.

c) Zu den Nullstellen: $x_{1,2} = \dfrac{-1 \pm \sqrt{1 + 4 \cdot 0.025 \cdot 2}}{-0.05}$

$\Longrightarrow x_1 = -20(\sqrt{1.2} - 1) = -1.91$ und $x_2 = 20(1 + \sqrt{1.2}) = 41.91$

Stein A fliegt also 41.91 m weit. Stein B fliegt jedoch weiter, da sich beide Steine bei 40 m Weite auf der gleichen Höhe von zwei Metern befinden (denn der Scheitel liegt bei 20 m), A aber steiler abfällt.

d) $h_A = a(x - x_1)(x - x_2) = -0.025(x + 1.91)(x - 41.91)$

e) Wenn z.B. eine Höhe h ohne Einheiten gegeben ist, wenn also anstelle von $h = 2$ m einfach nur $h = 2$ steht, dann ist letzteres h in Wirklichkeit $\dfrac{h}{m}$; denn aus der Gleichung mit Einheiten $h = 2$ m folgt $\dfrac{h}{m} = 2$. Um also die geforderte Polynomdarstellung mit Einheiten zu erhalten, brauchen wir nur jede Variable durch $\dfrac{\text{Variable}}{\text{ihre Einheit}}$ zu ersetzen, also sowohl die Weite x durch $\dfrac{x}{m}$ als auch die Höhe h durch $\dfrac{h}{m}$ und erhalten somit: $\dfrac{h_A}{m} = -0.025 \left(\dfrac{x}{m}\right)^2 + \dfrac{x}{m} + 2$

$$\Longrightarrow h_A = -0.025 \frac{x^2}{m} + x + 2\,m$$

10.20 V ist ein reines Produkt, also gilt: $\dfrac{\Delta V}{V} = 3 \cdot \dfrac{\Delta r}{r} = 3 \cdot 0.01 = 3\,\%$

10.21 $\dfrac{N(t)}{N_0} = \mathrm{e}^{-\lambda t} \implies t = \dfrac{\ln \frac{N(t)}{N_0}}{-\lambda} = \dfrac{\ln 0.92}{-5.3 \cdot 10^{-10} a^{-1}} = 157 \cdot 10^6\, a$

10.22 a) Mit $K_0 = 300\,000\,€$, $A = -20\,000\,€$, $q = 1.08$, $m = 25$ und

$K_m = K_0 \cdot q^m - A \cdot \dfrac{q^m - 1}{q - 1}$ ergibt sich: $K_{25} = 3\,516\,661.36\,€$

b) $Z_{26} = 0.08 \cdot K_{25} = 281\,332.91\,€$

10.23 a) $D = \mathbb{R} \setminus \{1\}$ $\qquad \lim\limits_{x \to 1^\pm} \dfrac{x^2 + 3x}{x - 1} = \pm\infty$

Begründung: Nähert man sich der Definitionslücke 1 an, geht der Zähler gegen 4 und der Nenner gegen 0, sodass $f(x)$ gegen $+\infty$ oder gegen $-\infty$ strebt. Da der Nenner bei einer Annäherung an $x = 1$ von rechts (d.h., $x \to 1^+$) stets positiv bleibt und auch der Zähler gegen eine positive Zahl geht, muss $f(x)$ für $x \to 1^+$ gegen $+\infty$ gehen. Bei einer Annäherung an $x = 1$ von links (d.h., $x \to 1^-$) bleibt dagegen der Nenner stets negativ, während der Zähler nach wie vor gegen eine positive Zahl geht, sodass $f(x)$ für $x \to 1^-$ gegen $-\infty$ geht.

b) Bei einer rationalen Funktion genügt es, zur Berechnung ihrer Grenzwerte für $x \to \pm\infty$ im Zähler und Nenner jeweils nur den Summanden mit der höchsten Potenz samt Koeffizienten zu beachten:

$$\lim\limits_{x \to \pm\infty} \dfrac{x^2 + 3x}{x - 1} = \lim\limits_{x \to \pm\infty} \dfrac{x^2}{x} = \lim\limits_{x \to \pm\infty} x = \pm\infty$$

Man darf aber auch die Regel von de l' Hospital anwenden, denn sowohl der Zähler als auch der Nenner dieser Funktion streben für $x \to \pm\infty$ gegen $+\infty$ oder gegen $-\infty$:

$$\lim\limits_{x \to \pm\infty} \dfrac{x^2 + 3x}{x - 1} = \lim\limits_{x \to \pm\infty} \dfrac{2x}{1} = \pm\infty$$

c) $x^2 + 3x = x(x + 3) = 0 \implies$ Nullstellen: $x_1 = 0$ und $x_2 = -3$

d) Mittels Polynomdivision zerlegen wir $f(x)$ in die folgende Summe:

$$f(x) = (x^2 + 3x) : (x - 1) = \underbrace{x + 4}_{\text{Asymptote}} + \underbrace{\dfrac{4}{x - 1}}_{\to\, 0 \text{ für } x \to \pm\infty}$$

$$\begin{array}{r} x^2 - x \\ \hline 4x \\ 4x - 4 \\ \hline 4 \end{array}$$

Die Gleichung der schiefen Asymptote ist also $y = x + 4$.

e) $f'(x) = \dfrac{(x-1)(2x+3) - (x^2+3x)}{(x-1)^2} = \dfrac{x^2 - 2x - 3}{(x-1)^2}$

$\qquad = \dfrac{(x+1)(x-3)}{(x-1)^2} = 0 \implies x_1 = -1 \text{ und } x_2 = 3$

Aus der Angabe über f'' kann man schließen, dass $f''(-1) < 0$ und $f''(3) > 0$ ist, also bei $(-1, 1)$ ein relatives Maximum und bei $(3, 9)$ ein relatives Minimum liegt.

f)

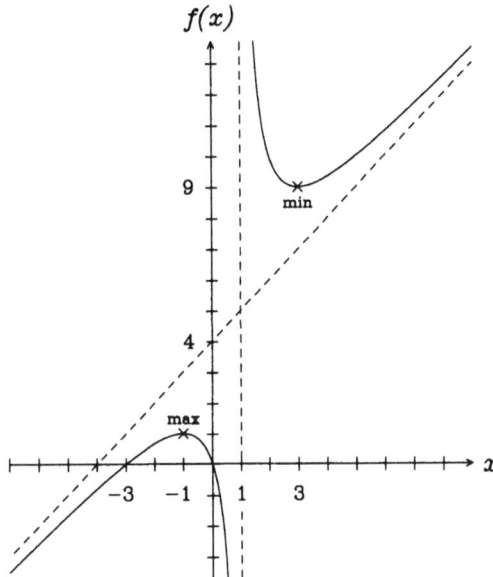

$$10.24 \quad \int_0^1 \frac{6x}{x^2+1}\, dx \;=\; 3 \cdot \int_0^1 \frac{2x}{x^2+1} \;=\; 3 \cdot \Big[\ln|x^2+1|\Big]_0^1 \;=\; 3 \cdot \Big[\ln(x^2+1)\Big]_0^1$$

$$= 3 \cdot (\ln 2 - \ln 1) \;=\; 3\ln 2 \;\approx\; 2.08$$

10.25 a) $|\vec{a}_1| = |\vec{a}_2| = \sqrt{\left(\tfrac{1}{2}\sqrt{2}\right)^2 + \left(\pm\tfrac{1}{2}\sqrt{2}\right)^2} = 1$

b) $\vec{a}_1 \circ \vec{a}_2 = \left(\tfrac{1}{2}\sqrt{2}\right)\cdot\left(\tfrac{1}{2}\sqrt{2}\right) + \left(\tfrac{1}{2}\sqrt{2}\right)\cdot\left(-\tfrac{1}{2}\sqrt{2}\right) = 0$

$\vec{a}_1$ und $\vec{a}_2$ stehen also senkrecht zueinander, d.h., der Winkel ist $90°$.

c) Da die Vektoren $\vec{a}_1$ und $\vec{a}_2$ senkrecht zueinander stehen, sind sie auch linear unabhängig. Somit kann der Rang der Matrix A nicht 1 sein; er muss also 2 sein.

d) Die Matrizenmultiplikation ergibt: $A \cdot A = \begin{pmatrix} 1 & 0 \\ 0 & 1 \end{pmatrix} = I_2$

Das ist die (2×2)-Einheitsmatrix.

Da beide Spaltenvektoren der Matrix A die Länge 1 haben und zueinander senkrecht stehen, ist A eine Drehspiegelung (d.h. Drehung oder
Spiegelung oder beides); zeichnet man sich nämlich diese Spaltenvektoren auf und vergleicht sie mit den Spaltenvektoren der Einheitsmatrix I_2, welche das Einheitsquadrat darstellt, so stellt man fest, dass
A durch Drehen des Einheitsquadrats I_2 um den Ursprung um $45°$
nach rechts und anschließendes Spiegeln um die x_1-Achse entsteht.
Führt man diese Aktionen der Matrix A zweimal durch, so gelangt
das Einheitsquadrat wieder an seine ursprüngliche Stelle (selbst probieren!), das heißt mathematisch: $I_2 \mapsto A \cdot (A \cdot I_2) = A \cdot A = I_2$. In
diesem Fall lässt sich also $A \cdot A$ auch graphisch bestimmen.

10.26 Die vier möglichen unvereinbaren, gleichwahrscheinlichen Ereignisse sind:
(B,B), (B,M), (M,B), (M,M); es gilt also: MUGE $= 4$.

a) $P(A) = P(\{(B, M), (M, B)\}) = \dfrac{\text{GUGE}}{\text{MUGE}} = \dfrac{2}{4} = \dfrac{1}{2}$

$P(B) = P(\{(B, M), (M, B), (B, B)\}) = \dfrac{\text{GUGE}}{\text{MUGE}} = \dfrac{3}{4}$

b) $P(A \cap B) = P(\{(B, M), (M, B)\}) = P(A) = \dfrac{1}{2}$

$\neq \dfrac{1}{2} \cdot \dfrac{3}{4} = P(A) \cdot P(B)$, d.h., A und B sind nicht unabhängig.

c) X kann die Werte 0, 1 und 2 annehmen:

$f(0) = P(X = 0) = P(\{(B, B)\}) = \dfrac{\text{GUGE}}{\text{MUGE}} = \dfrac{1}{4}$

$f(1) = P(X = 1) = P(\{(B, M), (M, B)\}) = P(A) = \dfrac{1}{2}$

$f(2) = P(X = 2) = P(\{(M, M)\}) = \dfrac{\text{GUGE}}{\text{MUGE}} = \dfrac{1}{4}$

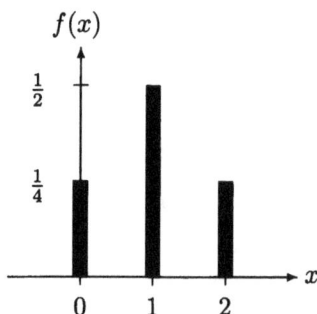

www.ingramcontent.com/pod-product-compliance
Lightning Source LLC
Chambersburg PA
CBHW061801210326
41599CB00034B/6840